Instalación de Rociadores

Nivel Uno

Guía del Estudiante
Segunda Edición

PEARSON
Prentice Hall

nccer

AFSA
American Fire Sprinkler Association

Upper Saddle River,
New Jersey
Columbus, Ohio

National Center for Construction Education and Research

Presidente: Don Whyte
Directora de Desarrollo de Productos: Daniele Stacey
Directora del Proyecto: Daniele Stacey
Directora de Producción: Jessica Martin
Supervisora de Mantenimiento de Productos: Debie Ness
Editoras: Tania Domenech, Adriana Sánchez
Equipo de autoedición: Laura Rosenbrock, James McKay, Tania Domenech, Adriana Sánchez, Debie Ness

NCCER quisiera reconocer las compañías contratadas para la escritura y traducción de este currículo:
Topaz Publications, Liverpool, New York.
LinguaLinx. Schenectady, New York.

Esta información en general y en naturaleza es para usos de entrenamiento solamente. El rendimiento de las actividades en este manual requiere el cumplimiento de los procedimientos de operaciones, servicios, mantenimiento, y seguridad bajo la dirección de personal cualificado. Cualquier referencia a material o aparato patentizado o propietario no constituye una recomendación para su uso.

PEARSON Prentice Hall

nccer

10 9 8 7 6 5 4 3 2 1
ISBN 0-13-614433-0

PREFACIO

ESTIMADO ESTUDIANTE

Hay muy pocos oficios que se dedican a la preservación de la vida y de la propiedad. La Instalación de Rociadores es uno de estos comercios, y lleva con ella una enorme cantidad de responsabilidad. El trabajo que usted haga como instalador de rociadores algún día podrá salvar vidas y miles de dólares en propiedad. Por lo tanto, es esencial que usted exija excelencia y precisión de sí mismo, y de sus compañeros de trabajo.

La industria de instalación de rociadores comenzó en Inglaterra en 1809, cuando el primer sistema de rociadores fue patentizado por John Carey. Su sistema usaba tubos perforados que regaban agua en el área de cobertura. Este método era costoso, ya que el agua dañaba áreas que no estaban siendo afectadas por fuego. El cabezal del rociador fue desarrollado como consecuencia. En América, la instalación de rociadores comenzó con la invención del primer rociador automático práctico por Henry Parmelee en 1874. El método de prevención de incendios con rociadores automáticos se hizo popular rápidamente, y para 1896, más de 25,000 fuegos habían sido controlados o extinguidos por dicho método. A medida que la industria creció, la variabilidad entre prácticas y materiales causó la necesidad para establecer las mejores prácticas para la industria – un código para el oficio. Esto llevó a la creación de la National Fire Protection Association (NFPA). En español, esto se traduce como La Asociación Nacional para la Protección contra Incendios. Hoy día, la NFPA publica varios códigos para la industria. Los códigos y equipo para rociadores han evolucionado a través del tiempo. A medida que empiece su entrenamiento, ponga mucha atención a los códigos y cómo éstos influyen en la decisión de qué materiales usar.

Los(as) instaladores de rociadores pueden instalar sistemas nuevos, modernizar edificios viejos con sistemas de rociadores actualizados, o reparar sistemas existentes. Es evidente que la demanda para instaladores de rociadores aumenta con las nuevas construcciones y con los cambios a los códigos. Por la misma parte, el Departamento Laboral de los Estados Unidos estima que muchos de los trabajadores de la industria estarán retirados dentro de los próximos diez años. Todo esto resulta en una mayor demanda para trabajadores entrenados, y una mayor demanda resulta en salarios más altos. Manténgase al tanto de los avances en su industria, cambios de códigos, y nuevas tecnologías, y su potencial para un mayor salario aumentará.

Este currículo fue desarrollado por un panel de expertos en la materia de la industria de la rociadores contra incendios y fue producto de la labor mutua de la American Fire Sprinkler Association (AFSA) y del National Center for Construction Education and Research (NCCER). AFSA es una asociación internacional sin fines de lucro dedicada al avance de sus miembros y a promover el uso de sistemas de rociadores.

NCCER y la AFSA le desea éxito a medida que comience su primer año de entrenamiento en el oficio de instalación de rociadores, y esperamos que continúe su entrenamiento más allá de esta serie de estudios. A medida que aproveche las oportunidades de entrenamiento, usted demostrará iniciativa y su deseo de aprender – cualidades que están presentes hoy día entre los(as) mejores profesionales de la industria.

AFSA ofrece este programa en una serie de cursos por correspondencia. Esta serie de cuatro libros está diseñada específicamente para el entrenamiento de aprendices en la industria de rociadores. Para más información sobre AFSA, membresía, o el uso de este material por medio de correspondencia, vaya al http://www.firesprinkler.org.

También le invitamos a que visite nuestra página de Internet www.nccer.org para información sobre nuevas publicaciones, información sobre entrenamiento, comunicados de prensa, y mucho más. También puede consultar el catálogo de productos de Contren® en-línea al www.crafttraining.com. Sus comentarios son bienvenidos. Puede enviar sus comentarios a nuestro correo electrónico currículo@nccer.org o puede enviar comentarios y preguntas generales a info@nccer.org.

SERIE DE APRENDIZAJE CONTREN®

El Centro Nacional para la Educación e Investigación para la Construcción (NCCER, por sus siglas en inglés) es una fundación educacional sin fines de lucro 501(c)(3) establecida en 1995 por las compañías de construcción más progresivas y grandes del mundo y por asociaciones nacionales de construcción. Se fundó para acudir la falta de fuerza laboral severa en la industria y para desarrollar un proceso de entrenamiento y currículo estandarizado. Hoy día, NCCER recibe apoyo de cientos de compañías de construcción y mantenimiento, de la manufactura, y de asociaciones nacionales. La serie de aprendizaje Contren® se desarrolló por NCCER en conjunto a Prentice Hall, la compañía publicadora de editorial educativo más grande en el mundo.

Algunas características de la serie de aprendizaje Contren® son las siguientes:

- Un récord de éxito comprobado por la industria
- Currículos desarrollados por la industria para la industria
- La estandarización nacional de las destrezas aprendidas y créditos educacionales, proveyendo credenciales portátiles
- Cumplimiento con los requisitos de programas de aprendizaje, entrenamiento, de empleadores y de Servicios Laborales (*CFR 29:29*)
- Bien ilustrada, actualizada e información práctica

NCCER también mantiene un Registro Nacional que provee transcripciones, certificados y tarjetas (o carnés) a aquellos individuos que hayan completado y pasado módulos de la serie de aprendizaje Contren®. *Los programas de entrenamiento deben ser provistos por algún patrocinador acreditado por NCCER para recibir dichas credenciales.*

Este currículo es producto de la colaboración del *American Fire Sprinkler Association* (AFSA) y el *National Center for Construction Education and Research* (NCCER). AFSA es una asociación internacional sin fines de lucro dedicada a promover el uso de rociadores automáticos contra incendios y al avance educativo de sus miembros. AFSA ofrece este programa de Instalación de Rociadores en una serie de cursos por correspondencia. Esta serie de cuatro libros está diseñada específicamente para el aprendizaje de este oficio. Sólo este nivel es disponible en Español. Para más información sobre AFSA, membresía y sobre su curso por correspondencia, vea la siguiente página de Internet: http://www.firesprinkler.org.

Contenido

Currículo Contren®

Los programas de entrenamiento de NCCER incluyen más de 50 áreas de construcción, mantenimiento, y de tubería de distribución. También incluyen pruebas de destrezas, entrenamiento de seguridad y educación para materias administrativas.

Boilermaking
Carpentry
Carpentry, Residential
Cabinetmaking
Concrete Finishing
Construction Craft Laborer
Construction Technology
Core Curriculum: Introductory Craft Skills
Currículum Básico
Electrical
Electrical, Residential
Electrical Topics, Advanced
Electronic Systems Technician
Exploring Careers in Construction
Fundamentals of Mechanical and Electrical Mathematics
Heating, Ventilating, and Air Conditioning
Heavy Equipment Operations
Highway/Heavy Construction
Instrumentation
Insulating
Ironworking
Maintenance, Industrial
Masonry
Millwright
Mobile Crane Operations
Painting
Painting, Industrial
Pipefitting
Pipelayer
Plumbing
Reinforcing Ironwork
Rigging
Scaffolding
Sheet Metal
Site Layout
Sprinkler Fitting
Welding

Pipeline

Control Center Operations, Liquid
Corrosion Control
Electrical and Instrumentation
Field Operations, Liquid
Field Operations, Gas
Maintenance
Mechanical

Safety

Field Safety
Orientación de Seguridad
Safety Orientation
Safety Technology

Management

Introductory Skills for the Crew Leader
Project Management
Project Supervision

Agradecimientos

Esta revisión de currículo fue posible gracias a la visión y liderazgo de los siguientes patrocinadores:

Aegis Fire Systems Technology, Inc.
AFCON
Bamford Fire Sprinkler Company
Eckert Fire Protection Systems
Harver Plastics
HFP Corporations
Hughes Supply Inc. (PA)
Kaufman Fire Protection
Noveon, Inc.
Protection Design and Consulting
Southeast Fire Protection, Inc.
Southern Fire Protection of Orlando
Strickland Fire Protection, Inc.
The Viking Corporation
Tyco Fire Products
Western Fire Protection

Este currículo existe gracias a la dedicación y labor desinteresada de los voluntarios que participaron en el equipo de autores. Las más sinceras gracias se extienden a las siguientes personas:

Dwight Bateman
Mike Bosma
Buck Buchanan
John Denhardt
Don Eckert
Mark Fessenden
Lyle Hall
Joe Heinrich
Lenny Hollis
Gary Johnson
Don Kaufman
Kraig Kirschner
Steve Leyton
Kevin Maughan
Tom McKinnon
Bill Rhodes
Bill Sallee
Manning Strickland, Sr.
Jack Viola
Martin Workman

ASOCIACIONES AFILIADAS A NCCER

American Fire Sprinkler Association
API
Associated Builders & Contractors, Inc.
Associated General Contractors of America
Association for Career and Technical Education
Association for Skilled and Technical Sciences
Carolinas AGC, Inc.
Carolinas Electrical Contractors Association
Construction Industry Institute
Construction Users Roundtable
Design-Build Institute of America
Electronic Systems Industry Consortium
Merit Contractors Association of Canada
Metal Building Manufacturers Association
National Association of Minority Contractors
National Association of Women in Construction
National Insulation Association
National Ready Mixed Concrete Association
National Systems Contractors Association
National Technical Honor Society
National Utility Contractors Association
North American Crane Bureau
North American Technician Excellence
Painting & Decorating Contractors of America
Portland Cement Association
SkillsUSA
Steel Erectors Association of America
Texas Gulf Coast Chapter ABC
U.S. Army Corps of Engineers
University of Florida
Women Construction Owners & Executives, USA

Instalación de rociadores nivel uno

18101-07

Orientación al oficio

18101-07
Orientación al oficio

En este módulo se presentan los siguientes temas:

Generalidades

Los rociadores contra incendios son una de las formas más importantes de proteger vidas y bienes materiales. Ofrecen protección 24 horas al día, los siete días de la semana, incluso cuando los ocupantes del edificio están dormidos o ausentes del lugar. Ofrecer esa protección requiere de muchos conocimientos especializados.

Hay un gran futuro en la instalación de rociadores. Cuando la construcción está en auge hay mucha demanda de instaladores de rociadores. Pero incluso cuando la economía se debilita, siempre hay demanda de instaladores para dar servicio y mantenimiento y reparar los sistemas ya instalados, así como para mejorar los edificios que carezcan de sistemas de rociadores.

Objetivos

Cuando usted haya terminado este módulo, podrá hacer lo siguiente:

1. Identificar los códigos y normas específicos que se apliquen a la industria de los rociadores contra incendios.
2. Definir el ambiente de trabajo típico de los instaladores de rociadores.
3. Identificar oportunidades profesionales en la industria de los rociadores contra incendios.
4. Describir las responsabilidades personales de los instaladores de rociadores.
5. Reconocer los peligros que pueden encontrarse como instalador de rociadores.
6. Describir los procedimientos para manejar y almacenar los materiales del oficio de la mejor manera.
7. Reconocer los diagramas que suelen ver los instaladores de rociadores en el campo.
8. Identificar las herramientas, materiales y sistemas de rociadores contra incendio básicos usados en el oficio de instalación de rociadores.

Términos técnicos

Asociación de Rociadores contra Incendios de Estados Unidos (American Fire Sprinkler Association, AFSA)
Asociación Nacional de Protección contra Incendios (National Fire Protection Association, NFPA)
Autoridad con jurisdicción (AHJ)
Bloque
Cabezal del rociador
Entrenamiento de Aprendizaje, Empleador y Servicios de Mano de Obra (Apprenticeship Training, Employer and Labor Services, ATELS)
Entrenamiento en el trabajo (OJT)
Estantes
Gas comprimido
Inflamable
NFPA 13, Norma para la instalación de sistemas de rociadores
Peligro
Reglamentos
Serie educativa Contren®
Sistema de rociadores contra incendios por inundación
Sistema de rociadores de acción previa
Sistema de rociadores de tubo mojado
Sistema de rociadores de tubo seco
SprinklerNet

Materiales requeridos para el estudiante

1. Lápiz y papel
2. Equipo de protección personal adecuado

NOTA

En algunos lugares, se requiere que los estudiantes de instalación de rociadores realicen conversiones de unidades al sistema decimal. En el *apéndice A*, al final de este módulo, se encuentra una tabla de conversiones.

Requisitos

Antes de empezar este módulo, se recomienda que concluya satisfactoriamente el *Currículo Básico*.

Este mapa del curso muestra todos los módulos del primer nivel del programa de *Instalación de rociadores*. El orden recomendado de entrenamiento empieza abajo y avanza hacia arriba. El nivel de habilidad se eleva conforme usted avance en el mapa del curso. El patrocinador local del programa de entrenamiento puede ajustar el orden del aprendizaje.

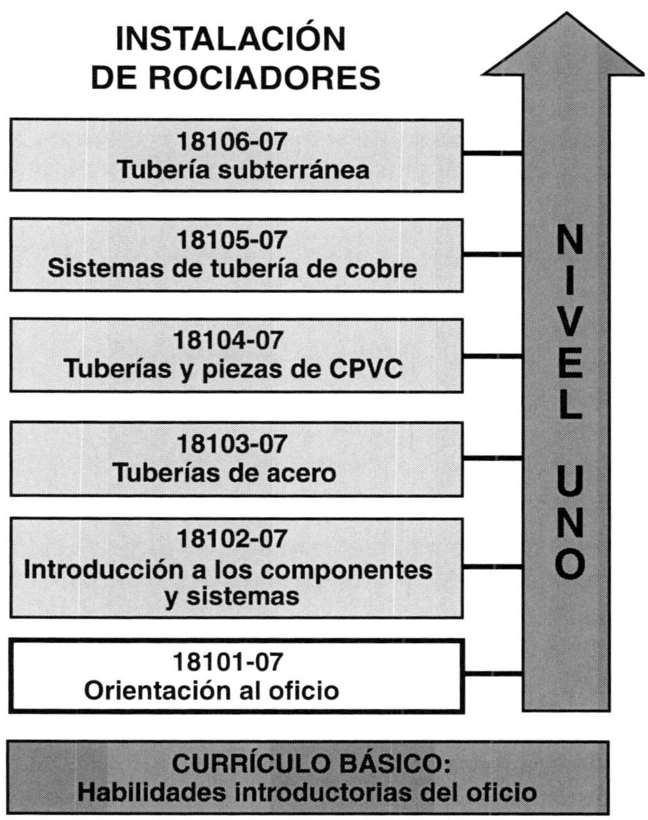

101CMAP.EPS

1.0.0 ◆ INTRODUCCIÓN

Los rociadores contra incendios son una de las formas más importantes de proteger vidas y bienes materiales. Ofrecen protección 24 horas al día, los siete días de la semana, incluso cuando los ocupantes del edificio están dormidos o ausentes del lugar.

La historia nos demuestra que los rociadores son muy efectivos. En todo el mundo tienen una tasa de éxito de más del 99%, lo cual es un factor importante para que la industria de seguros insista en la instalación de rociadores contra incendios en áreas de gran riesgo. Pero los sistemas de rociadores pueden ofrecer protección sólo si están diseñados e instalados en forma adecuada. Por lo tanto, la instalación de sistemas de rociadores es el interés primordial de este programa de entrenamiento.

Los sistemas de rociadores se diseñan e instalan de conformidad con códigos y normas específicas, elaborados por organizaciones como la **Asociación Nacional de Protección contra incendios (NFPA)**, y las consideraciones sobre la seguridad de los trabajadores están regidas por la Administración de Seguridad y Salud Ocupacionales (Occupational Safety and Health Administration, OSHA).

Este módulo ofrece una rápida mirada a los comienzos de la industria, junto a una introducción a los tipos básicos de sistemas de rociadores. Se presenta también una breve mirada a los códigos y normas, así como a las oportunidades del oficio y a las responsabilidades de los empleados. Por último, este módulo ofrece una introducción a las relaciones laborales y a las obligaciones de seguridad entre emple y empleados.

1.1.0 Comienzos de la industria de rociadores contra incendio

El primer sistema de rociadores fue inventado en 1806 por el inglés John Carey. A él se le ocurrió la idea de un dispositivo para apagar incendios, activado por calor y que arrojara agua a través de tubos perforados. El primer **cabezal de rociador** fue inventado por Major Stewart Harrison, de Londres, Inglaterra. En 1864, Harrison inventó también un sistema automático de extinción de incendios, pero no pudo interesar a las empresas británicas para que lo compraran. Él no sacó la patente. Los sistemas de tubos perforados resultaron ineficaces a la larga, debido al excesivo daño causado por el agua, el agotamiento del suministro de agua y, sobre todo, debido al hecho de que eran manuales y no automáticos.

La primera aplicación práctica de cabezales de rociador se le atribuye a los estadounidenses Henry Parmelee y Frederick Grinnell. La industria moderna de los rociadores surgió gracias al innovador rociador automático, patentado por Henry Parmelee en agosto de 1874. Después se introdujo otro diseño, que fue el paso inicial de la comercialización. Tres años después, Grinnell y Parmelee aceptaron fabricar los rociadores de Parmelee con base en regalías. Después de muchas investigaciones, en octubre de 1881 Grinnell obtuvo cuatro patentes del rociador colgante, conocido como el primer rociador sensible y que resultó ser el primero con orificio estandarizado. Los rociadores tuvieron una evolución continua. Hasta enero de 1896, los rociadores Grinnell habían controlado o extinguido aproximadamente 25,000 incendios.

Así, desde los primeros días del tubo perforado hasta los componentes complejos y especializados de hoy, los sistemas de rociadores contra incendios han pasado por continuos cambios y mejoras. Los sistemas automáticos de rociadores contra incendios no sólo protegen los bienes materiales, sino también han demostrado que salvan vidas.

> **¿SABÍA USTED?**
> A principios de 1895, las quejas por rociadores mal instalados y las inconsistencias de la industria de calificación de seguros se convirtieron en una preocupación para la industria de seguros contra incendios, así como para los fabricantes e instaladores de rociadores. Estas preocupaciones hicieron que en 1896, cinco compañías aseguradoras y Frederick Grinnell crearan la Asociación Nacional de Protección contra Incendios (NFPA, por sus siglas en inglés).

2.0.0 ◆ SISTEMAS DE ROCIADORES CONTRA INCENDIOS

Los principios del funcionamiento de los rociadores son relativamente sencillos. Los tubos se tienden desde una fuente de agua hacia las zonas que necesitan protección, por lo general por arriba. En los tubos están situados los cabezales del rociador a intervalos adecuados. La conexión térmica en el cabezal evita la liberación de agua, manteniendo cerrado un sello hasta que se alcanza la temperatura de activación, que normalmente es de 135°F a 286°F (57°C a 141°C). Cuando la conexión térmica detecta la temperatura de activación, se deforma, lo que suelta el sello y rocía agua en toda el área de cobertura. Solamente se abren los cabezales que detecten el calor. Todos los demás per-

¿SABÍA USTED?

Tres puntos

- Por lo general, sólo uno o dos rociadores controlan o contienen los incendios.
- En la mayoría de los sistemas los cabezales se activan uno a la vez.
- La mayoría de los sistemas de rociadores están diseñados para controlar o contener el incendio, no necesariamente para apagarlo por completo.

manecen cerrados, con lo que se reducen los daños por agua en áreas donde no haya fuego, así como la cantidad de agua necesaria.

Algunas de las consideraciones del diseño son el espaciado de los cabezales del rociador, el flujo de agua previsto, el tamaño del edificio, los bienes almacenados en él y el tipo de espacio en el que estén situados los cabezales (espacios cerrados en el techo, espacios en el piso, etcétera).

Los sistemas por lo general tienen una válvula de control situada en el punto en que el agua entra en el sistema de rociadores. Normalmente, esta válvula está abierta y se usa para cierres de emergencia y para mantenimiento del sistema. Cuando se abre un rociador, el agua fluye por la válvula, la cual la dirige hacia un segundo tubo. El agua fluye a través de la válvula de control y pasa por el dispositivo de alarma para activar una campana o bocina de alarma.

2.1.0 Generalidades de los tipos de sistema de rociadores

Hay tres tipos básicos de sistemas de rociadores: **sistemas de tubo mojado**, **sistemas de tubo seco** y **sistemas de acción previa**. Existe un sistema más, el **sistema de rociadores de inundación**, que es una variante del sistema de acción previa. Cada sistema está diseñado para aplicaciones, situaciones y condiciones específicas.

2.2.0 Sistemas de rociadores de tubo mojado

Los sistemas de rociadores de tubo mojado, definidos en el Manual de Sistemas Automáticos de Rociadores y en la norma de la Asociación Nacional de Protección contra Incendios ***NFPA 13, Norma para la instalación de sistemas de rociadores***, son los sistemas de rociadores más sencillos y confiables (*Figura 1*). El funcionamiento de un rociador activa el sistema de tubo mojado. Observe que sólo se abren los rociadores activados por el fuego. Todos los demás permanecen cerrados.

En los sistemas de tubo mojado, los tubos siempre están llenos de agua. Cuando el calor activa la conexión térmica del cabezal del rociador, el agua se arroja hacia el fuego. Los sistemas de tubo mojado son sencillos, confiables, tienen menos componentes, experimentan menos problemas y son los más comunes, pues se les prefiere en la mayoría de los casos, ya que arrojan rápidamente el agua hacia el fuego.

Las costos de instalación y mantenimiento del sistema de tubo mojado son más bajos, pues se requiere menos tiempo de instalación y mantenimiento para estos confiables sistemas. Los sistemas de tubo mojado pueden modificarse fácilmente; no se requiere trabajo adicional para los circuitos de control y detección que necesitan otros sistemas. Después de un incendio, hay menos tiempo muerto, ya que por lo general lo único que se necesita es reemplazar los rociadores fundidos y abrir el agua. Por todas estas razones, es preferible considerar primero los sistemas de tubo mojado.

Sin embargo, un sistema de tubo mojado no es una buena opción en ningún lugar que pueda congelarse. El congelamiento puede dañar la tubería y volver inoperable al sistema. Un sistema de tubo seco o anticongelamiento es mejor opción para proteger zonas de temperaturas de congelación.

Los sistemas de tubo seco y de acción previa tienen componentes más numerosos y complejos que los de tubo mojado. La mayor cantidad de componentes incrementa la necesidad de inspeccionar, probar y dar mantenimiento, además de elevar la posibilidad de que ocurran problemas. Como consecuencia, se incurre en mayores costos y en más mano de obra para mantener funcionando debidamente el sistema.

2.3.0 Sistemas de rociadores de tubo seco

Los sistemas de rociadores de tubo seco están llenos de aire o nitrógeno a presión, no de agua. El sistema tiene una válvula de tubo seco, a la que la presión del aire mantiene cerrada. Cuando el incendio funde el cabezal de un rociador, éste suelta la presión del aire y se abre la válvula de tubo seco. El agua entra por la válvula de tubo seco y rocía el fuego por los cabezales activados (abiertos) del rociador. La única ventaja significativa de los sistemas de tubo seco es la protección contra incendios en zonas donde pudieran congelarse.

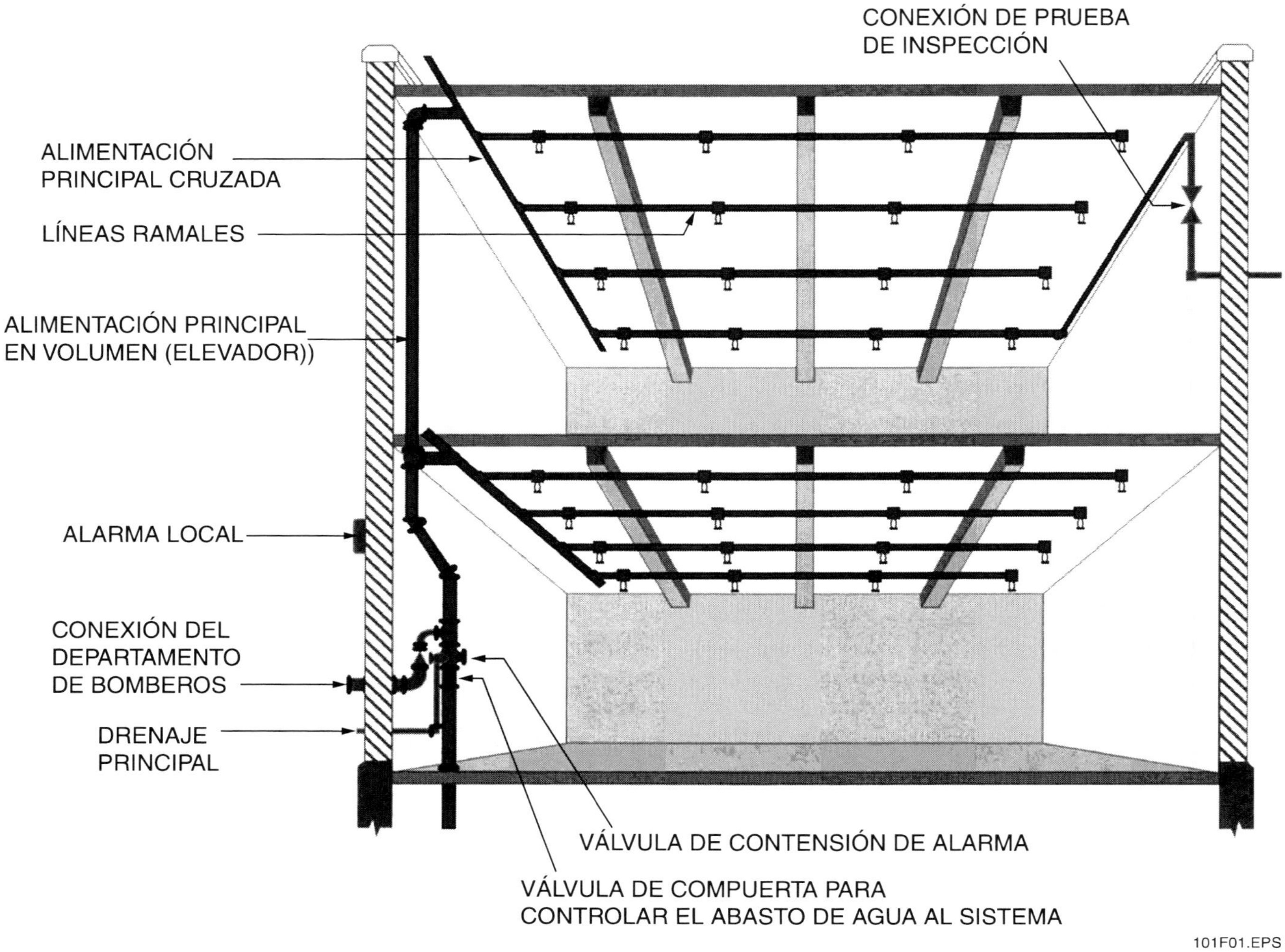

Figura 1 ◆ Sistema típico de rociadores de tubo mojado.

Los sistemas de rociadores de tubo seco tienen varias desventajas en relación con los de tubo mojado: mayor complejidad, instalación y mantenimiento más costosos, diseño resistente al cambio, mayor posibilidad de corrosión y mayor tiempo de reacción. Estas desventajas se deben al hecho de tener más sistemas de control y aire comprimido, al tamaño limitado del sistema, a una demora de hasta 60 segundos para que el agua sea arrojada hacia el fuego, y al requisito de que el sistema sea completamente drenado después de la descarga.

2.4.0 Sistemas de acción previa

Los sistemas de acción previa tienen rociadores automáticos conectados a un sistema de tuberías. El sistema de tuberías contiene aire, que puede estar a presión o no. Cerca de los rociadores hay un sistema de detección adicional.

2.5.0 Sistemas de inundación

El sistema de inundación es un tipo de sistema de rociadores en el que se usan rociadores abiertos en lugar de cerrados. Cuando el fuego activa el sistema de detección, se suelta la válvula de inundación, produciendo un flujo inmediato por todos los rociadores de un área determinada. Los sistemas de inundación por lo general se encuentran en lugares donde se requiere un gran volumen de agua y una rápida reacción, como hangares de aviación y plantas químicas.

2.6.0 Diagramas de instalación

Los diagramas de construcción son una parte muy importante del proceso de instalación. El aprendiz de instalador de rociadores debe entender y saber interpretar los planos de tuberías, además de saber dónde encontrar la información en los diagramas.

La instalación de rociadores empieza con buenos diagramas, elaborados por un técnico competente en diseño de rociadores o por un ingeniero profesional. Los diagramas también sirven para efectos de permisos y para suministrar información al departamento de bomberos. Es muy importante seguir los diagramas de instalación sin desviarse de ellos, o desviarse lo menos posible. Siempre deben consultarse con el diseñador los cambios propuestos, ya que pueden afectar el funcionamiento correcto del sistema.

3.0.0 ◆ CÓDIGOS Y NORMAS

Los códigos y normas sirven para controlar el desarrollo de la comunidad, para que sea ordenado y realizado con materiales y mano de obra de calidad. El código especifica lo que tiene que hacerse. La norma nos dice cómo debe de hacerse. Los códigos y las normas no tienen validez legal hasta que no son adoptados en las leyes estatales o las ordenanzas municipales.

Los códigos y las normas por lo general son elaborados por organizaciones no lucrativas, con base en el consenso. El consenso significa básicamente que están de acuerdo todas las partes interesadas. El consenso es un proceso democrático en el que todas las partes interesadas tienen la oportunidad de aportar su opinión. Esas opiniones se armonizan en un documento congruente, y después se aceptan por votación de los miembros de la organización patrocinante.

Los códigos y las normas mencionados en este módulo son básicamente aquellos que afectan a la construcción y la instalación y mantenimiento de sistemas de protección contra incendios. El paquete de códigos municipales por lo general consta de lo siguiente:

- Código eléctrico
- Código de excavaciones y pendientes
- Código de edificios existentes
- Código de prevención de incendios
- Código de gas
- Código de vivienda
- Código mecánico
- Código de viviendas uni y bifamiliares
- Código de plomería
- Código de piscinas
- Código de supresión de edificios peligrosos

En la industria de los rociadores, el interés primordial se relaciona con los efectos de los códigos de construcción y de incendios. Sin embargo, hay cláusulas en los códigos eléctricos, mecánicos y de plomería que afectan indirectamente el trabajo del instalador.

La mayoría de las comunidades adoptan uno de los códigos de construcción de reconocimiento nacional y los códigos y normas relacionados. La mayoría también tienen ordenanzas municipales que modifican o añaden a esos documentos, lo cual puede tener un efecto considerable en el trabajo de instalación de rociadores. Algunas jurisdicciones prefieren elaborar sus propios códigos de construcción. En algunas comunidades hay ordenanzas de planificación urbana que requieren instalaciones de rociadores cuando éstas no son requeridas en otros textos.

En este módulo se indican las reglas generales, pero las reglas locales tienen prioridad. Éstas pueden cambiar de un lado de la calle a otro y, si se construye un edificio que cruce límites municipales o estatales, una parte puede estar cubierta por una serie de reglas, y otra parte, por otra serie de reglas diferentes. Le corresponde al contratista de rociadores conocer y trabajar conforme a las reglas locales.

Parte de su entrenamiento como instalador de rociadores es saber qué cosas deben hacerse de cierta manera y dónde pueden encontrarse las normas y los códigos. La referencia básica de la industria de instalación de rociadores es *NFPA, 13 Normas para la instalación de sistemas de rociadores*.

Los códigos y las normas de construcción regulan todo el trabajo de construcción que se realiza en América del Norte. Tomados en conjunto, los códigos y las normas sirven para proteger la vida, la salud y los bienes materiales, además de garantizar la calidad de la construcción.

3.1.0 Códigos

Los códigos de construcción y otros normalmente abordan los requisitos mínimos de seguridad que deben acatarse (*Figura 2*). Por lo general describen las circunstancias en las que se requiere usar determinado tipo de sistema, equipo o componente, dependiendo del uso y de la ocupación de un edificio o estructura. Los códigos por lo general se redactan de tal modo que sea fácil adoptarlos como leyes.

- ABORDA LOS REQUISITOS MÍNIMOS DE SEGURIDAD.
- DESCRIBE LAS CIRCUNSTANCIAS EN QUE SE REQUIERE USAR DETERMINADO TIPO DE SISTEMA, EQUIPO O COMPONENTE.
- ESCRITO DE MODO QUE PUEDA ADOPTARSE FÁCILMENTE COMO LEY.

101F02.EPS

Figura 2 ◆ Códigos.

Los códigos de construcción útiles son documentos legales complejos que tienen que evolucionar a través de la experiencia de su aplicación. Esto hace que los códigos de construcción de reconocimiento nacional sean un atractivo modelo para los códigos útiles.

Tres de los siguientes códigos fueron publicados y mantenidos como códigos de construcción de aceptación nacional. Aunque ya no están publicados, en algunos estados y jurisdicciones locales pueden seguir en vigor.

- *International Building Code®* (*Código internacional de construcción*)
- *NFPA 5000, Building and Construction Safety Code™* (*Código de seguridad de edificios y construcción*)
- *Código nacional de construcción* (ya no se publica)
- *Uniform Building Code™* (*Código uniforme de construcción*, ya no se publica)
- *Código estándar de construcción* (ya no se publica)

Actualmente hay sólo dos códigos de construcción en vigor: el *Código internacional de construcción®* y *NFPA 5000*. Los gobiernos estatales y locales pueden tener requisitos adicionales que deben cumplirse. Es esencial que todas las personas implicadas en la instalación de sistemas de rociadores estén familiarizadas con los códigos locales y nacionales en vigor en la localidad donde se vayan a instalar los sistemas.

3.1.1 Códigos de construcción modelo

Los tres grupos modelo de códigos de construcción, BOCA (Funcionarios de Construcción y Administradores de Código), ICBO (Conferencia Internacional de Funcionarios de Construcción) y SBCCI (Congreso Sureño de Códigos de Construcción Internacional) unieron sus fuerzas con el ICC (Consejo Internacional de Códigos) para establecer una sola serie de códigos modelo. La ventaja de tener un solo código es que le permitirá a Estados Unidos ser competitivo en el mercado mundial. También ayudará a reducir costos de construcción pues creará una serie de normas que se aplicarán en todo el país.

El ICC ha hecho avances hacia esa meta. El *Código Internacional de Plomería* (IPC) y el *Código Mecánico Internacional* (IMC) han sido aceptados e impresos. El desarrollo del *Código Internacional de Construcción* (IBC) está bastante adelantado.

Los códigos son revisados y actualizados con regularidad, normalmente cada dos o tres años. Siempre cerciórese de que usted está trabajando con los códigos mas actualizados que han sido adoptados en su área.

Con la adopción del código único, el contratista de rociadores que opere en varios estados podrá reducir el tiempo de diseño de los proyectos. El contratista también podrá reducir la posibilidad de omitir algún factor, por ejemplo los requisitos de contención de la succión, que actualmente varían de uno a otro de los tres códigos existentes.

3.1.2 NFPA 101, Código de seguridad vital contra incendios en edificios y estructuras.

El *Código de seguridad vital* es una mezcla de requisitos al estilo de un código de construcción y de un código contra incendios. Aborda los problemas de construcción estrictamente desde el punto de vista de la seguridad de la vida, y contiene requisitos específicos para los sistemas de rociadores de incendios. El *NFPA 101* ha sido adoptado por lo menos por 27 estados y el gobierno federal. Hay conflictos entre el *Código se seguridad vital* y los códigos de construcción, que requieren solución donde se imponen ambos códigos.

3.1.3 Códigos de incendio

Cada código de construcción modelo tiene asociado un código contra incendios o de prevención de incendios. Por lo general, las comunidades adoptan un código de incendios que sea compatible con su código de construcción. Sin embargo, hay comunidades que han adoptado un código de construcción, pero no uno de incendios. Algunas comunidades redactan sus propios códigos de incendio por separado y aparte de los códigos modelo.

Por lo general, el código de prevención de incendios rige los edificios existentes, no las nuevas construcciones. Básicamente se trata de un código de mantenimiento. Los códigos de incendio tratan de las operaciones, la prevención de incendios y el mantenimiento de los sistemas de protección contra incendios. Los códigos de incendio por lo general son administrados y hechos cumplir por el jefe local de bomberos.

En algunos casos, hay cláusulas dentro del código de incendios que afectan las nuevas construcciones. Por ejemplo, el *Código uniforme de incendios* incorpora los principales requisitos de protección contra incendios del *Código Uniforme de Construcción*, dándole al departamento de bomberos la facultad de hacer cumplir las cláusulas de protección de dicho código.

El *código de incendios de la ciudad de Dallas* tiene una cláusula que afirma: "Toda ocupación deberá tener rociadores a menos que..." y después identifica las condiciones en las que puede eximirse el sistema de rociadores conforme al código de incendios. Sin embargo, eso no elimina ninguno de los requisitos del código de construcción acerca de los rociadores.

El acatamiento del código de incendios suele ser un requisito para que el municipio emita el certificado de ocupación (CO). En muchas comunidades, por ley, los servicios públicos permanentes no se conectan sin el CO.

3.1.4 Objetivo de los códigos de construcción

El objetivo principal de los códigos de construcción es regular la calidad de las construcciones en una comunidad. Comunidad puede significar poblado, ciudad, municipio, parroquia, condado o estado. Canadá tiene el *Código Nacional de Construcción*. Las cláusulas de los códigos de construcción son administradas por funcionarios de construcción locales y, en algunos casos, estatales. Los códigos de construcción regulan las construcciones nuevas, estableciendo límites en la altura y en el área de la planta de los edificios. El grado de combustibilidad de los materiales usados en ese edificio es objeto de gran consideración. El código de construcción también aborda la separación entre edificios. Los requisitos mínimos para la clasificación de incendios de paredes y separaciones, de detalles del acabado, etcétera, se establecen conforme a criterios de uso.

Por lo general, los códigos de construcción rigen las nuevas construcciones y las modificaciones. Aproximadamente el 80% del contenido de los códigos de construcción tiene que ver con la protección contra incendios. La característica más importante de los códigos de construcción para la industria de los rociadores tiene que ver con los requisitos de instalación de sistemas de rociadores y torres de agua. Algunas ocupaciones deben tener rociadores. En otras, la altura o el área puede incrementarse por la instalación de sistemas de rociadores que no se requieran de otra forma. Estos requisitos obligatorios de rociadores y las compensaciones disponibles son una parte importante y en expansión de los códigos de construcción modelo.

3.2.0 Normas

Las normas detallan cómo lograr la protección especificada por el código (*Figura 3*). Las normas de desempeño especifican funciones y capacidades del equipo físico y las condiciones en las que éste debe funcionar. La norma primordial para los instaladores de rociadores es *NFPA 13, Norma para la instalación de sistemas de rociadores*.

Figura 3 ◆ Normas.

No deben confundirse las normas con las especificaciones técnicas. Por ejemplo, las normas de la NFPA requieren que la señal audible de alarma de incendios se "escuche claramente en todo el edificio", lo que por lo general se define en 15 dBA por encima del nivel del ruido ambiente. No especifica cuántas alarmas audibles deben usarse ni dónde ubicarlas para que cumplan el requisito.

3.2.1 Tipos de normas

Hay muchos tipos de normas (*Figura 4*). Las más comunes se definen como sigue:

- *Normas internacionales* – Usadas básicamente para fomentar el comercio, estas normas definen un lenguaje común y establecen medidas equivalentes.
- *Normas nacionales* – Estas normas por lo general definen el método de fabricación o diseño. Dos organizaciones que establecen normas nacionales son el Instituto nacional de Normas de Estados Unidos (*American National Standards*

Figura 4 ◆ Tipos de normas.

Institute, ANSI) y la Asociación Nacional de Fabricantes Eléctricos (*National Electrical Manufacturers Association*, NEMA).

- *Normas regionales y locales* – Las normas tanto regionales como locales establecen requisitos que se adaptan a las necesidades estatales y locales.
- *Normas de seguridad* – Estas normas establecen requisitos relacionados con aspectos de seguridad.
- *Normas de instalación* – Estas normas establecen los requisitos relacionados con la manera de lograr la instalación de sistemas y equipos. *NFPA 13* es un ejemplo de una norma de instalación.
- *Normas de la industria* – Las normas elaboradas a través de los años y que constituyen el fundamento de la manera en que las compañías de un sector abordan las complejidades relacionadas con los sistemas y los dispositivos se llaman normas de la industria. Por ejemplo, *Underwriters Laboratories* (UL) ha elaborado normas sobre la mayoría de los aspectos de las industrias de telecomunicaciones y de seguridad electrónica, incluyendo equipo, instalación y procedimientos de mantenimiento. Para ser registrada por UL, una compañía debe demostrar que su producto cumple con las normas en cada categoría.
- *Normas de la compañía* – La mayoría de las compañías han elaborado procedimientos específicos para manejar muchos aspectos del trabajo. Estos procedimientos por lo general se basan en los códigos y las normas pertinentes, así como en otros métodos de buenas prácticas.
- *Instrucciones del fabricante* – Las instrucciones que vienen con el equipo se llaman instrucciones del fabricante y son parte de la aprobación o registro. Si no se siguen las instrucciones, se anula la aprobación o el registro.

3.2.2 Normas adoptadas y reconocidas

Las normas adoptadas son aquellas que han sido adoptadas a través de leyes reglamentarias o administrativas en un área geográfica determinada. Una vez que un documento es adoptado como referencia en un estatuto estatal o en una ordenanza municipal, tiene la misma fuerza y efecto que si hubiera sido impresa ahí en su totalidad.

Las normas reconocidas son aquellas que generalmente se aceptan como relevantes en el derecho civil, incluso en las zonas donde no se han adoptado normas formalmente. Donde no se han implementado oficialmente códigos o normas aplicables, es común que los tribunales comparen las circunstancias reales de un caso con las normas reconocidas nacionalmente.

3.3.0 Cómo se determina qué normas y códigos seguir

Hay muchos tipos de códigos y normas que pueden aplicarse a un sistema o trabajo en particular. La decisión de qué códigos y normas se aplican la toma la **autoridad con jurisdicción (AHJ)**. Cada trabajo tiene por lo menos una AHJ. La AHJ es la persona o agencia que decide sobre la aceptabilidad de los sistemas y dispositivos que se van a instalar, de acuerdo con los requisitos del código.

La AHJ puede estar formada por cualquiera o por todas de las siguientes personas: un inspector de construcciones, un inspector de código de incendios, alguna otra autoridad federal, estatal, local o regional, un representante designado de una compañía de seguros o el dueño de la propiedad. La AHJ determina qué reglas se aplican y resuelve en última instancia cualquier conflicto entre códigos o reglas contradictorias. La AHJ es la organización, oficina o individuo responsable de aprobar equipos, instalaciones y procedimientos.

3.4.0 Códigos y normas de la NFPA

Las normas publicadas por la Asociación Nacional de Protección contra Incendios tienen aceptación casi universal como guía del diseño e instalación de sistemas de rociadores contra incendios. Estas normas se producen mediante el proceso de consenso en el sistema de normas voluntarias usado en Estados Unidos. Sin embargo, en estas normas hay representación internacional, con una participación significativa de Canadá.

En la mayoría de las comunidades se codifican estas normas adoptándolas como ordenanzas municipales. Ese proceso hace que esas normas por consenso se vuelvan ley en dicha comunidad. Por lo tanto, el reconocimiento de las normas de la NFPA es un factor importantísimo en el diseño e instalación de los sistemas de protección contra incendios. Estas normas definen los resultados de la experiencia en términos del espaciamiento, ubicación y posición de los rociadores, de los materiales que son aceptables y de las técnicas que funcionan para implementar y dar mantenimiento a los sistemas en gran variedad de circunstancias.

Ahora la NFPA está requiriendo que los comités de normas observen un ciclo de revisiones de tres años. Los años de revisión están escalonados entre las normas, de modo que éstas no entren en revisión en el mismo año calendario. Las comunidades activas actúan cada año para adoptar estas normas como ordenanzas. No todas las comunidades están al corriente.

Los códigos de construcción modelo citan ediciones específicas de las normas de la NFPA.

Cuando se adoptan estos códigos de revisión, también se adoptan las ediciones específicas de las normas de la NFPA. Si las ordenanzas municipales o el código de incendios no adoptan diferentes años de emisión, en forma predeterminada la edición que es ley está determinada por el código de construcción. Por lo tanto, puede ser un problema determinar qué edición de una norma de la NFPA aplicar. Con frecuencia, la norma de emisión más reciente es la que siguen los jefes de bomberos, cuando la emisión actual y adoptada es en cierto modo anterior.

Por lo general se permiten cambios pequeños en una estructura sin actualizar todo el edificio a la norma vigente. Sin embargo, si se eleva el costo económico de los cambios, algunos códigos de construcción requieren que todo el edificio se actualice a las normas vigentes. También hay leyes retroactivas que requieren que todos los edificios dentro de una jurisdicción se actualicen a la norma vigente.

Los códigos y las normas son documentos vivientes. La mayoría están en un ciclo de revisión de tres años, aunque hay reuniones anuales y pueden adoptarse cambios anuales mediante ordenanzas. Esto significa que un edificio de 20 años de antigüedad puede estar bajo las normas de 20 años atrás o bajo las actuales. Debe determinarse el año de emisión de la norma de la NFPA aplicable para saber los requisitos de un proyecto específico.

El sistema de normas de la NFPA cubre una gama amplia de temas. Estas normas tienen un formato uniforme. El primer capítulo de cada norma tiene la definición del ámbito, que define la aplicabilidad de dicha norma. La aplicación de una norma más allá de su ámbito definido puede producir una responsabilidad indeseable en caso de surgir problemas. Las desviaciones de ese tipo deben estar cubiertas con la documentación adecuada (es decir, permiso escrito de las autoridades correspondientes). Las normas de la NFPA más importantes para la industria de los rociadores contra incendios se mencionan en los párrafos siguientes. Se dan en orden numérico, más que en orden de importancia.

En esta sección se describen los códigos y las normas publicados por la NFPA que se aplican a los sistemas de rociadores contra incendios. Estos códigos pueden venir mencionados en las especificaciones del proyecto, por lo que todos los instaladores deben familiarizarse con su contenido.

NFPA 13 fue iniciada en 1896, como la primera publicación de la NFPA. Desde esa fecha se ha actualizado periódicamente. *NFPA 13* es la norma clave para el diseño y la instalación de los sistemas de rociadores contra incendios. Su propósito declarado es ofrecer un "grado razonable de protección de vidas y bienes materiales". Para lograrlo especifica requisitos mínimos.

Cuando se va a instalar un sistema de rociadores, esta norma ofrece las bases de ingeniería para que los técnicos diseñen sistemas efectivos de rociadores contra incendios y, basándose en esa misma guía, los mecánicos pueden instalar sistemas de rociadores contra incendios que funcionen debidamente. Todas las demás normas sobre rociadores contra incendios en Estados Unidos dependen de esta norma en lo que se refiere a lo básico de tubería, conexiones, válvulas, soportes, dispositivos y ubicación de los rociadores.

El diseño está basado en ocupaciones, que incluyen peligro ligero, peligro común, peligro extra y almacenamiento. El viejo enfoque de diseño basado en el programa de los tubos puede usarse en circunstancias muy limitadas. Los criterios de diseño más recientes se basan en curvas de área/densidad. Los criterios de diseño son el espaciamiento de los rociadores, la ubicación de los rociadores en relación al techo o la plataforma del techo y la posición de los rociadores en relación a las obstrucciones. Estos factores varían de acuerdo con la ocupación y el tipo de construcción.

Esta norma entra en mucho detalle para definir varios tipos de sistemas de rociadores y dónde y cómo van a usarse. También define los tubos, las conexiones, las válvulas y los soportes aceptables, así como los métodos de instalación y de prueba para garantizar, tanto como sea práctico hacerlo, que los sistemas de rociadores contra incendios sean funcionales, confiables y económicos. Muchos de los requisitos relacionados con el equipo físico de *NFPA 13* se aplican a otras normas de la NFPA, en las cuales se hace referencia a ellos. *NFPA 13* es por esto la norma de la serie de la NFPA más importante y fundamental para los sistemas de rociadores contra incendios. Si desea guías interpretativas que amplíen o se desvíen, vea la sección *Guías interpretativas*.

NOTA

Los requisitos de almacenamiento, que anteriormente estaban cubiertos en una serie por separado, la *NFPA 231*, se integraron en la edición de 1999 de la *NFPA 13*.

3.4.1 Norma para la instalación de rociadores (NFPA 13)

NFPA 13 cubre el diseño y la instalación adecuados de los sistemas comunes de rociadores para todo tipo de **peligros** de incendio. Cubre los siguientes factores:

- Consideraciones de diseño

- Abasto de agua
- Requisitos del equipo
- Tasa de flujo del sistema
- Ubicación y posición de los rociadores
- Almacenamiento general y almacenamiento en un **estante** de los materiales
- Criterios identificados específicamente para peligros especiales de ocupación.
- Tamaño mínimo de los rociadores usados en aplicaciones de almacén.
- Requisitos de separación entre sistemas de supresión oportuna y respuesta rápida y otros tipos de sistemas de rociadores.
- Reglas para proteger los sistemas de rociadores contra incidentes sísmicos.

3.4.2 Norma para la instalación de sistemas de rociadores en viviendas uni y bifamiliares y en casas prefabricadas (NFPA 13D)

NFPA 13D cubre el diseño y la instalación de sistemas automáticos de rociadores para protección contra incendios en viviendas uni y bifamiliares y en casas prefabricadas. *NFPA 13D* se emitió por primera vez en 1975. En 1980 se revocó la edición de 1975 y se emitió una norma reelaborada por completo. *NFPA 13D* está en el mismo calendario de revisión que *NFPA 13* y es procesada por el mismo comité.

3.4.3 Norma para la instalación de sistemas de rociadores en ocupaciones residenciales hasta de cuatro pisos de altura (NFPA 13R)

NFPA 13R cubre el diseño e instalación de sistemas automáticos de rociadores para protección contra incendios en ocupaciones residenciales de hasta cuatro pisos de altura. Esta norma se emitió por primera vez en 1989. También es procesada por el comité *NFPA 13* y sigue los mismos ciclos de revisión que *NFPA 13*.

3.4.4 Norma para la instalación de bombas estacionarias para protección contra incendios (NFPA 20)

NFPA 20 está dedicada a los requisitos para seleccionar e instalar bombas que abastezcan el líquido para protección privada contra incendios. Esta norma incluye abasto de líquido, equipo de succión, de descarga y auxiliar, fuentes de energía, impulso y control eléctrico, impulso y control por motor dísel, impulso y control por turbina de vapor y pruebas de aceptación y operaciones.

Se usan bombas de incendio cuando el abasto normal automático de agua no puede suministrar ni la presión ni el volumen necesarios para combatir un incendio. Los materiales de bombas de incendio de vapor y rotatorias se incluyeron en la primera edición de *NFPA 13* en 1896. Posteriormente se elaboró una norma por separado. *NFPA 20* aborda la selección e instalación de las bombas usadas con el propósito de combatir incendios.

No se cubren los requisitos de capacidad de líquido y presión, las inspecciones periódicas, las pruebas y el mantenimiento de los sistemas de bombas contra incendios, ni los requisitos para instalar el cableado de las unidades de bombas contra incendios.

3.4.5 Normas para tanques de agua privados para protección contra incendios (NFPA 22)

NFPA 22 especifica los requisitos mínimos de diseño, construcción, instalación y mantenimiento de tanques y otro equipo que suministre agua para protección contra incendios. Esto se refiere a lo siguiente:

- Tanques de gravedad, succión, presión y succión apoyados en terraplén recubiertos de tela.
- Torres
- Cimientos
- Conexiones y acoplamientos de tuberías
- Cajas de válvulas
- Llenado del tanque
- Protección contra congelamiento

3.4.6 Norma para la instalación de tomas de agua de servicio privadas contra incendios y sus accesorios o piezas (NFPA 24)

NFPA 24 se centra en los requisitos mínimos para instalar tomas de agua de servicio contra incendio y su equipo. Esta norma cubre las siguientes siete áreas:

- Sistemas automáticos de rociadores
- Sistemas de rociadores abiertos
- Sistemas de rocío fijo de agua
- Sistemas de espuma
- Bocas de incendios privadas
- Boquillas de monitor o sistemas de torres de agua en relación con el abasto de agua
- Carretes de mangueras

NFPA 24 se aplica a las tomas de agua de servicio combinadas que llevan agua para el servicio contra incendios.

3.4.7 Norma para la inspección, pruebas y mantenimiento de sistemas de protección contra incendios basados en agua (NFPA 25)

NFPA 25 establece los requisitos mínimos para la inspección, pruebas y mantenimiento de sistemas de protección contra incendios basados en agua, tanto en tierra como marinos. La norma cubre sistemas de rociadores, de torres de agua y manguera, de rocío fijo de agua y de agua de espuma. También cubre el abasto de agua que es parte del sistema, como tomas de agua de servicio privadas y equipo, bombas contra incendios y tanques de depósito de agua y las válvulas que controlan el flujo del sistema. Otros temas que cubre es el manejo de daños y los reportes.

Como norma, *NFPA 25* cubre todos los sistemas de extinción de incendios que funcionen con agua. Se ha coordinado con los requisitos de diseño correspondientes de las normas de la NFPA relacionadas para constituir una norma completa de inspección y mantenimiento del sistema. Esta norma, de adoptarse, será complemento de los códigos de incendio, como norma de inspección y mantenimiento. Se requiere que se le dé al propietario, por lo general al término del trabajo.

NFPA 25 no se aplica a los sistemas instalados indebidamente, y las medidas correctivas están fuera del ámbito de esta norma Esta norma no se aplica a los sistemas de rociadores diseñados e instalados conforme a los requisitos de *NFPA 13D, Norma para la instalación de sistemas de rociadores en viviendas uni y bifamiliares y casas prefabricadas*.

3.5.0 Códigos nacionales de construcción

Los códigos de construcción que son de ámbito nacional establecen las normas mínimas para salvaguardar la vida de la gente, regulando y controlando el diseño, la construcción y la calidad de los materiales usados en las construcciones modernas. También han llegado a regir el uso y la ocupación, la ubicación de un tipo de edificio y el mantenimiento continuo de todos los edificios e instalaciones. Una vez adoptadas por una jurisdicción local, esos códigos nacionales de construcción se vuelven leyes. A fin de cubrir necesidades y requisitos locales más estrictos, es común que las localidades cambien o agreguen nuevos requisitos a los de cualquier código nacional que hayan adoptado. Las cláusulas de los códigos nacionales de construcción se aplican a la construcción, modificación, movimiento, demolición, reparación, mantenimiento estructural y uso de cualquier edificio o estructura dentro de la jurisdicción local.

Los códigos nacionales de construcción son los instrumentos legales para imponer la seguridad pública en la construcción de vivienda humana y estructuras para reuniones. Se usan no sólo en la industria de la construcción, sino también en la de seguros, a fin de evaluar compensaciones y ajustes de reclamos, y en la legal, con objeto de litigios judiciales.

4.0.0 ◆ CARRERAS EN LA INSTALACIÓN DE ROCIADORES

Una vez que usted termine su entrenamiento inicial y obtenga experiencia en el trabajo, usted dispondrá de numerosas oportunidades profesionales en la industria de los rociadores. Si usted tiene capacidades de liderazgo, puede llegar a ser capataz de un equipo de instaladores de rociadores. Algunos instaladores experimentados se convierten en instructores en escuelas de entrenamiento de contratistas o vocacionales. Otros pueden llegar a ser inspectores de control de calidad, cotizadores o diseñadores de tuberías. Con mayores estudios y entrenamiento, un instalador de rociadores puede convertirse en técnico de diseño de sistemas de rociadores.

Dependiendo de su nivel de habilidad, experiencia, estudios e interés, usted podría ser también contratista de rociadores contra incendios. Los contratistas de rociadores contra incendios trabajan con arquitectos, contratistas generales, funcionarios de normatividad y en ocasiones con los dueños de edificios para brindarle sistemas de protección contra incendios a una estructura.

También podría trabajar para un contratista como técnico de diseño. Los técnicos de diseño deben conocer los requisitos específicos del diseño de rociadores y cómo éstos encajan en el diseño general de la estructura. Quizá podrían interesarle también las ventas y cotizaciones. La *Figura 5* muestra las carreras profesionales en general para los instaladores de rociadores.

Los instaladores de rociadores se emplean en todo Estados Unidos y en todo el mundo. Como instalador de rociadores, es probable que usted trabaje con un contratista, haciendo varios tipos de instalaciones comerciales de rociadores. Actualmente se requieren sistemas de rociadores en la mayoría de las estructuras comerciales, lo que produce una demanda continua de instaladores de rociadores. Un instalador de rociadores de nivel jornalero gana tanto o a veces más que una persona con estudios universitarios.

4.1.0 El trabajo del instalador de rociadores

Los instaladores de rociadores realizan una amplia variedad de tareas relacionadas a la instalación, reparación y mantenimiento de todo tipo de sistemas de rociadores contra incendios. El trabajo es básicamente con sistemas de rociadores automáticos. Los instaladores también deben tener las habilidades y los conocimientos para instalar y dar mantenimiento a numerosos sistemas relacionados, como torres de agua, sistemas de bióxido de carbono, de espuma y de químicos secos.

Como aprendiz, es probable que usted esté fabricando, instalando, probando, dando mantenimiento o reparando sistemas de rociadores en instalaciones industriales, tiendas de departamentos, edificios de oficinas, hoteles, escuelas, hospitales y residencias. Usted instalará sistemas de rociadores de tubo mojado y seco, de acción previa y de inundación, junto al una gran variedad de sistemas relacionados.

Como instalador jornalero, también podrá leer e interpretar diagramas de ingeniería y especificaciones, preparar cotizaciones de costos para clientes, seleccionar el tipo y tamaño del tubo requerido y acomodar la tubería para brindar protección contra incendios. Instalará soportes para sostener el sistema de tubería y soldará, enroscará y pegará (soldadura por solvente) uniones de tubo. Usted buscará fugas en los sistemas, inspeccionará, dará mantenimiento y reparará tuberías, conexiones y controles, como bocas de incendio, bombas y conexiones de cabezales de rociador.

4.2.0 Requisitos generales y condiciones de trabajo

El trabajo se hace tanto en interiores como en exteriores. Hay que trepar, arrodillarse, estar de pie y caminar en andamios en proporciones substanciales. Debido a esta actividad, el instalador debe poder moverse con facilidad y estar en buena condición física.

Si usted quiere ser instalador de rociadores, no debe tener miedo a las alturas y debe tener un buen sentido de equilibrio. Usted debe estar consciente de su seguridad y la de sus compañeros. Necesita ser hábil con las manos y estar dispuesto a realizar trabajo físico pesado cuando se requiera.

Debe tener inclinaciones mecánicas, ser capaz de leer anteproyectos y usar herramientas eléctricas para cortar y enroscar tubo de manera segura y eficiente.

4.3.0 Una carrera gratificante

Hay gran futuro en la instalación de rociadores. Cuando la construcción está en auge hay mucha demanda de instaladores de rociadores. Pero incluso cuando la economía se debilita, siempre hay demanda de instaladores para dar servicio y mantenimiento y reparar los sistemas ya instalados, así como para mejorar los edificios que carezcan de sistemas de rociadores.

Siempre va a haber una fuerte demanda para buenos técnicos de servicio. Si usted continúa sus estudios y llega a dominar los códigos de construcción y de incendios, puede convertirse en inspector, superintendente o gerente.

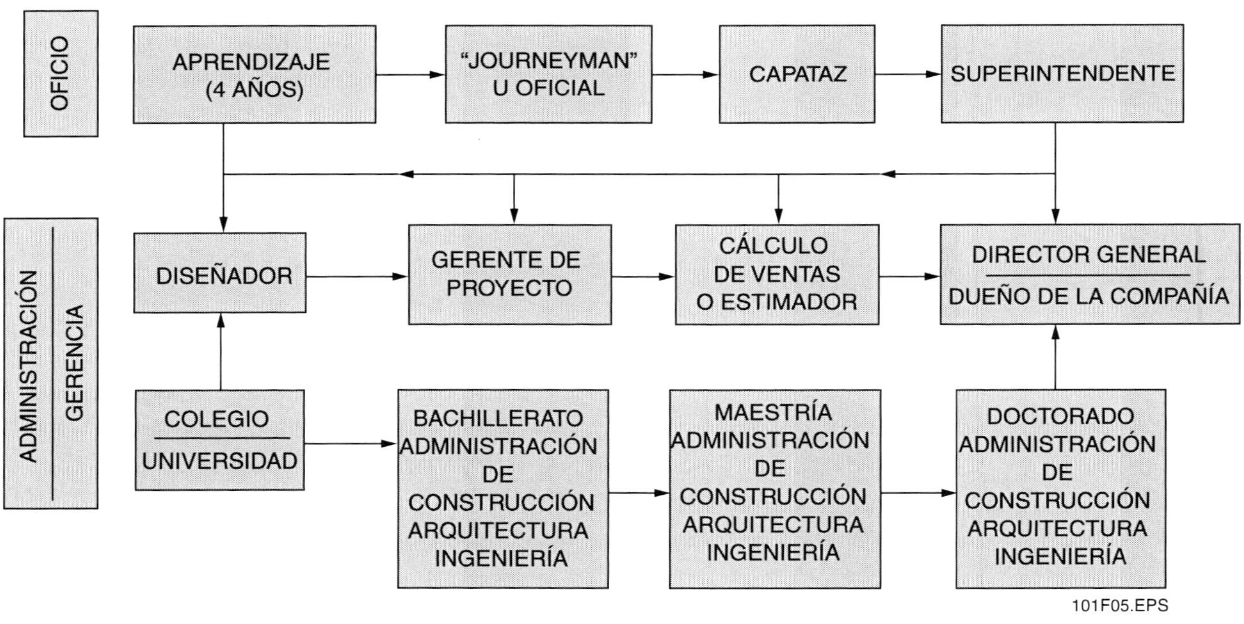

Figura 5 ◆ Carreras profesionales en general para los instaladores de rociadores.

¿SABÍA USTED?

Códigos de construcción

Hasta el año 2000 había tres códigos modelo de construcción. Los tres grupos redactores, Funcionarios de Construcción y Administradores de Código (BOCA), Conferencia Internacional de Funcionarios de Construcción (ICBO) y Congreso Sureño de Códigos de Construcción Internacional (SBCCI) se unieron en una sola organización llamada Consejo Internacional de Códigos (ICC), con el objetivo de elaborar una familia de códigos de construcción e incendios de aceptación nacional. La primera edición del *International Building Code®* (*Código Internacional de Construcción*) se publicó en 2000 y la segunda edición en 2003. Se tiene la intención de continuar en un ciclo de tres años.

En 2002, la NFPA publicó su propio código de construcción, el *NFPA 5000*. Actualmente hay dos códigos de reconocimiento nacional que compiten por ser adoptados en los 50 estados.

Muchos instaladores de rociadores pasan por un aprendizaje de cuatro años, que desemboca en la certificación o licencia de instalador de rociadores contra incendios. Como parte del programa de aprendizaje, usted recibe instrucción y entrenamiento a través de libros de texto, cursos y trabajo de laboratorio.

4.3.1 Coordinación con la industria de la construcción

La industria de la construcción reconoce la responsabilidad de trabajar estrechamente con las escuelas, a fin de crear una imagen positiva de la industria entre los jóvenes y sus padres. Las cambiantes tecnologías, la mejora de los materiales y de las técnicas de construcción han creado nuevas carreras que sólo pueden llenarse con una fuerza de trabajo talentosa y diversa.

El Centro Nacional para la Enseñanza y la Investigación de la Construcción (National Center for Construction Education and Research, NCCER) se creó para abordar la crítica escasez de fuerza de trabajo a la que se enfrentaba la industria de la construcción y para elaborar programas de entrenamiento en el oficio estandarizados e impulsados por la industria, con créditos transferibles.

4.4.0 National Center for Construction Education and Research

The National Center for Construction Education and Research (NCCER, por sus siglas en inglés) es una fundación educativa sin fines de lucro, establecida por las principales empresas constructoras del país. El NCCER se creó para ofrecer a la industria materiales educativos estandarizados sobre la construcción, la **serie de aprendizaje Contren®** (los módulos para instalador de rociadores son parte de esta serie) y un sistema para rastrear y reconocer los logros de los estudiantes en materia de entrenamiento: el registro nacional del NCCER.

El NCCER también ofrece acreditación, certificación de instructores y evaluación de habilidades. El NCCER está comprometido a elaborar y mantener un proceso de entrenamiento que tenga reconocimiento internacional, que esté estandarizado, sea transferible y esté basado en sus habilidades.

Trabajando en asociación con la industria y el mundo académico, el NCCER elaboró un sistema de acreditación de programas, que es similar a los que se encuentran en instituciones de estudios superiores. El proceso de acreditación del NCCER asegura que los estudiantes reciban un entrenamiento de calidad, basado en normas y criterios uniformes. Estas normas están delineadas en los *Lineamientos de acreditación* del NCCER y deben ser acatadas por todos los patrocinadores de entrenamiento acreditados del NCCER.

Más de 475 establecimientos de entrenamiento en los 50 estados y en ocho países están orgullosos de ser patrocinadores de entrenamiento acreditados del NCCER. Millones de profesionales del oficio y gerentes de construcción han recibido una enseñanza sobre construcción de calidad a través de la red de patrocinadores de entrenamiento acreditados del NCCER y las miles de unidades de entrenamiento asociadas con los patrocinadores. El número de patrocinadores de entrenamiento acreditados del NCCER se eleva considerablemente cada año.

En 2006, el número de entrenadores maestros del NCCER superó los 3,300 y el total de instructores de oficio superó los 29,500; esas cifras están en rápido crecimiento. Puede encontrar más información en www.nccer.org.

4.4.1 Registro Nacional del NCCER

En un esfuerzo para ofrecer credenciales de la industria y asegurar la transferibilidad de las habilidades en todo el país, el registro nacional del NCCER habrá entregado tres millones de credenciales a estudiantes de la construcción para 2005. El registro nacional ofrece transcripciones de estudios, certificados y tarjetas para estudiantes de la serie de aprendizaje Contren® cuando el entrenamiento se realiza a través de un patrocinador de entrenamiento acreditado por NCCER. Estas valiosas credenciales benefician a los estudiantes cuando buscan empleo y forjan su carrera. Vea en el *Apéndice B* muestras de las credenciales de entrenamiento de aprendizaje, el diploma y las constancias de estudios del NCCER.

4.5.0 Asociación de Rociadores contra Incendios de Estados Unidos

La **Asociación de Rociadores Contra Incendios de Estados Unidos** (*American Fire Sprinkler Association*, AFSA) es la voz del contratista por méritos de rociadores automáticos contra incendios. En apoyo de los objetivos por méritos, la Asociación de Rociadores contra Incendios de Estados Unidos promueve el desarrollo de programas de enseñanza y entrenamiento para mantener la calidad y efectividad de los rociadores automáticos contra incendios, fomenta el aumento del papel de los rociadores automáticos en la protección de vidas y bienes materiales, difunde información sobre mano de obra, tecnología y empresas, y ofrece programas para reforzar las prácticas comerciales del contratista que emplea a los trabajadores según sus méritos.

La AFSA es una organización internacional sin fines de lucro, que representa a los contratistas por méritos de rociadores contra incendios, dedicada a la superación educativa de sus miembros y al fomento del uso de sistemas automáticos de rociadores contra incendios. La AFSA se organizó en 1981 para ofrecerles a los contratistas por méritos de rociadores contra incendios servicios de entrenamiento, consultoría, comunicación, representación y muchos otros servicios, los cuales se han ampliado a lo largo de su existencia.

La membresía está abierta a contratistas, fabricantes, proveedores, diseñadores y autoridades con jurisdicción. Actualmente, la AFSA representa aproximadamente a 750 compañías e individuos de Estados Unidos y de todo el mundo. La AFSA piensa que la instalación de rociadores salvaría las miles de vidas y ahorraría los millones de dólares que se pierden en los incendios cada año. Los funcionarios públicos cada vez se dan más cuenta de esto.

La AFSA actúa como enlace con otras asociaciones involucradas en la seguridad contra incendios. Trabajando en forma conjunta con agencias gubernamentales, como la Agencia Federal de Manejo de Emergencias (*Federal Emergency management Agency*, FEMA), la Asociación Nacional de Protección contra Incendios (NFPA) y la Coalición de Rociadores contra Incendios Domésticos (*Home Fire Sprinkler Association*), la AFSA contribuye a despertar la conciencia sobre los peligros del fuego.

4.5.1 Entrenamiento

Para ayudar a los contratistas de rociadores a mantener una fuerza de trabajo de calidad, AFSA y NCCER patrocinan el desarrollo de este programa de entrenamiento estandarizado, diseñado específicamente para los aprendices del oficio de los rociadores contra incendios.

Además, la AFSA ofrece las siguientes escuelas especializadas:

- La Escuela de Planificación de Sistemas de Rociadores contra Incendios, con una duración de dos semanas, y que ofrece un enfoque práctico y exhaustivo de la elaboración de diagramas de sistemas de rociadores contra incendios.
- La Escuela Avanzada de Planificación de Sistemas de Rociadores contra Incendios, que ayuda al planificador experimentado con la comparación de planificación de sistemas usando cabezales ESFR y cabezales de cobertura extendida.
- Un Seminario de Cálculos Hidráulicos que enseña a los estudiantes a realizar cálculos hidráulicos a la manera antigua.
- El Seminario de Repaso e Inspección de Planes de Rociadores contra Incendios y Torres de Agua está disponible para actualizar al personal del departamento de bomberos, funcionarios de la construcción, arquitectos e ingenieros acerca de la tecnología más reciente en rociadores contra incendios.

4.5.2 SprinklerNet

La Red de Rociadores contra Incendios está patrocinada por la Asociación de Rociadores contra Incendios de Estados Unidos. Es una fuente de información actualizada sobre los rociadores automáticos contra incendios. Consulte **SprinklerNet** en www.sprinklernet.org.

5.0.0 ◆ RESPONSABILIDADES DEL EMPLEADO

A fin de tener éxito, el profesional debe poder usar materiales, herramientas y equipo del oficio actualizados, para terminar sus tareas de manera rápida y eficiente. El instalador de rociadores debe ser experto en adaptar los métodos para que se ajusten a cada situación. El instalador de rociadores exitoso debe entrenarse continuamente para mantenerse al tanto de los avances técnicos y adquirir las habilidades para usarlos. Un profesional nunca corre riesgos con su seguridad personal ni la de otros.

5.1.0 Profesionalismo

La palabra profesionalismo es un término amplio que se refiere al comportamiento general deseado y a la actitud que se espera que tenga en el lugar de trabajo. Con demasiada frecuencia, el profesionalismo está ausente de la obra en construcción y de los diversos oficios. Mucha gente sostiene que el profesionalismo debe empezar en la cumbre para que tenga éxito. Es verdad que es importante que la administración apoye el profesionalismo para que éste tenga éxito en el lugar de trabajo, pero es más importante que los individuos reconozcan su propia responsabilidad con el profesionalismo.

El profesionalismo significa honestidad, productividad, seguridad, civilidad, cooperación, espíritu de equipo, comunicación clara y concisa, llegar a tiempo y preparado para trabajar y observar el efecto que uno tiene en sus compañeros. Puede manifestarse de numerosas formas cada minuto en que usted esté en el lugar de trabajo. Lo más importante es que usted no tolere la conducta poco profesional de los compañeros. Esto no significa que usted rechace al trabajador no profesional, más bien, que usted trabaja para demostrar las ventajas del comportamiento profesional.

El profesionalismo es un beneficio tanto para el empleador como para el empleado. Es una responsabilidad profesional. Nuestra industria es lo que cada individuo decide hacer con ella; elija el profesionalismo y la imagen de la industria seguirá sus pasos.

5.2.0 Honestidad

La honestidad y la integridad personal son rasgos importantes del profesional exitoso. Los profesionales se enorgullecen de hacer bien su trabajo y de ser puntuales y confiables. Cada trabajo se realiza de manera profesional, nunca tomando atajos ni reduciendo materiales. Un profesional apreciado mantiene una actitud y una ética laboral que protegen de daños y robos en el taller o lugar de trabajo a los bienes materiales, como las herramientas y materiales pertenecientes a empleados, clientes y otros oficios.

La honestidad y el éxito van de la mano. No es una simple elección entre lo bueno y lo malo, sino entre el éxito y el fracaso. La deshonestidad siempre lo alcanzará. Ya sea que robe materiales, herramientas o equipo del lugar de trabajo o que simplemente mienta acerca de su trabajo, su empleador no tardará en descubrirlo. Claro, usted podrá ir y encontrar a otro empleador, pero a fin de cuentas, esta opción se le acabará.

Si usted quiere tener éxito y empleo continuo, estabilidad de ingresos y que lo busquen a usted, en lugar de que usted busque empleo, entonces empiece con el concepto básico de la honestidad en el lugar de trabajo y cosechará los beneficios. Sin embargo, la honestidad abarca mucho más que no tomar cosas que no le pertenezcan. Significa dar una jornada completa de trabajo por una paga diaria. Significa cumplir con su parte del acuerdo. Significa que sus palabras transmiten significados verdaderos y acontecimientos reales. Nuestros pensamientos, así como nuestros actos, deben ser honestos. Los empleadores tienen en muy alta estima a los empleados que son estrictamente honestos.

5.3.0 Lealtad

Los empleados esperan que los empleadores cuiden de sus intereses, les brinden empleo continuo y los asciendan a mejores cargos cuando haya vacantes. También los empleadores sienten que tienen derecho a esperar que sus empelados les sean fieles: tener en mente sus intereses, hablar bien de ellos con otros, conservar los problemas menores estrictamente dentro de la compañía y mantener confidencial todos los asuntos relacionados con el negocio. Tanto los empleadores como los empleados deben tener en mente que la lealtad no es algo que se exige, sino que se gana.

5.4.0 Disposición a aprender

Cada compañía tiene su propia manera de hacer las cosas. Los empleadores esperan que sus trabajadores estén dispuestos a aprender esa manera. Es muy importante adaptarse al cambio y estar dispuestos a aprender nuevos métodos y procedimiento lo más pronto posible. En ocasiones, cambios en los **reglamentos de seguridad** o la adquisición de equipo nuevo hace necesario que incluso los empelados experimentados aprendan los métodos y las operaciones nuevas. Los empleados suelen resentirse por tener que aceptar mejoras debido al entrenamiento que éstas significan. Sin embargo, los empleadores sin duda piensan que tienen el derecho a esperar que sus empleados hagan el esfuerzo necesario. Los métodos deben mantenerse actualizados para enfrentarse a la competencia y tener ganancias. Estas ganancias son las que le permiten al dueño mantenerse en el negocio y ofrecer empleos y avances a sus empleados.

5.5.0 Disposición a asumir responsabilidades

Los mayoría de los empleadores esperan que sus empleados vean qué se necesita hacer y que después lo hagan. Es muy fastidioso tener que pedir una y otra vez que se haga un trabajo. Es obvio que, si se le tiene que pedir una vez, el empleado debe asumir la responsabilidad de ahí en adelante. Una vez se haya delegado la responsabilidad, el empleado debe seguir realizando las tareas sin más instrucciones. Todo empleado tiene la responsabilidad de trabajar con prudencia.

5.6.0 Disposición a cooperar

Cooperar significa trabajar juntos. En el mundo de los negocios modernos, la cooperación es la clave para que se hagan las cosas. Aprenda a trabajar como miembro de un equipo con su empleador, su supervisor y sus compañeros, en un esfuerzo común para que el trabajo se haga de manera eficiente, segura, y a tiempo.

5.7.0 Reglas y reglamentos

La gente puede trabajar junta bien sólo cuando hay cierto entendimiento sobre el trabajo que se va a hacer, cuándo y cómo se va a hacer, y quién lo va a hacer. Las reglas y reglamentos son una necesidad en cualquier situación laboral y todos los empleados deben considerarlos así.

5.8.0 Retraso y ausentismo

Retraso significa llegar tarde al trabajo y ausentismo significa no estar en el trabajo por una u otra razón. Los retrasos continuos y las ausencias frecuentes son una indicación de malos hábitos de trabajo, conducta no profesional y falta de compromiso.

Todos tenemos costumbres. Lo que hacemos una vez tendemos a hacerlo de nuevo, a menos que los resultados sean demasiado desagradables. El hábito de llegar siempre tarde quizá haya empezado en nuestros días escolares, cuando se nos hacía difícil levantarnos en la mañana. Este hábito nos puede causar problemas en la escuela y puede seguir causándonos problemas después de haber acabado la escuela y empezado a trabajar.

La vida en nuestro trabajo está regida por el reloj. Estamos obligados a estar en el trabajo a una hora definida. Y todos los demás también lo están. No llegar a tiempo al trabajo provoca confusiones, pérdida de tiempo y resentimientos en aquellos que sí llegan a tiempo. Además puede provocar sanciones que pueden llegar al despido. Aunque quizá sea verdad que unos cuantos minutos al día no son muy importantes, usted debe recordar que ésta es una cuestión de principios. Nuestra obligación es estar en el trabajo a la hora designada. Aceptamos las condiciones del trabajo cuando aceptamos el empleo. Quizá nos ayude a ver las cosas más claramente tratar de ver el asunto desde el punto de vista del jefe. Los supervisores no pueden mantener contacto con las personas si éstas llegan a la hora que quieren. No es justo para los demás pasar por alto los retrasos. No llegar a tiempo puede retrasar el trabajo de los compañeros. Planear bien su rutina matutina por lo general le evitará demoras y así impedirá llegar tarde. De hecho, llegar un poco temprano indica su interés y entusiasmo por su trabajo, cosa que es apreciada por los empleadores. El hábito de llegar tarde es una de esas cosas que obstaculiza el camino de los ascensos.

En ocasiones es necesario no ir a trabajar. Nadie espera que alguien trabaje cuando está enfermo o tiene graves problemas en la casa. Sin embargo, es posible adquirir el hábito de permitir que asuntos sin importancia e innecesarios nos impidan ir a trabajar. Esto provoca pérdidas de producción y dificultades para quienes traten de realizar el trabajo. Aquí también está involucrado un principio. La persona que nos contrata tiene el derecho de esperar que estemos en el trabajo, a menos que haya una razón muy buena para no ir. Ciertamente no debemos permitir que alguna razón trivial nos retenga en casa. No debemos estar levantados en la noche hasta estar demasiado cansados para ir a trabajar al día siguiente. Si estamos enfermos, debemos utilizar el tiempo en casa para hacer todo lo posible por recuperarnos rápidamente. Después de todo, no es más de lo que podríamos esperar de una persona a la que contratamos para que trabaje para nosotros, y de la que dependemos para que haga cierto trabajo.

Si es necesario quedarse en casa, entonces por lo menos telefonee a la oficina temprano en la mañana, para que el jefe pueda encontrar a otro trabajador para ese día. Pero, una y otra vez, los empleados se quedan en casa sin notificarle al empleador. Ésta es la peor forma de manejar la situación. Hace que quienes estén en el trabajo no sepan qué esperar. No tienen forma de saber si simplemente algo lo detuvo a usted y llegará más tarde, o si deben tomarse medidas inmediatas para asignar su trabajo a alguien más. La simple cortesía exige que usted le haga saber a su jefe si no puede llegar a trabajar.

Las causas más frecuentes del ausentismo son las enfermedades, una muerte en la familia, los accidentes, asuntos personales y la insatisfacción con el trabajo. Aquí vemos que algunas de estas causas son legítimas e inevitables, mientras que otras pueden controlarse. Por lo general podemos planear el realizar la mayoría de nuestros asuntos personales después de las horas de trabajo. Las ausencias frecuentes se reflejan desfavorablemente en un trabajador cuando se consideran las promociones.

Los empleadores en ocasiones recurren a descuentos en la paga, los descensos de categoría e incluso los despidos a fin de combatir los retrasos y el ausentismo. A ningún empleador le gusta imponer restricciones de este tipo. Sin embargo, para ser justos con aquellos trabajadores que sí llegan a tiempo y no se ausentan del trabajo, el empleador en ocasiones se ve obligado a disciplinar a quienes no siguen las reglas.

5.9.0 Definición de metas

Definir las metas es muy importante para alcanzar el éxito. Tener metas de corto y de largo plazo es muy importante para que usted aumente su valor en el lugar de trabajo. El salario del empleado depende de cuánto sobresalga en el trabajo. Definir metas y trabajar para alcanzarlas son la clave para mejorar el desempeño en el lugar de trabajo, mejorar el salario y obtener satisfacción laboral.

Las metas que la gente se ponga a sí misma deben contemplar el orgullo, el profesionalismo, la reputación y el reconocimiento. Si los empleados no se enorgullecen de su trabajo, eso afecta su reputación personal y la de su compañía.

5.10.0 Revisión y evaluación de empleados

Algunos empleadores hacen revisiones anuales o semestrales para evaluar el desempeño laboral de los empleados. El empleador evalúa la calidad del desempeño con relación al trabajo. Cuando el desempeño laboral real es mayor o igual al desempeño esperado, un aumento o un ascenso es la recompensa por un trabajo bien hecho. Tam-

A NIVEL

Principios éticos para miembros de los oficios de la construcción

Honestidad – Sea honesto y sincero en todos sus tratos. Realice sus negocios de acuerdo con las normas profesionales más altas. Cumpla fielmente todos los contratos y compromisos. No mienta ni engañe deliberadamente a los demás.

Integridad – Demuestre su integridad personal y el valor de sus convicciones haciendo lo que es correcto, aunque haya presiones para que haga lo contrario. No sacrifique sus principios porque parece ser más fácil.

Lealtad – Sea digno de confianza. Demuestre fidelidad y lealtad a las compañías, los empleadores y patrocinadores, los compañeros de trabajo y las instituciones y organizaciones del oficio.

Justicia – Sea equitativo y justo en todos sus tratos. No se aproveche de los errores o dificultades de otros. Las personas justas son de mente abierta y están comprometidas con la justicia, el trato equitativo para todos los individuos, y con la tolerancia y aceptación de la diversidad.

Respeto a los demás – Sea cortés y trate a todas las personas con la misma dignidad y respeto.

Obediencia – Ríjase por las leyes, reglas y reglamentos relacionados con todas las actividades personales y comerciales.

Compromiso con la excelencia – Busque la excelencia al realizar sus deberes, esté bien informado y preparado, trate continuamente de incrementar su destreza adquiriendo habilidades y conocimientos.

Liderazgo – Trate de dar un ejemplo positivo para los demás a través de su propia conducta.

bién se considera la actitud en el trabajo. Adoptar y mantener ahora una actitud positiva le rendirá frutos en el futuro. La *Figura 6* muestra un formulario típico de revisión de empleados.

6.0.0 ◆ RELACIONES HUMANAS

La mayoría de las personas subestiman la importancia de trabajar bien con otros. Existe la tendencia a considerar que las relaciones humanas apenas dependen del sentido común. ¿Qué implican exactamente las relaciones humanas? Una respuesta sería que parte de las relaciones humanas es ser amigable, agradable, cortés, cooperativo, adaptable y sociable.

6.1.0 Cómo poner a trabajar las relaciones humanas

Aunque todas las características señaladas anteriormente son importantes para el éxito personal, no son suficientes. Las relaciones humanas incluyen mucho más que sólo caerle bien a la gente. También es saber manejar situaciones difíciles cuando surgen.

Las relaciones humanas significan saber trabajar con supervisores que suelen ser exigentes y en ocasiones injustos. Implica conocer los rasgos de su propia personalidad y los de las personas que trabajan con usted. Es importante forjar relaciones laborales sólidas en varias situaciones. Si las relaciones laborales se han deteriorado por una u otra razón, es esencial restablecerlas. Las relaciones humanas significan aprender a manejar las frustraciones sin lastimar a los demás.

6.2.0 Las relaciones humanas y la productividad

Las relaciones humanas efectivas están relacionadas directamente con la productividad. La productividad es la clave del éxito del negocio. Se espera que cada empleado produzca a cierto nivel. Los empleadores rápidamente pierden el interés en un empleado que, aunque tenga una excelente actitud, sólo sea capaz de producir muy poco. Hay que cumplir con los programas de trabajo y realizar los trabajos.

Todos los empleados, nuevos o experimentados, se miden según la cantidad de trabajo de calidad que puedan producir en forma segura. El empleador espera que cada empleado haga su parte de la carga de trabajo.

Sin embargo, hacer la parte propia en sí no es suficiente. Si usted quiere ser productivo, debe hacer su parte (o más que su parte) sin enemistarse con sus compañeros. Usted debe realizar sus deberes de manera que anime a otros a seguir su ejemplo. Importa muy poco cuán ambicioso sea usted o cuán hábilmente se desempeñe. Usted no puede ser el tipo de empleado que quiere ser o el tipo de empleado que la administración quiere que usted sea, si no aprende a trabajar con sus colegas.

Los empleados deben hacer todo lo posible por forjar relaciones laborales profesionales sólidas con sus compañeros, supervisores y clientes.

6.3.0 Actitud

Una actitud positiva es esencial para una carrera exitosa. Primero, ser positivo significa ser enérgico, estar muy motivado, atento y alerta. Una actitud positiva es esencial para la seguridad en el trabajo. Segundo, un empleado positivo contribuye a la productividad de los demás. En el trabajo se transmiten las actitudes tanto negativas como positivas. Una actitud negativa persistente puede estropear la actitud positiva de los demás. Es muy difícil mantener un nivel alto de productividad cuando se trabaja junto a una persona con actitud negativa. Tercero, la gente favorece a las personas que son positivas. Ser positivo hace que el trabajo sea más interesante y emocionante. Cuarto, la actitud que se transmite a la gerencia tiene mucho que ver con el éxito futuro del empleado en la compañía. Los supervisores pueden determinar la actitud de un subordinado por su enfoque del trabajo, sus reacciones ante los directores y por la forma en que manejan los problemas.

6.4.0 Cómo mantener una actitud positiva

Una actitud positiva es mucho más que una sonrisa, la cual es sólo una manifestación de una actitud positiva interna. De hecho, algunas personas transmiten una actitud positiva aun cuando rara vez sonríen. Y lo hacen por la forma en que tratan a los demás, la forma en que ven sus responsabilidades y el enfoque que adoptan al enfrentarse a los problemas. Las siguientes sugerencias le ayudarán a mantener una actitud positiva.

- Recuerde que su actitud lo sigue a donde quiera que vaya. Si alguien hace un gran esfuerzo por ser una persona más positiva en su vida social y personal, eso automáticamente lo ayudará en el trabajo. Lo contrario también es cierto. Un esfuerzo complementa al otro.
- Los comentarios negativos rara vez son apreciados por los compañeros del trabajo. Tampoco son bienvenidos en la escena social. La solución: hablar de cosas positivas y ser halagüeño, es decir, ofrecer cumplidos. Quienes se

Empleado ______________________ **Montador** ______________________ **Estudiante** ______________________

Patrón ______________________ **Fecha de evaluación** ______________________

Factors	INSATISFACTORIO 1 2 3 4 5	MARGINAL 6 7 8 9 10	BUENO 11 12 13 14 15	MUY BUENO 16 17 18 19 20	EXCELENTE 21 22 23 24 25
1. CALIDAD DE TRABAJO	Es muy descuidado, con errores frecuentes y evitables.	Comete errores frecuentemente, suele trabajar con descuido, deja las cosas sin.	Por lo general es satisfactorio, en ocasiones se deslizan errores sin corregir.	Casi siempre es preciso y limpio. Corrige sus propios errores.	El trabajo siempre es de calidad superior.
2. ESPÍRITU DE COOPERACIÓN	Parece incapaz de cooperar con los demás. Discute cualquier innovación.	No coopera con frecuencia/con frecuencia es desagradable y difícil de llevarse bien con él.	Se lleva bien con los demás la mayoría de las veces; en ocasiones pone obstáculos.	Suele cooperar bien / está dispuesto a probar métodos nuevos.	Trabaja efectivamente con sus compañeros y supervisores, asume fácilmente ideas nuevas.
3. CONOCIMIENTO DEL TRABAJO	No conoce el trabajo lo suficiente.	Sería deseable que tuviera más conocimientos sobre el trabajo.	Conoce el trabajo lo suficiente para llevarse bien.	Conocimiento profundo del trabajo.	Tiene un excelente dominio del trabajo.
4. INICIATIVA	Trabajador rutinario, suele esperar a que le digan qué hacer, necesita supervisión continua.	Suele estar perdido en situaciones que no sean de rutina, requiere control frecuente.	Hace el trabajo regular sin esperar instrucciones. Requiere algo de supervisión.	Habilidoso, necesita supervisión mínima, alerta a la forma de mejorar el trabajo.	Siempre adelante con el trabajo por su cuenta, muy ingenioso.
5. DILIGENCIA	Socializa en el trabajo siempre que le es posible o habla excesivamente por teléfono.	Con frecuencia descuida el trabajo, necesita mejorar su actitud hacia el trabajo.	Por lo general se concentra en el trabajo pero divaga ocasionalmente.	Aplicado la mayor parte del tiempo.	Siempre puede confiarse en que hará las cosas.
6. CANTIDAD DE TRABAJO	Muy lento.	Por debajo del promedio en producción.	Produce el volumen requerido, rara vez más.	Por encima de la producción promedio.	Insólita producción, excepcionalmente rápido, hace más de lo requerido
7. CAPACIDAD DE APRENDER	Incapaz de abordar el trabajo sin instrucciones constantes.	Aprende lentamente.	Aprende más o menos rápido y consulta ocasionalmente con el supervisor.	Aprende rápido y recuerda bien.	Comprensión insólitamente rápida, completa y plena.
8. DOCUMENTOS	No entrega los documentos llenos.	Entrega la documentación pero en ocasiones incompleta.	Por lo general entrega la documentación a tiempo. En ocasiones necesita que lo instiguen.	Entrega la documentación pero a veces carece de firmas.	Siempre llena la documentación en forma limpia y precisa, y con firmas.
9. ASISTENCIA	Ausencias o retrasos excesivos	Ausencias o retrasos frecuentes	Ausencias o retrasos ocasionales.	Rara vez ausente o retrasado, y eso por razones válidas.	Nunca está ausente o retrasado

REGISTRO DE ASISTENCIA

Durante el periodo calificado: Retrasos: ________ Ausencia justificada: ________ Ausencia injustificada: ________

Tiempo de empleo: Años: ________ Meses: ________ Días: ________

Observaciones: ____

____

Firma del empleado ______________________ Firma del superintendente o capataz ______________________

Fecha ________ Título ________ Fecha ________

101F06.EPS

Figura 6 ◆ Formulario típico de revisión de empleados.

A NIVEL

Recomendaciones para tener una actitud positiva

Ésta es una breve lista de cosas que usted debe tener en cuenta para adquirir y mantener una actitud positiva.

- Recuerde que su actitud lo sigue a donde quiera que vaya.
- Las sugerencias útiles y los elogios son mucho más efectivos que las palabras negativas.
- Busque las características positivas de sus compañeros y supervisores.

quejan continuamente no establecen relaciones sanas y satisfactorias.

- Busque las cosas buenas de las personas en el trabajo, especialmente de su supervisor. Aunque nadie es perfecto, prácticamente todos algunas cualidades valiosas. Si usted se detiene en las características buenas de las personas, le será más fácil trabajar con ellas.
- Busque las cosas buenas donde trabaje. ¿Qué factores hacen que sea un buen lugar de trabajo? ¿Es el horario, el ambiente físico, la gente, el trabajo en sí que se hace? ¿O es la atmósfera? Tenga en mente que no puede esperar que le guste todo. Ninguna asignación de trabajo es perfecta, pero si usted se concentra en lo bueno, los factores negativos parecerán menos importantes y fastidiosos.
- Busque las cosas buenas de la compañía. Así como no hay asignaciones perfectas, tampoco hay compañías perfectas. No obstante, casi todas las organizaciones tienen características buenas. ¿Es progresista la compañía? ¿Qué hay de las oportunidades de ascenso? ¿Hay oportunidades de autosuperación? ¿Qué hay del salario y del paquete de beneficios? ¿Hay un buen programa de entrenamiento? No puede esperar tener todo lo que quiere, pero debe haber suficiente para que se mantenga positivo. De hecho, si usted piensa quedarse en una compañía por un periodo prolongado, es prudente ver las características buenas y pensar en ellas. Si usted piensa positivamente, actuará de la misma manera.
- Aunque no pueda cambiar la actitud negativa de otros empleados, si puede proteger su actitud para que no se vuelva negativa.

7.0.0 ◆ OBLIGACIONES DE SEGURIDAD DEL EMPLEADOR Y DEL EMPLEADO

Una obligación es como una promesa o un contrato. A cambio de los beneficios de su empleo y de su propio bienestar, usted acepta trabajar con prudencia. En otras palabras, usted está obligado a trabajar de manera segura. También está obligado a cerciorarse de que todos aquellos a los que supervise o que trabajen con usted lo hagan de manera segura. Igualmente, su empleador está obligado a mantener un lugar de trabajo seguro para todos sus empleados. La seguridad es responsabilidad de todos.

Algunos empleadores tienen comités de seguridad. Si usted trabaja para un empleador así, entonces está obligado con el comité a mantener un ambiente de trabajo seguro. Esto significa dos cosas:

- Seguir las reglas del comité de seguridad respecto a los procedimientos y prácticas apropiadas de trabajo.
- Reportar directamente al comité o al supervisor cualquier equipo o condición peligrosos.

¡Si usted ve algo peligroso en el trabajo, repórtelo! No lo pase por alto. No se va a corregir por sí mismo. Usted tiene la obligación de reportarlo.

Aunque usted piense que una condición peligrosa no lo afecta, a la larga si lo afectará. No se entretenga y reporte todo aquello que sea peligroso. No piense que el empleador se va a enojar porque su productividad vaya a bajar mientras se arregla esa situación. Por el contrario, es más probable que su empleador lo critique por no reportar un problema.

Su empleador sabe que el poco tiempo perdido en hacer que las condiciones vuelvan a ser seguras no es nada comparado con tener que suspender todo el trabajo a causa de un desastre importante. Si eso ocurre, usted se queda sin trabajar de todos modos. Así que no pase por alto ninguna condición peligrosa. De hecho, los reglamentos de la Administración de Seguridad y Salud Ocupacional (OSHA) requieren que usted reporte las condiciones peligrosas. Esto se aplica en todos los aspectos de la industria de la construcción. Ya sea que trabaje para un gran contratista o para un subcontratista pequeño, usted está obligado a reportar las condiciones peligrosas. La forma más fácil de hacerlo es decírselo a su supervisor. Si esa persona pasa por alto la condición peligrosa, repórtela al supervisor del siguiente nivel. Si es el propietario el que actúa de manera no segura, hágale saber sus preocupaciones. Si no se hace nada al respecto, repórtelo ante OSHA. Si a usted le preocupa poner en peligro su trabajo, piense que más bien lo que está en riesgo es la vida de usted o de alguien más.

El Congreso de Estados Unidos aprobó la Ley de seguridad y salud ocupacional en 1970. Esta ley también creo a la OSHA. Ésta es parte del Departamento del Trabajo. La tarea de OSHA es establecer normas de seguridad y salud para todos los lugares de empleo, hacer cumplir dichas normas, vigilar que los empleadoress proporcionen y mantengan un lugar de trabajo seguro para todos sus empleados y ofrecer programas educativos y de investigación para apoyar las prácticas de trabajo seguro. La OSHA se adoptó con el propósito declarado de "garantizar, en la medida de lo posible, condiciones de trabajo seguras e higiénicas para todo hombre y mujer del país, y preservar nuestros recursos humanos". La OSHA requiere que todos los empleadores ofrezcan un ambiente de trabajo seguro y libre de peligros. La OSHA también requiere que los empleados cumplan con sus reglas y reglamentos que se relacionen con su conducta en el trabajo. Para lograr ese cumplimiento, la OSHA puede realizar inspecciones sorpresa de los centros de trabajo, imponer multas por violaciones e incluso impedir que avancen los trabajos hasta que el lugar de trabajo sea seguro.

De acuerdo con las normas de la OSHA, usted tiene derecho a recibir entrenamiento sobre seguridad en el trabajo. Como empleado nuevo, usted tiene derecho a lo siguiente:

- Que se le enseñe cómo realizar su trabajo en forma segura.
- Que se le proporcione el equipo de protección personal requerido.
- Que se le advierta de los peligros específicos.
- Que se le supervise la seguridad mientras realiza su trabajo.

La aplicación de esta ley del Congreso se realiza a través de inspectores de seguridad federales y estatales, que tienen la facultad legal de hacer que los empleadores paguen multas por violar la seguridad. La ley permite que los estados tengan sus propios reglamentos y agencias para hacerlos cumplir, pero éstos deben ser aprobados primero por la secretaría de Trabajo de Estados Unidos. En los estados en los que no se crean tales reglamentos y agencias, deben obedecerse las normas federales de OSHA.

Estas normas están publicadas en *Normas de OSHA sobre seguridad y salud en la industria de la construcción* (*29 CFR, parte 1926*), también llamada *Normas OSHA 1926*. Otras normas de seguridad que se aplican a la construcción están publicadas en *Normas OSHA sobre seguridad y salud en la industria en general* (*29 CFR, partes de la 1900 a la 1910*).

Los requisitos generales más importantes que asigna la OSHA a los empleadores de la industria de la construcción son los siguientes:

- El empleador debe realizar inspecciones del equipo en el lugar de trabajo frecuentes y periódicas.
- El empleador debe enseñar a todos los empleados a reconocer y a evitar condiciones peligrosas, y a conocer los reglamentos que atañan al trabajo, para que puedan controlar o eliminar cualquier peligro.
- Nadie puede usar herramientas, equipo, máquinas o materiales que no cumplan con las *Normas OSHA 1926*.
- El empleador debe vigilar que sólo personas capacitadas manejen herramientas, equipo y maquinaria.

7.1.0 Métodos de acarreo

Gran parte del trabajo del instalador de rociadores implica levantar, acarrear y bajar los materiales usados en el trabajo. Siga estas orientaciones al levantar y acarrear materiales:

- Levante la carga con la fuerza de las piernas, no de la espalda.
- No cargue materiales que sean tan grandes o voluminosos que le obstruyan la visión.
- Asegúrese de que todos los andadores estén libres de obstáculos.
- Una vez que tenga un agarre firme, levante la carga adecuadamente, manteniéndola cerca del cuerpo.
- Si más de una persona van a acarrear la carga, todos los miembros del equipo deben llevarla en el hombro del mismo lado, caminar al mismo paso y moverse lentamente.
- Al bajar la carga, use la fuerza de las piernas, no de la espalda.
- Asegúrese de que los dedos de pies y manos no estorben al asentar la carga.
- Ya que muchas de las lesiones de espalda y torceduras ocurren al principio de la jornada, dedique unos minutos a estirar los músculos antes de cargar algo pesado.

7.2.0 Almacenamiento de materiales

OSHA establece reglamentos estrictos respecto a la forma de guardar los materiales en el lugar de trabajo. Los pasillos y corredores deben estar despejados para mover los materiales en forma segura. Los materiales que no se necesiten en las operaciones inmediatas no deben almacenarse en andamios o pasajes. Eso crea un peligro y frena el proceso de trabajo. Todas las áreas usadas para almacenar materiales **inflamables**, explosivos o tóxicos deben estar ventiladas debidamente.

Los reglamentos de OSHA estipulan que todos los materiales almacenados en capas deben estar apilados, en estantes, **bloqueados**, entrelazados o asegurados de algún otro modo para evitar deslizamientos, caídas y colapsos. La forma más segura de almacenar tubos y otros materiales cilíndricos en estantes. Cuando se almacenan materiales cilíndricos en pilas, deben bloquearse para evitar que se desparramen o ladeen. Deben apilarse materiales del mismo tamaño, tipo y longitud. Las pilas ordenadas permiten el uso eficiente de los materiales.

Cuando se almacenan materiales dentro de un edificio en construcción, éstos deben colocarse a más de 6' de cualquier cubo de elevador o apertura en los pisos internos. El material no debe almacenarse a menos de 10' de un muro exterior que no se extienda por arriba de la parte superior del material. Estos reglamentos están destinados a evitar lesiones causadas por la caída de los materiales.

Se apllican precauciones especiales a los cilindros de **gas comprimido** almacenados y usados en el lugar de trabajo. Siga estos requisitos al almacenar y usar cilindros de gas comprimido:

- Los cilindros de gas comprimido deben guardarse en posición vertical.
- La etiqueta de contenido debe situarse en un lugar del cilindro donde pueda verse fácilmente.
- Las válvulas deben estar cerradas, salvo cuando estén en uso.
- Deben colocarse en su lugar las tapas protectoras de las válvulas cuando los cilindros no estén en uso.
- Cuando se use acetileno debe dejarse una llave en la botella para poder cerrar el gas rápidamente si es necesario.
- Nunca deben guardarse cilindros de gas comprimido cerca de una operación de soldadura, ya que pueden encenderse con las chispas, la escoria caliente o las llamas. Si no es posible almacenar los cilindros a una distancia prudente, debe usarse un escudo resistente al fuego.
- No almacene cilindros vacíos junto con cilindros total o parcialmente llenos. Coloque los cilindros vacíos en un área separada y márquelos con las letras MT. Sólo el proveedor de gas está autorizado a mezclar gases en los cilindros.
- El propietario del cilindro es la única persona autorizada para rellenarlo.
- Los tanques de propano deben almacenarse de manera ordenada y estar a por lo menos 25' de distancia de cualquier apertura en el suelo.
- En las áreas de almacenamiento deben colocarse letreros para advertir de los materiales inflamables y explosivos.

8.0.0 ◆ HERRAMIENTAS

Después de levantar cargas, la causa más común de accidentes laborales es el uso indebido de herramientas de mano. Use las herramientas de mano sólo para la finalidad para la que fueron diseñadas. Si las usa indebidamente, las herramientas pueden dañarse y representar un peligro. Además, las herramientas de mano duran más tiempo si se usan debidamente y se les da el mantenimiento adecuado. Esta sección explica el objetivo y el uso adecuado de las herramientas de mano más comunes que usan los instaladores de rociadores en su trabajo.

8.1.0 Llave inglesa

En el oficio de instalación de rociadores se usan muchos tipos de llave inglesa. La llave inglesa es una llave de trabajo pesado hecha de acero o aluminio. Sirven para agarrar y dar vueltas a los tubos o para mantenerlos fijos. Es muy importante seleccionar la llave del tamaño adecuado para el trabajo específico. Una llave inglesa demasiado pequeña no puede sostener firmemente el tubo, y un mango demasiado corto no constituye un buen apalancamiento. Una llave demasiado grande puede trasroscar la cuerda, romper el tubo o la conexión, o causar daños o arañazos excesivos al tubo. Los instaladores de rociadores usan varios tipos de llaves inglesas, entre los cuales están los siguientes:

- Llave inglesa recta
- Llave inglesa inclinada
- Llave de cadena
- Llave de correa

8.1.1 Llave inglesa recta

La llave inglesa recta tiene dos mandíbulas no paralelas. La mandíbula fija se conoce como talón y la movible como mandíbula de gancho. Ambas mandíbulas tienen dientes que les dan un agarre firme en el tubo. Los dientes de la mandíbula de gancho dan hacia adentro y los del talón, hacia afuera. La *Figura 7* muestra los componentes de una llave inglesa recta.

La mandíbula de gancho de la llave recta se ajusta moviendo la tuerca situada debajo del bastidor. Dentro del bastidor hay un resorte que le permite flotar a la mandíbula de gancho. Esto hace que la mandíbula de gancho se abra ligeramente al aplicar la llave al tubo. Las llaves inglesas rectas se clasifican por su longitud, ésta es medida desde la parte superior interna de la mandíbula de gancho hasta la punta del mango, cuando las mandíbulas están totalmente abiertas. El tamaño de las llaves inglesas rectas va de 6 a 60 pulgadas. El tamaño no se refiere directamente al tamaño del tubo en que encaja, sino que cada tamaño de llave tiene ciertas capacidades recomendadas de tubo. La *Tabla 1* muestra los tamaños y capacidades de las llaves inglesas.

Para usar una llave inglesa, agarre el tubo con la llave de modo que la apertura de las mandíbulas dé hacia usted y pueda apretar el tubo o la pieza halando el mango hacia usted. Si no hay espacio para colocar la llave de este modo, coloque la apertura de las mandíbulas en contra de usted y empuje el mango para apretar o retirar el tubo.

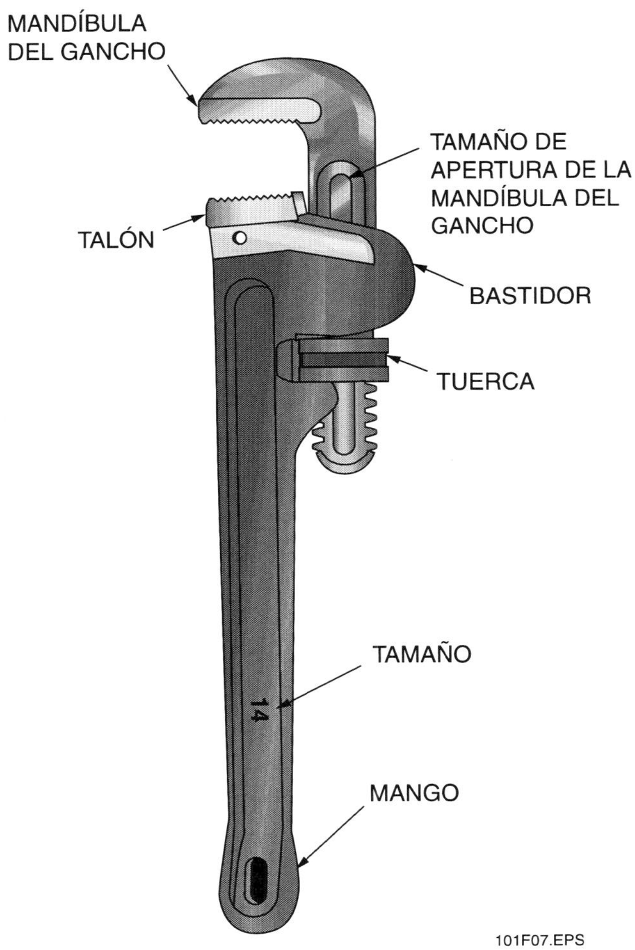

Figura 7 ◆ Componentes de una llave inglesa recta.

Recuerde estar preparado al empujar la llave, para que no se vaya a caer en caso de que la llave se resbale del tubo.

Siga estos pasos para apretar una conexión en el extremo enroscado del tubo:

Paso 1 Seleccione una llave inglesa adecuada para el tamaño del tubo que vaya a usar.

Paso 2 Inspeccione la llave seleccionada para detectar desgaste excesivo en los dientes y esquinas de las mandíbulas o cualquier daño visible en el mango. Repare o reemplace la llave de ser necesario.

Paso 3 Asegure el tubo en un tornillo de cadena, dejando que el extremo enroscado se extienda unas 8 pulgadas del tornillo.

Paso 4 Aplique compuesto para rosca o cinta de Teflon y apriete a mano la conexión en el extremo del tubo.

Paso 5 Coloque el cuerpo de modo que la conexión le quede del lado izquierdo.

Paso 6 Haga girar la tuerca de la llave hasta que las mandíbulas se abran ligeramente más que el diámetro de la pieza.

NOTA

Muchas llaves inglesas rectas tienen marcados los tamaños del tubo en la mandúbula de gancho, justo arriba del bastidor. Si su llave tiene esas marcas, alinee la marca correspondiente con la parte superior del bastidor.

Paso 7 Sostenga la llave por el mango de modo que las mandíbulas abiertas den hacia usted.

Tabla 1 Tamaños y capacidades de llaves inglesas

Tamaño de la llave (Medida del mango)	Capacidad	Recomendado para el tamaño de tubo
6	$\frac{1}{8}$–$\frac{1}{2}$	$\frac{1}{8}$
8	$\frac{1}{8}$–$\frac{3}{4}$	$\frac{1}{4}$–$\frac{3}{8}$
10	$\frac{1}{8}$–1	$\frac{1}{2}$–$\frac{3}{4}$
14	$\frac{1}{4}$–$1\frac{1}{2}$	1
18	$\frac{1}{4}$–2	$1\frac{1}{4}$–$1\frac{1}{2}$
24	$\frac{1}{2}$–$2\frac{1}{2}$	2–$2\frac{1}{2}$
36	$\frac{1}{2}$–$3\frac{1}{2}$	3
48	1–5	4–5

NOTA: Todas las dimensiones están en pulgadas.

Paso 8 Deslice las mandíbulas en el hombro de la conexión.

> **NOTA**
> Procure que las mandíbulas se ajusten perfectamente en el hombro de la conexión. El hombro debe estar centrado adentro de las mandíbulas y debe haber una brecha entre la conexión y la parte trasera de la mandíbula de gancho.

Paso 9 Hale el mango hacia usted para apretar la conexión.

Paso 10 Empuje el mango en la dirección contraria para soltar las mandíbulas de la conexión.

Paso 11 Vuelva a agarrar la conexión con la llave y nuevamente hale la llave hacia usted.

Paso 12 Repita los pasos 10 y 11 hasta que la conexión esté apretada en el tubo.

> **PRECAUCIÓN**
> No apriete demasiado la conexión en el tubo, ya que la cuerda podría trasroscarse.

Paso 13 Quite la llave de la conexión del tubo.

Paso 14 Limpie la llave con un cepillo de alambre, lubríquela y revísela para detectar cualquier daño.

Paso 15 Cierre las mandíbulas y guarde la llave.

Es posible que usted tenga que instalar o quitar una conexión de un tubo, donde no disponga de un tornillo o donde la conexión sea parte de un sistema de tubería. En ese caso use dos llaves inglesas. Siga estos pasos para apretar una conexión sin usar tornillo.

Paso 1 Colóquese con la conexión en el lado derecho.

Paso 2 Coloque una llave en el tubo con la apertura dando hacia usted.

Paso 3 Coloque la otra llave en la conexión, con la apertura en contra de usted. La *Figura 8* muestra el uso de dos llaves inglesas.

Paso 4 Hale el mango de la llave que está en el tubo al mismo tiempo que empuja el mango de la llave que está en la conexión.

Paso 5 Vuelva a agarrar el tubo y la conexión cuando los haya girado todo lo posible.

Paso 6 Repita los pasos del 2 al 5 hasta que la conexión esté apretada.

Paso 7 Quite las llaves de la conexión y del tubo.

Paso 8 Limpie las llaves con un cepillo de alambre, lubríquelas y revíselas para detectar cualquier daño.

Paso 9 Cierre las mandíbulas y guarde las llaves.

8.1.1 Llave inglesa inclinada

La llave inglesa inclinada funciona igual que la recta. Está fabricada del mismo modo y tiene componentes similares. La única diferencia es que la mandíbula de gancho y el talón están inclinados con respecto del mango ya sea a 45 o a 90 grados. Esta llave es útil cuando se trabaja en espacios estrechos, por ejemplo donde los tubos están colocados muy cerca del techo o de la pared, o en cualquier caso en que no pueda agarrar y girar un tubo con una llave inglesa recta. La *Figura 9* muestra una llave inglesa inclinada. Al usar una llave inglesa inclinada, siga los mismos pasos que para la recta.

8.2.0 Uso y cuidado de las llaves inglesas

Siga estos lineamientos para usar y cuidar las llaves inglesas:

- Use la llave inglesa sólo para girar tubos y conexiones. No use la llave para doblar o levantar tubos.
- No use la llave inglesa como martillo.
- No deje caer ni arroje la llave inglesa. Puede romperla o rajarla y podría lesionarse a usted mismo o a otras personas.

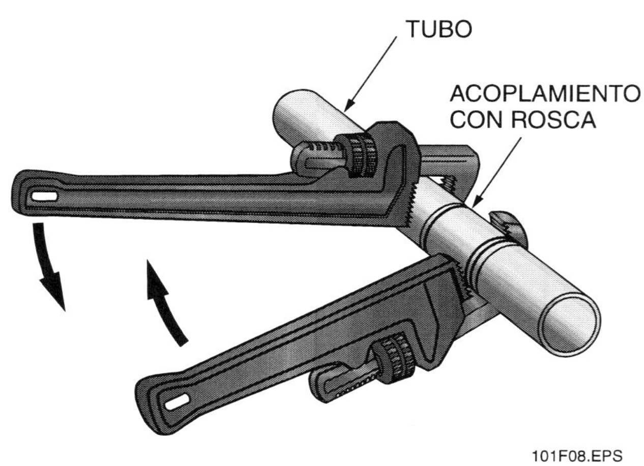

Figura 8 ◆ Cómo apretar tubo.

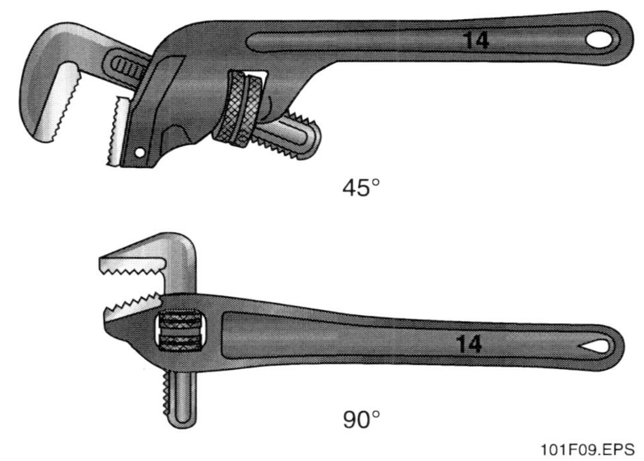

Figura 9 ◆ Llaves inglesas rectas.

- Revise con frecuencia los dientes y manténgalos limpios y afilados. Esto evita que la llave se resbale en el tubo.
- Aplique aceite penetrante en la rosca de la llave para evitar que se atasque.
- Nunca emplee una barra de extensión con una llave inglesa para incrementar el apalancamiento. Esto puede hacer que los componentes de la llave o del tubo se doblen o se rompan.
- Use la llave del tamaño adecuado para el tubo.
- Revise que las mandíbulas estén enteramente sobre el tubo antes de girar.
- Cierre y abra las mandíbulas haciendo girar la rueda roscada.
- Hale la llave en lugar de empujarla. Si es necesario empujar, use la base de la palma. Esto evita rasguñarse los nudillos si el tubo se mueve de pronto.
- Aplique la torsión en ángulo recto con el tubo. La fuerza lateral puede hacer saltar las mandíbulas y soltar el agarre inesperadamente.
- Revise concienzudamente que la fuerza aplicada cierre las mandíbulas y no que las abra.
- Aplique la fuerza en forma continua y no le dé jalones al mango ni lo golpee con un martillo.
- Limpie todas las llaves después de cada uso y lubrique las partes movibles.
- Repare o reemplace la llave inglesa si las mandíbulas están saltadas.
- Nunca use una llave inglesa en tuercas o tornillos. Las mandíbulas de la llave desgastan los bordes de la tuerca o del tornillo y dificultan moverlos después con una llave estándar.

8.3.0 Llaves de cadena

Las llaves de cadena se usan del mismo modo que las inglesas. La llave de cadena es una llave inglesa con una mandíbula fija y dentada. Un trozo de cadena de acero, conectado a la llave inglesa, se enreda en torno del tubo y se conecta con el otro lado de la mandíbula. Esta llave sostiene firmemente el tubo y distribuye la mordida de la mandíbula en forma pareja. La acción de matraca permite un movimiento para girar el tubo en cualquier sentido, y apretar o aflojar el tubo sin quitar la cadena del tubo. La *Figura 10* muestra una llave de cadena.

La llave de cadena es especialmente útil en lugares cerrados. Siga estos pasos para usar la llave de cadena.

Paso 1 Coloque la mandíbula de la llave contra el tubo.

Paso 2 Envuelva la cadena alrededor del tubo y bloquéela en el marco de la llave.

NOTA

Revise que la cadena esté apretada alrededor del tubo para que tenga un agarre firme.

Paso 3 Empuje el mango para apretar el tubo; tire para aflojarlo.

Paso 4 Deslice la llave de cadena alrededor del tubo para volver a sostenerlo antes de girarlo otra vez.

Paso 5 Repita el paso 3 hasta que el tubo esté apretado o lo suficientemente flojo para quitarlo con la mano.

Paso 6 Quite la llave del tubo.

Paso 7 Limpie la llave con un cepillo de alambre, lubríquela y revísela para detectar cualquier daño.

Paso 8 Guarde la llave.

8.4.0 Llaves de correa

La llave de correa es similar a la de cadena, salvo que en lugar de cadena tiene una correa de cuero o de tela para trabajo pesado. La llave de correa

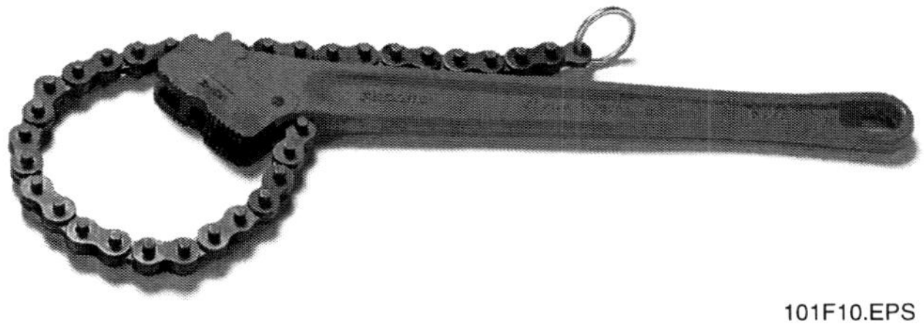

Figura 10 ◆ Llave de cadena.

sirve para quitar o instalar válvulas o conexiones pulidas o chapadas, cuyo aspecto pudiera dañarse de usar otro tipo de llaves. La correa sirve como la mandíbula de la llave y es ajustable para permitir un agarre apretado y seguro. La *Figura 11* muestra una llave de correa. Para usar la llave de correa, siga los mismos pasos que para la llave de cadena.

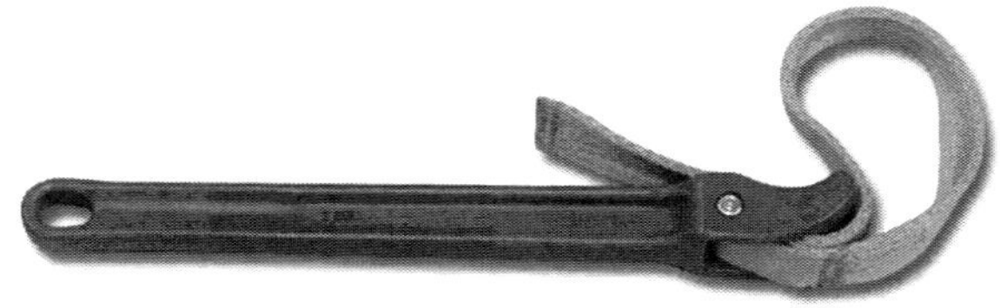

101F11.EPS

Figura 11 ◆ Llave de correa.

> **PRECAUCIÓN**
> No pueden usarse llaves estándar o tornillos en superficies acabadas, como de bronce o cromo.

8.5.0 Llaves para cabezales de rociador

La instalación de los cabezales de rociador requiere de una llave fabricada por el fabricante de los cabezales, para cada marca y modelo de cabezal específicos. Esta llave está diseñada para encajar perfectamente en el cabezal, para que no se resbale y lo dañe. Muchas fallas de los cabezales se deben a haber usado llaves inadecuadas. Por lo general el daño es tan pequeño que no es visible claramente. El daño sólo se revela después de daños catastróficos por agua y de un análisis en el laboratorio. La *Figura 12* muestra algunas llaves comunes para cabezales de rociadores.

8.6.0 Llaves de torsión

Las llaves de torsión (vea la *Figura 13*) miden la resistencia al giro. Se necesitan para instalar sujetadores que deban apretarse en secuencia sin distorsionar la pieza de trabajo. La llave de torsión se usa sólo cuando se especifica un valor de torsión para un perno en particular.

101F12.EPS

Figura 12 ◆ Llaves comunes para cabezal de rociadores.

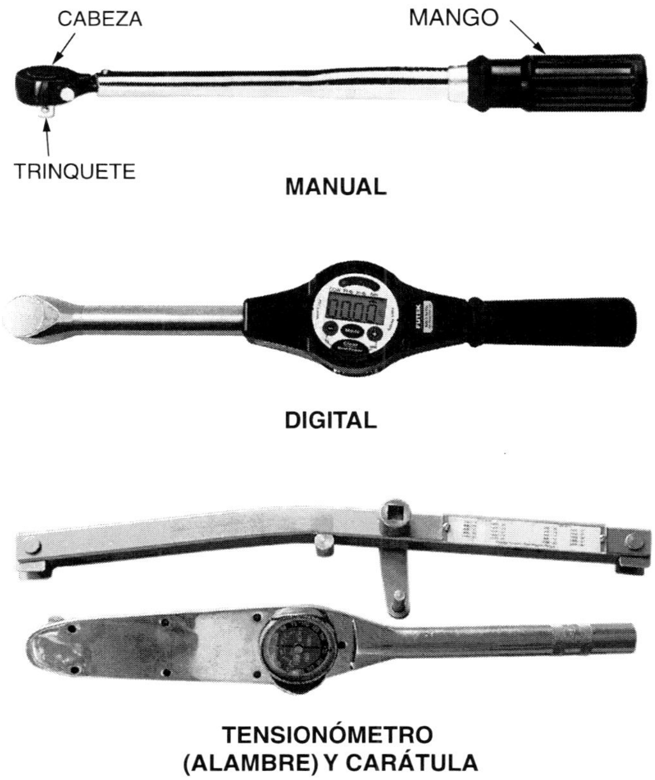

Figura 13 ◆ Llaves de torsión.

Las especificaciones de torsión por lo general se indican en pulgadas-libras, para los sujetadores pequeños, o en pies-libras para los grandes.

8.6.1 Cómo usar la llave de torsión

Siga estos pasos para usar correctamente la llave de torsión:

Paso 1 Observe la herramienta para averiguar a cuantas pulgadas-libras o pies-libras necesita aplicar la torsión. Ajuste los controles de la llave a la torsión deseada (los modelos de llave varían).

Paso 2 Averigüe la secuencia de torsión (qué sujetador va primero, cuál después, etcétera). Si no sigue la secuencia correcta puede dañar lo que esté sujetando.

Paso 3 Coloque la llave de torsión en el objeto que vaya a sujetar, por ejemplo, un perno. Sostenga la cabeza de la llave con una mano para sostener el perno y asegurarse de que esté alineado correctamente.

Paso 4 Observe el indicador de torsión para escuchar el clic (dependiendo del modelo de la llave) al estar apretando el perno.

8.6.2 Cómo calcular la torsión al usar un adaptador

Al usar un adaptador o extensión, la llave de torsión se hace más larga. Por la longitud adicional, la torsión aplicada será mayor que la del indicador de torsión. Use esta fórmula para determinar la torsión correcta:

$$\text{Torsión determinada} = \frac{\text{longitud de la llave de torsión x torsión deseada}}{\text{longitud de la llave de torsión + longitud de la extensión}}$$

Para determinar la longitud de la llave de torsión mida la distancia del centro de la matraca cuadrada de la llave hasta el centro del mango. Para determinar la longitud de la extensión mida la distancia del centro de la matraca cuadrada de la extensión al centro del perno o tuerca. Tenga cuidado de medir sólo la longitud paralela al mango.

8.6.3 Seguridad y mantenimiento

La llave de torsión puede causar lesiones y daños materiales si se usa incorrectamente. Siga estos lineamientos al usar la llave de torsión:

- Siga siempre las recomendaciones del fabricante respecto a la seguridad, el mantenimiento y la calibración.
- Siempre guarde la llave en su estuche.
- Nunca use la llave como matraca ni para ninguna otra cosa que no sea su propósito proyectado.

8.6.4 Calibración de la llave de torsión

Debe revisarse periódicamente la calibración de la llave de torsión para garantizar su precisión. Al usar una llave de torsión deben conocerse los siguientes términos, usados en la bibliografía de servicio de los fabricantes.

- *Torsión de escape* – La torsión requerida para aflojar un sujetador. Ésta por lo general es más baja que la torsión a la cual se apretó. Para cada tamaño de sujetador existe una relación directa entre la torsión de apriete y la torsión de escape. Esta relación se determina en una prueba empírica. Una vez conocida, la torsión de apriete puede verificarse aflojando y comprobando la torsión de escape.
- *Forzamiento o agarrotamiento* – En las últimas etapas de la rotación al alcanzar la torsión final puede producirse un forzamiento o agarrotamiento del sujetador. Cuando esto sucede, por

lo general se produce un sonido de estallido y una vibración evidentes. Para romper el forzamiento, dé marcha atrás y después vuelva a aplicar la torsión de apriete. No se pueden lograr los valores exactos de torsión si el sujetador está forzado.

- *Resistencia de desgaste* – La torsión requerida para superar la resistencia del equipo asociado al apretar un sujetador, como contratuercas y rondanas de bloqueo. Para obtener el valor adecuado de torsión donde la rosca apretada de las contratuercas producen una resistencia de desgaste, sume la resistencia al valor de la torsión requerida. La resistencia de desgaste debe medirse en la última vuelta o tan cerca del punto de asentamiento como sea posible.

PRECAUCIÓN

Apriete los sujetadores en pequeñas cantidades a la vez, siguiendo la secuencia adecuada de la distribución de pernos y tipo de sujetador, antes de llegar a la torsión final. No seguir la secuencia correcta de apriete o apretar en exceso puede provocar daños a los sujetadores, a las juntas o al objeto que esté sujetando.

8.7.0 Pinzas

Hay muchos tipos de pinzas que son útiles para el instalador de rociadores. Las pinzas que más se usan son las de extensión y las de mecánico.

Las pinzas de extensión, algunas veces llamadas pinzas de plomero, son unas pinzas utilitarias que tienen muchos usos y funcionan bien con objetos de cualquier forma. Su tamaño va de $4\frac{1}{2}$ a 16 pulgadas, con una capacidad de mandíbula de $\frac{7}{8}$ a $4\frac{1}{4}$ pulgadas. Las pinzas con mangos largos permiten mayor apalancamiento. Las pinzas de extensión se encuentran con mandíbulas rectas y curvas. Las mandíbulas están unidas con tuerca y perno de trabajo pesado y son de cierre automático. Son especialmente útiles para ajustar las varillas de los soportes. La *Figura 14* muestra unas pinzas de extensión de mandíbula recta.

Debido a su forma, las mandíbulas curvas se usan mejor con tubos y son preferibles para la instalación de rociadores. La *Figura 15* muestra unas pinzas de extensión de mandíbula curva.

Las pinzas de mecánico son herramientas de propósito múltiple, que son más útiles para agarrar y gira objetos redondos, como varillas de soportes. Las pinzas de mecánico están disponibles en forma de punta delgada y punta curva. Las de tipo de punta curva tienen la punta doblada en ángulo de 30 grados, lo que mantiene a la mano separada de una superficie plana mientras usa la herramienta. La longitud de las pinzas va de 5 a 10 pulgadas, con una capacidad de apertura de $\frac{3}{4}$ a $1\frac{1}{2}$ pulgadas. La *Figura 16* muestra unas pinzas de mecánico.

8.8.0 Raseros

El rasero es un instrumento que sirve para determinar la exactitud de una línea. Todos los raseros tienen frasquitos llenos de líquido, en los que hay una burbuja de aire y están pintadas dos rayas. El rasero está a nivel cuando la burbuja se centra entre las dos rayas. Mientras más largo sea el rasero, más precisa es la medición.

El rasero más importante para el instalador es el de torpedo. El rasero de torpedo tiene tres frasquitos. Con él, el instalador puede verificar la verticalidad, la horizontalidad y la precisión de ángulos de 45°. El rasero de torpedo por lo general mide 9 pulgadas y es útil en espacios estrechos. Se encuentran raseros de torpedo con fondo magnetizado, para dejar las manos libre al nivelar tubos de acero. La *Figura 17* muestra un rasero de torpedo.

101F14.EPS

Figura 14 ◆ Pinzas de extensión de mandíbula recta.

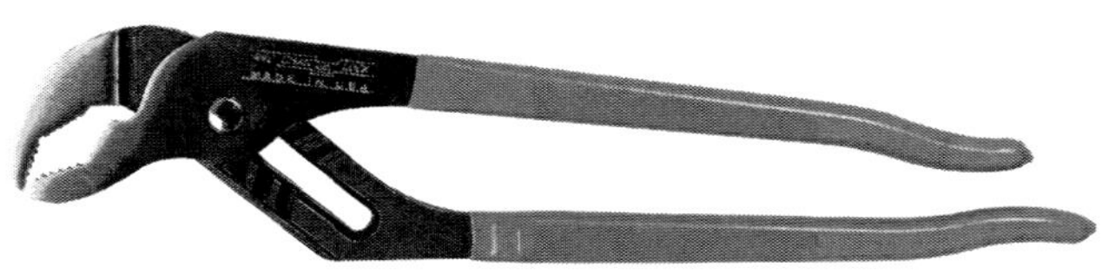

101F15.EPS

Figura 15 ◆ Pinzas de extensión de mandíbula curva.

101F16.EPS

Figura 16 ◆ Pinzas de mecánico.

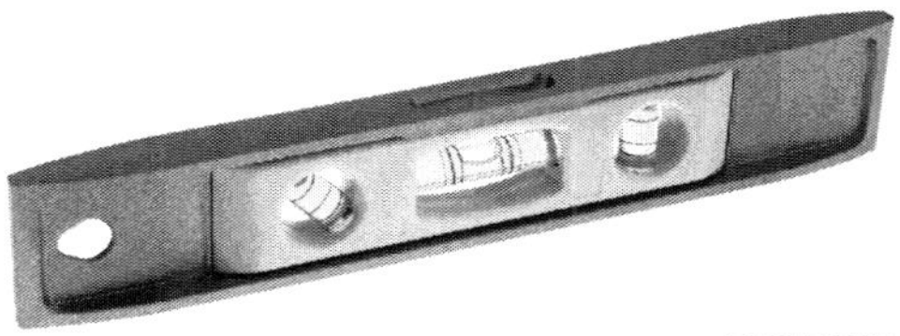

101F17.EPS

Figura 17 ◆ Rasero de torpedo.

8.9.0 Sierra para metales

Las sierras de metal son sierras de trabajo que sirven para cortar aquel metal demasiado pesado para cortadoras o tijeras de metal. Las hojas de la sierra pueden cambiarse para satisfacer cualquier necesidad de corte en particular. Deben llevarse hojas de repuesto en caso de que una se rompa.

A NIVEL

Raseros láser

Los raseros láser se usan mucho hoy en día para determinar el nivel y la plomada. Estos raseros no tienen frasquitos con líquido, sino un láser de baja potencia que proyecta rayos continuos, ya sea uno solo o varios. Los raseros láser por lo general están operados con baterías y se nivelan solos. Se usan sobre todo en salas grandes abiertas, donde es necesaria una medición con una referencia común.

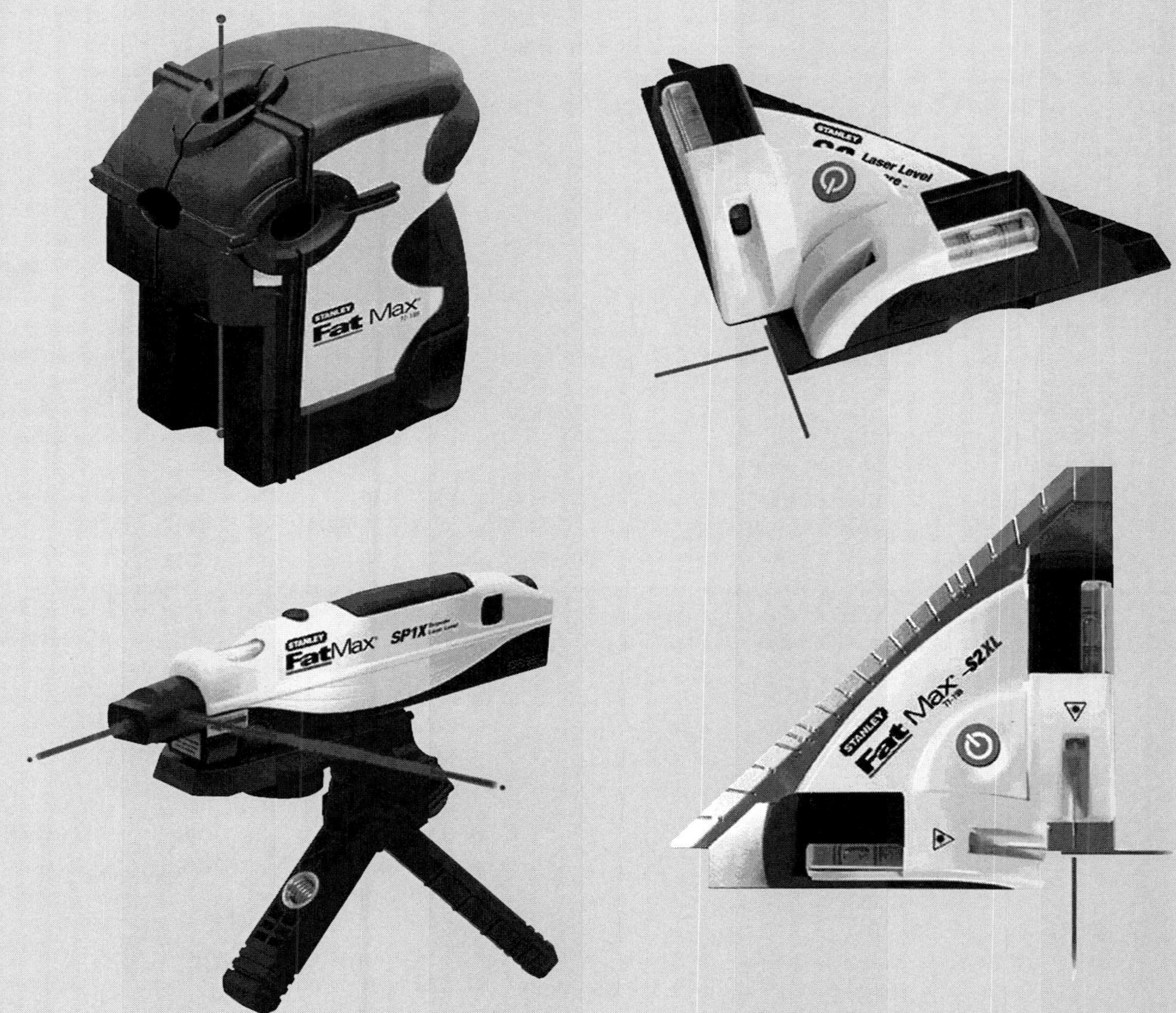

101SA01.EPS

Los dientes de la hoja deben estar curvados hacia adelante, en dirección opuesta al mango, y la hoja debe estar tensa. La *Figura 18* muestra algunas sierras de metal.

La sierra de metal corta en el golpe de empuje. Aplique presión en el golpe de empuje y levante la sierra en el golpe de regreso. Es mejor aserrar con golpes largos, lentos y regulares.

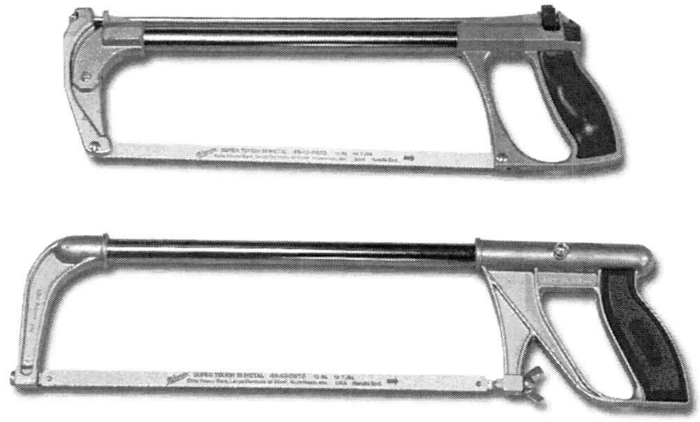

101F18.EPS

Figura 18 ◆ Sierras de metal.

8.10.0 Cajas de herramientas

Se necesita una caja de herramientas de buena calidad para asegurar que las herramientas de mano pequeñas estén debidamente guardadas y protegidas. La caja de herramientas debe tener compartimentos para que las herramientas puedan separarse por tamaño y tipo. Cuando las herramientas están bien organizadas, no se desperdicia tiempo buscando una en especial. Se necesita un buen candado para la caja para impedir que se roben las herramientas.

8.11.0 Escaleras

La escalera más utilizada es la escalera de marco en A (*Figura 19*). Al igual que todas las escaleras, éstas vienen de diferente tamaño y material. La madera y la fibra de vidrio son los materiales más usados.

Las escaleras de extensión de caballete, generalmente denominadas escaleras de extensión o de puntales, son escaleras de tres piezas que permiten trabajar a mayor altura que las de marco en A comunes. Por lo general se construyen de madera o de fibra de vidrio.

La escalera de extensión de caballete (*Figura 20*) tiene una escalera vertical ajustable principal en el centro, con patas o caballetes que se extienden a ambos lados. Las reglas de seguridad de las

101F19.EPS

Figura 19 ◆ Escalera de marco en A.

A NIVEL

Sierras circulares portátiles

Las sierras circulares portátiles son comunes donde es necesario cortar gran cantidad de metal. Estas herramientas están impulsadas por electricidad y tienen una hoja para cortar metales que es circular y se mueve en una sola dirección, en torno de dos ruedas.

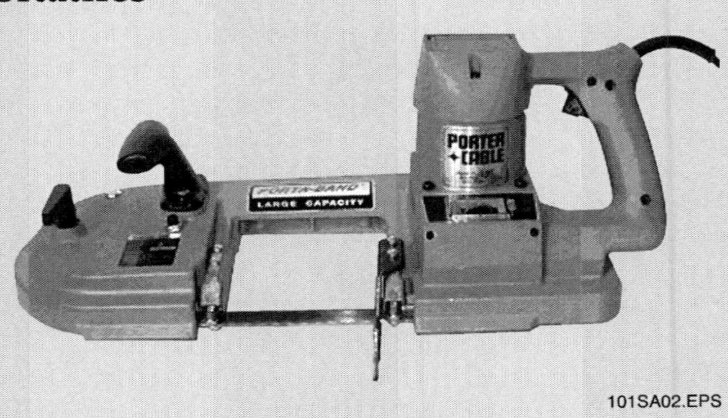

101SA02.EPS

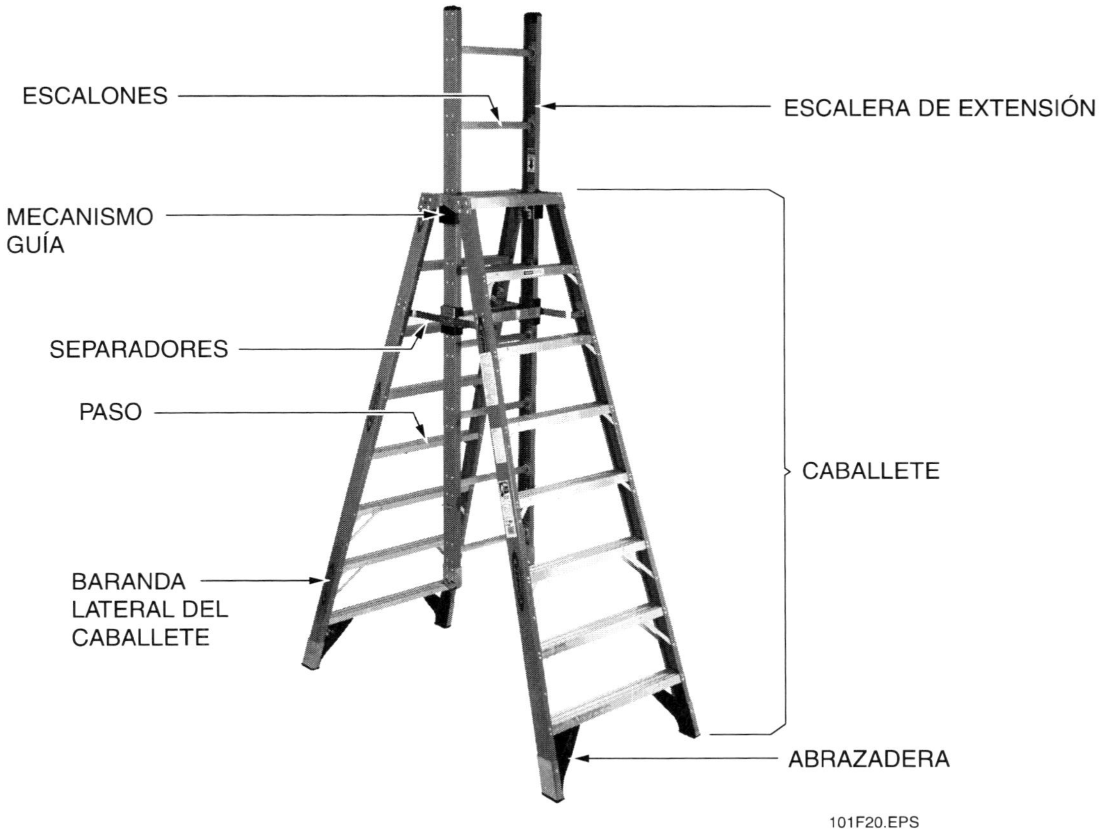

Figura 20 ◆ Escalera de extensión de caballete.

A NIVEL

Escaleras de patas móviles

En la industria son comunes las escaleras de patas móviles o de posición múltiple. Estas escaleras son retraíbles y se pueden llevar y guardar más fácilmente que las de marco en A o de extensión. Las escaleras de patas móviles pueden ajustarse para ser usadas en superficies disparejas, como escalinatas, o extenderse para llegar a zonas altas, accesibles sólo con una escalera de extensión de caballete. De hecho son varias escaleras en una.

escaleras de extensión de caballete son las mismas que para las demás escaleras. Se requiere protección contra caídas.

Al usar una escalera, siga estas reglas básicas de seguridad.

- Nunca use la escalera horizontalmente como plataforma.
- Nunca use una escalera pintada ni pinte una escalera. La pintura puede ocultar defectos que podrían provocar accidentes.
- Nunca se pare en ninguno de los dos escalones superiores de una escalera de tijera ni en el tercero de una escalera de extensión.
- Pise en el centro del escalón o peldaño para que se distribuya su peso.
- Siempre mire hacia la escalera al subir o bajar por ella.
- Pise sólo un escalón o peldaño a la vez.
- Nunca se estire más de la longitud normal de los brazos.
- Asegúrese de que la escalera esté apoyada contra una superficie sólida y que cada pata esté firmemente colocada sobre una base sólida.
- Asegúrese de que la escalera de tijera siempre esté totalmente abierta, con los tirantes en la posición de bloqueo.
- Las escaleras de extensión deben asegurarse y extender 3' por encima del punto de descenso.

9.0.0 ◆ SU PROGRAMA DE ENTRENAMIENTO

La oficina de **Entrenamiento de Aprendizaje, Empleador y Servicios de Mano de Obra (ATELS)** del Departamento de Trabajo (DOL) establece las normas mínimas de los programas de entrenamiento en todo el país. Los programas ATELS se basan en cursos obligatorios en aula o por correspondencia y en **entrenamiento en el trabajo (OJT)**. Los programas ATELS requieren al año 144 horas de instrucción en aula o en instrucción relacionada y 2,000 horas de OJT. En un programa típico de aprendizaje para instalador de rociadores, los aprendices pasan 576 horas en el aula o en instrucción relacionada y 8,000 horas en OJT para recibir el certificado de jornaleros.

Para satisfacer las necesidades de la comunidad profesional, NCCER elaboró un programa de entrenamiento para instaladores de rociadores de cuatro años. NCCER aplica las normas mínimas de ATELS como base de un plan de estudios exhaustivo que les brinda a los estudiantes experiencia profunda en el aula y en el trabajo.

El plan de estudios del NCCER les ofrece a los aprendices entrenamiento y estudios formulados por la industria. Adopta unos principios pedagógicos estrictamente basados en sus habilidades. Esto significa que los estudiantes le deben demostrar al instructor que poseen las conocimientos y las habilidades necesarias para realizar las tareas prácticas que se cubren en cada módulo, para poder avanzar a la siguiente etapa del plan de estudios.

Cuando el instructor está convencido de que el aprendiz demostró satisfactoriamente los conocimientos y habilidades requeridos en un módulo determinado, envía esa información al NCCER y se conserva también en el registro nacional. El registro nacional entonces puede confirmar el entrenamiento y las habilidades de los trabajadores cuando éstos vayan de un estado a otro, de una compañía a otra o incluso cuando de muevan dentro de una misma compañía (vea el *Apéndice B*).

La Asociación de Rociadores contra Incendios de Estados Unidos (AFSA) ofrece un curso por correspondencia basado en el mismo plan de estudios del NCCER. El curso de AFSA es muy flexible, y combina el estudio del curso por correspondencia, materiales didácticos adicionales de audio y video en DVD, apoyos para entrenamiento complementario en aula y entrenamiento en el trabajo. Se proporciona también el material de los exámenes, lo que permite que los estudiantes hagan pruebas periódicas. Los exámenes se envían a las oficinas centrales de la AFSA para ser calificados y la compañía es notificada de la puntuación en el examen de cada estudiante. Se ofrece la opción de hacer el examen por computadora o en papel. El Curso por correspondencia para instaladores de rociadores de la AFSA ha sido aprobado para usarse en programas de aprendizaje estatales o federales en la mayoría de los estados. En el *Apéndice C* se muestran unos ejemplos de las credenciales de aprendices de la AFSA.

Si usted se inscribe en un programa del NCCER o en otro con aprobación ATELS, compruebe que trabaje para un empleador o patrocinador que apoye los programas de entrenamiento estandarizados a nivel nacional, lo cual implica que usted recibirá credenciales que confirmarán el desarrollo de sus habilidades.

9.1.0 Programa de aprendizaje

El entrenamiento de aprendices se remonta a miles de años y sus principios básicos no han cambiado en todo este tiempo. En primer lugar, es una forma en que los individuos que ingresan en un oficio aprendan de aquellos que han llegado a dominarlo. En segundo lugar, se centra en aprender haciendo; habilidades reales contra teoría. Aunque en el trabajo del curso se presenta algo de teoría, esto se hace siempre de manera que

A NIVEL

Leyes sobre el trabajo infantil

Las leyes federales establecen las normas mínimas que se aplican a los trabajadores menores de 18 años de edad. Algunas jurisdicciones municipales pueden aplicar reglamentos más estrictos. Los empleadores están obligados a acatar las leyes que se les apliquen.

Las cláusulas sobre trabajo infantil de la Ley de normas justas de trabajo les prohíben a los empleadores usar mano de obra infantil ilegal, y también les prohíbe a las compañías hacer negocios con compañías que lo hagan. El DOL investiga las presuntas violaciones de la ley. En tales casos, los empleadores tienen que presentar el comprobante de edad de sus empleados.

Además de las cláusulas de trabajo infantil, los empleadores de la industria de la construcción están obligados a seguir el Boletín N° 101de trabajo infantil del DOL, Requisitos del trabajo infantil en ocupaciones no agrícolas conforme la ley de normas justas de trabajo. El boletín N° 101 hace lo siguiente:

- Explica la cobertura de las cláusulas de trabajo infantil.
- Identifica las normas de edad mínima.
- Enumera las exenciones de las cláusulas de trabajo infantil.
- Establece las normas de empleo para trabajadores de 14 y de 15 años.
- Define el trabajo que puede ser realizado en ocupaciones peligrosas.
- Establece las penas por las violaciones a las cláusulas de trabajo infantil.
- Recomienda a los empleados el uso de certificados de edad.

ayude al aprendiz a entender el propósito de la habilidad que debe aprender.

9.1.1 Normas del aprendizaje

Todas las normas del aprendizaje estipulan cierto entrenamiento relacionado con las tareas o en el trabajo. Este entrenamiento en el trabajo se descompone en tareas específicas, en las que el aprendiz recibe entrenamiento práctico durante el periodo de aprendizaje. Además, en cada tarea se requiere un número específico de horas. El número total de horas de entrenamiento en el trabajo en el programa de aprendizaje de instalador de rociadores tradicionalmente es de 8,000, lo que equivale a unos cuatro años de entrenamiento. En un programa basado en las habilidades, sería posible acortar el tiempo al examinar tareas específicas a través de una serie de exámenes de rendimiento.

En un programa tradicional, el entrenamiento en el trabajo requeridp puede adquirirse en incrementos de 2,000 horas al año. Ser despedido y las enfermedades puede afectar la duración.

El aprendiz debe registrar todo el tiempo de trabajo y entregarlo al comité de aprendizaje para poder llevar un control preciso del tiempo. Después de cada 1,000 horas de trabajo relacionado, el aprendiz puede recibir un aumento de sueldo, conforme lo estipulen las normas de aprendizaje.

Los materiales del curso, la instrucción relacionada y el entrenamiento relativo al trabajo no siempre son simultáneos, debido a razones como ser despedido, el tipo de trabajo que necesite hacerse en el campo, etcétera. Aun más, los aprendices con experiencia laboral o cursos de trabajo especiales pueden obtener créditos para los requisitos del aula. Esto reduce el tiempo total requerido en el aula, a la vez que mantiene el requisito de 8,000 horas de entrenamiento en el trabajo. Estos casos especiales dependen del tipo de programa y de los reglamentos y normas con los que funcione.

El entrenamiento informal en el trabajo proporcionado por los empleadores suele ser menos profundo que el que se imparte en un programa formal de aprendizaje. El grado de entrenamiento y supervisión en este tipo de programas suele depender del tamaño de la compañía contratante. Un contratista pequeño puede ofrecer entrenamiento sólo en un área, mientras que una compañía grande es capaz de ofrecerla en varias.

Para aquellos que ingresan en un programa de aprendizaje, es deseable tener estudios de preparatoria o escuela técnica, así como tener también cursos de taller, dibujo técnico y matemáticas generales. La destreza manual, una buena condición física y unos reflejos rápidos también son importantes. Es esencial la capacidad de resolver problemas en forma rápida y precisa, así como para trabajar de cerca con otras personas. Usted debe tener un profundo interés por la seguridad.

El aspirante a aprendiz debe remitir ciertos datos al comité de aprendizaje. Estos pueden ser los siguientes:

- Resultados de la prueba de aptitud (Batería de pruebas de aptitud general, GATB, por lo general administrada por la Comisión de Seguridad en el Empleo local)
- Comprobante de antecedentes escolares (el candidato debe hacer que envíen su historial académico al comité)
- Cartas de referencia de empleadores anteriores y amigos
- Resultados de examen físico
- Comprobante de edad
- Si el candidato es veterano, una copia del formulario DD214
- Registro de entrenamiento técnico recibido relacionado con la industria de la construcción
- Registro de cualquier entrenamiento previo al aprendizaje.
- Diploma de estudios medios o de equivalencia general (GED)

El aprendiz debe hacer lo siguiente:

- Usar el equipo de seguridad adecuado en el trabajo.
- Adquirir y dar mantenimiento a las herramientas del oficio, conforme se necesite y lo requiera el contratista.
- Enviar al comité un reporte mensual del entrenamiento en el trabajo.
- Reportar al comité cualquier cambio que haya en su situación de empleo.
- Asistir a la instrucción relacionada en el aula y acatar todos los reglamentos del aula así como los requisitos de asistencia.

Preguntas de repaso

1. El tipo más común de sistemas de rociadores contra incendios es _____.
   a. de tubo mojado
   b. de tubo seco
   c. de acción previa
   d. de inundación

2. El sistema de rociadores que usted consideraría para un ambiente con temperaturas de congelación es _____.
   a. de tubo mojado
   b. de tubo seco
   c. de acción previa
   d. de inundación

3. La ventaja clave del sistema de rociadores de inundación es _____.
   a. que puede usarse en cualquier parte
   b. que está diseñado para aplicaciones en temperaturas de congelación
   c. el alto volumen y la reacción rápida
   d. que es mucho más barato de instalar y mantener

4. La principal norma de referencia para los instaladores de rociadores es _____.
   a. *NFPA 13*
   b. *NFPA 20*
   c. *NFPA 24*
   d. *NFPA 5000*

5. Los códigos y las normas de construcción regulan todo el trabajo de construcción que se realiza en América del Norte. Por lo tanto, códigos y normas son básicamente la misma cosa.
   a. Cierto
   b. Falso

En las preguntas de la 6 a la 9, relacione la norma con la definición correcta.

6. _____ *NFPA 13D*
7. _____ *NFPA 13R*
8. _____ *NFPA 20*
9. _____ *NFPA 24*

   a. Cubre la selección e instalación de bombas que suministran líquido para protección privada contra incendios.
   b. Cubre el diseño y la instalación de sistemas automáticos de rociadores en viviendas uni y bifamiliares y en casas fabricadas.
   c. Establece los requisitos mínimos para establecer tomas de agua privadas contra incendio y su equipo.
   d. Cubre el diseño y la instalación de sistemas automáticos de rociadores en ocupaciones residenciales hasta de cuatro pisos de altura.
   e. Especifica los requisitos mínimos del diseño y la instalación de tanques y otro equipo que suministre agua para protección privada contra incendios.

10. La llave más útil para quitar o instalar dispositivos pulidos o chapados, como las válvulas, es la _____.
    a. llave inglesa
    b. llave de cadena
    c. llave de correa
    d. pinzas de punta curva

Resumen

En este módulo le presentamos los cuatro sistemas básicos de rociadores contra incendios: de tubo mojado, de tubo seco, de acción previa y de inundación. Estos sistemas fundamentales forman el punto de partida para su proceso de aprendizaje y para los pasos iniciales de su carrera. Usted vio que todo el trabajo del instalador de rociadores está regido por códigos y normas, en particular *NFPA 13* y los requisitos de OSHA.

En la industria de la instalación de rociadores, las opciones profesionales son relativamente numerosas, y usted aprendió que para progresar y ser respetado en su campo, debe asumir ciertas responsabilidades, como la honestidad y la integridad, así como tener muchos rasgos personales igualmente importantes.

No se trata sólo de aprender el aspecto técnico y conocer los códigos y normas. También debe llevarse bien con sus compañeros de trabajo y comunicarse efectivamente con ellos. Las relaciones humanas son un aspecto clave del trabajo del instalador de rociadores. Otro elemento clave es estar consciente de la seguridad en el trabajo.

También vio algunas de las herramientas que usará en el trabajo. Las herramientas son un aspecto muy importante para trabajar como instalador de rociadores. Aprenda a usar las herramientas con seguridad y eficiencia.

También tuvo un breve repaso del programa de entrenamiento y aprendizaje. Debe estar consciente de que en la industria de la construcción en general, y en la de la instalación de rociadores en particular, se ha invertido mucho tiempo y dinero para brindar las oportunidades de entrenamiento y de carreras que están a su disposición.

Siempre va a haber una fuerte demanda para buenos técnicos de servicio. Si usted continúa su educación y aprende los códigos de construcción e incendios, tendrá muchas oportunidades de progresar en la industria de protección contra incendios.

Notas

Cuestionario de términos clave

1. La fuente de información en línea actualizada sobre sistemas automáticos de rociadores contra incendios es el/la ___________.

2. El sistema de rociadores contra incendios que tiene un sistema de detección adicional instalado cerca de los rociadores es el/la ___________.

3. El tipo de sistema de rociadores que tiene rociadores abiertos en lugar de cerrados es el/la ___________.

4. El/la ___________ es un dispositivo o mecanismo que sirve para asegurar los tubos almacenados en capas.

5. El/la ___________ establece las normas mínimas de los programas de entrenamiento en todo Estados Unidos.

6. El tipo más simple y común de sistemas de rociadores contra incendios es el/la ___________.

7. Un(a) ___________ es un dispositivo o mecanismo detector de calor, usado en los sistemas de rociadores para descargar el agua en el incendio.

8. El/la ___________ se refiere a el entrenamiento laboral adquirido durante el trabajo.

9. Una causa posible de riesgo o lesión se llama ___________.

10. Los materiales estandarizados para enseñanza de la construcción producidos por el NCCER se llaman ___________.

11. La persona o agencia que decide la aceptabilidad de los sistemas y dispositivos que se van a instalar se conoce como ___________.

12. El/la ___________ es una asociación internacional sin fines lucrativos que representa a los contratistas por méritos de rociadores contra incendios.

13. Las reglas y especificaciones dadas a la industria de los rociadores se llaman ___________.

14. El material que se enciende fácilmente y arde rápidamente se llama ___________.

15. El/la ___________ se almacena a presión en cilindros.

16. Un(a) ___________ es un dispositivo o mecanismo que sirve para asegurar los tubos almacenados en capas.

17. La referencia de la industria para instalar sistemas de rociadores contra incendios es ___________.

18. El sistema de rociadores con tubos llenos de aire o nitrógeno a presión es el/la ___________.

19. El/la ___________ publica códigos y normas con el objetivo de evitar pérdidas de vidas y bienes materiales.

Términos clave

Asociación de Rociadores contra Incendios de Estados Unidos (American Fire Sprinkler Association, AFSA)
Asociación Nacional de Protección contra Incendios (NFPA)
Autoridad con jurisdicción (AHJ)
Bloque
Cabezal del rociador
Entrenamiento de Aprendizaje, Empleador y Servicios de Mano de Obra (ATELS)
Entrenamiento en el trabajo (OJT)
Estante
Gas comprimido
Inflamable
NFPA 13, Norma para la instalación de sistemas de rociadores
Peligro
Reglamentos
Serie educativa Contren®
Sistema de rociadores contra incendios por inundación
Sistema de rociadores de acción previa
Sistema de rociadores de tubo mojado
Sistema de rociadores de tubo seco
SprinklerNet

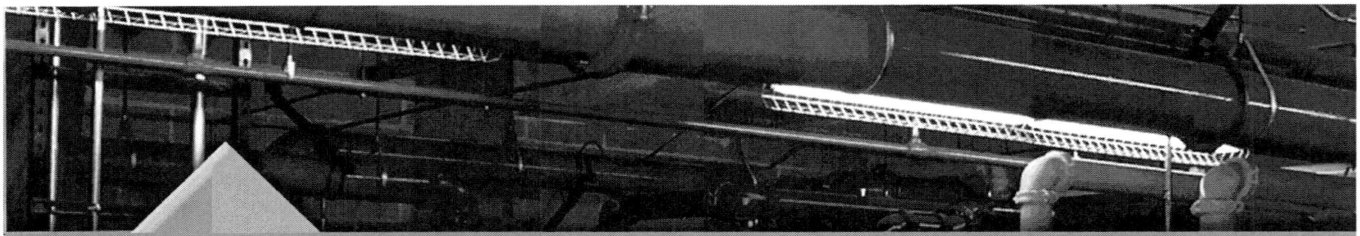

Apéndice A

Tabla de conversión

TABLA DE CONVERSIÓN MÉTRICA

PULGADAS		MÉTRICO	PULGADAS		MÉTRICO	PULGADAS		MÉTRICO
Fracción	Decimal	m	Fracción	Decimal	m	Fracción	Decimal	m
.	0.0039	0.1000	.	0.5512	14.0000	.	1.8898	48.0000
.	0.0079	0.2000	9/16	0.5625	14.2875	.	1.9291	49.0000
.	0.0118	0.3000	.	0.5709	14.5000	.	1.9685	50.0000
1/64	0.0156	0.3969	37/64	0.5781	14.6844	2	2.0000	50.8000
.	0.0157	0.4000	.	0.5906	15.0000	.	2.0079	51.0000
.	0.0197	0.5000	19/32	0.5938	15.0813	.	2.0472	52.0000
.	0.0236	0.6000	39/64	0.6094	15.4781	.	2.0866	53.0000
.	0.0276	0.7000	.	0.6102	15.5000	.	2.1260	54.0000
1/32	0.0313	0.7938	5/8	0.6250	15.8750	.	2.1654	55.0000
.	0.0315	0.8000	.	0.6299	16.0000	.	2.2047	56.0000
.	0.0354	0.9000	41/64	0.6406	16.2719	.	2.2441	57.0000
.	0.0394	1.0000	.	0.6496	16.5000	2 1/4	2.2500	57.1500
.	0.0433	1.1000	21/32	0.6563	16.6688	.	2.2835	58.0000
3/64	0.0469	1.1906	.	0.6693	17.0000	.	2.3228	59.0000
.	0.0472	1.2000	43/64	0.6719	17.0656	.	2.3622	60.0000
.	0.0512	1.3000	11/16	0.6875	17.4625	.	2.4016	61.0000
.	0.0551	1.4000	.	0.6890	17.5000	.	2.4409	62.0000
.	0.0591	1.5000	45/64	0.7031	17.8594	.	2.4803	63.0000
1/16	0.0625	1.5875	.	0.7087	18.0000	2 1/2	2.5000	63.5000
.	0.0630	1.6000	23/32	0.7188	18.2563	.	2.5197	64.0000
.	0.0669	1.7000	.	0.7283	18.5000	.	2.5591	65.0000
.	0.0709	1.8000	47/64	0.7344	18.6531	.	2.5984	66.0000
.	0.0748	1.9000	.	0.7480	19.0000	.	2.6378	67.0000
5/64	0.0781	1.9844	3/4	0.7500	19.0500	.	2.6772	68.0000
.	0.0787	2.0000	49/64	0.7656	19.4469	.	2.7165	69.0000
.	0.0827	2.1000	.	0.7677	19.5000	2 3/4	2.7500	69.8500
.	0.0866	2.2000	25/32	0.7813	19.8438	.	2.7559	70.0000
.	0.0906	2.3000	.	0.7874	20.0000	.	2.7953	71.0000
3/32	0.0938	2.3813	51/64	0.7969	20.2406	.	2.8346	72.0000
.	0.0945	2.4000	.	0.8071	20.5000	.	2.8740	73.0000
.	0.0984	2.5000	13/16	0.8125	20.6375	.	2.9134	74.0000
7/64	0.1094	2.7781	.	0.8268	21.0000	.	2.9528	75.0000
.	0.1181	3.0000	53/64	0.8281	21.0344	.	2.9921	76.0000
1/8	0.1250	3.1750	27/32	0.8438	21.4313	3	3.0000	76.2000
.	0.1378	3.5000	.	0.8465	21.5000	.	3.0315	77.0000
9/64	0.1406	3.5719	55/64	0.8594	21.8281	.	3.0709	78.0000
5/32	0.1563	3.9688	.	0.8661	22.0000	.	3.1102	79.0000
.	0.1575	4.0000	7/8	0.8750	22.2250	.	3.1496	80.0000
11/64	0.1719	4.3656	.	.8858	22.5000	.	3.1890	81.0000
.	0.1772	4.5000	57/64	.89063	22.6219	.	3.2283	82.0000
3/16	0.1875	4.7625	.	.9055	23.0000	.	3.2677	83.0000
.	0.1969	5.0000	29/32	.90625	23.0188	.	3.3071	84.0000
13/64	0.2031	5.1594	59/64	.92188	23.4156	.	3.3465	85.0000
.	0.2165	5.5000	.	.9252	23.5000	.	3.3858	86.0000
7/32	0.2188	5.5563	15/16	.93750	23.8125	.	3.4252	87.0000
15/64	0.2344	5.9531	.	.9449	24.0000	.	3.4646	88.0000
.	0.2362	6.0000	61/64	.95313	24.2094	3 1/2	3.5000	88.9000
1/4	0.2500	6.3500	.	.9646	24.5000	.	3.5039	89.0000
.	0.2559	6.5000	31/32	.96875	24.6063	.	3.5433	90.0000
17/64	0.2656	6.7469	.	.9843	25.0000	.	3.5827	91.0000
.	0.2756	7.0000	63/64	.98438	25.0031	.	3.6220	92.0000
9/32	0.2813	7.1438	1	1.000	25.40	.	3.6614	93.0000
.	0.2953	7.5000	.	1.0039	25.5000	.	3.7008	94.0000
19/64	0.2969	7.5406	.	1.0236	26.0000	.	3.7402	95.0000
5/16	0.3125	7.9375	.	1.0433	26.5000	.	3.7795	96.0000
.	0.3150	8.0000	.	1.0630	27.0000	.	3.8189	97.0000
21/64	0.3281	8.3344	.	1.0827	27.5000	.	3.8583	98.0000
.	0.3346	8.5000	.	1.1024	28.0000	.	3.8976	99.0000
11/32	0.3438	8.7313	.	1.1220	28.5000	.	3.9370	100.0000
.	0.3543	9.0000	.	1.1417	29.0000	4	4.0000	101.6000
23/64	0.3594	9.1281	.	1.1614	29.5000	.	4.3307	110.0000
.	0.3740	9.5000	.	1.1811	30.0000	4 1/2	4.5000	114.3000
3/8	0.3750	9.5250	.	1.2205	31.0000	.	4.7244	120.0000
25/64	0.3906	9.9219	1 1/4	1.2500	31.7500	5	5.0000	127.0000
.	0.3937	10.0000	.	1.2598	32.0000	.	5.1181	130.0000
13/32	0.4063	10.3188	.	1.2992	33.0000	.	5.5118	140.0000
.	0.4134	10.5000	.	1.3386	34.0000	.	5.9055	150.0000
27/64	0.4219	10.7156	.	1.3780	35.0000	6	6.0000	152.4000
.	0.4331	11.0000	.	1.4173	36.0000	.	6.2992	160.0000
7/16	0.4375	11.1125	.	1.4567	37.0000	.	6.6929	170.0000
.	0.4528	11.5000	.	1.4961	38.0000	.	7.0866	180.0000
29/64	0.4531	11.5094	1 1/2	1.5000	38.1000	.	7.4803	190.0000
15/32	0.4688	11.9063	.	1.5354	39.0000	.	7.8740	200.0000
.	0.4724	12.0000	.	1.5748	40.0000	8	8.0000	203.2000
31/64	0.4844	12.3031	.	1.6142	41.0000	.	9.8425	250.0000
.	0.4921	12.5000	.	1.6535	42.0000	10	10.0000	254.0000
1/2	0.5000	12.7000	.	1.6929	43.0000	20	20.0000	508.0000
.	0.5118	13.0000	.	1.7323	44.0000	30	30.0000	762.0000
33/64	0.5156	13.0969	1 3/4	1.7500	44.4500	40	40.0000	1016.000
17/32	0.5313	13.4938	.	1.7717	45.0000	60	60.0000	1524.000
.	0.5315	13.5000	.	1.8110	46.0000	80	80.0000	2032.000
35/64	0.5469	13.8906	.	1.8504	47.0000	100	100.0000	2540.000

PARA CONVERTIR A MILÍMETROS; MULTIPLIQUE LAS PULGADAS X 25.4
PARA CONVERTIR A PULGADAS; MULTIPLIQUE MILÍMETROS X 0.03937*
*PARA MAYOR PRECISIÓN AL CONVERTIR A PULGADAS; DIVIDA LOS MILÍMETROS POR 25.4

101A01.EPS

Apéndice B

Muestras de credenciales de aprendizaje, diploma e historial académico del NCCER

October 31, 2005

John Doe
NCCER
3600 NW 43rd St Bldg G
Gainesville, FL 32606

Dear John,

On behalf of the National Center for Construction Education and Research, I congratulate you for successfully completing the NCCER's standardized craft training program.

As the NCCER's most recent graduate, you are a valuable member of today's skilled construction and maintenance workforce. The skills that you have acquired through the NCCER craft training programs will enable you to perform quality work on construction and maintenance projects, promote the image of these industries and enhance your long-term career opportunities.

We encourage you to continue your education as you advance in your construction career. Please do not hesitate to contact us for information regarding our Management Education and Safety Programs or if we can be of any assistance to you.

Enclosed please find your certificate, transcript and wallet card. Once again, congratulations on your accomplishments and best wishes for a successful career in the construction and maintenance industries.

Sincerely,

Donald E. Whyte

Donald E. Whyte
President, NCCER

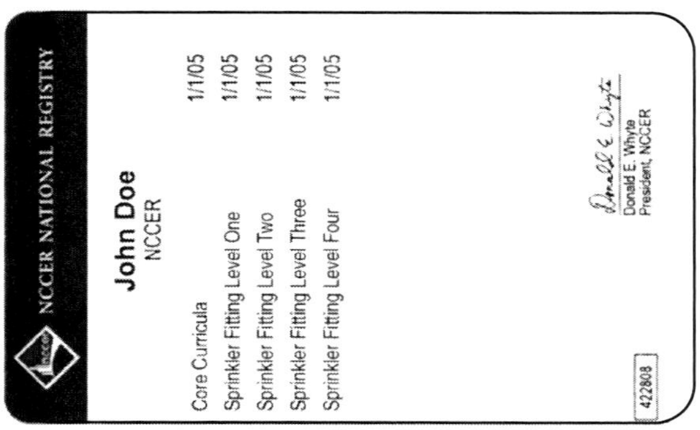

NATIONAL CENTER FOR CONSTRUCTION EDUCATION AND RESEARCH
P.O. Box 141104 ■ Gainesville, Florida ■ 32614-1104 ■ PH: 352.334.0911 ■ FX: 352.334.0932 ■ www.nccer.org

101A02.EPS

National Center for Construction
Education and Research

This is to certify that

John Doe

has fulfilled the requirements for

Sprinkler Fitting Level One

in the NCCER's standardized training curriculum
this First day of January, 2005

Donald E. Whyte
President

101A03.EPS

NATIONAL CENTER FOR CONSTRUCTION EDUCATION AND RESEARCH
P.O. Box 141104 ■ Gainesville, Florida 32614-1104
PH: 352.334.0911 ■ FX: 352.334.0932 ■ www.nccer.org
Affiliated with the University of Florida

10/31/05
Page: 1

Official Transcript

John Doe
NCCER
3600 NW 43rd St Bldg G
Gainesville, FL 32606
R#: 000110490

Current Employer:

Course / Description		Instructor	Training Location	Date Compl.
00101-04	Basic Safety	Don Whyte	NCCER	1/1/05
00102-04	Introduction to Construction Math	Don Whyte	NCCER	1/1/05
00103-04	Introduction to Hand Tools	Don Whyte	NCCER	1/1/05
00104-04	Introduction to Power Tools	Don Whyte	NCCER	1/1/05
00105-04	Introduction to Blueprints	Don Whyte	NCCER	1/1/05
00106-04	Basic Rigging	Don Whyte	NCCER	1/1/05
00107-04	Basic Communication Skills	Don Whyte	NCCER	1/1/05
00108-04	Basic Employability Skills	Don Whyte	NCCER	1/1/05
18101	Orientation to the Trade	Don Whyte	NCCER	1/1/05
18102	Introduction to Components and Systems	Don Whyte	NCCER	1/1/05
18103	Steel Pipe	Don Whyte	NCCER	1/1/05
18104	CPVC Pipe and Fittings	Don Whyte	NCCER	1/1/05
18105	Copper Tube Pipe	Don Whyte	NCCER	1/1/05
18106	Underground Pipe	Don Whyte	NCCER	1/1/05

Donald E. Whyte
President

101A04.EPS

Apéndice C

Muestras de las credenciales de aprendizaje de la AFSA

AMERICAN FIRE SPRINKLER ASSOCIATION

AFSA

John Doe

HAS BEEN AWARDED A CERTIFICATE OF ACHIEVEMENT
IN RECOGNITION OF SUCCESSFUL COMPLETION OF

American Fire Sprinkler Association's
Contren® Learning Series
Four-Book Training Program in Automatic Fire Sprinkler Protection
For Apprentice Fire Sprinkler Fitters

Providing a Minimum of 576 Hours of Training

February 15, 2006
Date

President

American Fire Sprinkler Association
Apprenticeship Identification Card

Issued to: John Doe

Social Security # 123-45-6789

The above named individual is enrolled in a course of study in an Apprenticeship Program for Automatic Fire Sprinkler Systems using the curriculum registered as a part of standards approved by the Bureau of Apprenticeship and Training, U.S. Department of Labor.

N-92021
Registration No.

Steve A. Muncy, CAE
President

Apprentice Credits

Book Completed	Date	CEU's Credited
Level I	2/15/06	15.05

12345
Student I.D. #

2/15/06
Date of Enrollment

AFSA Director of Education

9696 Skillman Sreet, Suite 300 • Dallas, Texas 75243 • (214) 349-5965

101A05.EPS

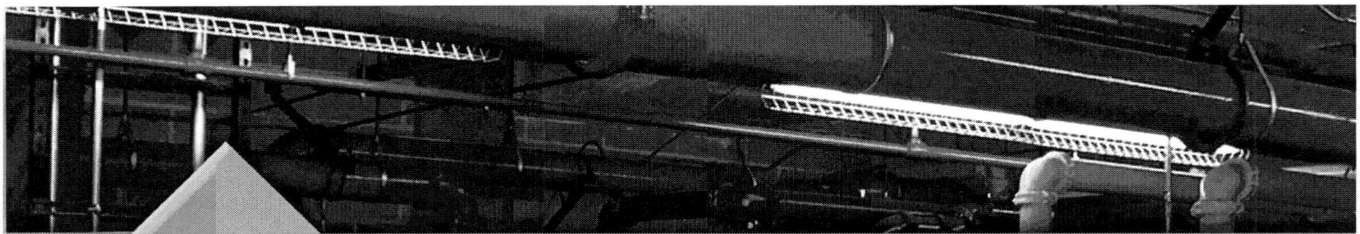

Perfiles de éxito

Josh Stephens, Affordable Fire Protection, Inc.

Ventas
Affordable Fire Protection, Inc.
Norcross, Georgia

Durante su aprendizaje, Josh Stephens ganó competencias estatales y regionales. Se llevó a casa la medalla de plata en la Olimpiada de Oficios de Contratistas Asociados de Construcción (ABC) y en la competencia nacional de la Asociación de Rociadores contra Incendios de Estados Unidos (AFSA). Mantuvo un promedio de "A" en todo su aprendizaje. Nada mal para alguien que abandonó los estudios en la universidad. Después de terminar su aprendizaje, siguió obteniendo certificaciones adicionales y está trabajando para adquirir varias más. Está motivado para terminar su proceso de certificación, con lo que podrá establecer su propio negocio. La historia de Josh demuestra que se puede lograr cualquier cosa con la motivación adecuada.

¿Cómo eligió la carrera en el campo de la instalación de rociadores?
Tenía otro trabajo de construcción y la secretaria me dijo que su esposo estaba buscando alguien para Affordable Fire Protection. Tomé ese nuevo trabajo, pues pensé que en ese campo había más oportunidades de progresar. Eso apuntaba más a una carrera que mi trabajo anterior, en limpieza de alfombras y restauración después de incendios.

¿Qué tipos de capacitación ha cursado?
Hice unos semestres en la universidad, pero me salí y me puse a trabajar. Affordable me ofreció la oportunidad de tomar el programa de aprendizaje de tres años a través de la Fundación de Enseñanza de la Construcción de Georgia (CEFGA). Durante mi aprendizaje pude participar en las competencias nacionales de ABC y AFSA. Gané una medalla de plata en la competencia nacional de ABC y, al año siguiente, otra medalla de plata en la competencia de la AFSA.

Me gusta mi compañía pues fomenta mucho la capacitación. Tenemos mucha capacitación interna. También estoy inscrito en el Instituto Nacional para la Certificación en Tecnologías de Ingeniería (NICET). Tengo certificación de nivel II en inspección y pruebas de sistemas de agua y estoy trabajando para la certificación de nivel III. Cuando alcance el nivel III podré realizar inspecciones.

También estoy trabajando para la certificación NICET en trazado de sistemas automáticos de rociadores. Espero tener mi propia compañía algún día. En este estado, hay que tener certificación en trazado y diseño para poder tener una compañía propia.

¿Qué tipos de trabajo ha hecho en su carrera?
Empecé hace cinco años y medio como ayudante, cargando tubos. Fui instalador durante cinco años y logré llegar a ser capataz. Después de las competencias nacionales me ofrecieron un puesto en ventas, que es donde estoy ahora.

¿Qué le gusta de su trabajo?
Actualmente disfruto de las ventas, pues no tengo que estar a la intemperie. Puedo conocer gente todos los días y hablar con ellos sobre sistemas para proteger la vida. Yo disfruto esta industria. Hay mucha libertad en este negocio. No siempre tenemos a alguien parado encima de nosotros. Disfruto construyendo sistemas. Hay mucha satisfacción cuando uno puede dar un paso atrás y decir que uno construyó eso. También produce mucha satisfacción saber que uno puede salvar la vida de los demás.

¿Qué factores contribuyeron más a su éxito?
Trabajar para una buena compañía me ha ayudado mucho. También la CEFGA es una magnífica organización. Me brindaron capacitación de 5 a 9 p.m. un

día a la semana. Yo estaba dispuesto a poner mi tiempo y mi esfuerzo, pues sabía que habría progresos en el futuro. Los exámenes de certificación son muy difíciles. Es como tomar el SAT, un examen que dura todo un día sábado. Pero vale la pena, porque estoy trabajando para lograr mis metas.

¿Qué consejo le daría a los novatos en el campo de la instalación de rociadores?
Trabajen mucho y demuestren que están dispuestos a crecer en esta industria, y a cambio estarán bien cuidados.

Términos especializados introducidos en este módulo

Asociación de Rociadores contra Incendios de Estados Unidos (AFSA): Organización internacional no lucrativa, que representa a los contratistas por méritos de rociadores contra incendios, dedicada a la superación educativa de sus miembros y al fomento del uso de sistemas automáticos de rociadores contra incendios.

Asociación Nacional de Protección contra Incendios (NFPA): Organización que publica códigos y normas con el objeto de evitar pérdidas de vidas y bienes materiales.

Autoridad con jurisdicción (AHJ): Persona o agencia que decide sobre la aceptabilidad de los sistemas y dispositivos que se van a instalar, de acuerdo con los requisitos del código.

Bloque: Dispositivo usado para asegurar tubos almacenados en capas.

Cabezal de rociador: Dispositivo detector de calor, usado en los sistemas de rociadores para descargar el agua en el incendio.

Entrenamiento de Aprendizaje, Empleador y Servicios de Mano de Obra (ATELS): Oficina del Departamento de Trabajo de Estados Unidos que establece las normas mínimas de los programas de entrenamiento en todo el país.

Entrenamiento en el trabajo (OJT): Entrenamiento laboral adquirida durante el trabajo.

Estante: Dispositivo o mecanismo usado para asegurar tubos almacenados en capas.

Gas comprimido: Gas almacenado a presión en cilindros.

Inflamable: Material que se enciende fácilmente y arde rápidamente.

NFPA 13, Norma para la instalación de sistemas de rociadores: Referencia básica de los requisitos para la instalación de los sistemas de rociadores contra incendios (*NFPA 13*), publicada por la NFPA.

Peligro: Causa posible de peligro o lesiones.

Reglamentos: Reglas y especificaciones de la industria de rociadores, establecidos por diversas organizaciones.

Serie de aprendizaje Contren®: Materiales estandarizados para la enseñanza de la construcción producidos por el National Center for Construction Education and Research (NCCER).

Sistema de rociadores contra incendios por inundación: Tipo de sistema de rociadores que tiene rociadores abiertos en lugar de cerrados. Cuando el fuego activa el sistema de detección, se suelta la válvula de inundación, produciendo un flujo inmediato por todos los rociadores de un área determinada.

Sistema de rociadores de tubo mojado: El tipo más simple y común de sistema de rociadores. Los sistemas de tubo mojado están llenos de agua todo el tiempo, a diferencia de los de tubo seco, que no contienen agua hasta que el sistema se activa con el fuego.

Sistema de rociadores de tubo seco: Los sistemas de tubo seco están llenos con aire o nitrógeno a presión. El agua fluye por el sistema sólo cuando éste se activa con un incendio.

Sistemas de acción previa: Tienen rociadores automáticos conectados a un sistema de tuberías. El sistema de tuberías contiene aire, que puede estar a presión o no. Cerca de los rociadores hay un sistema de detección adicional.

SprinklerNet: Fuente en línea o de internet con información actualizada sobre los rociadores automáticos contra incendios. www.sprinklernet.org.

MÓDULO 18101-07 — RESPUESTAS A LAS PREGUNTAS DE REPASO

Respuesta	Referencia de sección
1. a	2.2.0
2. b	2.3.0
3. c	2.5.0
4. a	3.0.0
5. b	3.1.0; 3.2.0
6. b	3.4.2
7. d	3.4.3
8. a	3.4.4
9. c	3.4.6
10. c	8.4.0

MÓDULO 18101-07
RESPUESTAS AL CUESTIONARIO DE TÉRMINOS CLAVE

1. SprinklerNet
2. Sistema de rociadores de acción previa
3. Sistema de rociadores contra incendios por inundación
4. Bloque
5. ATELS
6. Sistema de rociadores de tubo mojado
7. Cabezal del rociador
8. OJT
9. Peligro
10. Serie educativa Contren®
11. Autoridad con jurisdicción
13. AFSA
14. Reglamentos
15. Inflamable
16. Gas comprimido
17. Estante
18. NFPA 13
19. Sistema de rociadores de tubo seco
20. NFPA

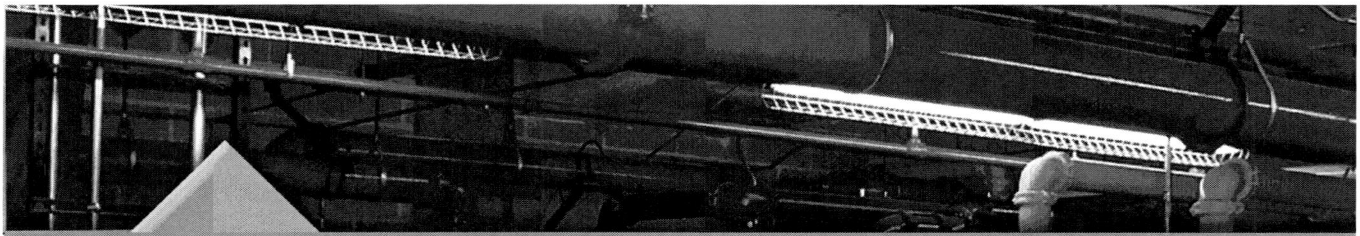

Reconocimientos

Recursos adicionales

Este módulo está dirigido a presentar recursos exhaustivos para el entrenamiento de tareas. Se recomiendan las siguientes obras de consulta para profundizar los estudios. Éstos son materiales optativos para educación continua más que para entrenamiento de tareas.

Multimedia Apprenticeship Training Supplement for Fire Sprinkler Fitters (Juego de CD: del nivel 1 al 4). American Fire Sprinkler Association www.sprinklernet.org.

NFPA 13, Standard for the Installation of Sprinkler Systems, última edición. Quincy, MA: National Fire Protection Association.

NFPA 13D, Standard for the Installation of Sprinkler Systems in One- and Two-Family Dwellings and Manufactured Homes, última edición. Quincy, MA: National Fire Protection Association.

NFPA 13R, Standard for the Installation of Sprinkler Systems in Residential Occupancies up to and Including Four Stories in Height, última edición. Quincy, MA: National Fire Protection Association.

Créditos de figuras

Tyco Fire and Building Products, 101F01

Western Fire Protection, Inc., 101F05, 101F06

Ridge Tool Co./Ridgid®, 101F10

Reed Manufacturing Company, 101F11

Globe Fire Sprinkler Corporation, 101F12

Klein Tools, Inc., 101F13 (llave de torsión manual)

Futek Advanced Sensor Technology, 101F13 (llave de torsión digital)

Holloway Engineering, 101F13 (tensiómetro)

Channellock, Inc., 101F14, 101F15

Cortesía de Cooper Hand Tools, 101F16

The Stanley Works, 101F17, 101SA01

Topaz Publications, Inc., 101F18

Porter-Cable Corporation, 101SA02

Werner Company, 101F19, 101F20, 101SA03

American Fire Sprinkler Association, apéndice C

SERIE EDUCATIVA CONTREN® — COMENTARIOS DEL USUARIO

NCCER hace el esfuerzo de mantener estos libros de texto actualizados y libres de errores técnicos. Apreciamos su ayuda en este proceso. Si tiene una idea para mejorar este libro de texto, o si encuentra algún error, ya sea tipográfico, o de contenido en los libros de texto de *Contren*®, favor de escribirnos usando esta forma o una fotocopia de la misma. Asegúrese de incluir el número exacto del módulo, la página, una descripción detallada, y la corrección, si es aplicable. Su comentario será traído a la atención del comité técnico de revisión. Gracias por su ayuda.

Instructores – si usted encontró que algún material adicional es necesario para enseñar este módulo con eficacia, por favor déjenos saber para poder incluirlos en la lista de Equipo y Materiales en la guía anotada del instructor.

Dirección postal: Departamento de Desarrollo de Productos
National Center for Construction Education and Research
3600 NW 43rd Street, Bldg. G, Gainesville, FL 32606

Fax: 352-334-0932

E-mail: curriculum@nccer.org

Oficio ______ Nombre del Módulo ______

Fecha del Copyright ______ Número del Módulo ______ Número(s) de Página(s) ______

Descripción

______

______

______

______

Corrección (opcional)

______

______

______

Su nombre y dirección (opcional)

______

______

______

18102-07

Introducción a los componentes y sistemas

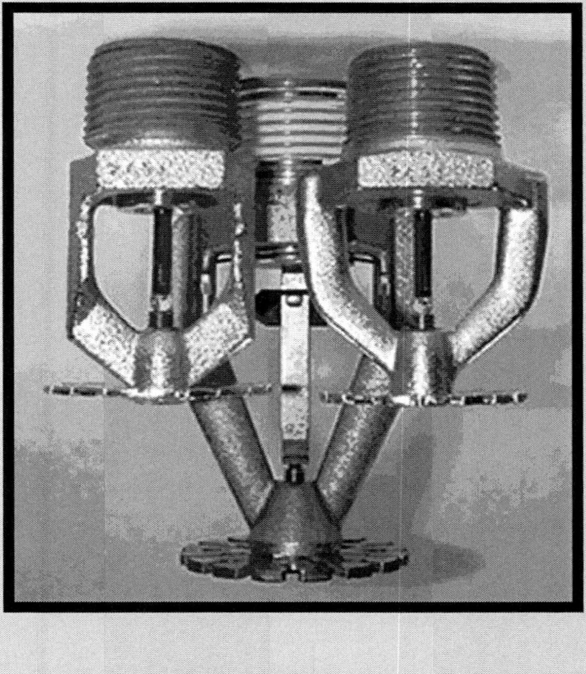

18102-07

Introducción a los componentes y sistemas

En este módulo se presentan los siguientes temas:

Generalidades

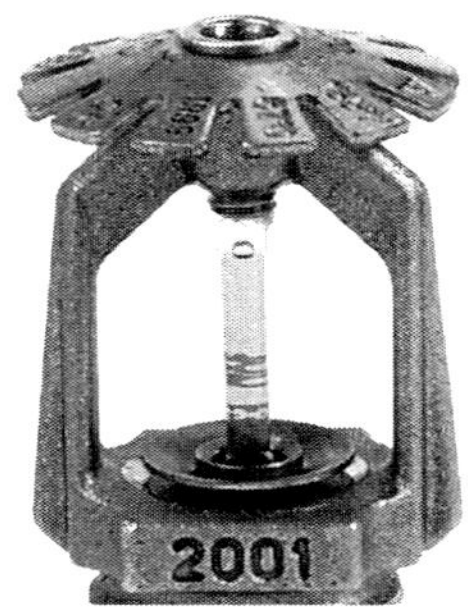

Ya que los sistemas de rociadores se diseñan e instalan a fin de proteger vidas y bienes materiales, están sujetos a códigos estrictos y se requieren que cumplan con requisitos rigurosos de instalación, pruebas y mantenimiento. Este módulo cubre los componentes básicos de un sistema de rociadores, así como algunos de los requisitos de los códigos para su instalación.

Objetivos

Cuando usted haya terminado este módulo, podrá hacer lo siguiente:

1. Definir el término Registrado y explicar cómo se relaciona con los sistemas de rociadores.
2. Explicar el objetivo de una agencia de registro.
3. Describir las características de los cabezales de rociadores comunes.
4. Señalar las características importantes de la tubería superficial, incluyendo el grosor de las paredes y los métodos de unión.
5. Definir el factor C y enumerar las ventajas de un factor C alto.
6. Describir los tipos de soportes de tubería y abrazaderas de vaivén.
7. Identificar las características de las válvulas maestras, las válvulas de control, las alarmas de flujo de agua y las conexiones con el departamento de bomberos.

Términos técnicos

Abrazadera de vaivén
Electrólisis
Espiga
Etiquetado
Factor C
Factor K
Galvanizado
Golpe de agua
Registrado
Techo colgante
Underwriters Laboratories (UL)
Válvula de contención
Válvula de control
Válvula de drenaje

Materiales requeridos para el estudiante

1. Lápiz y papel
2. Equipo de protección personal adecuado

Requisitos

Antes de empezar este módulo, se recomienda que concluya satisfactoriamente lo siguiente: *Currículo Básico*; y *Instalación de rociadores nivel uno*, Módulo 18101-07.

Este mapa del curso muestra todos los módulos del primer nivel del programa de *Instalación de rociadores*. El orden recomendado de entrenamiento empieza abajo y avanza hacia arriba. El nivel de habilidad se eleva conforme usted avance en el mapa del curso. El patrocinador local del programa de entrenamiento puede ajustar el orden del entrenamiento.

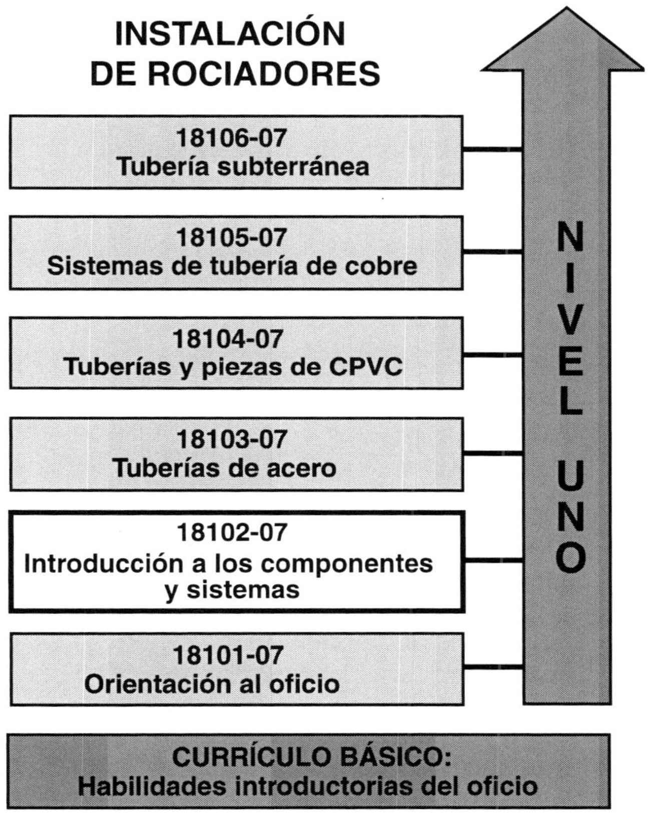

102CMAP.EPS

1.0.0 ◆ INTRODUCCIÓN

Para que usted entienda cómo funciona un sistema de rociadores, primero debe aprender el lenguaje de la industria y entender los componentes que lo conforman.

En muchos otros oficios, como plomería, tuberías, y calefacción y aire acondicionado, los trabajadores instalan y unen tuberías, válvulas y junturas de acero, plástico y cobre como parte de sus actividades cotidianas. Un elemento adicional del oficio de colocador de rociadores es que la función básica de los sistemas que se diseñan e instalan es proteger vidas y bienes materiales. Por lo tanto, los sistemas de rociadores están sujetos a códigos más rigurosos y deben cumplir con requisitos más severos para su instalación, prueba y mantenimiento.

La referencia documental básica de la industria de rociadores para incendios es *NFPA 13*. Esta agencia, en colaboración con expertos de varias industrias, elabora y publica códigos relacionados a la seguridad contra incendios, trabajos eléctricos, establecimientos de atención médica y otros.

1.1.0 Laboratorios de prueba

Los laboratorios de prueba son parte integral de la elaboración de códigos y normas. La NFPA y otras organizaciones dependen de los laboratorios de prueba para que realicen investigaciones sobre equipo de protección contra incendio y su seguridad. Estos laboratorios realizan amplias pruebas de los nuevos productos, para asegurarse de que estén fabricados de acuerdo con las normas requeridas para la seguridad contra incendios. Reciben estadísticas y reportes de agencias de todo Estados Unidos con respecto a los incendios y sus causas. Cuando se detecta una tendencia que relacione determinado equipo con situaciones o circunstancias peligrosas, ese equipo se pone específicamente en la mira de las investigaciones. Los informes de estos laboratorios se consideran para la revisión de los códigos.

> **¿SABÍA USTED?**
>
> La Asociación Nacional de Protección contra Incendios (NFPA, por sus siglas en inglés) informa que de 1983 a 1987, los daños materiales en incendios de hoteles fueron 73% inferiores cuando los edificios estaban protegidos con rociadores, en comparación con los edificios sin esta protección. Los edificios con rociadores tuvieron una pérdida en promedio de $2,300, mientras que aquellos sin rociadores sufrieron pérdidas de $10,300 en promedio.

1.2.0 Agencias de registro

Los componentes principales de un sistema de rociadores, como los cabezales, las válvulas y las bombas de incendio, deben estar **registrados** para poder usarse en cualquier aplicación de rociadores contra incendios. El término registrado significa que la pieza específica ha sido probada por una agencia de registro reconocida y que se le encontró adecuada para el uso especificado dentro del sistema de rociadores contra incendios. Las dos agencias de registro más comunes son ***Underwriters Laboratories*** **(UL)** y ***Factory Mutual*** **(FM Global)**. Otro término importante que usted puede encontrar es Registro Especial. Eso significa que el artículo está registrado sólo para usos específicos y debe instalarse conforme a las instrucciones del fabricante.

1.2.1 Underwriters Laboratories

UL es una organización no lucrativa, cuya actividad principal es evaluar productos para determinar si cumplen con las normas definidas de seguridad. UL evalúa productos eléctricos y mecánicos, materiales de construcción, sistemas de construcción, equipo de protección contra incendios y productos marinos. Las normas de seguridad de UL establecen la base para probar los productos y determinar su grado de aceptabilidad. Una vez el producto ha superado las pruebas, puede ser registrado y llevar adherida la etiqueta UL. Mediante acuerdos internacionales, UL está autorizada a probar y certificar tipos específicos de productos para usarse tanto en los mercados de Estados Unidos como de Canadá.

La división de protección contra incendios de UL les proporciona a las compañías de seguros, a las autoridades con jurisdicción, a los detallistas, fabricantes de productos y propietarios de edificios, la certificación y servicios de prueba personalizados en muchas áreas, como las siguientes:

- Modelos de incendios
- Pruebas de ignición, humo y producto derivado de incendio
- Investigación de incendios a gran escala

Los productos probados en UL se registran en el directorio de productos UL. El directorio de productos es un recurso que sirve para determinar la aplicación correcta de un producto o sistema. El directorio de productos contiene el nombre de las compañías autorizadas a usar la marca UL en los productos que satisfagan los requisitos de UL. Los directorios de productos UL les sirven a arquitectos, autoridades con jurisdicción, agentes de compras y otros para encontrar información sobre productos que lleven la marca UL.

Como elemento fundamental de la actividad de seguridad de UL, la división de protección contra incendios ofrece servicios mejorados, como soluciones para el cliente y servicios en conjunto. La división de protección contra incendios también puede elaborar programas personalizados de certificación y pruebas con experiencia técnica.

El equipo de supresión de la división de protección contra incendios apoya a fabricantes, autoridades con jurisdicción, propietarios de edificios y compañías aseguradoras, ofreciendo servicios de certificación y pruebas personalizadas en las siguientes áreas:

- Rociadores automáticos
- Unidades de sistemas de extintores
- Extintores
- Bombas y camiones de bomberos
- Rociadores residenciales
- Sistemas de tuberías de rociadores
- Válvulas de sistemas de supresión de incendios
- Boquillas de vaporización de agua

1.2.2 Factory Mutual

Ya que las especificaciones de los proyectos, contratos y códigos de construcción suelen requerir que los sistemas de protección contra incendios cumplan con las normas de *Factory Mutual* (FM Global), usted debe conocer el proceso de aprobación de este organismo. *Factory Mutual* es una organización de investigación y pruebas científicas no lucrativa, manejada por FM Global, la empresa de seguros comerciales e industriales más grande del mundo.

FM Global distingue entre aprobación y aceptación. La aprobación es la confirmación, y registro subsecuente de FM Global, de que un producto ha sido examinado de acuerdo con sus requisitos pertinentes y se ha determinado que es adecuado para usarse en todos los casos, salvo cualquier limitación indicada en la aprobación. La aceptación confirma que los materiales instalados en un lugar específico son adecuados para

A NIVEL

Underwriters Laboratories, Inc.

La feria mundial de Chicago se inauguró en 1893 y, gracias a que Edison ya había presentado la bombilla eléctrica, la feria mundial iluminó al mundo. Pero no todo fue perfecto: los cables pronto empezaron a chisporrotear y a crujir y, por ironías del destino, el Palacio de la Electricidad ardió en llamas. La compañía aseguradora de la feria llamó a un ingeniero que, después de una cuidadosa inspección, encontró aislante defectuoso y quebradizo, cableado desgastado y deteriorado, alambres pelados y circuitos sobrecargados.

Él pidió que hubiera normas en la industria eléctrica y después estableció un laboratorio de pruebas, encima de la estación de bomberos de Chicago, para hacer precisamente eso. De ahí surgió *Underwriters Laboratories, Inc.* (UL), organización de pruebas independiente. Hoy día, *Underwriters Laboratories* (UL) es una autoridad de reconocimiento internacional en las pruebas de seguridad de productos, la certificación de seguridad y la elaboración de normas.

Pruebas UL

Desde hace más de cien años, UL ha estado probando y certificando rociadores automáticos. Las pruebas y certificaciones están basadas en las *Normas de rociadores automáticos para servicios de protección de incendios (UL 199)* y *Supresión oportuna: rociadores de respuesta rápida (UL 1767)*. UL también puede probar rociadores tomados de muestra en instalaciones de campo, como se especifica en *NFPA 25, Norma de pruebas y mantenimiento de sistemas de extinción de agua*. Este tipo de pruebas es un servicio para los propietarios de edificios, las autoridades con jurisdicción y las compañías de seguros. UL ofrece pruebas de gran escala (incendios) y de pequeña escala (tamaño de gota, velocidad y tasa de desprendimiento de calor).

Fuente: http://www.ul.com/fire/sprinkers.html

el uso destinado. En cierto sentido, la aprobación se aplica a muchos lugares y la aceptación se considera caso por caso. Las aceptaciones de FM Global por lo general se limitan a las propiedades que asegura la misma empresa.

FM Global ofrece en todo el mundo certificación y servicios de pruebas de productos para prevención de pérdidas industriales y comerciales. La certificación de aprobación de FM Global les asegura a los clientes que un producto o servicio ha sido probado objetivamente y se adhiere a las normas nacionales e internacionales. Algunos de los servicios proporcionados por FM Global son los siguientes:

- *Certificación del producto* – FM Global ofrece servicios de certificación a fabricantes de equipo de protección contra incendios, equipo eléctrico, equipo para lugares peligrosos, detección de incendios, señalización y otro equipo eléctrico, materiales y productos de techado. Los productos que obtienen la aprobación quedan registrados en la guía de aprobación.
- *Pruebas de especificaciones* – De alcance más corto que el programa de aprobación, las pruebas de especificaciones de FM Global les permite a los fabricantes probar una sola característica de desempeño de un sistema o conjunto.
- *Certificación global* – FM Global tiene acuerdos mutuos con laboratorios de pruebas y certificación de todo el mundo.

FM Global es el líder internacional en certificación y aprobación independiente de productos comerciales e industriales. FM Global ofrece certificación de varios tipos de productos, como los siguientes:

- Equipo de detección de incendios, de señalización y otro equipo eléctrico.
- Equipo de protección contra incendios
- Evaluación y certificación de seguridad funcional

1.3.0 Definiciones oficiales de la NFPA

- *Aceptado* – Cuando algo es aceptado, se considera que satisface un requisito o una norma.
- *Aprobado* – Aceptable para la autoridad con jurisdicción.
- *Autoridad con jurisdicción (AHJ)* – La organización, oficina o individuo responsable de aprobar equipos, materiales, instalaciones o procedimientos.
- *Equipo registrado para la aplicación* – Para usar este término, se requiere que el equipo usado en un sistema esté debidamente registrado para la aplicación específica. Es un error común suponer que, cuando un artículo está registrado, lo está para todas las aplicaciones. En el proceso de registro, el dispositivo se registra dentro de una o más normas, y por tanto debe cumplir con los requisitos de desempeño si está debidamente instalado, probado y mantenido.
- *Equivalente* – En la mayoría de las normas, la cláusula "o equivalente" permite usar sistemas, métodos o dispositivos de igual o mayor calidad, en tanto se le proporcione a la autoridad con jurisdicción la documentación necesaria para probar su equivalencia.
- ***Etiquetado*** – Equipo o materiales a los que se les ha adherido una etiqueta, un símbolo u otra marca de identificación de alguna organización que sea aceptable para la autoridad con jurisdicción. El etiquetado requiere la inspección periódica de la producción del equipo o de los materiales etiquetados, y el fabricante indica el cumplimiento de las normas correspondientes o del desempeño de una manera específica.
- *Registrado* – Equipo, materiales o servicios contenidos en una lista publicada por una organización que sea aceptable para la autoridad con jurisdicción y que esté dedicada a la evaluación de productos y servicios. El registro requiere la inspección periódica del equipo o de los materiales registrados o la evaluación periódica de los servicios registrados El registro señala que el equipo, material o servicio cumple con las normas designadas correspondientes, o que ha sido probado y considerado adecuado para un propósito específico.
- *Debe* – Indica un requisito obligatorio.
- *Debiera* – Indica una recomendación o que es aconsejable pero no requerido.
- *Norma* – Un documento cuya parte principal contiene sólo cláusulas obligatorias en las que se usa la palabra debe, para indicar requisitos, y que está en una forma generalmente adecuada para consulta obligatoria por otras normas o códigos, o para su adopción como ley. Las cláusulas no obligatorias están situadas en un apéndice o anexo, en notas al pie de página o en notas de letra menuda, y no se consideran parte de los requisitos de la norma.

2.0.0 ◆ SISTEMAS DE ROCIADORES

Las siguientes secciones explican el funcionamiento de cuatro sistemas de rociadores y describen brevemente sus principales componentes y piezas.

2.1.0 Tipos de sistemas y funcionamiento general

Hay tres tipos fundamentales de sistemas de rociadores: tubo húmedo (hasta ahora el más utilizado hoy en día), tubo seco y acción previa. Existe un sistema más, de inundación, que es una variante del tipo de acción previa. Cada uno de estos sistemas está diseñado para aplicaciones, situaciones y condiciones específicas.

2.1.1 Sistema de rociadores de tubo húmedo

En los sistemas de tubo húmedo (*Figura 1*), los tubos siempre están llenos de agua. Cuando el calor activa la conexión térmica en el cabezal del rociador, el agua se descarga sobre el fuego. Cuando se abre el cabezal del rociador (1) el flujo del agua del sistema abre la **trampa de la válvula de alarma** (2), lo que permite que el agua fluya hacia el cabezal abierto del rociador y a través del puerto de alarma (3). El flujo del puerto de alarma entra en la cámara de retardo (4). El flujo del agua de la cámara de retardo entra en la alarma del motor de agua (5) o en el interruptor opcional de presión (6) haciendo que suene la campana eléctrica de alarma.

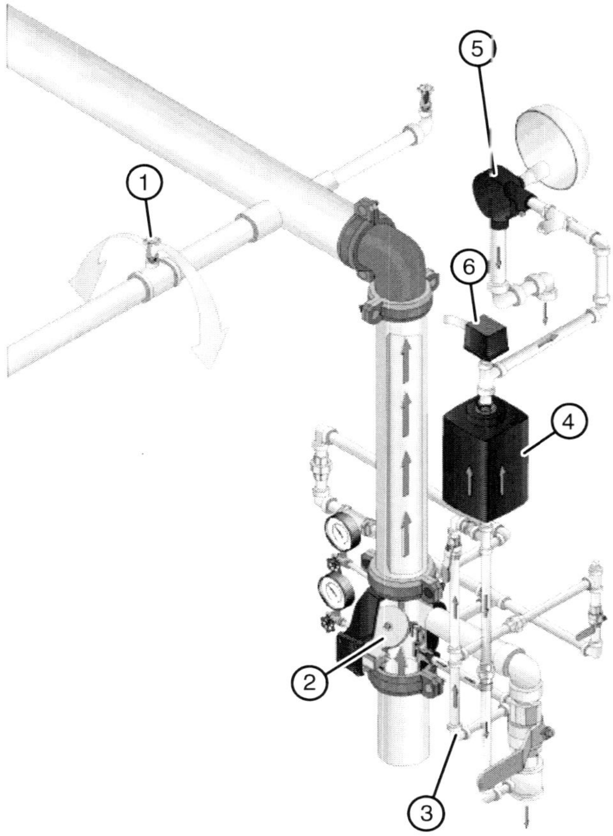

102F01.EPS

Figura 1 ◆ Sistema de rociadores de tubo húmedo.

2.1.2 Sistema de rociadores de tubo seco

En lugar de estar llenos de agua, los sistemas de rociadores de tubo seco (*Figura 2*) están llenos de aire o nitrógeno a presión. No deben usarse sistemas de tubo húmedo cuando el área está sujeta a temperaturas de congelación. Los sistemas de tubo seco son mejores para aplicaciones sujetas a temperaturas de congelación.

¿SABÍA USTED?

La NFPA no tiene registros de que un incendio haya matado a más de dos personas en un edificio totalmente protegido por rociadores, cuando el sistema funcionaba debidamente, excepto en un incendio por explosión o estallido, o cuando los miembros de la brigada industrial de combate de incendios o los empleados perecen durante las operaciones de supresión de incendios. Asimismo, la NFPA no tiene registros de que un incendio haya matado a más de dos personas en un edificio de reuniones públicas, educativo, institucional o residencial totalmente protegido por rociadores, cuando los sistemas funcionan debidamente.

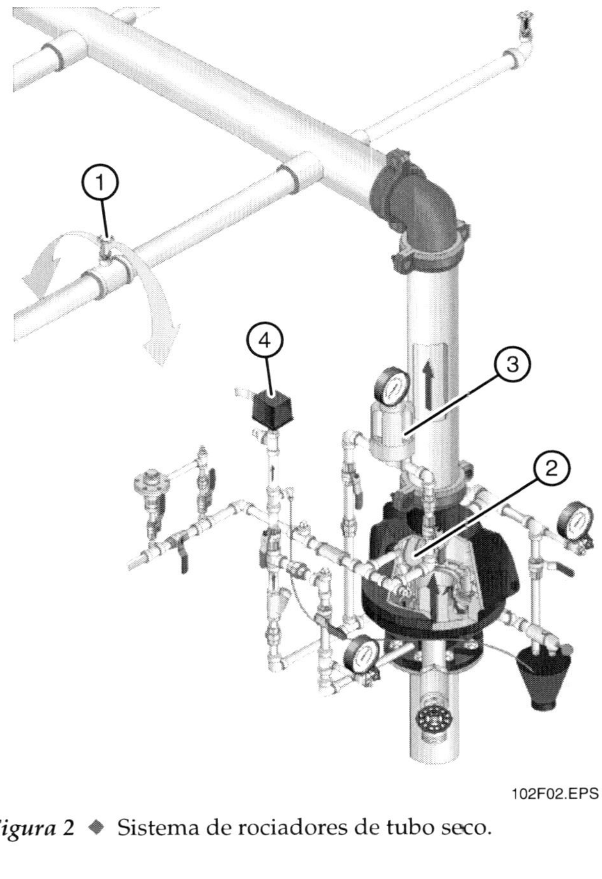

102F02.EPS

Figura 2 ◆ Sistema de rociadores de tubo seco.

Cuando se abre el cabezal del rociador (1), se escapa el aire del sistema de tubo seco y es reemplazado por agua. Una vez que eso sucede, el sistema funciona igual que el de tubo húmedo. Cuando se abre el cabezal del rociador, la reducción de la presión del aire en el sistema hace que se abra la trampa de la válvula seca (2). La apertura de la trampa hace que el sistema se llene de agua. Puede agregarse un acelerador (3) para aumentar la velocidad de apertura de la trampa. El acelerador está protegido de la inundación mediante un dispositivo integrado anti-inundaciones. Se activa un interruptor de presión (4) y suena la alarma, debido al flujo de agua de la cámara intermedia de la válvula seca.

2.1.3 Sistema de rociadores de acción previa

En el sistema de acción previa se usan rociadores automáticos conectados a un sistema de tuberías. El sistema de tuberías contiene aire y puede o no estar bajo presión. Hay un sistema adicional de detección instalado cerca de los rociadores.

El sistema de acción previa funciona algo diferente que los sistemas de tubo húmedo o seco. Se da la alarma antes de que el rociador se abra para descargar el agua.

Los sistemas de acción previa están diseñados para proteger propiedades en las que es especialmente grave el peligro de daños severos por agua a causa del funcionamiento prematuro de los rociadores o de tubos rotos, así como en aquellas propiedades que, debido al clima, deban estar equipadas con un sistema seco. En los sistemas de acción previa, la acción de un dispositivo que responde al calor libera una válvula de acción previa, lo que hace que el agua llene el sistema de tubería y suene una alarma anticipada, antes de la activación de los rociadores. La alarma por lo general da la oportunidad de apagar el fuego por medios manuales, antes de que se activen los rociadores.

La operación del sistema (*Figura 3*) empieza cuando el fuego activa un detector (1) y éste envía una señal al panel de control de liberación (2). El panel de control envía una señal de liberación a una válvula solenoide (3). La válvula solenoide liberada permite que la cámara preparatoria de la válvula (4) se ventile más rápido de lo que el agua es abastecida a través del orificio restringido (5). La ventilación permite que se abra la válvula de inundación, haciendo que el agua entre en el sistema. Sin embargo, hasta que no se abran los rociadores (6), el agua no se descarga.

Cuando se abre la válvula de inundación se cierra el cierre primario de la válvula (PSOV) (no se muestra). El cierre del PSOV corta el agua de la cámara preparatoria, haciendo que la válvula de inundación se bloquee en la posición de abierta.

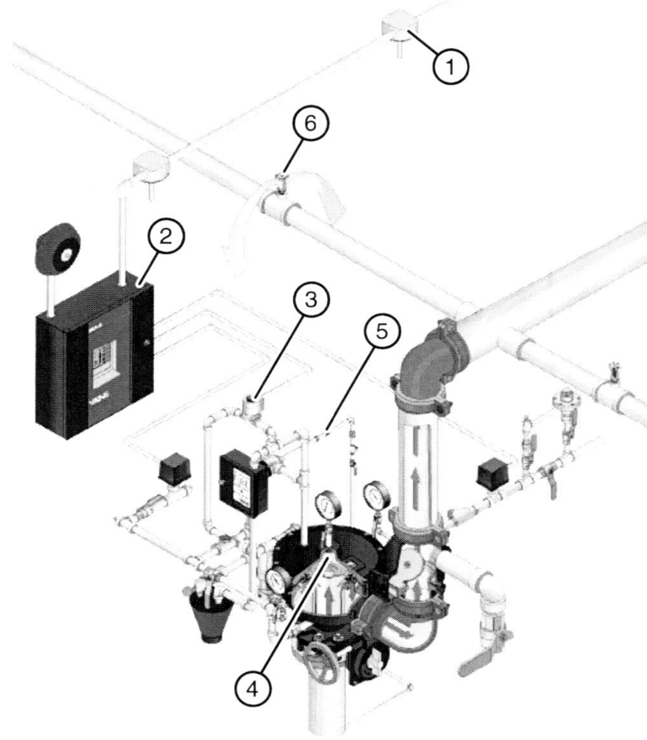

Figura 3 ◆ Sistema de rociadores de acción previa.

2.1.4 Sistema de rociadores de inundación

El sistema de inundación (*Figura 4*) es un tipo de sistema de rociadores en el que se usan rociadores abiertos en lugar de cerrados. Cuando un incendio activa el sistema de detección, la válvula de inundación se suelta, lo que produce un flujo inmediato de agua a través de todos los rociadores de un área determinada. Estos sistemas por lo general se encuentran en hangares de aviación y plantas químicas, donde se requiere de un gran volumen y de una reacción rápida.

El propósito del sistema de inundación es empapar simultáneamente toda el área en la que se origine el incendio. Esto se hace haciendo fluir el agua para abrir rociadores y boquillas, en lugar de usar rociadores automáticos que podrían abrirse por separado conforme se propagara el incendio.

El funcionamiento del sistema se inicia cuando el calor activa el liberador a una temperatura establecida (1). La presión se libera, lo que hace que se abra el actuador neumático (2). Cuando se abre el actuador, se libera la presión de la cámara preparatoria (3) de la válvula de inundación, haciendo que ésta se abra.

Entonces fluye el agua en el sistema de tuberías. Este flujo hace que un interruptor de presión (4) encienda una alarma de motor eléctrico o de agua. El agua fluye por todos los rociadores o boquillas abiertos (5). Cuando se abre la inundación, se cierra la válvula primaria de cierre (PSOV). La

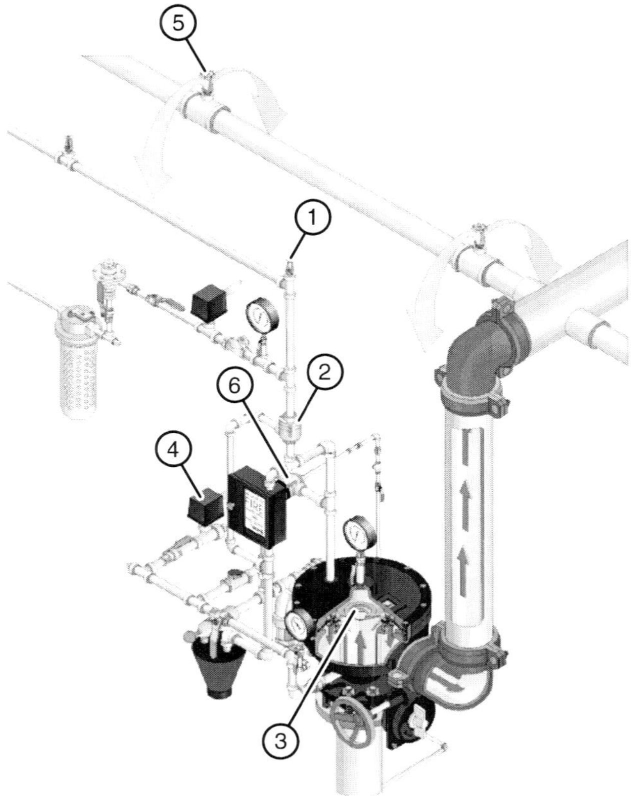

102F04.EPS

Figura 4 ◆ Sistema de rociadores de inundación.

pérdida resultante de agua en la cámara preparatoria bloquea la válvula de inundación en la posición de abierta.

2.2.0 Rociadores automáticos

Un rociador automático es un dispositivo de supresión o combate de incendios, que funciona automáticamente cuando su elemento termoactivado se calienta y llega o rebasa su calibración, lo que permite descargar el agua en un área específica.

Los rociadores por lo general están fabricados de latón, con una clavija sostenida ya sea con en eslabón metálico que se funde o una bombilla de vidrio que se rompe a determinada temperatura. La presión del agua en el sistema saca la clavija, lo que permite la descarga del agua.

2.3.0 Orientación de los rociadores y distribución de rociado

La orientación y la distribución de rociado de los rociadores son muy importantes para el funcionamiento eficaz del sistema y la aplicación del rociador. La distribución de rociado y la orientación del rociador están determinadas por el tipo de rociador utilizado. Cada uno de los siguientes tipos de rociador se orienta de manera determinada para producir la distribución de rociado deseada.

- Rociadores verticales
- Rociadores colgantes
- Rociadores de pared
- Rociadores convencionales

2.3.1 Rociadores verticales

Los rociadores verticales (*Figura 5*) siempre están en la parte superior de la línea ramal, o por arriba, en caso de una **espiga**. Los brazos del marco deben estar paralelos con la línea ramal para reducir el efecto de sombra del marco. La parte más débil del patrón está en línea con los brazos del marco, por lo que alinearlos con el tubo permite el patrón más fuerte posible. El rociador vertical arroja toda el agua hacia abajo. No arroja agua hacia arriba, donde está la estructura del techo.

2.3.2 Rociadores colgantes

El rociador colgante (*Figura 6)* siempre está colocado por debajo de la línea ramal o, en caso de un

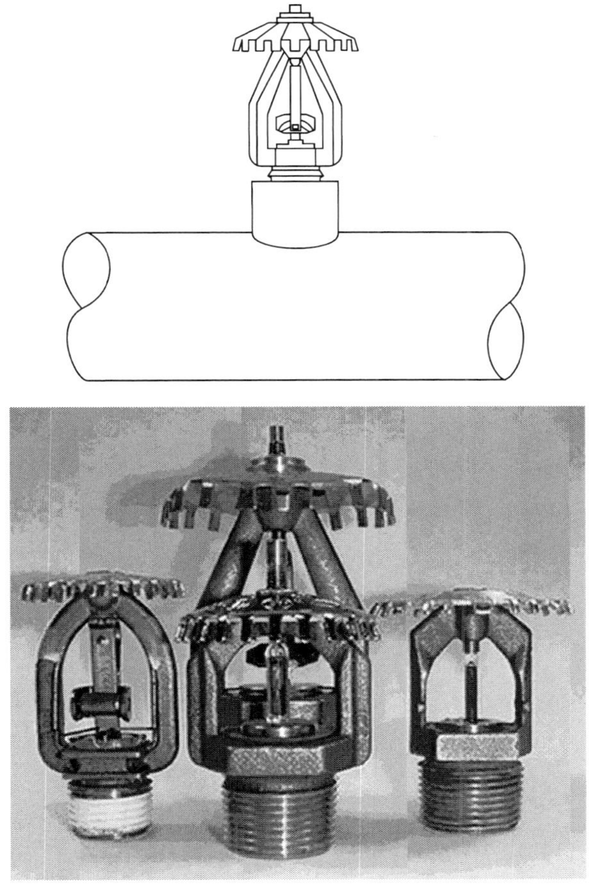

102F05.EPS

Figura 5 ◆ Rociador vertical.

techo caído o suspendido, en el techo que está debajo. Los brazos del marco no tienen que estar paralelos con la línea ramal, ya que el tubo no interfiere con la distribución de rociado. La parte más débil del patrón está en línea con los brazos del marco, pero no se requiere alinearlos de ninguna manera específica. El rociador colgante arroja toda el agua hacia abajo. No arroja agua hacia arriba, donde está la estructura del techo o.

2.3.3 Rociadores de pared

Los rociadores de pared (*Figura 7*) siempre están colocados en una pared o sofito. Hay rociadores de pared horizontales y verticales. Los rociadores de pared horizontales apuntan directamente desde la pared y están diseñados para arrojar agua a través de la habitación y a lo largo de la pared de la que salen. Los rociadores verticales de pared son o verticales o colgantes. No salen de la pared, sino que están situados frente a ella. A diferencia de los rociadores verticales o colgantes normales, los rociadores verticales de pared arrojan el agua a través de la habitación y a lo largo de la pared, al igual que los horizontales de pared.

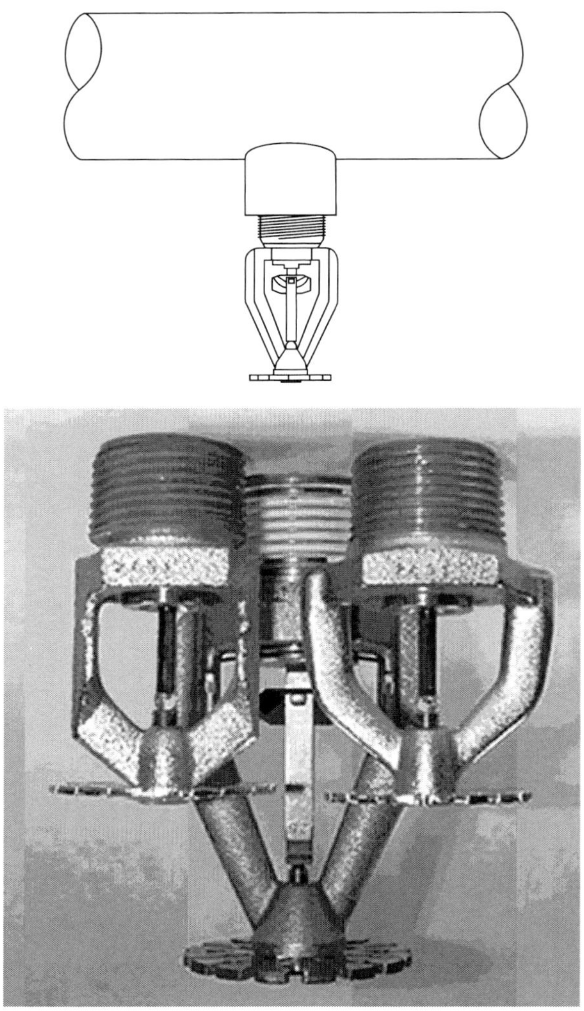

102F06.EPS

Figura 6 ◆ Rociador colgante.

2.3.4 Rociadores convencionales

Los rociadores convencionales (*Figura 8*) por lo general se llaman rociadores anticuados. Se usaron mucho antes de la aparición del rociador de rocío, que es el que usamos ahora. Los rociadores convencionales eran muy sencillos pues podían usarse como verticales o colgantes. Estaban diseñados para descargar aproximadamente el 40% del agua hacia arriba, contra el techo o plafón. El otro 60% del rocío se dirigía hacia abajo. Se siguen usando en algunos países europeos, así como en estructuras específicas, como bajo muelles y embarcaderos, así como en bóvedas de almacenamiento de pieles, por normas de la NFPA. Los rociadores convencionales también pueden usarse de reemplazo en sistemas diseñados e instalados con rociadores anticuados, pero no pueden usarse en sistemas nuevos ni para reemplazar rociadores estándar.

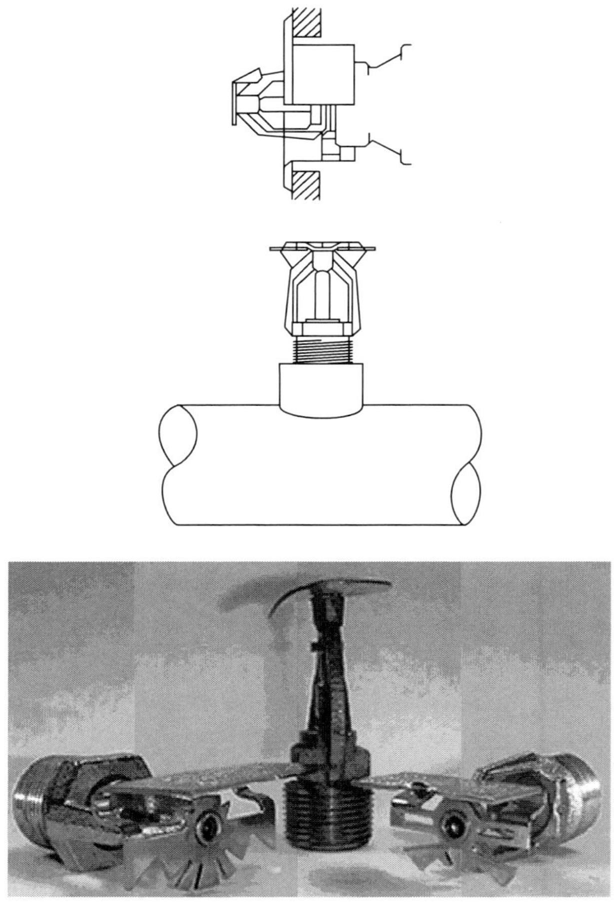

102F07.EPS

Figura 7 ◆ Rociador de pared.

102F08.EPS

Figura 8 ◆ Rociador convencional.

A NIVEL

Niple ajustable de caída

El niple ajustable de caída permite el ajuste final de la longitud de la caída entre una línea ramal y el rociador colgante, sin tener que volver a cortar la caída o perturbar el techo. Esta juntura de tornillo ajustable del rociador está diseñada para usarse en sistemas de protección contra incendios de tubería húmeda con techos suspendidos.

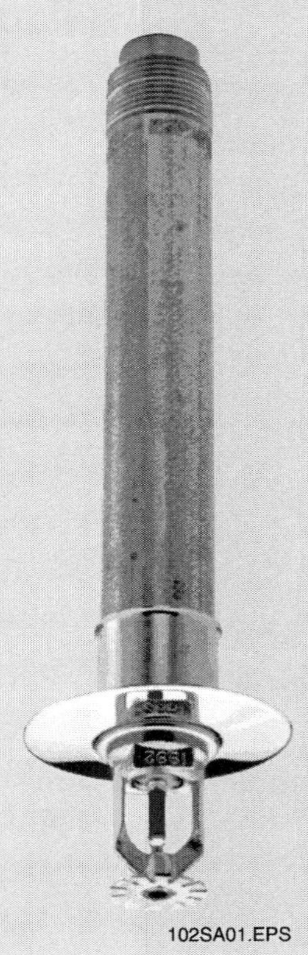

102SA01.EPS

2.4.0 Cómo se definen los rociadores

La *NFPA 13* define a los rociadores mediante las siguientes características.

- Características que definen la capacidad del rociador para combatir o suprimir un incendio.
- Respuesta térmica
- Distribución de rociado
- Área de cobertura
- Uso de ocupación o limitaciones
- Orientación

Recuerde que el término respuesta rápida (como el término respuesta pronta aplicado a un tipo particular de rociadores) se refiere a la sensibilidad térmica del elemento operativo del rociador, no al tiempo de funcionamiento en una instalación en particular.

Conforme los fabricantes de rociadores y los investigadores sigan investigando los efectos de modificar sus características, cada vez están más disponibles rociadores con tiempos más cortos de operación, con distribución de rociado más amplia y con mayor penetración del agua.

2.5.0 Tipos de rociadores

Actualmente se usan muchos tipos de cabezales de rociador. Los cabezales por lo general pueden clasificarse conforme a tres criterios: características de diseño y desempeño, orientación de la instalación y condiciones de servicio. La *Tabla 1* muestra a los rociadores definidos por sus características de diseño y desempeño. La *Tabla 2* muestra a los rociadores definidos por la orientación de la instalación.

La *Tabla 3* muestra los rociadores definidos por condiciones de servicio especiales. Estos dispositivos están diseñados para usarse en ambientes específicos. Están cubiertos con un revestimiento

¿SABÍA USTED?

George Manby inventó el extintor portátil a principios del siglo XIX. Su idea era que una pequeña cantidad de agua, aplicada a tiempo y en el lugar preciso, podría hacer más de lo que harían grandes cantidades de agua aplicadas después. La idea de apagar un incendio en sus primeras etapas permitió la invención del rociador automático contra incendios en 1864, por Henry S. Parmalee, que necesitaba proteger su fábrica de pianos.

Tabla 1 Rociadores definidos por sus características de diseño y desempeño.

Tipo de rociador	Descripción
Supresión temprana y respuesta inmediata (ESFR)	Proporciona una rápida respuesta en la supresión de incendios de peligros de incendio de alto riesgo específicos.
Cobertura Extendida	Rociador pulverizador con máxima cobertura de áreas como lo especifica la *NFPA 13* Asociación Nacional de Protección contra Incendios (NFPA, por sus siglas en inglés)
Rociador de gotas grandes	El modo de control de aplicación específica es capaz de producir gotas grandes.
Boquillas	Para utilizarse en aplicaciones que requieren de patrones de descarga de agua, dirección del rocío u otros patrones de descarga inusuales.
Rociador convencional estilo antiguo	Dirige de 40% a 60% del total de agua inicialmente hacia abajo. Diseñado para instalarse con un deflector ya sea vertical o colgante.
Rociador abierto	No cuenta con elementos accionadores o de respuesta al calor.
Respuesta rápida y supresión temprana (QRES)	Proporciona una rápida supresión de incendios provenientes de peligros específicos de incendio.
Respuesta rápida y cobertura extendida	Catalogado como el sistema de operación que cuenta con un elemento de respuesta rápida.
Rociador de respuesta rápida (QR)	Catalogado como un rociador de respuesta rápida. Similar a la respuesta estándar en el diseño pero cuenta con el elemento QR.
Rociador para uso residencial	Estudiado por su habilidad para mejorar el índice de supervivencia en la habitación en donde se produjo el incendio.
Rociador especial	Diseñado para proteger contra peligros específicos o características de la construcción.
Modo de control de aplicación específica Rociador (para uso de almacenaje)	Catalogado para operar con un mínimo de presión y un número específico de rociadores en un esquema dado de protección.
Rociador pulverizador	Catalogado por su capacidad para proporcionar control de incendios para un amplio rango de peligros de incendios. Sucesor del rociador estilo antiguo/convencional.

102T01.EPS

especial, o están diseñados para una función específica. Sólo el fabricante de rociadores puede aplicarles revestimiento.

Algunos de los muchos cabezales de rociadores que existen se muestran en la *Figura 9*.

Si desea información adicional sobre los tipos de rociadores, consulte las definiciones de rociador en *NFPA 13*.

2.6.0 Tamaño del orificio del rociador y factor K

La apertura (orificio) por la cual se arroja el agua del rociador varía de tamaño. El tamaño varía desde ¼" hasta 1" y a cada tamaño se le asigna un **factor K**. Mientras mayor es el orificio, mayor es el factor K. En la *Tabla 4* puede verse que con-

Tabla 2 Rociadores definidos por la orientación de la instalación.

Tipo de rociador	Descripción
Rociador oculto	Un rociador hundido con cubierta protectora
Rociador al ras	Se puede montar todo o parte del cuerpo sobre el plano inferior del techo, incluyendo la rosca del vástago.
Rociador colgante	Diseñado para instalarse de tal manera que la corriente de agua se dirija hacia abajo contra el deflector.
Rociador hundido	Se puede montar todo o parte del cuerpo que no sea la rosca del vástago dentro del área hundida de la base.
Rociador de costado	Cuenta con deflectores especiales, los cuales están diseñados para descargar la mayor parte del agua lejos de la pared más cercana en un patrón parecido a la forma de un 1/4 de una esfera.
Rociador vertical	Diseñado para instalarse de tal manera que el rocío se dirija hacia arriba contra el deflector.

102T02.EPS

Tabla 3 Rociadores definidos por condiciones especiales de servicio.

Tipo de rociador	Descripción
Rociador resistente a la corrosión	Hecho con material resistente a la corrosión o con recubierta o enchapado especial, para utilizarse en atmósferas que normalmente corroerían al rociador.
Rociador seco	Diseñado para llegar hasta un área no caliente desde un sistema de tubo húmedo o para utilizarse con un sistema de tubo seco.
Rociador de nivel intermedio/ Repisa de almacenaje para el rociador	Equipado con un revestimiento integral para proteger sus elementos de operación de la descarga de los rociadores instalados a mayor altura.
Rociador Ornamental/Decorativo	Pintado o chapado de fábrica.

102T03.EPS

forme se incrementa el factor K, se incrementa también la descarga calibrada del rociador, donde el valor K 5.6 está establecido como el 100% de la descarga nominal. Por lo tanto, un rociador calibrado con un factor K de 1.4 produce mucho menos agua (25% de la descarga nominal) que uno con un factor K de 11.2 (200% de la descarga nominal).

2.7.0 Clasificación de rociadores por temperatura

Los rociadores tienen una temperatura determinada a la que se abren o funden. Estas temperaturas van desde 100°F hasta más de 625°F. El rango de temperatura se indica mediante un color, ya se en el elemento fusible (bombilla quebradiza) o

Figura 9 ◆ Cabezales típicos de rociador.

como pintura en el marco del rociador. La *Tabla 5* muestra la calibración, la clasificación y los códigos de color de los rociadores por temperatura.

3.0.0 ◆ TUBOS Y TUBERÍAS SUPERFICIALES

Para garantizar que los sistemas de rociadores funcionen adecuadamente y sean confiables, *NFPA 13* requiere el registro de los componentes que sean decisivos para el desempeño del sistema durante un incendio. Los componentes cuyo mal funcionamiento durante un incendio no afectaría adversamente al desempeño del sistema no tienen que estar registrados. El requisto de productos y materiales registrados tiene la intención de garantizar que el sistema de protección contra incendios se desempeñe como debe ser durante un incendio.

Los tubos de acero y la tubería de cobre no tienen que estar registrados si cumplen las normas internacionales correspondientes de la Asociación de Pruebas y Materiales de Estados Unidos (ASTM). Si no es así, sí deben estar registrados.

3.1.0 Tamaños comunes de tubos

El tubo de acero se fabrica en muchos tamaños. Las tamaños más comunes en la industria van de ½" a 10". Asimismo, el tubo de acero se fabrica con

Tabla 4 Identificación de las características de descarga de los rociadores.

Factor nominal k gmp(psi)/$^{1/2}$	Rango de factor k gmp(psi)/$^{1/2}$	Rango de factor k dm³/min/(kPa)$^{1/2}$	Porcentaje nominal K-5.6 Descargado	Tipo de Rosca
1.4	1.3–1.5	1.9–2.2	25.0	½ en NPT
1.9	1.8–2.0	2.6–2.9	33.3	½ en NPT
2.8	2.6–2.9	3.8–4.2	50.0	½ en NPT
4.2	4.0–4.4	5.9–6.4	75.0	½ en NPT
5.6	5.3–5.8	7.6–8.4	100.0	½ en NPT
8.0	7.4–8.2	10.7–11.8	140.0	¾ en NPT o ½ en NPT
11.2	11.0–11.5	15.9–16.6	200.0	½ en NPT o ¾ en NPT
14.0	13.5–14.5	19.5–20.9	250.0	¾ en NPT
16.8	16.0–17.6	23.1–25.4	300.0	¾ en NPT
19.6	18.6–20.6	27.2–30.1	350.0	1 en NPT
22.4	21.3–23.5	31.1–34.3	400.0	1 en NPT
25.2	23.9–26.5	34.9–38.7	450.0	1 en NPT
28.0	26.6–29.4	38.9–43.0	500.0	1 en NPT

102T04.EPS

Tabla 5 Calibración, clasificación y codificación por color de los rociadores por temperatura.

Temperatura máxima del techo		Rango de temperatura		Clasificación de temperatura	Código de color	Colores de la bombilla de cristal
°F	°C	°F	°C			
100	38	135–170	55–77	Común	Sin color o negro	Naranja o Roja
150	66	175–225	79–107	Intermedia	Blanco	Amarilla o verde
225	107	250–300	121–149	Alta	Azul	Azul
300	149	325–375	163–191	Extra alta	Rojo	Morada
375	191	400–475	204–246	Alta excesiva	Verde	Negra
475	246	500–575	260–302	Ultra alta	Naranja	Negra
625	329	650	343	Ultra alta	Naranja	Negra

102T05.EPS

paredes de diferente espesor. A esto se le llama programa. Un tubo de determinado tamaño puede fabricarse en diferentes programas. Por ejemplo, un tubo de 2" puede fabricarse como programa 40 o incluso como programa 10. En los tubos, el **diámetro externo** (DE, u "OD" en inglés) de un tamaño determinado es el mismo, sin importar de qué programa sea. De este modo, mientras más delgada sea la pared, mayor será el **diámetro interno** (DI, u "ID" en inglés) del tubo.

La forma de tubo más común que se usa en sistemas de rociadores contra incendios es el acero negro. El acero negro también puede estar **galvanizado** (sumergido en zinc durante el proceso de manufactura) para hacerlo resistente a la corrosión. El tubo de acero inoxidable rara vez se utiliza ya que es costoso y difícil de enroscar. El tubo de acero puede unirse de varias formas, como las siguientes:

- *Rosca* – Para usarse con piezas de rosca.
- *Surco* – Para usarse con piezas con surco.
- *Taladrado* – Para usarse con clavijas mecánicas o salidas soldadas.
- *Soldado* – Ya sean salidas de extremo a extremo, soldadas, con surco o con rosca.

3.2.0 Tamaños comunes de tubos

El tubo de cobre, como el de acero, se fabrica en muchos tamaños. Los tamaños más comunes en la industria van de ¾" a 2". El tubo de cobre no se usa tanto como el de acero.

El tubo de cobre difiere del de acero pues no se fabrica en programas. Más bien se identifica por tipos. El tipo se refiere a su dureza o flexibilidad. Los tres tipos usados en sistemas de rociadores contra incendios son K, L y M.

3.2.1 Tamaño del tubo y grosor de las paredes

NFPA 13 permite usar tubos de cobre K, L y M en sistemas de rociadores. Los tipos K y L son flexibles y vienen en longitudes rectas y en rollos. El tipo K normalmente se usa en sistemas de plomería comercial y el tipo L en sistemas de plomería residencial. El tipo M es de cobre estirado en frío y sólo está disponible en secciones rectas. El cobre estirado en frío se tuerce antes de doblarse y se debe tener cuidado para mantener la calidad del tubo durante la instalación. El costo del tubo de cobre está directamente relacionado con el grosor de las paredes y normalmente se usa el de pared más delgada permitida. El diámetro interno real del tubo de cobre es muy aproximado al tamaño nominal del tubo. Las especificaciones de cobre por lo general se designan como CTS, lo que significa tamaño del tubo de cobre, a diferencia de IPS, que originalmente significaba tamaño de tubo de hierro.

Hay otros tipos de tubo de cobre, como el de drenaje, desechos y ventilación (DWV) y el de aire acondicionado y refrigeración (ACR). *NFPA 13* no acepta usar estos tipos en los sistemas de rociadores contra incendios. Los métodos comunes de unir tubo de cobre es por surco, taladrado, soldado y bronceado.

3.3.0 Tubo de cloruro de polivinilo clorinado (CPVC)

El tubo de CPVC debe estar registrado para usarse en aplicaciones de rociadores superficiales contra incendio. Por lo general se identifica por su brillante color naranja. Los tamaños industriales más comunes del tubo de CPVC son de ¾" a 4". El tubo de CPVC puede unirse mediante el método de cemento solvente, usando junturas también de CPVC o coples mecánicos.

3.4.0 Factor C

Cuando se determina el tamaño del tubo para los sistemas de rociadores contra incendios, una de las cosas que debe determinarse es el **factor C** del tubo. El factor C se refiere a la aspereza del interior del tubo. Mientras más alto sea el factor C, más liso es el tubo y más fácilmente fluye el agua. Esto se traduce en un tamaño menor del tubo, lo que a su vez ahorra dinero. Por lo general, el acero negro tiene un factor C de 120 y el cobre y el CPVC tienen un factor C de 150.

3.5.0 Junturas

Las junturas usadas con tubo de acero o cobre no tienen que estar registradas, pero sí deben cumplir o superar otras normas reconocidas internacionalmente. Las junturas usadas con tubo de acero en sistemas superficiales deben estar fabricadas de hierro forjado, maleable, es decir, dúctil. Las junturas usadas con CPVC sí deben estar registradas. La *Figura 10* muestra varias junturas de tubos.

4.0.0 ◆ TUBERÍAS SUBTERRÁNEAS

La tubería subterránea debe cumplir con las normas de *NFPA 24*. El tubo debe estar registrado o cumplir con las normas AWWA o ASTM.

¿SABÍA USTED?

Los propietarios nunca deben instalar sus propios sistemas de rociadores contra incendios. El sistema debe instalarse en conformidad a las normas, los códigos locales y las ordenanzas correspondientes. Éste no es trabajo para un novato e incluso puede haber ordenanzas locales que impidan que el propietario instale su propio sistema de rociadores contra incendios.

El diseño y la traza de los rociadores están basados en numerosas cuestiones relacionadas con la ocupación. Los sistemas de rociadores contra incendios son instalados por contratistas especializados que conocen los requisitos de instalación establecidos en las normas reconocidas. En muchos estados se requiere que los contratistas de rociadores contra incendios tengan licencia y demuestren su competencia en el oficio.

Figura 10 ◆ Junturas de tubos.

4.1.0 Materiales de tubería

El tubo de acero por lo general no se usa para el servicio subterráneo. Y cuando se usa, por ejemplo, entre la válvula de contención y la conexión con el departamento de bomberos, debe tener revestimiento y envoltura externos y debe estar galvanizado por dentro.

El tubo debe estar diseñado para una presión operativa de no menos de 150 psi. Los materiales típicos para tubo subterráneo son PVC, CPVC, hierro dúctil y cobre.

El tipo y la clase de tubo para una instalación subterránea en particular se determinan con base en los siguientes factores:

- Resistencia del tubo al fuego
- Máxima presión operativa del sistema
- Profundidad a la que se va a instalar el tubo
- Condiciones del suelo
- Corrosión
- Susceptibilidad del tubo a otras cargas externas, como cargas de la tierra, instalación por debajo de edificios y cargas de tráfico o vehículos.

4.2.0 Junturas

Las junturas deben cumplir las normas de *NFPA 24* y ASTM. Se permiten junturas registradas para usarse a las presiones de sistema especificadas en su registro, pero nunca menos de 150 psi (10 bar).

4.3.0 Profundidad de la cubierta

La profundidad a la que se tienda el tubo (profundidad de cubierta) depende de la profundidad máxima de penetración de la escarcha. La parte superior del tubo debe estar enterrada por lo menos a 1' (30 cm) por debajo de la línea de escarcha del lugar. Cuando la escarcha no importa, la profundidad de cubierta no debe ser menor de 2½' (80 cm) para evitar daños mecánicos. Cuando se instala tubería por debajo de carreteras y vías férreas, la profundidad mínima para enterrarla es de 3'-0" y 3'-0" respectivamente.

4.4.0 Protección contra congelamiento

Donde no pueda enterrarse el tubo, éste puede tenderse en la superficie, siempre que esté protegido contra congelamiento y daño mecánico.

4.5.0 Protección contra daños

La tubería no debe correr debajo de los edificios. Sin embargo, cuando sea necesario tenderla bajo edificios, deben tomarse precauciones especiales, como las siguientes:

- Arquear las paredes de los cimientos encima del tubo.
- Tender el tubo en zanjas cubiertas.
- Instalar válvulas para aislar las secciones de tubo bajo edificios.

El ramal principal del servicio de incendios puede entrar en el edificio junto a los cimientos. Cuando haya estructuras adyacentes o condiciones físicas en las que sea poco practico situar elevadores inmediatamente adentro de un muro externo, estos elevadores pueden colocarse lo más cerca posible a los muros externos, para reducir la tubería subterránea por debajo del edificio.

Cuando un elevador esté colocado cerca de los cimientos del edificio, deben usarse junturas con el diseño adecuado para evitar colocarlas adentro o debajo de los cimientos. Para evitar la **electrólisis** al unir tubos de diferente metal, las junturas deben aislarse contra el paso de corrientes eléctricas, mediante un método aprobado.

4.6.0 Requisitos para tender tubos

Debe tenerse cuidado para no dejar caer ni dañar los tubos, las válvulas ni las junturas. Pueden producirse grietas y fracturas pequeñas que pasen desapercibidas hasta que no se instale el tubo y se revise la presión.

Las junturas atornilladas deben tener la torsión adecuada. Los tubos, las válvulas y las junturas deben estar limpias por dentro y en sus superficies de unión. Debe tenerse cuidado para impedir que entren piedras y materias extrañas en tubos, válvulas y junturas.

Baje cuidadosamente todos los tubos, junturas, válvulas e hidrantes en la zanja, usando equipo adecuado. Examine cuidadosamente cada componente para detectar grietas u otros defectos, mientras el tubo está suspendido sobre la zanja.

4.7.0 Contención de uniones

Se usan grandes bloques de cemento colado en el lugar, llamados bloques de avance, para restringir el movimiento de los sistemas de tuberías subterráneos que usan junturas de presión o mecánicas.

Los sistemas de tuberías subterráneas que usen uniones fundidas, enroscadas, con surco o soldadas no deben requerir restricciones adicionales, habida cuenta de que tales uniones aprueben la prueba hidrostática de *NFPA 24* sin desplazamiento de los tubos ni filtraciones más allá de las cantidades permitidas.

4.7.1 Bloques de avance

Los bloques de avance solamente pueden usarse donde el suelo sea apropiado. Los bloques se instalan entre la tierra no removida y la juntura que se vaya a restringir, y deben ser capaces de evitar que se muevan la tubería y las junturas. Idealmente, los bloques deben colocarse de modo que las uniones queden accesibles para reparaciones. Observe que a mayor diámetro de la tubería, se crea más empuje bajo presión, por lo que se requieren bloques de avance más grandes.

4.7.2 Sistemas de uniones restringidas

En algunos sistemas de tuberías subterráneas se aplica un método de uniones restringidas para evitar que se muevan los tubos, las válvulas y las junturas. En este tipo de sistemas no son necesarios los bloques de avance. Lo siguiente son los métodos de unión restringida más comunes:

- Mecanismo de bloqueo o uniones de presión
- Uniones mecánicas que usan glándulas de retención con tornillo
- Uniones de pestaña atornilladas
- Uniones unidas con calor o soldadas
- Abrazaderas de tubo y varillas de amarre
- Otros métodos y dispositivos aprobados

5.0.0 ◆ SOPORTES, ABRAZADERAS Y RETENCIÓN DE LA TUBERÍA DEL SISTEMA

Debido al **golpe de agua** (onda de choque en la tubería, causada por un cambio súbito en el flujo de agua) y la vibración, los sistemas de rociadores pueden moverse vertical y horizontalmente. Se instalan soportes, abrazaderas y retenciones a intervalos específicos para impedir esos movimientos.

Los soportes, las abrazaderas y las retenciones son seleccionadas por los contratistas e instaladas por plomeros especializados, de acuerdo a los diagramas del sistema de rociadores. Los soportes, las abrazaderas y las retenciones debidamente instaladas permiten que la tubería se drene, se expanda, se contraiga y vibre sin dañar el sistema de rociadores.

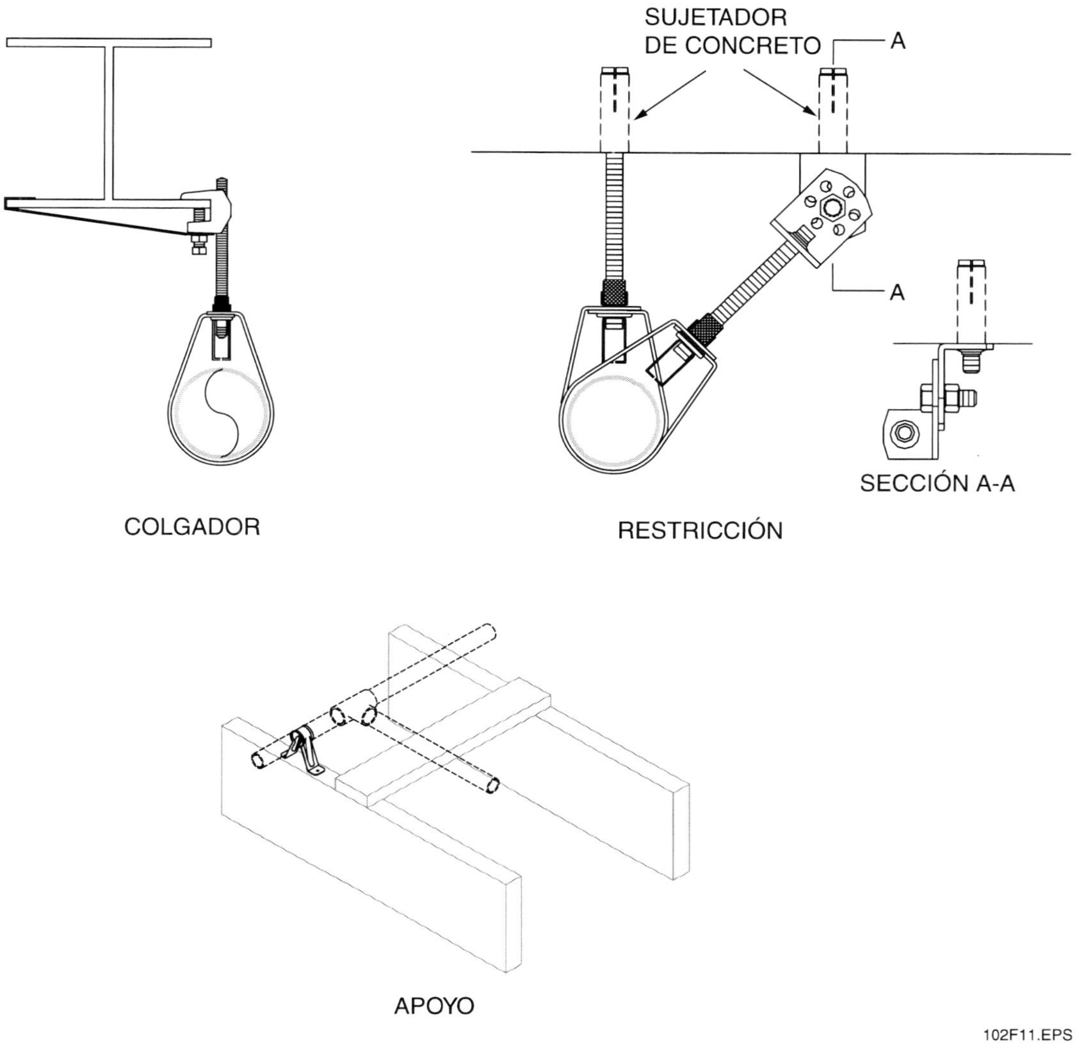

Figura 11 ◆ Soporte, apoyo, restricción y guía.

5.1.0 Conjunto de los soportes

Las piezas del conjunto del soporte que se adhieren directamente al tubo o al edificio deben estar registradas. Los demás componentes no tienen que estar registrados.

Los soportes (*Figura 11*) adhieren la tubería del rociador al edificio. El tipo de soporte está determinado por el tamaño del tubo y el material de la estructura.

5.1.1 Requisitos de fuerza

Los soportes deben poder soportar cinco veces el peso del tubo lleno de agua, más 250 libras en cada punto de apoyo del tubo. Cuando se determine que un solo punto de conexión no basta para cumplir este requisito, debe usarse un soporte de trapecio (*Figura 12*).

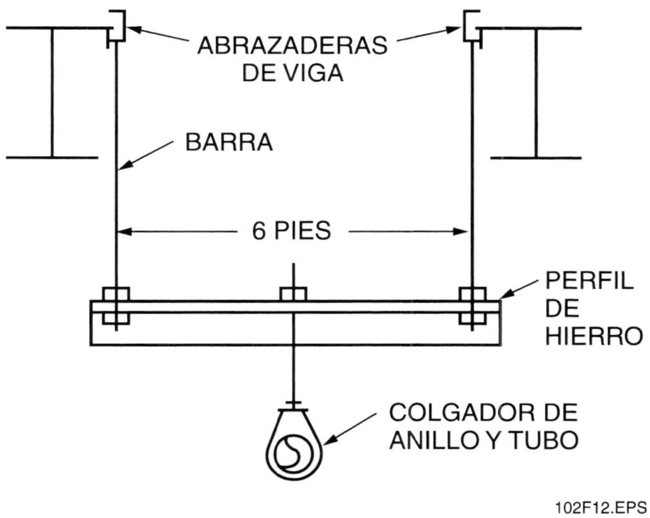

Figura 12 ◆ Soporte de trapecio.

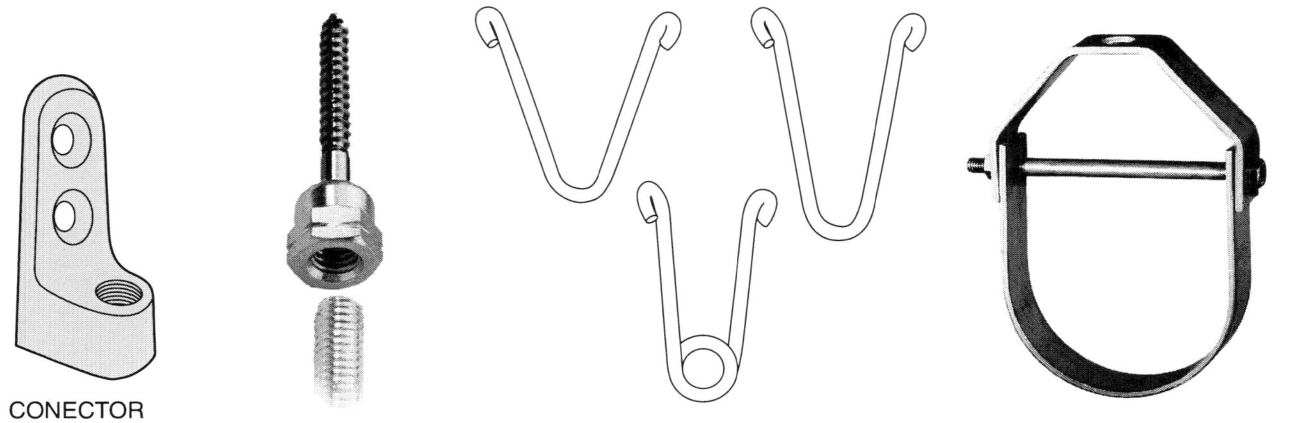

Figura 13 ◆ Soportes de punto único de conexión.

Los soportes de trapecio están diseñados para distribuir la carga del tubo lleno de agua en al menos dos viguetas o cabios.

Verifique que los soportes usados en la unidad de trapecio puedan soportar la carga del tubo de conformidad con los requisitos de seguridad de NFPA. Las tablas de *NFPA 13* muestran las opciones y los componentes correctos.

5.1.2 Soportes de punto único de conexión

Los conjuntos de soportes de punto único de conexión más comunes (*Figura 13*) son los siguientes:

- Conectores de viga lateral
- Tornillos de rosca con conexión hembra
- Ganchos en U
- Anclas de caída
- Soportes de aro

5.2.0 Protección contra actividad sísmica y terremotos

En algunas regiones del país se requiere que los sistemas de rociadores contra incendios se diseñen e instalen considerando la protección contra actividad sísmica y terremotos. Ya que durante un terremoto los sistemas de tuberías tienden a moverse en diferente dirección del edificio al que están adheridos, debe darse margen para la flexibilidad del tubo y el libramiento de la construcción. Esto se logra con junturas de surco flexibles

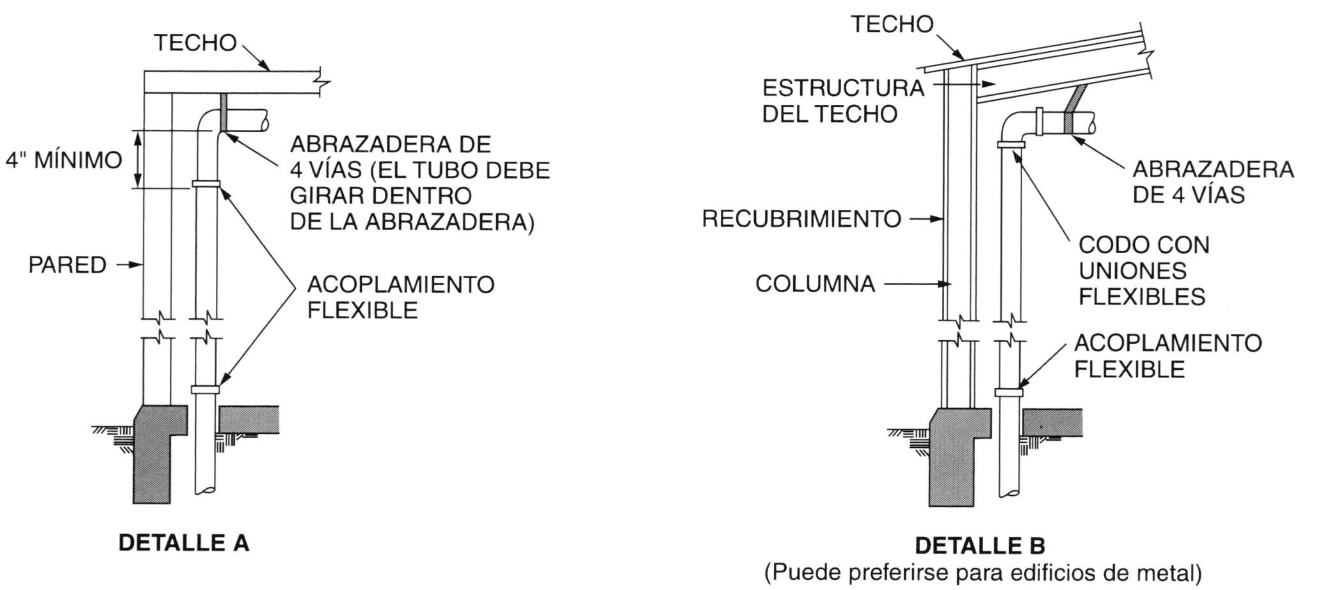

Figura 14 ◆ Detalles de la abrazadera del tubo y el libramiento.

y dejando el libramiento adecuado alrededor de la tubería donde pase por paredes y pisos. (*Figura 14A*).

La abrazadera cuádruple (*Figura 14B*) debe estar adherida arriba del cople superior flexible requerido para el elevador y de preferencia a la estructura del techo, si es conveniente. La abrazadera no debe adherirse directamente a triplay o plataformas de metal. Al igual que con los soportes, los puntos de adhesión a la estructura son muy importantes. Debe seguirse estrictamente el diagrama de los rociadores.

5.2.1 Abrazadera de vaivén

La **abrazadera de vaivén** (*Figura 15*) en el tubo del rociador reduce el movimiento durante los terremotos. Actualmente hay dos tipos de abrazadera de vaivén.

- *Abrazadera de vaivén lateral* – Resiste el movimiento de un lado a otro de la tubería del rociador.
- *Abrazadera de vaivén longitudinal* – Resiste el movimiento de la tubería del rociador a lo largo de su tendido.

6.0.0 ◆ VÁLVULAS

En los sistemas de rociadores contra incendios se usan varios tipos de válvulas. Se trata de las **válvulas maestras**, válvulas de control, **válvulas de drenaje** y válvulas de prueba.

Las válvulas maestras (*Figura 16*) regulan el suministro de agua a los sistemas de rociadores y deben estar registradas. Deben tener un indicador que muestre visualmente si la válvula está abierta o cerrada. Las válvulas maestras más comunes son las de indicador de poste (PIV) y las de mariposa.

Las válvulas de control (*Figura 17*) permiten que el agua fluya hacia el sistema de rociadores, pero no de regreso. Las válvulas de control deben estar registradas.

Las válvulas de drenaje (*Figura 18*) se usan para drenar el sistema de rociadores o algunas de sus partes. Su tamaño por lo general es 1", 1¼" y 2".

Las válvulas de prueba sirven para simular la descarga de un rociador contra incendios y probar la alarma de flujo de agua. Las válvulas de drenaje y de prueba deben estar aprobadas, pero no necesitan estar registradas. Su tamaño por lo general es de 1".

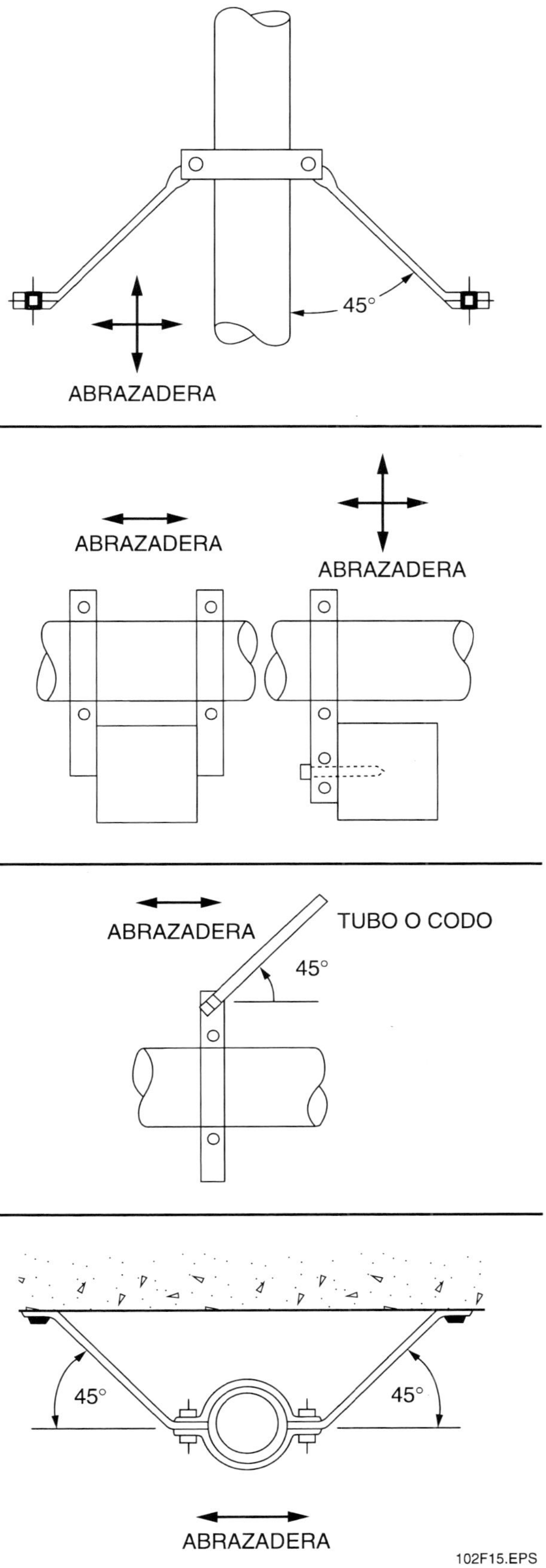

Figura 15 ◆ Abrazadera de vaivén.

7.0.0 ◆ ALARMAS DE FLUJO DE AGUA

Se requiere que los sistemas de rociadores tengan una alarma audible (*Figura 19*) dentro del local. Las alarmas de flujo de agua deben estar registradas. Pueden operar eléctricamente, por ejemplo con un interruptor de flujo o de presión, o funcionar mecánicamente con el flujo de agua en el sistema, como un motor hidráulico y una campana.

8.0.0 ◆ CONEXIONES CON EL DEPARTAMENTO DE BOMBEROS

Las conexiones con el departamento de bomberos (*Figura 20*), abreviadas FDC,son entradas a través de las cuales el departamento de bomberos puede suministrar agua o reforzar la presión de agua de un sistema de rociadores funcional. Las FDC deben estar aprobadas.

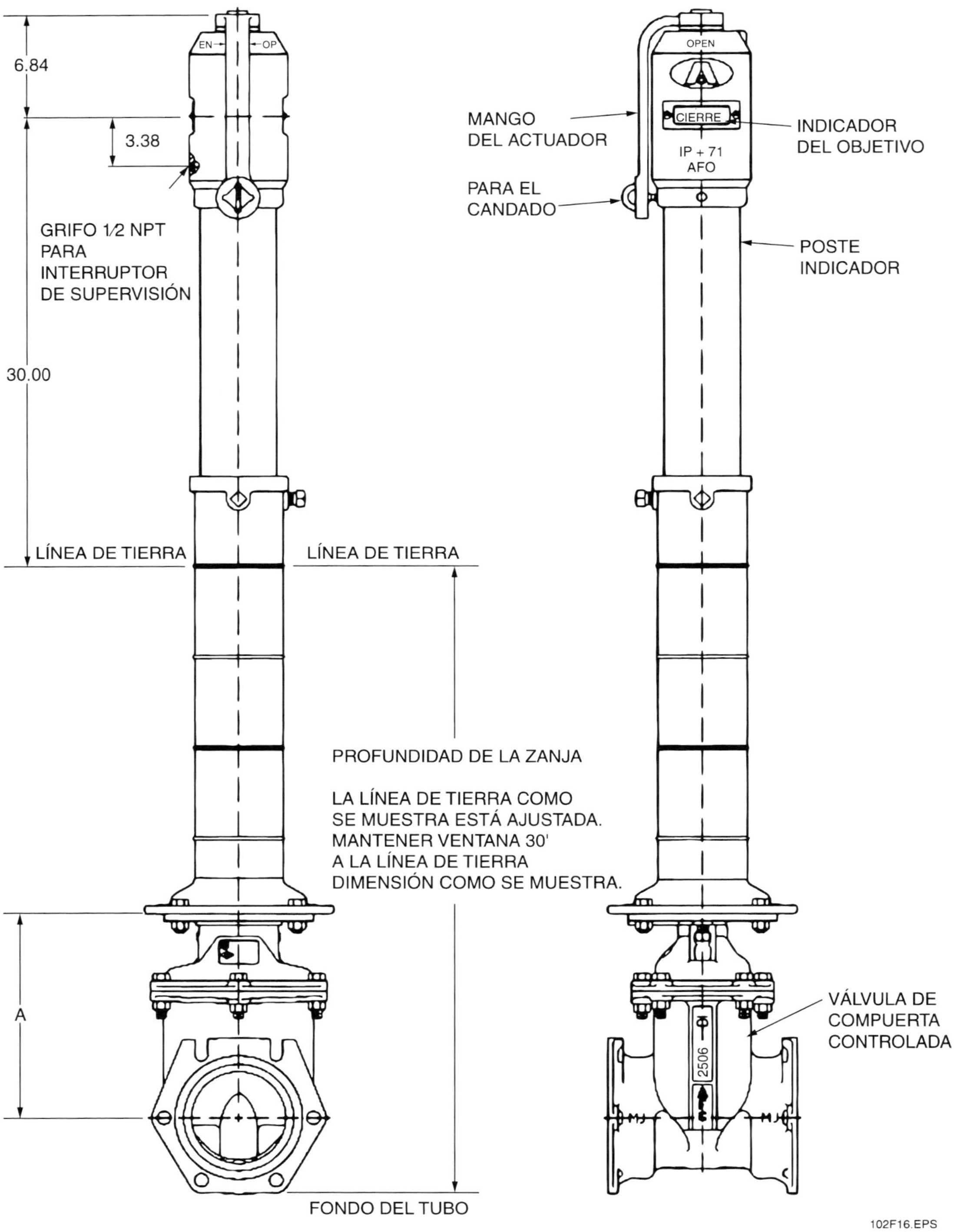

Figura 16 ◆ Válvula de control de indicador de poste.

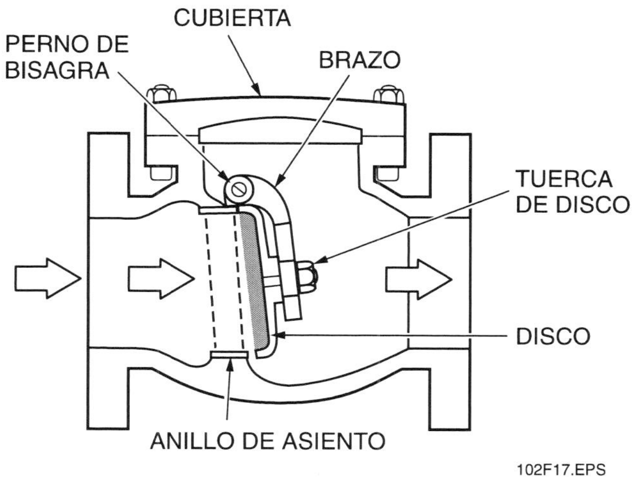

Figura 17 ◆ El flujo a través de una válvula de contención con balancín.

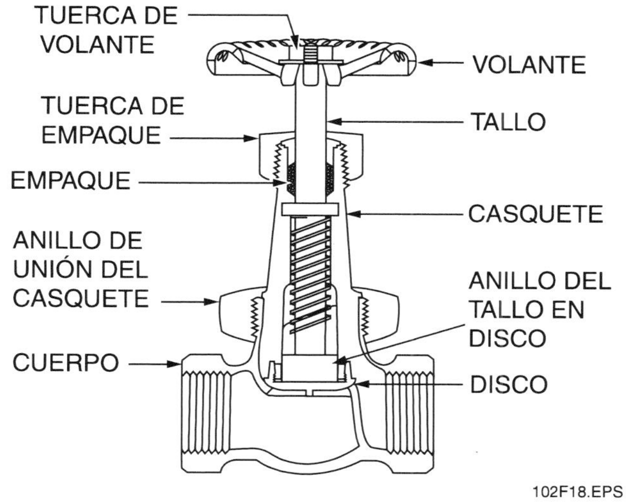

Figura 18 ◆ Válvula de drenaje (globo).

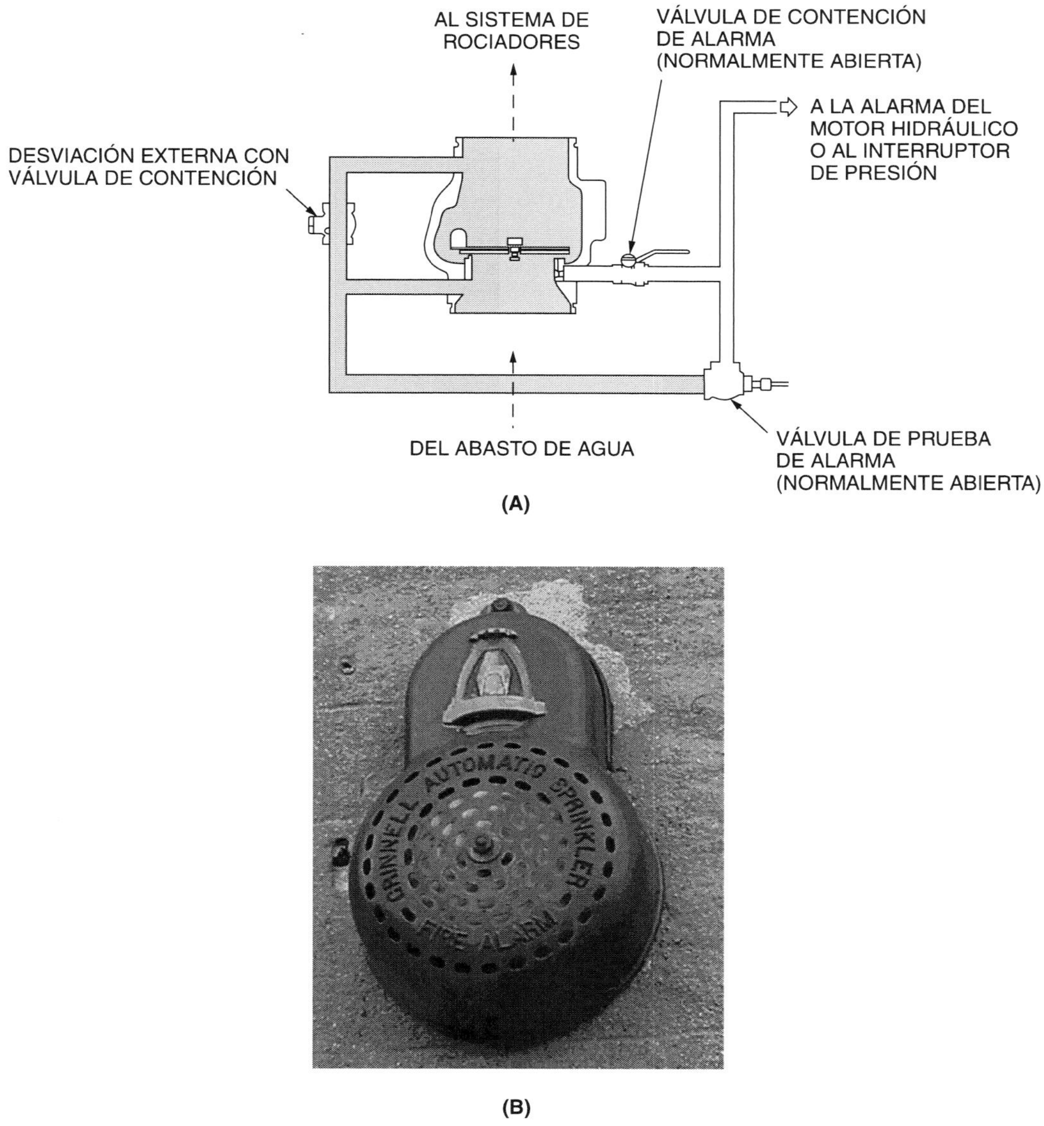

Figura 19 ◆ Sistema mecánico de alarma de agua.

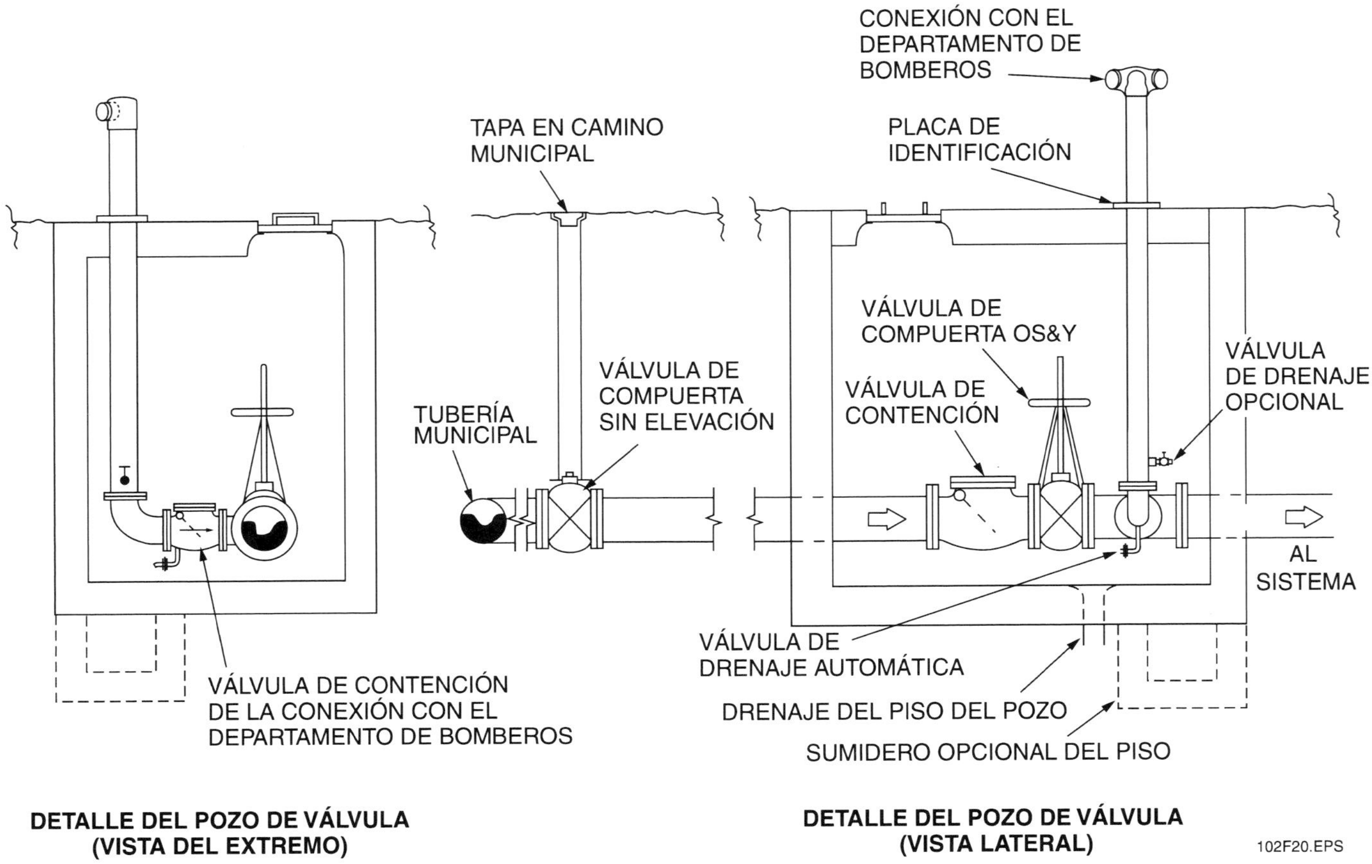

Figura 20 ◆ Conexión con el departamento de bomberos en un pozo.

Preguntas de repaso

1. *Underwriters Laboratories* es una _____.
   a. asociación de rociadores contra incendios
   b. organización de protección contra incendios que elabora regulaciones para la NFPA.
   c. organización que evalúa productos para determinar si cumplen con las normas de seguridad.
   d. autoridad que tiene jurisdicción sobre los sistemas de rociadores contra incendios.

2. El directorio de productos UL contiene el nombre de las compañías que _____.
   a. donan fondos a *Underwriters Laboratories*
   b. compran sólo equipo registrado por UL
   c. están autorizadas a usar la marca UL en los productos probados por UL
   d. tienen el mayor número de registros UL

3. El sistema de inundación es una variante del sistema _____.
   a. de acción previa
   b. de tubo seco
   c. de tubo húmedo
   d. especial

4. Los brazos del marco deben estar paralelos a la línea ramal para reducir el efecto de sombra del marco en un rociador _____.
   a. vertical
   b. colgante
   c. de pared
   d. convencional

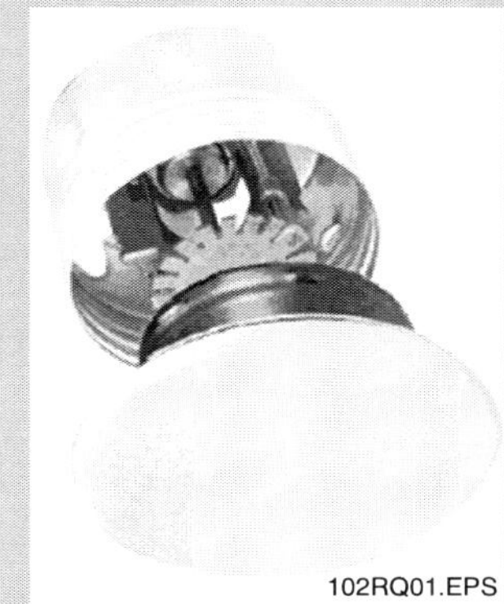
102RQ01.EPS

Figura 1

5. El cabezal de rociador mostrado en la *Figura 1* es un ejemplo de cabezal _____.
   a. combustible vertical de espacio disimulado
   b. de pared horizontal hundido
   c. vertical o colgante hundido
   d. colgante oculto de cobertura extendida

6. Un rociador calibrado con un factor K de 11.2 descarga cuatro veces tanta agua como uno calibrado con un factor K de _____.
   a. 1.4
   b. 2.8
   c. 5.6
   d. 22.4

7. El cabezal de un rociador pintado de blanco significa que tiene una clasificación de temperatura _____.
   a. común
   b. extra alta
   c. ultra alta
   d. intermedia

8. Un tubo de 2" de programa 40 tiene el mismo diámetro interno que un tubo de 2" de programa 10.
   a. Cierto
   b. Falso

9. La espereza del interior de un tubo está indicada por el _____.
   a. factor K
   b. código de color
   c. diámetro interno
   d. factor C

10. *No* debe usarse tubería de acero para servicio subterráneo general, a menos que esté registrado específicamente para ese servicio.
    a. Cierto
    b. Falso

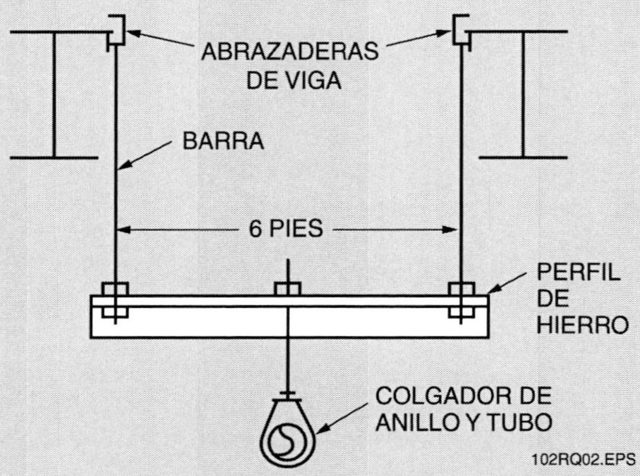

Figura 2

11. La *Figura 2* es un ejemplo de un soporte _____.
    a. de trapecio
    b. de punto único
    c. de control de vaivén
    d. de viga lateral

12. Las técnicas usadas para proteger las tuberías durante un terremoto son el libramiento adecuado, la abrazadera cuádruple y _____.
    a. los soportes de trapecio
    b. el tubo de programa 10
    c. los bloques de avance
    d. los coples flexibles

13. Las abrazaderas de vaivén sirven básicamente para reducir el _____ del tubo.
    a. el movimiento debido al hundimiento
    b. daño por mala instalación
    c. movimiento durante terremotos
    d. movimiento debido a condiciones de congelamiento

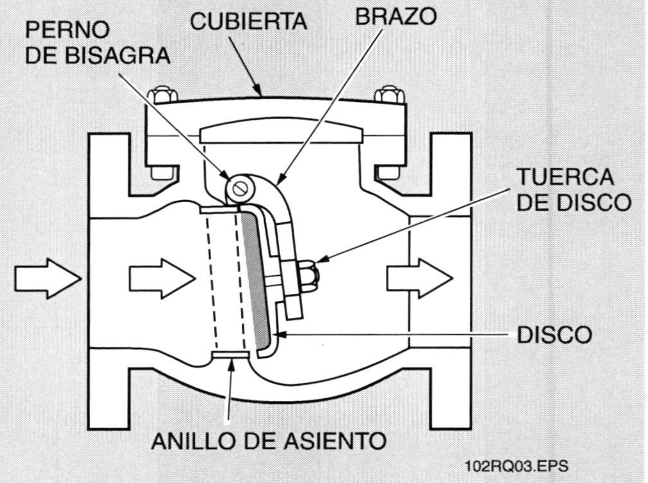

Figura 3

14. La *Figura 3* representa una válvula _____.
    a. maestra
    b. de control
    c. de drenaje
    d. de prueba

15. *No* se requiere que los sistemas de rociadores tengan una alarma audible dentro del local.
    a. Cierto
    b. Falso

Resumen

Las normas que rigen a los sistemas de rociadores provienen básicamente de la Asociación Nacional de Protección contra Incendios. Los códigos y las normas se elaboran con base en laboratorios de prueba como *Underwriters Laboratories* (UL) y *Factory Mutual* (FM Global). Cuando estos laboratorios prueban un producto y encuentran que cumple los requisitos del código y es adecuado para usarse en sistemas de rociadores contra incendios, se dice que ese producto está registrado. Los componentes de los rociadores deben estar registrados para usarse en protección contra incendios.

Los rociadores automáticos están diseñados de acuerdo a ciertas características de los componentes, como la capacidad del rociador para combatir un incendio, su respuesta térmica, la distribución de rociado y el área de cobertura, la orientación y la ocupación. También es importante el tamaño del orificio del rociador, especificado por su factor K, y la temperatura a la que el cabezal descarga el agua.

Actualmente se usan muchos tipos de cabezales de rociador. Los cabezales por lo general pueden clasificarse conforme a tres criterios: características de diseño y desempeño, orientación de la instalación y condiciones de servicio.

Los tubos y tuberías usados en la superficie y los usados bajo tierra tienen características específicas. Asimismo hay requisitos de códigos específicos para los apoyos de los sistemas de rociadores. Debido al golpe de agua y a la vibración, los sistemas de rociadores pueden moverse horizontal y verticalmente. Se instalan soportes, abrazaderas y retenciones a intervalos específicos para impedir esos movimientos.

En los sistemas de rociadores se usan varios tipos de válvulas para controlar el flujo de agua a través del sistema. Usted conocerá mejor estas válvulas al avanzar en su entrenamiento.

Notas

Cuestionario de términos clave

1. ____________ es un laboratorio de pruebas y una agencia de registro.
2. El suministro de agua del sistema de rociadores está controlado por un(a) ____________.
3. Un componente que ha sido probado por una agencia reconocida y que se determinó que es adecuado para usarse en un sistema de rociadores contra incendio con un propósito específico se dice que está ____________.
4. Un techo que no es parte del marco estructural del edificio se llama ____________.
5. El/la ____________ es la medida del tamaño del orificio del rociador.
6. La aspereza del interior del tubo del rociador se designa como el/la ____________.
7. El/la ____________ causa una onda de choque en el tubo y se debe a un cambio súbito en el flujo de agua.
8. Un producto sumergido en zinc durante el proceso de manufactura se dice que está ____________.
9. Un(a) ____________ es un tubo que se eleva verticalmente y abastece a un solo rociador.
10. El equipo o material que tiene adherido un símbolo u otra marca de identificación se dice que está ____________.
11. Un(a) ____________ permite que el agua fluya sólo en una dirección.
12. Los/las ____________ se usan para vaciar todas las partes de un sistema de rociadores.
13. El movimiento del tubo del rociador durante un terremoto se reduce gracias a el/la ____________.
14. La descomposición de una sustancia provocada por el paso de electricidad se llama ____________.

Términos clave

Abrazadera de vaivén
Electrólisis
Etiquetado
Factor C
Factor K
Galvanizado
Golpe de agua
Espiga
Registrado
Techo colgante
Underwriters Laboratories (UL)
Válvula de contención
Válvulas de drenaje
Válvula de control

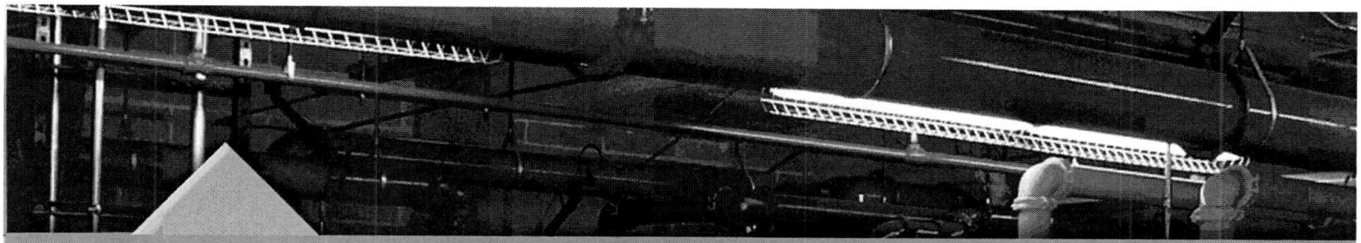

Perfiles de éxito

Manning Strickland, Strickland Fire Protection, Inc.

Propietario
Strickland Fire Protection, Inc.
College Park, Maryland

Manning Strickland se inició en la industria descargando tubos por un salario de $2.65 la hora. Ahora es dueño de su propia compañía, que factura más de 12 millones de dólares al año. La remodelación continua de edificios y la construcción de nuevas estructuras en la capital de nuestro país le ha proporcionado una trabajo fijo y oportunidades económicas. Manning emplea a 65 personas, entre ellas sus dos hijos, que manejarán el negocio cuando él se retire.

¿Cómo escogió una carrera en el campo de la instalación de rociadores?
Yo ganaba 85 centavos la hora trabajando en una panadería. Mi primo trabajaba en una compañía de rociadores en Washington, DC. Yo no tenía deseos de ir a la universidad. Sólo buscaba la manera de ganar más dinero, y simplemente me fui con mi primo sin pensar mucho al respecto.

¿Cómo fue su aprendizaje?
Me inscribí en el programa de aprendizaje del sindicato. Fue duro. Trabajaba todo el día, trabajo físico pesado, y después llegaba a casa en la noche a estudiar y hacer tareas. No era fácil. Después presentaba los exámenes en un ambiente vigilado en el sindicato. Los aumentos estaban basados en la realización del trabajo del curso y en hacer bien los exámenes.

¿Qué tipo de trabajos ha hecho en su carrera?
Mi primer trabajo fue descargar tubos. Descargábamos los remolques y acarreábamos el tubo por las escaleras. Acarreábamos tubos todo el día, ocho horas al día. Después empecé a trabajar con herramientas. Yo cortaba tubo de 4 pulgadas con sierra para metales en los gigantescos hangares de aviones de la base Andrews de la Fuerza Aérea. Trabajé para la misma compañía durante 22 años. Gracias a mi trabajo ascendí de jornalero instalador de rociadores a supervisor, capataz de obra, superintendente de área y después a gerente de área. Después de 16 años en el campo, pasé a un empleo de oficina y fui responsable de las operaciones regionales de la compañía.

Cuando mi compañía fue comprada y vendida tres veces en un lapso de cinco años, decidí empezar mi propio negocio. Hemos trabajado en la Casa Blanca y en el Capitolio.

¿Qué factores han contribuido más a su éxito?
Mi carta fuerte siempre ha sido estar trabajando en el campo. Tuve la suerte de trabajar con personas que me enseñaron el oficio. Ellos me enseñaron a procurar que, al hacer algo, lo hiciera bien. Conocía la importancia de dar ocho horas de trabajo a cambio de ocho horas de paga.

¿Qué consejo le daría a los recién llegados al campo de la instalación de rociadores?
La disponibilidad es tan importante como la habilidad. Preséntense a tiempo y sean confiables. Siempre hagan lo más que puedan. Denle a su empresa y a sus clientes tanto como puedan. Trátenlos como a ustedes les gustaría que los trataran. Hagan lo correcto, traten de aprender y no cometan los mismos errores una y otra vez. Todos cometemos errores—lo bueno es aprender de ellos. Cuando tengan problemas, no huyan de ellos. Como siempre digo, corran hacia el problema.

Términos especializados introducidos en este módulo

Abrazadera de vaivén: Abrazadera del tubo del rociador para reducir el movimiento del tubo durante un terremoto.

Diámetro externo (DE): La distancia entre las paredes exteriores de un tubo. Sirve de medida estándar en la tubería ACR.

Diámetro interno (DI): La distancia entre las paredes internas de un tubo. Sirve de medida estándar en la tubería usada en aplicaciones de calefacción y plomería.

Electrólisis: La descomposición de una sustancia por el paso de electricidad.

Espiga: Tubo que se eleva verticalmente y abastece a un solo rociador.

Etiquetado: Equipo o material que lleva adherida una etiqueta, un símbolo u otra marca de identificación aceptable para la autoridad con jurisdicción.

Factor C: Se refiere a la aspereza del interior del tubo del rociador. Mientras mayor es el factor C, más liso es el tubo.

Factor K: Medida del orificio del rociador. Mientras mayor es el orificio, mayor es el factor K.

Factory Mutual (FM Global): Laboratorio de pruebas y agencia de registro que certifica productos nuevos para servicio en ubicaciones particulares y para aplicaciones específicas.

Galvanizado: Sumergido en zinc durante el proceso de manufactura.

Golpe de agua: Ola de choque en el tubo, causada por un cambio súbito en el flujo de agua.

Registrado: Probado por una agencia reconocida de registro tras lo cual se determinó que es adecuado para usarse en sistemas de rociadores con un propósito específico.

Techo colgante: Un techo que no es parte del marco estructural del edificio. Este techo o plafón se instala suspendido del techo que está por encima y por lo general sirve para hacerle lugar a servicios como cables, iluminación empotrada y tuberías.

Underwriters Laboratory (UL): Laboratorio de pruebas y agencia de registro que certifica productos nuevos para servicio en ubicaciones particulares y para aplicaciones específicas.

MÓDULO 18102-07 — RESPUESTAS A LAS PREGUNTAS DE REPASO

Respuesta	Sección de referencia
1. c	1.2.1
2. c	1.2.1
3. a	2.1.0
4. a	2.3.1
5. d	2.5.0; Figura 9
6. b	2.6.0
7. d	2.7.0; Tabla 5
8. b	3.1.0
9. d	3.4.0
10. a	4.1.0
11. a	5.1.1; Figura 12
12. d	5.2.0
13. c	5.2.1
14. b	6.2.0; Figura 17
15. b	7.0.0

MÓDULO 18102-07
RESPUESTAS AL CUESTIONARIO DE TÉRMINOS CLAVE

1. UL
2. Válvula de control
3. Registrado
4. Techo colgante
5. Factor K
6. Factor C
7. Golpe de agua
8. Galvanizado
9. Espiga
10. Etiquetado
11. Válvula de contención
12. Válvulas de drenaje
13. Abrazadera de vaivén
14. Electrólisis

Reconocimientos

Recursos adicionales

Este módulo está creado para ser un recurso exhaustivo para el entrenamiento de tareas. Se recomiendan los siguientes recursos para profundizar los estudios. Éstos son materiales optativos para educación continua más que para entrenamiento de tareas.

Factory Mutual Approval Guide, edición más reciente. Norwood MA: Factory Mutual.

NFPA 13, edición más reciente. Quincy, MA: National Fire Protection Association.

The Pipefitters Blue Book, 2002. Graves. Webster, TX: W.V. Graves Publishing Company.

Underwriters Laboratories Fire Protection Equipment Directory, edición más reciente Northbrook, IL: Underwriters Laboratories.

Créditos de figuras

Viking Corporation, 102F01–102F04

Tyco Fire and Building Products, 102F05-102F09, 102SA01, 102F10 ("T" mecánico con rosca), 102F19, 102RQ01

National Fire Protection Association, 102T04, 102T05
Reproducido con autorización de *NFPA 13, Installation of Sprinkler Systems*, Copyright © 2006, National Fire Protection Association, Quincy MA 02169. Los materiales reproducen no constituyen la posición completa y oficial de la NFPA acerca del material referido, la cual está representada sólo por la norma en su totalidad.

Mueller/B&K Industries, Inc., 102F10 ("T" recto con rosca)

Victaulic Company, 102F10 (juntura simple terminal)

ITW Buildex, 102F13 (varilla con rosca)

Anvil International, Inc., 102F13 (soporte ajustable con cople en U)

American Flow Control, 102F16

SERIE EDUCATIVA CONTREN® — COMENTARIOS DEL USUARIO

NCCER hace el esfuerzo de mantener estos libros de texto actualizados y libres de errores técnicos. Apreciamos su ayuda en este proceso. Si tiene una idea para mejorar este libro de texto, o si encuentra algún error, ya sea tipográfico, o de contenido en los libros de texto de *Contren®*, favor de escribirnos usando esta forma o una fotocopia de la misma. Asegúrese de incluir el número exacto del módulo, la página, una descripción detallada, y la corrección, si es aplicable. Su comentario será traído a la atención del comité técnico de revisión. Gracias por su ayuda.

Instructores – si usted encontró que algún material adicional es necesario para enseñar este módulo con eficacia, por favor déjenos saber para poder incluirlos en la lista de Equipo y Materiales en la guía anotada del instructor.

Dirección postal: Departamento de Desarrollo de Productos
National Center for Construction Education and Research
3600 NW 43rd Street, Bldg. G, Gainesville, FL 32606

Fax: 352-334-0932

E-mail: curriculum@nccer.org

Oficio ____________ Nombre del Módulo ____________

Fecha del Copyright ____________ Número del Módulo ____________ Número(s) de Página(s) ____________

Descripción ____

____

____

____

Corrección (opcional) ____

____

____

Su nombre y dirección (opcional) ____

____

____

18103-07

Tuberías de acero

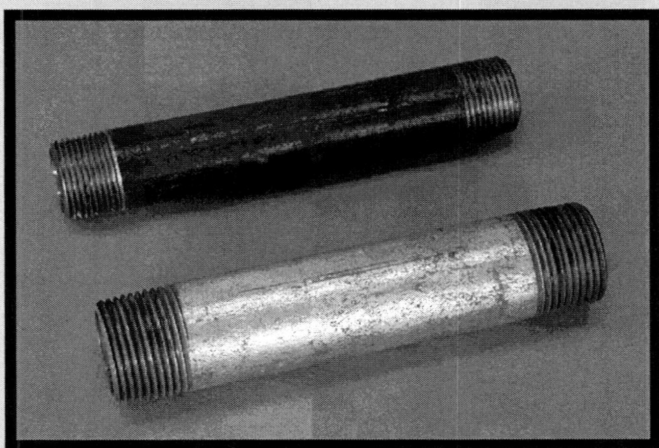

18103-07
Tuberías de acero

En este módulo se presentan los siguientes temas:

Generalidades

La tubería de acero es el tipo de tubería de uso más común en el trabajo de instalación de rociadores. La tubería de acero puede unirse con piezas roscadas, piezas de unión acanaladas, bridas o acoples de extremo simple.

Se encuentran disponibles muchos tipos de piezas roscadas para que el instalador de rociadores haga una instalación eficiente del sistema. Dónde y cómo usarlos, cómo se les identifica y conocer sus fortalezas y debilidades forma parte del conocimiento que usted aplicará todos los días.

Los fabricantes ofrecen un gran número de piezas con bridas, roscadas con bridas, acanaladas y con extremo simple que puede usar en el trabajo de instalación de los rociadores. Bajo determinadas circunstancias estas piezas ofrecen soluciones más económicas a los problemas de la tubería, en contraste con las piezas roscadas estándar. Para usar estas piezas se requieren habilidades especializadas.

Objetivos

Cuando usted haya terminado este módulo, podrá hacer lo siguiente:

1. Aplicar las precauciones básicas de seguridad para la preparación e instalación de la tubería de acero.
2. Identificar los tipos de piezas y tubería de acero.
3. Conocer las herramientas de corte y roscado para la tubería de acero.
4. Calcular extracciones.
5. Colocar el equipo de instalación, incluyendo las máquinas eléctricas de roscado.
6. Medir, cortar, avellanar y roscar la tubería de acero.
7. Ensamblar la tubería roscada, acanalada y de extremo simple.
8. Comprobar que la preparación del extremo de la tubería es el correcto.
9. Interpretar la pieza.

Términos técnicos

Acanalado por corte
Acanalados por rolado
Acople reductor concéntrico
Acople reductor excéntrico
Brida complementaria
Cinta de Teflón®
Codo
Codo de calle
Contrachaveta
Cruz
Dúctil
Extra resistente
Extremo preparado
Extremo simple
Hierro fundido
Hierro maleable
Junta
Niple
Niple Cerrado
Norma nacional de roscado de tubería (*National Pipe Thread*, NPT)
Pieza "T"
Reductor
Reductor concéntrico
Reposición (o "makeup")
Roscado con brida
Soporte a soporte
Teflón® líquido
Tubería flexible
Tubería vertical

Materiales requeridos para el estudiante

1. Lápiz y papel
2. Equipo de protección personal apropiado

Requisitos

Antes de empezar este módulo, es recomendable que concluya satisfactoriamente lo siguiente: *Currículo básico*; y *Instalación de rociadores nivel uno*, Módulos 18101-07 y 18102-07.

Este mapa del curso muestra todos los módulos del primer nivel del currículo básico para *Instalación de rociadores*. El orden recomendado de entrenamiento empieza abajo y avanza hacia arriba. El nivel de habilidad se eleva conforme usted avance en el mapa del curso. El patrocinador local del programa de entrenamiento podrá ajustar el orden del entrenamiento.

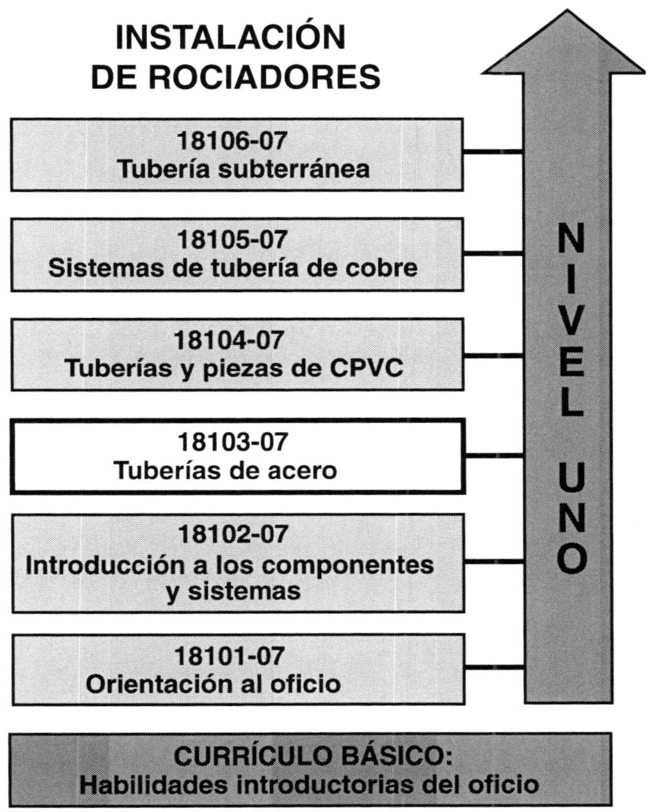

103CMAP.EPS

1.0.0 ◆ INTRODUCCIÓN

La tubería de acero es el tipo de tubería de uso más común en los sistemas de rociadores contra incendios. Aunque la mayor parte de la tubería de acero se une con piezas roscadas, algunos sistemas usan uniones acanaladas, bridas o métodos de unión con **extremo simple**. El encargado de la instalación de rociadores deberá familiarizarse con estos métodos de unión y debe conocer las condiciones y limitaciones que se aplican en los diferentes métodos. Por ejemplo, la tubería de acero por debajo de un grosor determinado de pared no deberá roscarse a menos que se encuentre Registrada para ese fin. Este módulo tratará los tres métodos de unión, comenzando con la tubería roscada.

NOTA

El término Registrado (con la primera letra en mayúsculas) se usa en este módulo para representar un registro, por ejemplo de parte de UL.

Existen varias ventajas en el uso de tubería roscada. Los sistemas roscados no requieren de fabricación especializada en el taller, además pueden fabricarse fácilmente en el lugar de trabajo usando tubos y varias piezas. El equipo portátil para roscado se puede usar casi en cualquier sitio dentro del lugar de trabajo. La tubería roscada es mucho más segura y rápida de instalar, en comparación a la tubería unida con soldadura, para los sistemas de tubería que deben instalarse cerca de gases o líquidos inflamables, debido a que no representan ningún riesgo de incendio. Finalmente, la tubería roscada puede limpiarse desde el interior antes de instalarla, lo cual reduce la posibilidad de que queden atrapadas partículas metálicas y que éstas dañen las válvulas o coladores.

Sin embargo, la tubería roscada también presenta desventajas. Las uniones de tubería roscadas son más propensas a las fugas que el resto de los tipos de unión, además de que se debilita la resistencia de la tubería por el proceso de roscado debido a que el grosor de la pared de la tubería se reduce en el roscado.

2.0.0 ◆ MATERIALES USADOS EN LOS SISTEMAS DE TUBERÍA ROSCADA

En los sistemas de tubería roscada se pueden usar diversos tipos de materiales. Estos materiales se clasifican conforme al tamaño de la tubería, el programa o grosor de la pared de la tubería y el material de construcción.

El material de uso más común en los sistemas de tubería roscada es el acero. La tubería de acero se usa ampliamente en diversas aplicaciones debido a que es más duradera, puede maquinarse y es más económica que el resto de los tipos de tubería.

La tubería galvanizada es una tubería de acero que se ha sumergido en una mezcla de zinc caliente. El zinc recubre a la tubería tanto en el exterior como en el interior y la protege de la corrosión. La tubería galvanizada se usa para el transporte de agua, aire y otros fluidos.

En los sistemas roscados también puede usarse el acero inoxidable; sin embargo, siempre que sea posible se debe evitar el uso de tubería de acero inoxidable debido a que es difícil cortar el roscado y lograr que las uniones queden cerradas herméticamente. La tubería de acero inoxidable también es más cara, aunque es un buen material para aplicaciones que requieren la máxima resistencia a la corrosión.

2.1.0 Tamaños de tubería

La tubería se registra en pulgadas conforme a su tamaño nominal. Para las tuberías de hasta 12", el tamaño nominal es una aproximación del diámetro interno. A partir de la tubería de 14" y superiores, el tamaño nominal refleja el diámetro exterior de la tubería. La *Figura 1* muestra los diámetros internos y externos de la tubería.

Existen ocasiones donde el tamaño nominal de una tubería y su diámetro interno o externo difieren considerablemente, sin embargo, en todos los

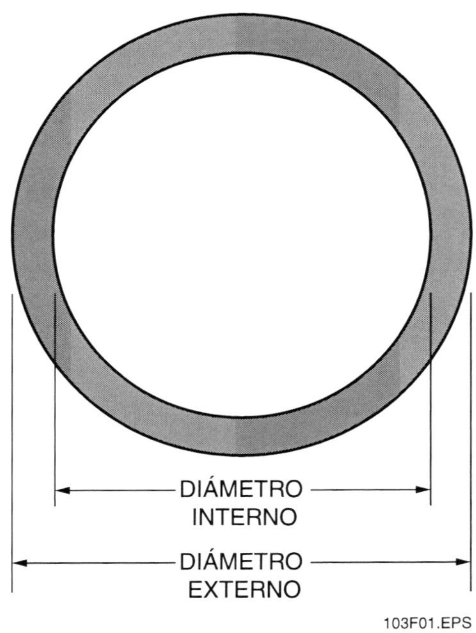

Figura 1 ◆ Diámetros internos y externos de la tubería.

casos se usa el tamaño nominal para describir a la tubería. El punto importante que debe recordarse es que el material del que está fabricada la tubería o la pieza afectará el tamaño. Por ejemplo, una conexión de tubo de bronce de ¾" no coincidirá con una tubería de cobre de ¾". Sin embargo, el bronce puede intercambiarse con tubería de acero.

2.2.0 Programas y grosores de pared

El grosor de la pared puede describirse de dos formas: por su programa y por peso designado por el fabricante. Entre mayor sea el número de programa, más gruesa será la pared de la tubería. De ese modo, la tubería con números de programa mayores es más fuerte y por ello puede soportar una presión mayor. La tubería de acero con grosores de pared menores a Programa 30 en tamaños de 8" y mayores, o de Programa 40 en tamaños menores de 8" no deben unirse mediante piezas roscadas. Sin embargo, existen excepciones a esta regla para la tubería de pared delgada con Registro de Especialidad que se haya designado como susceptible para roscarse. Sólo podrá usarse un ensamble roscado en las instalaciones de rociadores si el uso se ha investigado, comprobado que es apropiado, y se encuentra Registrado para este servicio. También es importante recordar que los números de programa se refieren únicamente al grosor de la pared de una tubería con un determinado tamaño nominal. Por ejemplo, una tubería de ¾" y Programa 40 no tiene el mismo grosor que una tubería de 1" yPrograma 40.

Otra forma de describir el grosor de la pared de la tubería es a través del peso designado por el fabricante. Del más pequeño al mayor, actualmente existen cuatro clasificaciones de uso común:

- Pared delgada
- Pared estándar (STD)
- Pared extra fuerte (XS)
- Pared doble extra fuerte (XXS)

Los números de programa y grosores de pared pueden intercambiarse en cierta medida. La tubería galvanizada de Programa 40 y la tubería galvanizada de pared estándar tienen el mismo grosor de pared para todas las tuberías hasta llegar al tamaño nominal de 10". La tubería de Programa 80 y extra-fuerte tienen el mismo grosor de pared hasta llegar al tamaño nominal de 8". Los grosores de pared comunes para la tubería de acero son Programa 10, Programa 30 (pared delgada que puede roscarse), Programa 40, Programa 80 y Programa 160. Los grosores de pared comunes para la tubería de acero inoxidable van desde programa 5 hasta 160.

2.2.1 El sistema de clasificación por programa

Hace años, casi todos los sistemas de rociadores se instalaron usando tubería de acero negro de Programa 40 y Programa 30. Todos los tamaños hasta llegar a las 6" fueron de programa 40. Los tamaños de 8" y mayores fueron de programa 30. Las tuberías de Programa 30 y Programa 40 se denomina como tubería estándar (STD).

Conforme a la norma *NFPA 13*, el material de tubería estándar puede usarse con presiones de hasta 300 libras por pulgada cuadrada. También está disponible la tubería extra fuerte y de Programa 80, aunque se usa rara vez en los trabajos de rociadores contra incendio.

Los materiales estándar se especifican conforme a su diámetro exterior nominal y grosor de pared en el manual del Instituto nacional de Normas de Estados Unidos (American National Standards Institute, ANSI) *Tubería de acero forjado sin costuras y unido con soldadura*. El instituto ANSI es un grupo voluntario que define estándares y está financiado de manera privada, cuyo objetivo es ofrecer estándares de uniformidad para las partes y materiales en la industria. La *Tabla 1* muestra el sistema de programas usado en la industria de rociadores contra incendio.

El diámetro exterior de la pared estándar, pared extra fuerte y doble extra fuerte es el mismo para todos los programas, aunque cambian los grosores de la pared y los diámetros internos. Como consecuencia, se pueden usar las mismas piezas en la tubería, independientemente del programa. La designación del tamaño (1", por ejemplo) es una aproximación; aunque se le denomina como tubería de 1", el diámetro exterior real es de 1.315".

El diámetro real de tubería usada en los sistemas de suministro para los rociadores se ha modificado a través de la experiencia práctica. Los tamaños disponibles ahora son aquellos que han sido útiles en el pasado. Los diámetros exteriores nominales, como por ejemplo 1", 1¼" y 2" se usan universalmente como referencia en el área mecánica, aunque los diámetros reales son diferentes. La *Figura 2* muestra una comparación de los grosores de la pared.

La tubería estándar, que es la tubería roscada usada para los sistemas roscados, usa tubería de Programa 40 para tubería de hasta 6". La tubería de Programa 30 se usa en los tamaños de 8" y 10". Los materiales usados para la fabricación de la tubería estándar y las especificaciones para la tubería estándar se definen más adelante en las siguientes especificaciones:

- *Norma ASTM A53, Especificación para la tubería de acero sin costuras y con soldadura*

Tabla 1 Sistema de programas usado en la industria de rociadores contra incendio.

Tamaño nominal de tubería	Diámetro externo	Programa 5		Programa 10[a]		Programa 30		Programa 40	
		Diámetro interno	Grosor de pared	Diámetro interno	Grosor de pared	Diámetro interno	Grosor de pared	Diámetro interno	Grosor de pared
½[b]	0.840	–	–	0.674	0.083	–	–	0.622	0.109
¾[b]	1.050	–	–	0.884	0.083	–	–	0.824	0.113
1	1.315	1.185	0.065	1.097	0.109	–	–	1.049	0.133
1¼	1.660	1.530	0.065	1.442	0.109	–	–	1.380	0.140
1½	1.900	1.770	0.065	1.682	0.109	–	–	1.610	0.145
2	2.375	2.245	0.065	2.157	0.109	–	–	2.067	0.154
2½	2.875	2.709	0.083	2.635	0.120	–	–	2.469	0.203
3	3.500	3.334	0.083	3.260	0.120	–	–	3.068	0.216
3½	4.000	3.834	0.083	3.760	0.120	–	–	3.548	0.226
4	4.500	4.334	0.083	4.260	0.120	–	–	4.026	0.237
5	5.563	–	–	5.295	0.134	–	–	5.047	0.258
6	6.625	6.407	0.109	6.357	0.134[c]	–	–	6.065	0.280
8	8.625	–	–	8.249	0.188[c]	8.071	0.277[d]	7.981	0.322
10	10.750	–	–	10.370	0.188[c]	10.140	0.307[d]	10.020	0.365
12	12.750	–	–	–	–	12.090	0.330[c]	11.938	0.406

NOTAS:

Todas las medidas son en pulgadas.

(a) Programa 10 define un tubo de tamaño nominal de 5 pulgadas (12.7 cm) según *ASTM A 135.*

(b) Estos valores aplican cuando se utilizan junto con 8.14.19.3 y 8.14.19.4.

(c) Grosor específico de la pared: 6.3.2.

(d) Grosor específico de la pared: 6.3.3.

103T01.EPS

- *Norma ASTM A135, Especificación para la tubería de acero unida con soldadura de arco eléctrico*
- *Norma ASTM A795, Especificación para la tubería de acero sin costuras y unida con soldadura, de acero negro y recubierto con zinc por inmersión en calor (galvanizado) para uso en protección contra incendios*
- *Norma ASTM A106, Tubería de acero al carbón y sin costuras para servicios a temperaturas elevadas*
- *Norma WW-P-404D*, especificación federal equivalente a la norma *ASTM A53*

2.3.0 Procesos para la manufactura de la tubería

Se usan tres métodos diferentes para la fabricación de tubería. La industria de tuberías provee típicamente tuberías de acero en longitudes de 21' y 25'. Algunas especificaciones requieren el uso de tubería fabricada en el país en vez de la tubería de tipo comercial de importación. Esto es un requisito contractual basado en consideraciones económicas nacionales. Mientras la tubería se fabrique conforme a las especificaciones, no deberá existir diferencia alguna entre el material nacional y el importado.

2.3.1 Tubería con hilo de soldadura

La tubería con hilo de soldadura se fabrica a partir de solera para rolado (skelp), el cual se presenta en rollos de acero plano. Dentro de un horno, el material skelp se alimenta a través de una serie de rodillos de formado. Los extremos se calientan hasta la temperatura de soldadura. Los rodillos crean la forma redonda y comprimen los extremos para producir el hilo de soldadura. Los rodillos de tamaño ajustan el diámetro exterior, mientras que las sierras cortan la tubería en las longitudes deseadas.

2.3.2 Tubería sin costuras

La tubería sin costuras se fabrica a partir de molduras de acero redondas denominadas rondas de tubo, los cuales se calientan para después perforarse. Un mandril, que es una barra cilíndrica de un diámetro preciso, se inserta dentro del envolvente o el rodado para tubos perforado. El tamaño del mandril determina el diámetro interior de la tubería. Los rodillos forman la parte exterior hasta los valores apropiados de diámetro y grosor de pared. La tubería sin costuras es más cara que el resto de los diferentes tipos de tubería y no se le usa con frecuencia en la industria de rociadores.

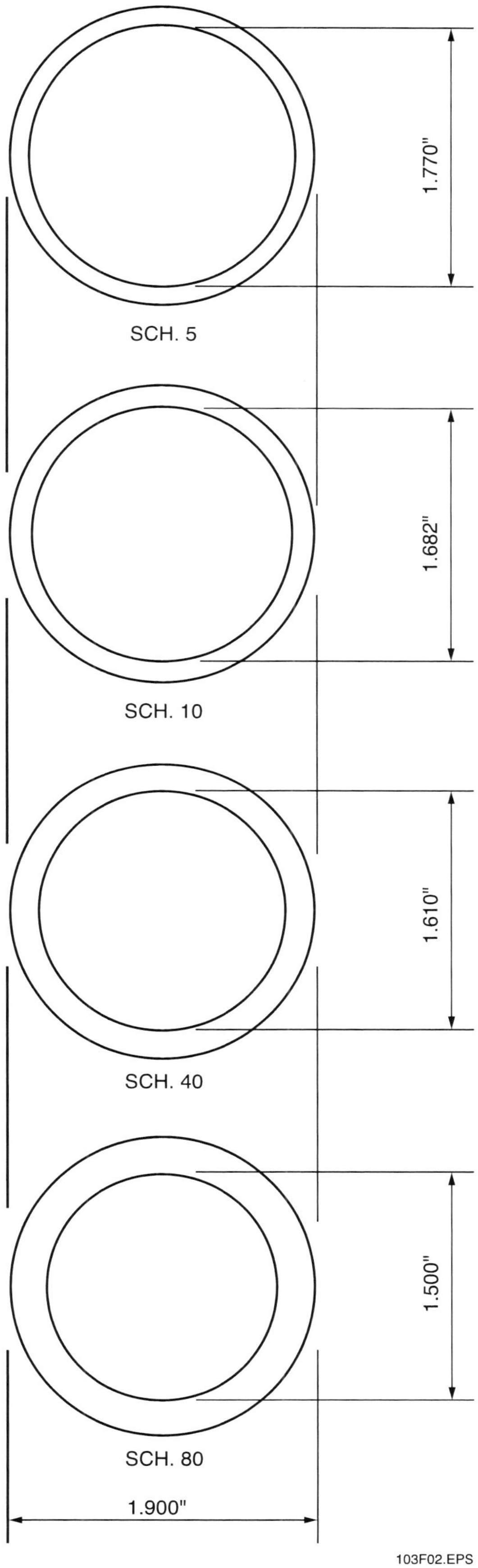

Figura 2 ◆ Comparación visual del grosor de pared para la tubería de 1½".

¿SABÍA USTED?

Producción del acero

El acero al carbón se produce mediante uno de los cuatro procesos disponibles: Bessemer, crisol abierto, horno eléctrico u oxígeno básico. El proceso Bessemer, desarrollado en la década de 1850, produce acero mediante el soplado de aire a través de hierro fundido a presión alta. El proceso usa oxígeno para el arrastre de las impurezas, aunque su eficiencia es suficiente para retirar todos los elementos no deseados. Este proceso ya no se usa en los Estados Unidos de Norteamérica.

El proceso de crisol abierto fue el método principal de producción de acero por muchos años. Un horno de crisol abierto es un tanque grande y poco profundo recubierto con ladrillo cerámico resistente al calor. Un material combustible, como por ejemplo gas, aceite o carbón en polvo, se mezcla con aire caliente en quemadores y se dispara a lo largo del tanque. El hierro fundido, acero reciclado y piedra caliza se funden juntos en el tanque. El acero queda listo después del retiro de las impurezas capturadas o atrapadas por la piedra caliza.

El proceso de horno eléctrico usa fuertes descargas eléctricas para producir el acero. El horno se carga con chatarra de hierro. Se produce un arco eléctrico usando electrodos. El calor resultante es de unos 6,000°F (3,312°C) el cual funde la chatarra de hierro y produce la aleación de acero.

El proceso de oxígeno básico es el método más utilizado actualmente. El hierro fundido proveniente de un horno de reverbero (un horno gigante recubierto con ladrillo cerámico resistente al calor) se vierte dentro del horno de oxígeno básico. Se descarga oxígeno puro sobre el metal a través de un tubo denominado lanceta de oxígeno. El oxígeno se combina con las impurezas y entonces se retira del horno, dejando únicamente el acero.

Después que se haya formado el acero líquido dentro del horno, deberá procesarse posteriormente y fundirse en forma sólida antes de que los fabricantes puedan usarlo.

2.3.3 *Tubería unida con soldadura de resistencia eléctrica (ERW)*

La tubería unida con soldadura de resistencia eléctrica (ERW) se forma haciendo pasar el material skelp a través de una serie de rodillos. Los rodillos van formando gradualmente el material para darle su forma redonda. Después se hace pasar a través de dos ruedas de soldadura de cobre. Una de las ruedas tiene una carga positiva y la otra una carga negativa. Los bordes del material skelp se calientan hasta la condición de soldadura por medio de la resistencia de la corriente eléctrica en la unión. Después del paso de los rodillos, el material se enfría manteniendo la unión.

2.3.4 *Tubería galvanizada*

El material normalmente usado en la tubería de los sistemas de rociado es la tubería negra. Esta tubería normalmente tiene en el exterior un barniz que retrasa la oxidación o una capa de laca. Sin embargo, esta capa de laca no se clasifica como resistente a la corrosión. La tubería galvanizada por inmersión en caliente es la tubería negra que se sumerge en zinc fundido de modo que se deposite (galvanizado) una capa del mismo tanto en el interior como el exterior de la tubería.

La tubería galvanizada por inmersión en calor es más cara que la tubería negra normal y casi nunca se usa, a menos que la corrosión represente un problema, o cuando las normas o requisitos así lo marquen. La norma *Factory Mutual* (FM) requiere el uso de tubería galvanizada en los sistemas secos, además la norma *NFPA 13* requiere este tipo de tubería para las alarmas con motor de agua.

A NIVEL — **Tubería de acero**

La única diferencia entre la tubería de hiero negro y la tubería galvanizada es la adición de una capa de zinc protectora en la tubería galvanizada.

103SA01.EPS

2.4.0 *Tubería ASTM A53*

La tubería *ASTM A53* es una tubería de primera. Normalmente es más cara que la tubería *ASTM A120*. La norma identifica los siguientes tipos *ASTM A53*:

- *Tipo F* – Unión con hilo de soldadura en horno, soldadura con hilo continuo
- *Tipo E* – Unión con soldadura eléctrica, Grados A y B
- *Tipo S* – Sin costuras, Grados A y B

La tubería ASTM A53 se especifica en ocasiones para los sistemas de rociadores debido a que esta tubería se controla químicamente para garantizar su capacidad dúctil. Se permite el doblado conforme a la norma *NFPA 13*, considerando que la tubería sea al menos de Programa 40, que no presente pliegues, ondulaciones, distorsiones, reducciones en el diámetro o cualquier desviación notable de la forma redonda.

Existe asimismo una especificación federal que es equivalente al estándar para la tubería *ASTM A53*, denominada WW-P-404D. Una investigación actualizada indica que para los sistemas de rociadores, al menos algunas agencias federales exigen el cumplimiento de la norma *NFPA 13*, y sin embargo, no especifican los requisitos de la norma federal.

2.5.0 *Tubería ASTM A135*

La norma ASTM A135, Especificaciones para la tubería unida con soldadura de resistencia eléctrica, describe otro material usado frecuentemente para las tuberías. Existen dos grados diferentes para la tubería *ASTM A135*, A y B. Como en el caso de la tubería *ASTM A53*, la tubería de Grado A también puede doblarse conforme a los requisitos NFPA. La tubería de Grado B es el material que se usa más comúnmente.

2.6.0 Tubería de pared delgada que puede roscarse

El proceso de roscado retira metal de la pared de la tubería, reduciendo de ese modo el grosor de la misma. De hecho, si la tubería es muy delgada, el roscado puede observarse desde el interior de la tubería. Si la pared de la tubería es delgada, se aumenta el riesgo de una falla durante el roscado. Por ese motivo la norma *NFPA 13* limita el tamaño de tubería que puede roscarse. Sin embargo, a lo largo de los años los fabricantes han desarrollado tubería de acero de pared delgada que puede roscarse. Esto ha provocado que se modifique la norma *NFPA 13* para que incorporen las siguientes excepciones:

- Se pueden usar otros tipos de tubos y tuberías si se han investigado y han sido Registrados como adecuados para el servicio, y pueden reemplazar a la tubería de pared delgada.
- La tubería de acero con grosores menores a Programa 30 en tamaños de 8" y mayores, o Programa 40 en tamaños menores de 8", no debe unirse mediante piezas roscadas. Se debe investigar si un ensamble roscado es apropiado para las instalaciones de rociadores automáticos, además de estar Registrado para este servicio, de lo contrario no podrán utilizarse.

Ahora varios fabricantes ofrecen tubería de pared delgada que puede roscarse y que está certificada por *Underwriters Laboratories* para su roscado. Una de estas opciones es aproximadamente equivalente a la tubería de Programa 20.

El control de calidad del roscado es muy importante. Para aumentar la duración en condiciones de buena calidad, algunos tipos de material pueden cubrirse con zinc únicamente en el exterior. Este es un proceso de chapado, en oposición al proceso de galvanizado por inmersión en calor que cubre tanto el interior como el exterior de la tubería. La operación de roscado debe seguir las especificaciones del fabricante y las agencias que aprueban si la instalación es aceptable.

El apéndice de la norma *NFPA 13* establece que el encargado de la instalación debe revisar la tubería de pared delgada que puede roscarse usando calibradores de collarín conforme a las *Dimensiones básicas de los calibradores de collarín para el roscado cónico USA (Norteamericano) de tubería estándar, NPT*, conforme a las normas ANSI/ASME. Algunas autoridades con jurisdicción (AHJ) hacen obligatorio este requisito. No todas las AHJs aceptarán la tubería de pared delgada roscada.

La tubería de pared delgada roscada está disponible en un número limitado de tamaños. El *Directorio de equipo de protección contra incendios* UL incluye los tamaños de ¾" a 3", además de que la tubería de pared delgada y roscada de ¾" sólo se produce bajo pedido.

2.7.0 *Tubería ASTM A795*

La norma ASTM A795, Especificación para tubería de acero negra y con recubrimiento de zinc por inmersión en calor (galvanizada), sin costuras y unida con soldadura para uso en sistemas de protección contra incendios, es un desarrollo más reciente en la tubería para rociadores contra incendios. Este estándar se organizó para sustituir a los materiales de tubería de las normas *ASTM A120* y *ASTM A53* con clasificaciones nuevas. Este material ha entrado gradualmente en el mercado.

Para tuberías distintas de las especificadas en las normas *NFPA 13* por parte de los estándares ASTM o ANSI, busque el registro de *Underwriters Laboratories* dentro del *Directorio de equipo de protección contra incendios* y la marca de registro en el material.

La tubería de acero se mantiene como el material principal en las instalaciones de los sistemas de rociadores contra incendios. Existen otros tipos de tubería aprobados y económicos bajo conjuntos específicos de circunstancias. Estos se discutirán en los módulos siguientes.

2.8.0 *Tubería ASTM A106*

La tubería *ASTM A106* es una tubería de grado superior. Los clientes en ocasiones solicitan este tipo de tubería cuando la instalación se realiza en entornos corrosivos, como por ejemplo las refinerías. Sin embargo, esta tubería es muy cara y no se usa normalmente en los sistemas de rociadores. Note que el resto de los grados son grados mínimos y que un material de mayor calidad siempre podrá sustituirse de manera aceptable.

3.0.0 ◆ HERRAMIENTAS PARA EL CORTE Y ROSCADO DE LA TUBERÍA DE ACERO

Para el corte y roscado de tuberías se usan herramientas eléctricas y manuales. Es importante que aprenda a usar de manera segura estas herramientas, además de cuidarlas y darles el mantenimiento apropiado.

La vida útil de cualquier herramienta depende de una lubricación apropiada. Si el bastidor es de acero, es esencial aplicar una capa delgada de aceite para prevenir la oxidación. Si hay partes móviles, las superficies de contacto requieren lubricación. El lubricante en exceso permite la acumulación de polvo, tierra, suciedad y la acción abrasiva. Si sigue los requisitos de lubricación especificados por el fabricante para cualquier herramienta que utilice, podrá mantenerlas en buenas condiciones de funcionamiento por mucho tiempo.

3.1.0 Herramientas manuales

Los instaladores de rociadores usan una gran variedad de herramientas manuales para distintos propósitos, entre los que se incluye el corte, avellanado y roscado de la tubería. Las herramientas manuales más comunes son los cortadores para tubería de acero, cortadores con bisagra, avellanadores y dados. En muchos casos, la herramienta seleccionada para realizar un trabajo debe ser del tamaño exacto para realizar la tarea, de lo contrario se pueden presentar daños en el equipo o lesiones en el personal.

¡ADVERTENCIA!

Si aún no ha completado el módulo de *Seguridad básica* del *Currículo Básico*, deténgase aquí. Debe completar primero el módulo de *Seguridad básica*. Así mismo, deberá usar el equipo de protección apropiado cuando opere cualquier herramienta eléctrica o cuando se encuentre cerca de cualquier otra persona que opere una herramienta eléctrica.

3.1.1 Cortadores para tubería de acero

Los cortadores para tubería de acero se usan para cortar la tubería de acero de hasta 8" de diámetro. El cortador de tubo de acero estándar está disponible con una, dos, tres o cuatro ruedas de corte. Los cortadores de tubería de acero se usan como un tornillo de banco en el cual se sujeta una pieza de tubería. Las ruedas se alinean sobre la marca de corte y se aprietan contra la tubería. A medida que el cortador gira alrededor de la tubería, se acciona la manija de ajuste para mantener un ajuste uniforme sobre la tubería.

Cuando use un cortador para tubería de acero, asegúrese que la tubería se encuentre limpia. La tubería limpia se corta fácilmente, mientras que la suciedad y arenilla actúan como abrasivos sobre las ruedas de corte y provocan que los cortadores se desgasten rápidamente.

Un mal alineamiento del cortador en contra de la tubería provoca que las diferentes ruedas de corte realicen el corte en diferentes líneas. Las ruedas de corte se deslizan a lo largo de la tubería y de ese modo se pierde el efecto acumulado de los cortadores y pasos múltiples. La *Figura 3* muestra ejemplos de cortadores para tubería de acero.

3.1.2 Cortadores con bisagra

Los cortadores con bisagra se pueden usar para cortar tubería con diámetros de 1" a 12". Estos cortadores funcionan bien en interiores y son más seguros que los cortadores con sierra abrasiva o máquina para abrir agujeros. La *Figura 4* muestra un cortador con bisagras diseñado para tubería de 2½" a 4".

3.1.3 Avellanadoras

Ya sea que la tubería se corte a la longitud deseada por parte del fabricante, en el taller o en el lugar de trabajo, ésta debe avellanarse para despejar el paso del agua. Cuando el proceso de corte deje rebabas o salientes en el extremo de corte para un tramo de tubería, con el avellanado se retiran estas rebabas y los restos de material del extremo de la tubería. También se puede usar un cortador de plasma, el cual no produce rebabas. La norma *NFPA 13* requiere el retiro de las rababas y salientes independientemente de que la tubería se una con enroscado, acanalado o con soldadura. El avellanado ayuda a garantizar el flujo libre, además de un cierre hermético y una unión fuerte.

Las tuberías con tamaños de hasta 2" pueden avellanarse con un avellanador manual (*Figura 5*). El avellanado manual requiere el uso de un collarín y palanca de trinquete para hacer girar el avellanador. Para las tuberías más grandes es más económico usar un avellanador eléctrico, debido que es más rápido y brinda un acabado más uniforme que los avellanadores manuales. Cuando no están disponibles los avellanadores eléctricos, con frecuencia se usan limas de punta redondeada para avellanar las tuberías de mayor tamaño.

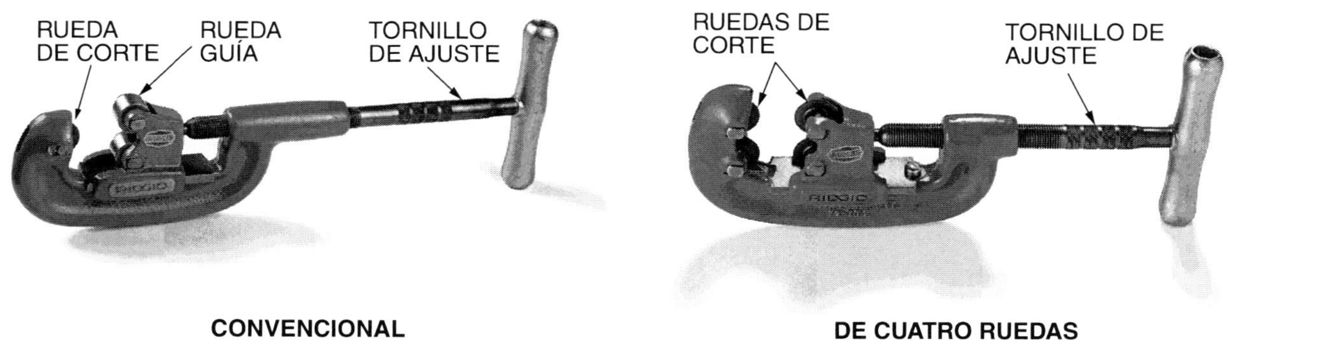

Figura 3 ◆ Cortadores de tubería de acero.

103F04.EPS

Figura 4 ◆ Cortador con bisagras.

El avellanado debe realizarse con cuidado para evitar un barrenado excesivo, orificios acampanados o un acabado deficiente. Esto debe cuidarse especialmente con los avellanadores eléctricos. Si el avellanador está desalineado, el extremo de la tubería quedará estrecha, lo cual produce una abertura acampanada mecánicamente débil. Para garantizar un acabado liso, ajuste la velocidad del motor eléctrico conforme a las instrucciones del fabricante.

3.1.4 Dados o Cubos

Ocasionalmente deberá roscar manualmente una pieza de tubería o una varilla del soporte. Para este procedimiento se requiere un dado sólido con un soporte. En algunos países estas piezas se conocen como cubos, pero para propósitos de este módulo, se conocerán como "dados". Los dados se encuentran en un gran número de tamaños y patrones de roscado. Algunos soportes se denominan roscado de tubería de tres vías y contienen tres dados dentro del intervalo especificado. Cada juego de dados se fija en su sitio y una guía mantiene recta el roscado para realizar un trabajo consistente y apropiado. La mayoría de los juegos de dados incluyen los tamaños de uso más común además del soporte. Los tamaños del dado de uso más común para el roscado de varillas de soporte se muestran en la *Tabla 2*.

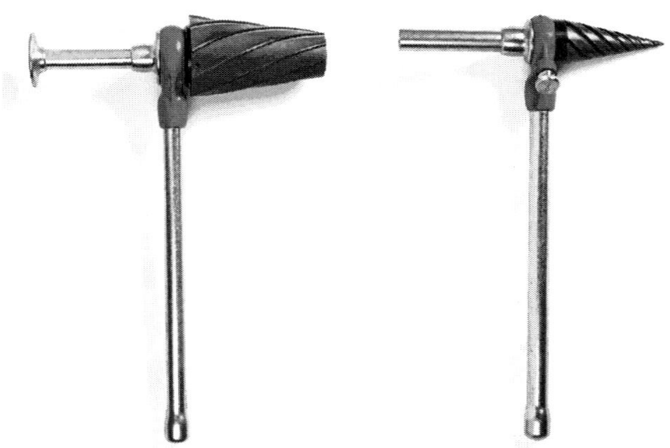

103F05.EPS

Figura 5 ◆ Avellanadoras con envolvente de trinquete adjunto.

Los tamaños del dado de uso más común para el roscado de tuberías se muestran en la *Tabla 3*.

Tabla 2 Tamaños de dado comunes para las varillas de soporte

Diámetro de la varilla de soporte	Tamaño del dado (roscas/pulgada)
⅜"	16
½"	13
⅝"	11

103T02.EPS

Tabla 3 Tamaños de dado comunes para tubería roscada

Tamaño nominal del tubo	Tamaño del dado (roscas/pulgada)
$\frac{1}{16}$"–⅛"	27
¼"–⅜"	18
½"–¾"	14
1"–2"	11½
2½" y mayor	8

103T03.EPS

¡ADVERTENCIA!

Nunca use una herramienta eléctrica sino hasta haber recibido la orientación apropiada. Usted puede reducir enormemente la probabilidad de un accidente al aprender y aplicar las reglas de seguridad para cada una de las tareas que realice.

3.2.0 Máquinas de roscado eléctricas portátiles

Las máquinas de roscado eléctricas portátiles se usan ampliamente en la instalación de rociadores debido a que realizan el roscado en menos tiempo que las herramientas manuales. Los modelos portátiles más comunes pueden hacer el roscado en tuberías de hasta 2" de diámetro. Lea siempre el manual de instrucciones del fabricante acerca del cuidado, mantenimiento y precauciones de seguridad antes de usar una roscadora eléctrica. La *Figura 6* muestra ejemplos de las máquinas de roscado y sus piezas.

Como precaución de seguridad, las máquinas de roscado eléctricas portátiles cuentan con un pedal para el control del suministro eléctrico. Al retirar el pie del pedal automáticamente se interrumpirá el suministro eléctrico. Las piezas para corte y avellanado de la tubería también pueden agregarse a la misma máquina para realizar estas tareas. Los componentes estándar de la máquina de roscado eléctrica portátil incluyen lo siguiente:

- Portabrocas
- Guías y barras de soporte
- Carro
- Dados para las máquinas de roscado eléctricas

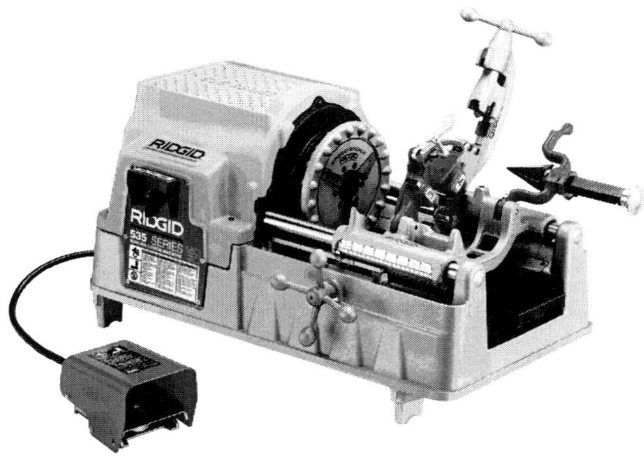

(A)

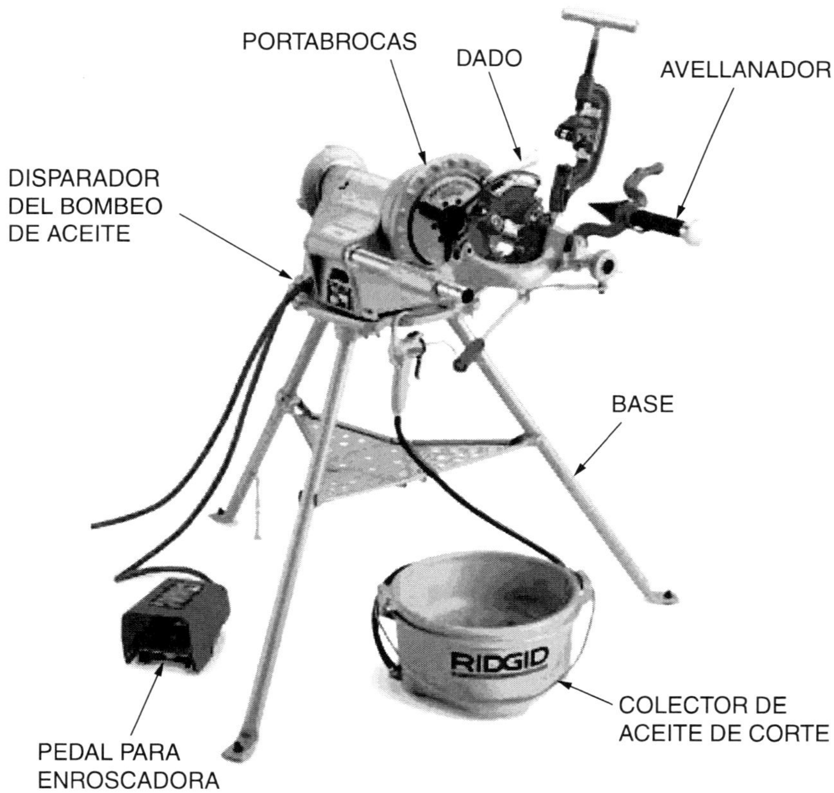

(B)

103F06.EPS

Figura 6 ◆ Máquinas para el roscado de tuberías.

3.2.1 Portabrocas

El portabrocas en una máquina de roscado eléctrica ayuda a centrar la tubería y mantenerla en su sitio para realizar el roscado. El portabrocas de mordaza doble hace girar la tubería al momento de roscarla. En la mayoría de los modelos la mordaza posterior es la que ayuda al centrado por lo que debe apretarse únicamente lo suficiente para garantizar que la mordaza toque la tubería. La mordaza frontal sujeta la tubería en su sitio y debe apretarse de modo que la tubería no se deslice.

A NIVEL — **Juegos de dados**

Es muy importante mantener juntos los juegos de dados o cubos. No mezcle dados de un juego con los de otro. Normalmente, cada dado está marcado con un número de serie, además los cuatro dados de un juego tienen el mismo número de serie.

3.2.2 Guías y barras de soporte

Un carro se mueve a lo largo del lecho o barra de soporte y sostiene al cabezal del dado en su sitio. Las guías son las barras horizontales sostenidas en ambos extremos. Las barras de soporte son las barras horizontales que están sostenidas en uno de los extremos. Las guías o barras de soporte pueden ser planas, redondas o con perfil en "V". Es importante mantenerlas libres de suciedad, arena y cortes para permitir el movimiento libre del carro. Las guías o barras de soporte ayudan a alinear el cabezal del dado con la tubería que se está roscando. No use las guías como soporte para herramientas o manijas y tenga cuidado de que las mismas no se doblen o mellen.

3.2.3 Carro

Generalmente, existen dos carros en una máquina de roscado eléctrica. Uno de los carros contiene al cabezal del dado y el otro transporta el portabrocas. También debe mantenerse el carro libre de suciedad, arena y cortes. El carro normalmente tiene un juego lateral, sin embargo si el carro llega a desgastarse de forma excesiva, el juego lateral será mucho mayor y deberá cambiarse el carro. Un carro sobre un lecho plano en ocasiones presenta **contrachavetas** que pueden ajustarse para eliminar el juego lateral excesivo.

3.2.4 Dados para las máquinas de roscado eléctricas

Los dados son el componente más importante de una máquina de roscado eléctrica y si no se le da el mantenimiento apropiado se pueden provocar un gran número de problemas, desde rebabas hasta un roscado de un tamaño no apropiado. Los dados mellados pueden afilarse o pulirse, además los dados deben limpiarse periódicamente usando una solución limpiadora aprobada por el fabricante y lubricarse ligeramente con aceite. Antes de reinsertar el cabezal del dado, use un cepillo de alambre para limpiar cualquier material extraño que pudiera haberse acumulado dentro del aparato de soporte. Debido a que la tubería de 1" y 2" tiene el mismo número de roscas por pulgada cuadrada, algunas máquinas de roscado tienen cabezales ajustables que se configuran de modo que los dados no tengan que cambiarse para estos dos tamaños diferentes de tubería (*Figura 7*).

Los roscados inapropiados se generan con dados que tienen dientes mellados o dañados o debido al uso del material equivocado, como por ejemplo tubería de pared delgada y Programa 10. Un doblez en el pasador con bisagra para el cabezal del dado provoca un doble roscado, además los segmentos del dado que no se han esmerilado de manera apropiada harán imposible obtener un sello impermeable. Consulte siempre la información del fabricante para solucionar los problemas para el roscado.

3.3.0 Aceite de corte

El uso de aceite de corte (*Figura 8*) es esencial cuando se rosca la tubería y las barras mediante el uso de herramientas manuales o eléctricas. El aceite de corte sirve para lo siguiente:

- Mantiene en frío a la tubería y al dado, lo que previene de un desgaste innecesario en el dado
- Acelera el corte
- Ayuda a mantener limpias las roscas, aumentando con ello la calidad de los roscados al prevenir la formación de roscas ásperas o mal realizadas.

Cuando se usen herramientas que requieran aceite de corte, asegúrese que no entre agua ni otro tipo de líquido en el aceite. La eliminación del aceite usado puede representar un problema debido a los requisitos de protección del medio ambiente. Elimine siempre el aceite y otros productos químicos conforme a los requisitos locales, estatales y federales.

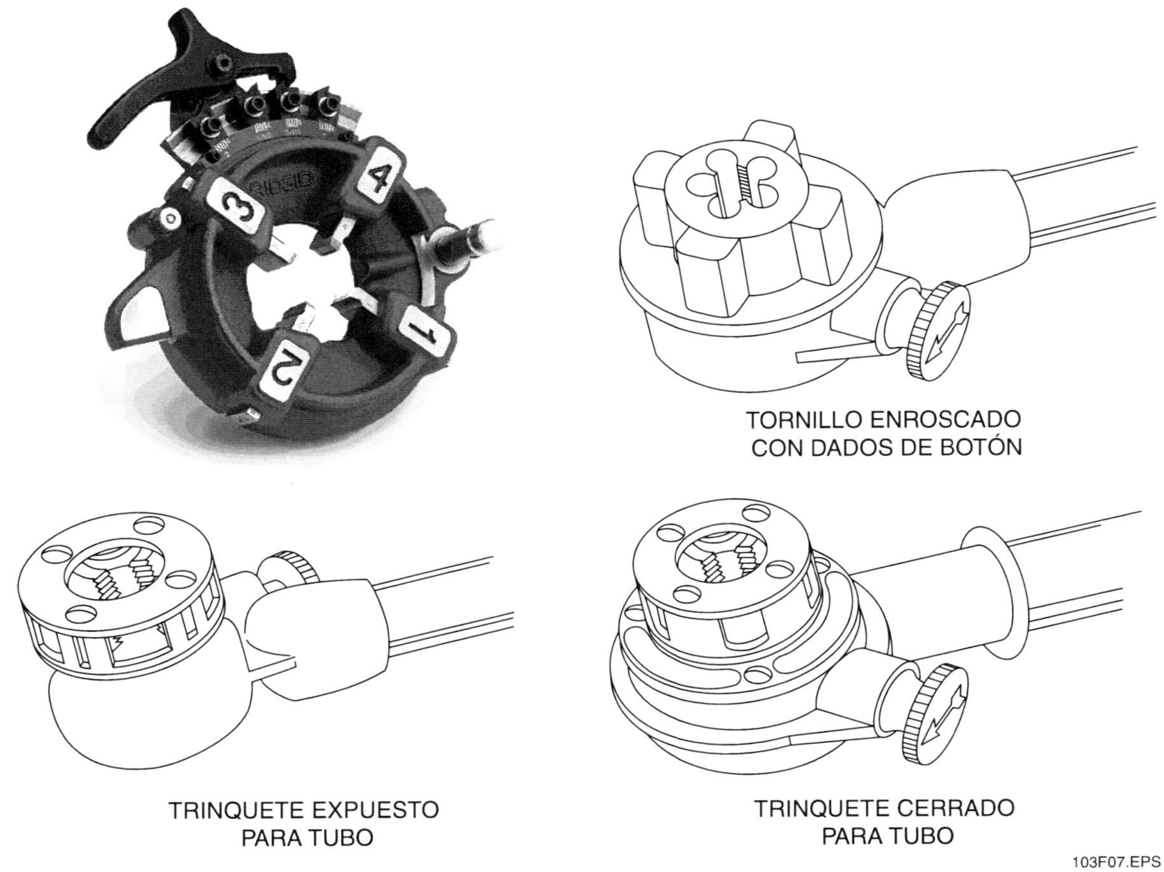

Figura 7 ◆ Cabezal de dado universal.

Figura 8 ◆ Fluido de corte.

PRECAUCIÓN

Use únicamente el fluído o aceite de corte específicamente diseñado para el corte de metal. De lo contrario podría dañar el equipo. No es satisfactorio el uso de aceite automotriz. Revise la hoja de datos de seguridad del material (MSDS) para el aceite de corte a fin de identificar cualquier riesgo para las personas o el medio ambiente antes de usar o eliminar el aceite.

3.4.0 Precauciones de seguridad para las herramientas eléctricas

El uso de herramientas eléctricas para el corte, limpieza, avellanado o retiro de rebabas de la tubería requiere las aplicaciones de precauciones de seguridad específicas. Deberá aplicar las siguientes pautas de seguridad cuando use herramientas eléctricas:

- Realice lo siguiente para garantizar que el suministro eléctrico es adecuado y seguro:
  - Compruebe la clasificación de servicio para la herramienta eléctrica con respecto a su capacidad.

- Revise todos los cables para detectar signos de desgaste excesivo.
- Asegúrese que la clavija tenga la conexión a tierra apropiada (tres cables a 120 voltios de corriente alterna). Si hace falta la clavija de conexión a tierra o está rota, elimine el cable o haga que lo reparen.
- Asegúrese de que en la línea exista un interruptor de circuito por falla en la conexión a tierra (GFCI).

- No use herramientas eléctricas cerca del agua, cuando se encuentre parado sobre agua o en climas húmedos, lluviosos o con neblina.
- Asegúrese de que el cable de extensión sea seguro para la aplicación. Elimine los cables que tengan fisuras, desgastes o cortes. Asegúrese de que los cables de extensión se encuentren conectados a tierra de manera apropiada.
- Use el equipo de protección personal apropiado, incluyendo guantes y lentes de seguridad.

¡ADVERTENCIA!
Cuando trabaje con una máquina de roscado eléctrica, no use ropa holgada o suelta, joyería o guantes que puedan quedar atrapados fácilmente en las partes giratorias de la máquina. Asegúrese de usar el equipo de protección personal apropiado. Asegúrese de recoger el cabello largo para evitar que quede atrapado en la máquina durante la operación. Use un paño o cartón para absorber cualquier aceite que se derrame durante la operación de la máquina, de modo que el aceite no llegue hasta el nivel de piso, de ese modo se evita la descarga de aceite resbaloso en el lugar de trabajo.

3.5.0 Ajuste de la máquina de roscado eléctrica

Es importante leer completamente el manual de instrucciones del fabricante antes de operar el equipo. Asegúrese de entender cómo funciona la máquina, cuál es su capacidad y qué peligros están asociados con el uso del equipo.

Paso 1 Asegúrese de que el interruptor de la máquina se encuentre en la posición de apagado (OFF) antes de conectar el suministro eléctrico.

Paso 2 Asegúrese de que la máquina se encuentre conectada a tierra de manera apropiada. Insista en la instalación de un GFCI en la línea o use un cable de extensión GFCI (*Figura 9*).

103F09.EPS

Figura 9 ◆ Cable de extensión con GFCI.

Paso 3 Retire cualquier herramienta que se encuentre en la máquina.

Paso 4 Revise los cabezales del dado, las barras de soporte o los lechos. Deben estar libres de tierra, suciedad, cortes o cualquier material extraño.

Paso 5 Use el equipo de seguridad apropiado.

Paso 6 Use un soporte para tubería sobre el piso u otro tipo de soporte para los tramos largos de tubería (*Figura 10*).

Paso 7 Asegúrese de que la máquina de roscado y el soporte para el tubo se encuentren alineados y nivelados.

3.5.1 Alineación

Los componentes de una máquina de roscado eléctrica deben alinearse y ajustarse de manera apropiada para lograr roscados de calidad. Si la máquina está desalineada o desajustada, la rosca será defectuosa. Una desalineación evitará que el dado llegue a la tubería, romperá el dado, provocará roscados decentralizados, u ocasionará que se formen roscas en espiral. Siga estos pasos para comprobar la alineación de la máquina de roscado eléctrica:

Paso 1 Asegúrese de que se encuentre desconectado el suministro eléctrico.

Paso 2 Coloque un tubo en el portabrocas.

Paso 3 Cierre el cabezal del dado de modo que toque la tubería.

Paso 4 Asegúrese de que la tubería toque simultáneamente todos los segmentos del dado.

Si la tubería no toca simultáneamente todos los puntos de los segmentos del dado, la máquina se encuentra desalineada. Siga el procedimiento de alineación del fabricante para alinear la máquina antes de proseguir con la operación de roscado.

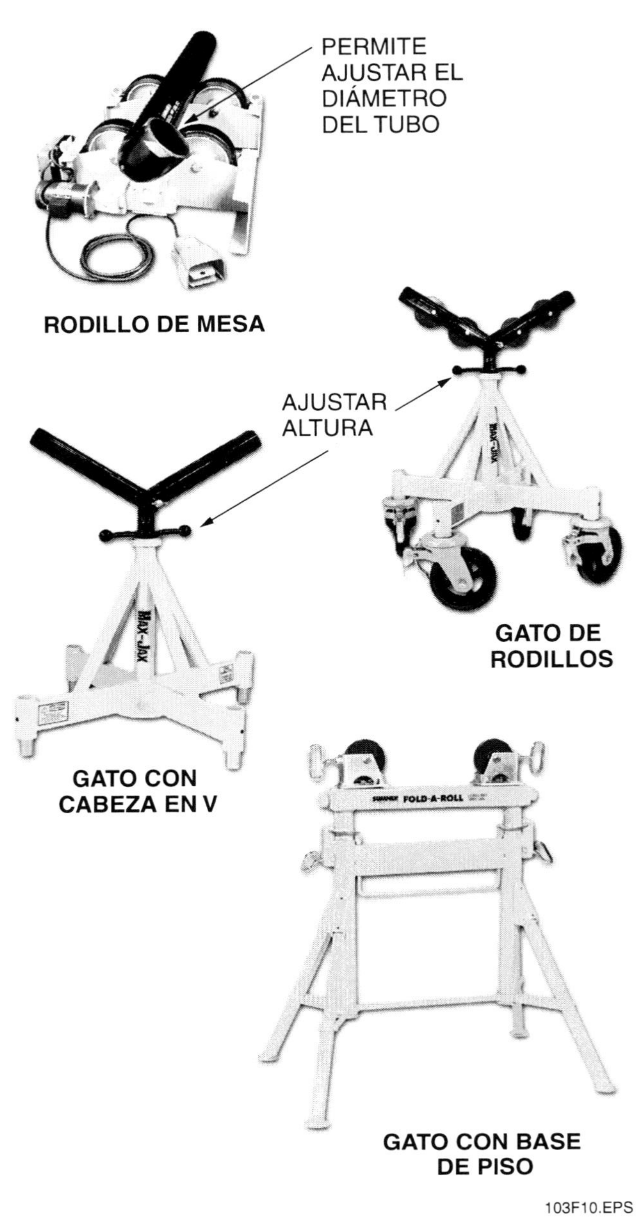

Figura 10 ◆ Soportes para tubería.

3.5.2 Nivelación

Otro factor crítico es que la máquina de roscado eléctrica se encuentre lo más nivelada posible y que se coloque sobre una superficie estable. En el lugar de trabajo esto es una responsabilidad del encargado de la instalación. Asegúrese de que la máquina se encuentre nivelada y estable antes de encenderla.

Después de asegurarse de que la máquina de roscado se encuentra nivelada, inserte la tubería en el portabrocas y asegure el otro extremo de la tubería con un soporte o base para la tubería. Algunos modelos permiten que la tubería se mueva únicamente hacia el frente y atrás, mientras que otros permiten que la tubería gire libremente para poder realizar otras operaciones, por ejemplo acanalar a través de corte o enrollando. Una base o soporte para la tubería la mantiene alineada con la máquina.

> **NOTA**
> Después de nivelar la máquina, inclínela un poco de modo que el aceite de corte no se mueva a lo largo de la tubería.

4.0.0 ◆ ROSCAS

Una rosca en la tubería es un plano inclinado marcado alrededor de un cilindro. El ángulo de roscado es el formado por las dos caras inclinadas de la rosca. El ángulo del roscado varía dependiendo del estándar de roscado específico utilizado. El paso del roscado es la distancia entre las roscas de tornillo adyacentes, medido de una línea central a otra. El paso también se refiere a una medida en pulgadas, cuando se hace referencia al número de roscas por pulgada. La cresta del roscado es la parte más externa de la rosca o la parte superior del roscado cuando se le observa desde la cara lateral. La raíz del roscado comienza en la parte más interna de la rosca o desde la parte del fondo si se le observa de manera lateral.

4.1.0 Tipos de roscados

La **norma nacional de roscado de tubería (NPT)** es el estándar de roscado para las conexiones de tubería. La norma nacional de roscado de tubería tiene un ángulo de roscado de 60 grados y un aplanado ligero en la cresta y la raíz. Aunque la norma nacional para el roscado de tuberías especifica que éste puede ser recto o estrecho, el tipo usado normalmente tiene un roscado estrecho interno y externo. El estrecho usado es de $\frac{1}{16}$" por cada pulgada de roscas. La *Figura 11* muestra el estrecho usado en el corte de las roscas de tubería.

Existen además otros roscados para tubería estándares para aplicaciones específicas. Todos los roscados conforme a la norma nacional de roscado de tuberías se designan por el tamaño nominal de la tubería, el número de roscas por pulgada y los símbolos para las series de roscas, respectivamente. Por ejemplo, $\frac{3}{8}$-18-NPT es la designación para una tubería con un tamaño nominal de $\frac{3}{8}$" y que tiene 18 roscas por pulgada conforme al estándar nacional de roscado para tuberías.

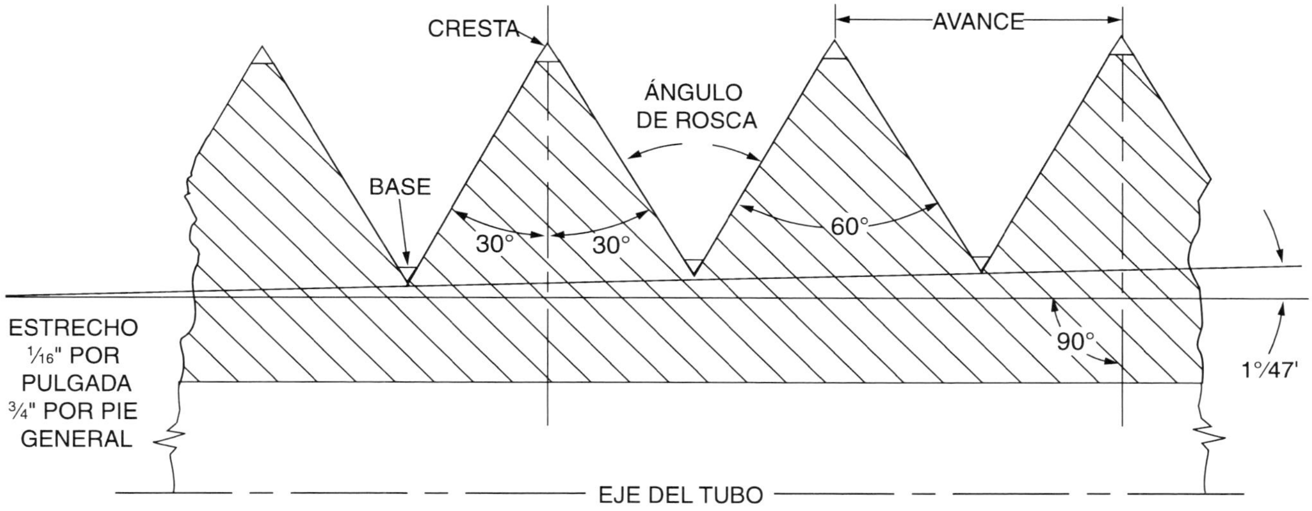

Figura 11 ◆ Estrecho usado en el corte del roscado para las tuberías.

4.1.1 Roscas por pulgada

El número apropiado de roscas en el extremo de un tramo de tubería se especifica en el *Estándar USAS (ASME) B1.20.1*. Para las tuberías de 1" a 2", el número de roscas por pulgada es de 11.5. Esto queda determinado por los dados o segmentos del dado que se usan en el equipo de roscado para la tubería. Para los tamaños más grandes de la tubería de uso común existen únicamente 8 roscas por pulgada.

El grosor de la tubería y el ajuste de los dados afecta cuántas roscas pueden estar presentes. Si los dados no se colocan apropiadamente, se puede marcar un número excesivo de roscas en las tuberías de Programa 40 y 80. En ese caso el dado sigue marcando la rosca en el tubo hasta que usted decide detenerse, por lo que la tubería quedará más corta. Por otro lado, un ajuste inadecuado puede dar como resultado pocas roscas y la tubería será más larga, aunque con una resistencia reducida en la unión.

4.1.2 Identificación del roscado en la tubería

El número de roscas por pulgada varía con los distintos tamaños de tubería. El número de roscas está determinado por la práctica comercial en *la norma USAS (ASME) B1.20.1, Roscados para tubería (Excepto sello en seco)*. A continuación se muestra una versión abreviada. Estos roscados se identifican como NPT, usando la siguiente designación y significado:

¾ - 14-NPT

Donde:

¾ = Tamaño nominal de la tubería en pulgadas

14 = Número de roscas por pulgada

N = Estándar de los Estados Unidos de Norteamérica

P = Tubería

T = Estrecho

A NIVEL

Estándar para el roscado de tubería

A esta norma se le denominó como Estándar Briggs cuando se le elaboró. Robert Briggs formuló originalmente este programa de roscado básico en Inglaterra y publicó el Estándar Briggs entre 1820 y 1840. En ese tiempo todos los fabricantes tenían su propios estándares y los roscados de uno no coincidían con los del resto.

En 1886, varios fabricantes en los Estados Unidos de Norteamérica adoptaron el Estándar Briggs de manera conjunta con la Sociedad Norteamericana de Ingenieros Mecánicos (American Society of Mechanical Engineers, ASME). Este estándar dio como resultado la capacidad de poder intercambiar la tubería y las piezas entre varios fabricantes y es este el mismo estándar básico usado hasta nuestros días.

4.2.0 Conexión con rosca enconada

La unión o **reposición** (o "makeup") de una conexión de tubería con roscado estrecho se realiza mediante dos operaciones distintas conocidas como enganche manual y disposición con llave (*Figura 12*). El enganche manual es qué tanto se puede apretar la pieza con la mano. La disposición con llave son las vueltas adicionales de la pieza, usando una llave para completar el ajuste de la unión. Para un tamaño promedio de tubería, el enganchado manual en los roscados cortados apropiadamente se encuentra normalmente entre tres y cuatro vueltas completas. El enganchado a mano es una forma sencilla de comprobar la calidad del roscado después del corte. La disposición con llave normalmente representa unas tres vueltas adicionales, para un total de aproximadamente siete vueltas para la disposición completa.

El estándar para la disposición de la tubería roscada enconada ofrece las dimensiones básicas para el roscado y el número de rotaciones para el enganchado manual y la disposición con la llave. La disposición del roscado estrecho puede variar, en más o menos una vuelta, con respecto a los valores permitidos para la disposición del roscado estándar.

La longitud del roscado externo global se divide en tres secciones. La primera sección, de izquierda a derecha, identifica el número de roscas que se enganchan con el apriete manual. El segundo grupo consiste en el roscado adicional que se engancha cuando se aplica de manera apropiada una llave. El tercer grupo consiste en aquellas roscas, denominadas como roscas de desvanecimiento, que son esenciales en el proceso de roscado pero no en el de enganchado. Si están expuestas muchas roscas, la unión necesitará girarse más. Si se exponen muy pocas roscas, la unión quedará muy apretada. En cualquier caso, es muy probable que se presenten fugas y el sistema no se ajustará de la manera en que se ha diseñado.

5.0.0 ◆ ROSCADO DE LA TUBERÍA

Con la finalidad de crear una unión roscada fuerte y hermética, los roscados deben ser uniformes y cortarse limpiamente. Deben tener valores correctos para el paso, rebabas, estrecho, forma y tamaño. Si no se cumplen estas condiciones la conexión presentará fugas.

5.1.0 Roscado de la tubería de pared delgada

El roscado en tubería de Programa 30, 40 y 80 en los tamaños aprobados en la norma *NFPA 13* normalmente no presenta ningún problema; sin embargo el roscado de la tubería de pared delgada debe realizarse con cuidado.

La norma *NFPA 13, Apéndice A*, describe el uso de "calibradores de collarín para el trabajo conforme a las Dimensiones básicas de los calibradores de collarín para el Roscado de la tubería enconada estándar (Norteamericana), NPT de conformidad con ANSI/ASME."

5.2.0 Roscado de la tubería usando máquinas de roscado manuales y eléctricas

Los instaladores de rociadores usan con frecuencia máquinas de roscado manuales y eléctricas. Las máquinas de roscado manuales (*Figura 13*) se usan cuando no se tienen muchas piezas de tubería para roscar o si se deben roscar piezas de tubería

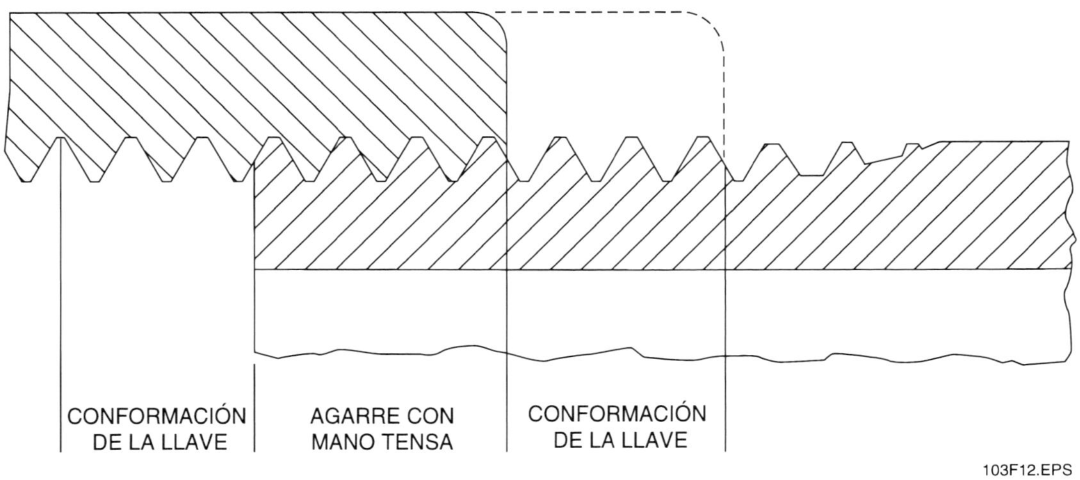

Figura 12 ◆ Enganchado manual y disposición con llave.

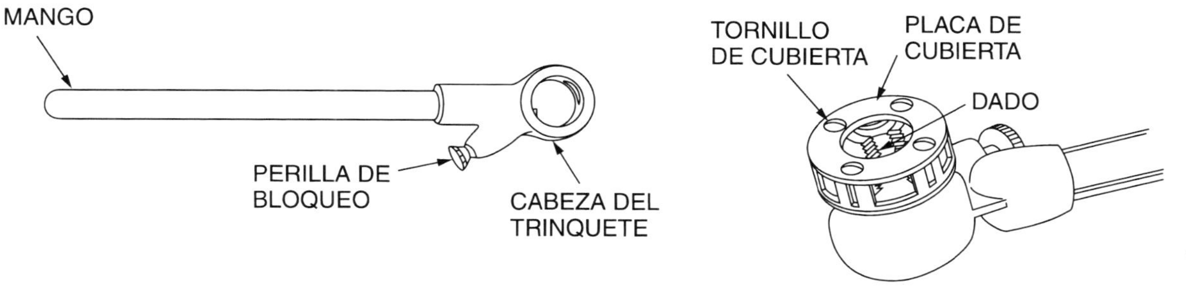

103F13.EPS

Figura 13 ◆ Máquina de roscado manual.

que ya se encuentran instaladas o en reparación. En estos casos es más fácil y rápido usar la máquina de roscado manual que llevar la máquina de roscado eléctrica hasta el sitio para roscar sólo unas cuantas piezas de tubería.

Las máquinas de roscado eléctricas se usan cuando hay una gran cantidad de roscados a realizar. Asimismo es más fácil realizar el roscado en tuberías de mayor tamaño con una máquina de roscado eléctrica en contraste con la manual. Estas máquinas son económicas debido a que ahorran mucho tiempo de trabajo. En las siguientes secciones se describe cómo se usan las máquinas de roscado manuales y eléctricas.

5.2.1 Roscado de tuberías usando una máquina de roscado de tubería manual

Aplique los siguientes pasos para el roscado de la tubería usando una máquina de roscado para tubería manual:

> **¡ADVERTENCIA!**
> Use el equipo de protección apropiado, incluyendo lentes de seguridad, guantes y casco cuando se usa una herramienta eléctrica o cuando se trabaja cerca de alguien que usa una máquina eléctrica.

Paso 1 Identifique el tipo de material que se desea roscar.

Paso 2 Identifique el diámetro de material que se desea roscar.

Paso 3 Seleccione el cabezal del dado que mejor se ajuste para el proceso de roscado.

Paso 4 Inserte el cabezal del dado dentro del asa de la máquina de roscado.

Paso 5 Inspeccione el dado y el asa del dado para asegurarse que todas las partes se encuentren limpias y en buenas condiciones.

Paso 6 Asegure la tubería en un tornillo de banco.

Paso 7 Asegúrese de que el extremo de la tubería se encuentre recto, limpio y sin rebabas.

Paso 8 Coloque su cuerpo de modo que se encuentre equilibrado, mirando hacia el área de trabajo y con un acceso fácil a dicha área de trabajo.

Paso 9 Coloque el dado ras sobre el extremo de la tubería.

Paso 10 Oprima el dado en contra del extremo de la tubería y gire el asa del dado en el sentido de las manecillas del reloj para empezar con el proceso de roscado.

Paso 11 Gire el asa del dado dos vueltas completas alrededor de la tubería.

Paso 12 Detenga el trabajo y retire los dados de la tubería.

> **NOTA**
> Agregue aceite de corte como sea necesario para mantener una capa delgada sobre las roscas mientras realiza el corte.

Paso 13 Revise las roscas para garantizar que se han iniciado de manera apropiada y limpie las tarrajas de corte en el dado si es necesario.

Paso 14 Vuelva a roscar el dado en la tubería y prosiga con la tarea hasta completar el roscado. El roscado está completo cuando una rosca completa se extiende más allá del borde posterior de los dados.

> **PRECAUCIÓN**
> No enrosque excesivamente la tubería. Esto puede provocar un ajuste no apropiado entre la pieza y la tubería, lo cual genera fugas.

Paso 15 Retire el dado de la tubería.

Paso 16 Inspeccione la rosca nueva y use un paño para retirar cualquier residuo de la misma.

> **¡ADVERTENCIA!**
> Las roscas recién cortadas son muy filosas. Tenga cuidado cuando las maneje para evitar cortaduras.

5.2.2 Roscado de la tubería usando una máquina de roscado eléctrica

> **¡ADVERTENCIA!**
> Use el equipo de protección apropiado, incluyendo lentes de seguridad, guantes y casco cuando se usa una herramienta eléctrica o cuando se trabaja cerca de alguien que usa una máquina eléctrica.

Asegúrese de revisar el nivel del aceite de corte y de cebar (o preparar) la bomba de aceite de corte antes de realizar el roscado de la tubería. Aplique los siguientes pasos para el roscado de la tubería usando una máquina de roscado para tubería:

Paso 1 Cargue la tubería en la máquina de roscado (*Figura 14*).

Paso 2 Coloque soportes para la tubería como se necesite.

Paso 3 Corte y avellane la tubería a la longitud requerida.

Paso 4 Asegúrese que se hayan colocado los dados apropiados en el cabezal correspondiente.

Paso 5 Afloje el asa de la abrazadera.

> **A NIVEL**
>
> **Corte correcto de la rosca**
>
> Si la rosca se ha cortado correctamente, deberá ser capaz de enroscar una pieza tres vueltas y media manualmente en los roscados nuevos. Si las roscas no son lo suficientemente profundas, ajuste el dado usando la palanca de la abrazadera y repita las operaciones de roscado.

Figura 14 ◆ Tubería montada en una máquina de roscado.

Paso 6 Mueva la barra de tamaño para seleccionar el ajuste apropiado en el dado conforme al tamaño de la tubería que se está roscando.

Paso 7 Accione el asa de la abrazadera.

Paso 8 Haga oscilar el cabezal del dado a la posición de trabajo.

Paso 9 Cierre la palanca de expulsión.

Paso 10 Haga descender el brazo de lubricación y oriente el suministro de aceite sobre el dado o realice el cebado de la bomba manual.

Paso 11 Gire el interruptor de la máquina en la posición hacia delante.

Paso 12 Accione el pedal para arrancar la máquina.

Paso 13 Gire el carro para colocar el dado en contra del extremo de la tubería (*Figura 15*).

Paso 14 Aplique una presión ligera sobre el volante para arrancar el dado.

Paso 15 Libere el volante una vez que los dados han comenzado el enroscado de la tubería. Los dados pasan sobre la tubería automáticamente a medida que siguen la rosca recién cortada.

> **PRECAUCIÓN**
> Asegúrese que el dado se encuentre inmerso en aceite en todo momento mientras realiza el corte para evitar un sobrecalentamiento del dado y la tubería. El sobrecalentamiento puede dañar el dado y las roscas de la tubería.

Figura 15 ◆ Arranque del dado en el extremo del tubo.

Paso 16 Accione la palanca de expulsión tan pronto una rosca completa se extienda fuera de la parte posterior de los dados.

Paso 17 Suelte el pedal para detener la máquina.

Paso 18 Gire el brazo o volante del carro para retirar el dado de la tubería.

Paso 19 Gire el dado y el conducto de aceite hacia arriba y fuera del recorrido.

Paso 20 Enrosque una pieza en el extremo del tubo para comprobar el roscado. Si la rosca se ha cortado correctamente, deberá ser capaz de enroscar una pieza tres vueltas y media manualmente en las roscas nuevas. Si las roscas no son lo suficientemente profundas, ajuste el dado usando la palanca de la abrazadera y repita las operaciones de roscado.

Paso 21 Gire el interruptor de la máquina en la posición de apagado (OFF).

Paso 22 Abra el portabrocas y retire la tubería.

5.3.0 Aplicación de compuestos para el roscado de la tubería

Se debe aplicar un compuesto de buen grado para el roscado de la tubería en los roscados machos para lubricar la unión. Esto evitará la excoriación del roscado y facilitará la disposición de la unión. Tenga cuidado al elegir el compuesto para evitar la contaminación del producto o combinaciones peligrosas de materiales. Dependiendo del tipo de líquido que se transporta a través de la tubería, podría no permitirse el uso de un compuesto para la tubería. Compruebe siempre los requisitos y especificaciones de diseño del sistema de rociadores antes de aplicar cualquier tipo de compuesto para el roscado de la tubería. Entre los compuestos que pueden usarse se incluyen el **Teflón® en cinta** y **Teflón® líquido**. El compuesto para el roscado de la tubería se usa para llenar el espacio producido por el perfil roscado truncado. El espacio es un hueco con flujo en espiral a través del cual puede

A NIVEL

Máquinas de roscado eléctricas portátiles

Se puede usar una máquina de roscado eléctrica portátil junto a un soporte también portátil cuando se debe roscar un gran número de tubos en el área de trabajo. El cabezal eléctrico giratorio de esta máquina tiene una velocidad de aproximadamente 30 rpm y usa los mismos dados que una máquina de enroscado manual. Cuando se realiza el roscado de tuberías de más de 2½", se coloca un brazo de soporte (no se muestra) con abrazadera en la tubería y la máquina de enroscado se hace descansar en contra del mismo para actuar en contra del momento de torsión de la máquina.

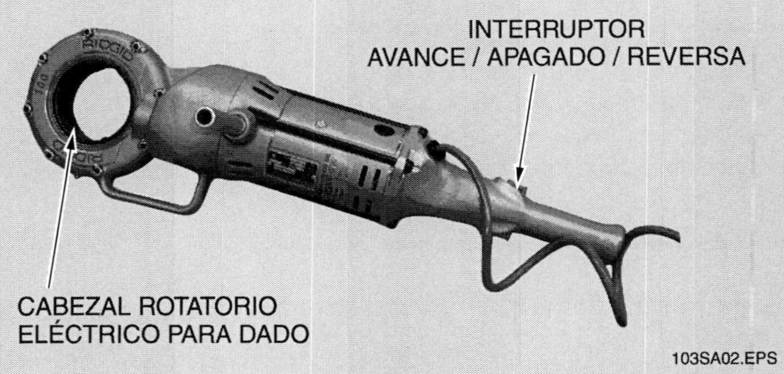

fugarse el agua o aire, a menos que se use el compuesto para el roscado. Tenga precaución cuando aplique el compuesto en el roscado de sistemas en seco. Si el compuesto para el roscado es demasiado fluido, la presión del aire de un sistema seco prácticamente puede empujar al compuesto de roscado hacia fuera.

Aplique de manera apropiada y uniforme el compuesto para roscado en la parte exterior que se enroscará dentro de la pieza, conforme a la norma *NFPA 13*. Si usa un compuesto para roscado en forma de pasta, al colocarlo en el interior se desperdiciará una gran cantidad de sellador que se convertirá en materia extraña en el sistema de rociadores. El Teflón® líquido se aplica en el exterior de los roscados, usando un cepillo pequeño. Éste debe aplicarse para rellenar los huecos en el roscado. La cinta de Teflón® debe colocarse sobre los roscados en el sentido de las manecillas del reloj y por la parte exterior si el roscado es hacia la derecha y en sentido contrario a las manecillas del reloj si el roscado es hacia la izquierda. Esto evita que la cinta se salga cuando se unen la pieza y la tubería.

5.3.1 Cinta de Teflón®

La cinta de Teflón® es una cinta especial que se coloca alrededor del roscado para evitar el contacto metal con metal y para crear una unión hermética impermeable. Aplique el siguiente método para usar la cinta de Teflón®:

> **¡ADVERTENCIA!**
> Nunca use la cinta de Teflón® en tubería que se unirá con soldaduras o en tuberías que transporten vapor, o para otros servicios a temperatura elevada. Cuando se calienta, la cinta de Teflón® emite un gas altamente tóxico que puede resultar fatal.

Paso 1 Retire el exceso de aceite de corte para mejorar el agarre de la cinta sobre las roscas.

> **NOTA**
> Use cinta de Teflón® de ½" de diámetro para la tubería de tamaño nominal de ¾" o menor. Use cinta con un ancho de ¾" para la tubería con un tamaño nominal de 1" y mayores.

Paso 2 Coloque inicialmente la cinta en el extremo de la tubería, dejando completamente desnuda la primera rosca a fin de prevenir que la cinta quede fruncida al comienzo del roscado.

Paso 3 Coloque la cinta alrededor de la tubería en la dirección en la cual debe ensamblarse la unión. Coloque la cinta alrededor del roscado hacia la derecha en el sentido de las manecillas del reloj y en los roscados hacia la izquierda en la dirección contraria a las manecillas del reloj. La *Figura 16* muestra la colocación normal alrededor de un roscado hacia la derecha con cinta de Teflón®.

Paso 4 Prosiga colocando la cinta alrededor de la unión, empalmando los bordes en cada vuelta hasta que se haya cubierto todo el roscado.

Paso 5 Oprima la cinta en contra de las roscas para sellarlas y evitar que la cinta se deslice sobre las mismas una vez que se ha dispuesto la unión.

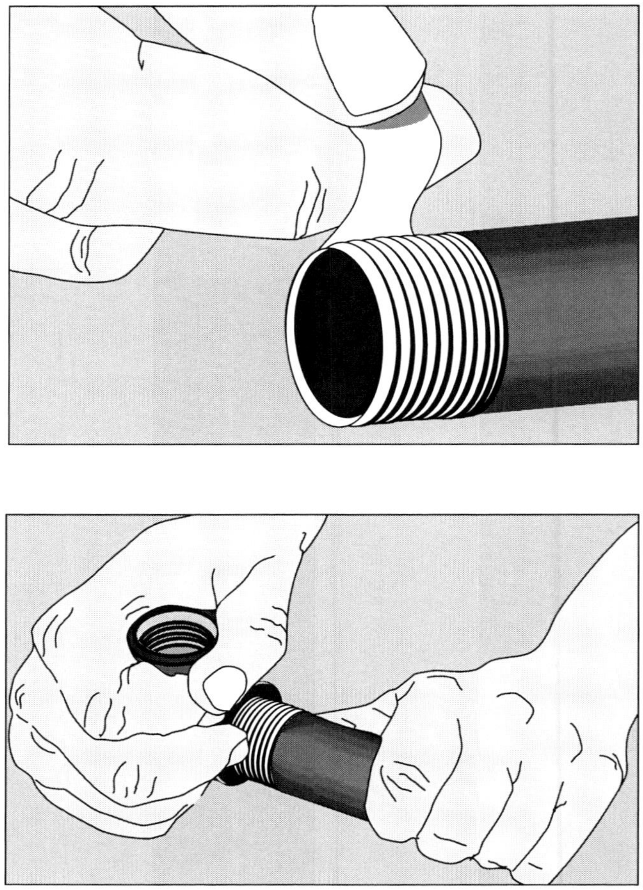

103F16.EPS

Figura 16 ◆ Colocación de la cinta de Teflón® alrededor de un roscado hacia la derecha.

5.4.0 Instalación de la tubería roscada y piezas

La instalación apropiada de la tubería y las piezas es una habilidad que debe aprenderse mediante la práctica. Esto es crucial para la instalación de un sistema de tubería de calidad. Las prácticas deficientes de instalación pueden dar como resultado fugas y otros defectos en el sistema. Cuando se colocan piezas en una parte de la tubería, el encargado de la instalación de los rociadores debe estar al tanto de la posición final que debe guardar dicha pieza. Si la pieza sobrepasa la posición final deseada y después se hace regresar, la pieza puede presentar fugas. Aplique los siguientes pasos para la instalación de la tubería y las piezas:

Paso 1 Determine el tipo, tamaño y programa de la tubería que se está usando en el sistema.

Paso 2 Determine la longitud necesaria para la tubería.

Paso 3 Corte la tubería a la longitud deseada.

Paso 4 Avellane la tubería para retirar las rebabas internas.

Paso 5 Enrosque la tubería, con precaución de no cortar los roscados a una profundidad excesiva.

Paso 6 Seleccione el valor apropiado para el tamaño, la forma y el tipo de pieza necesaria.

Paso 7 Limpie perfectamente la tubería y las piezas por dentro y por fuera. Se debe retirar toda la tierra, suciedad y aceite del interior de la tubería y piezas para evitar contaminar el sistema u obstruir la línea. Los extremos de la tubería y las piezas deben limpiarse con un paño limpio mojado en un solvente no inflamable.

Paso 8 Revise las roscas de la tubería y de las piezas para garantizar que se hayan cortado de manera apropiada y que no están dañados.

Paso 9 Aplique compuesto para roscado o cinta de Teflón® en el roscado de la tubería.

Paso 10 Coloque inicialmente la pieza en la tubería de manera manual.

A NIVEL

Compuesto para el roscado de tubería

El compuesto para el roscado de la tubería se encuentra disponible en una gran variedad materiales. El compuesto para roscados de tubería más común se usa para las líneas domésticas para agua. El compuesto para la unión está diseñado para resistir la interacción con las sustancias que se mueven a través del sistema. Dependiendo del tipo de gas o líquido que se mueve a través del sistema de tuberías, los fabricantes recomiendan diferentes tipos de compuestos para la unión. Lea siempre las recomendaciones del fabricante antes de usar el producto.

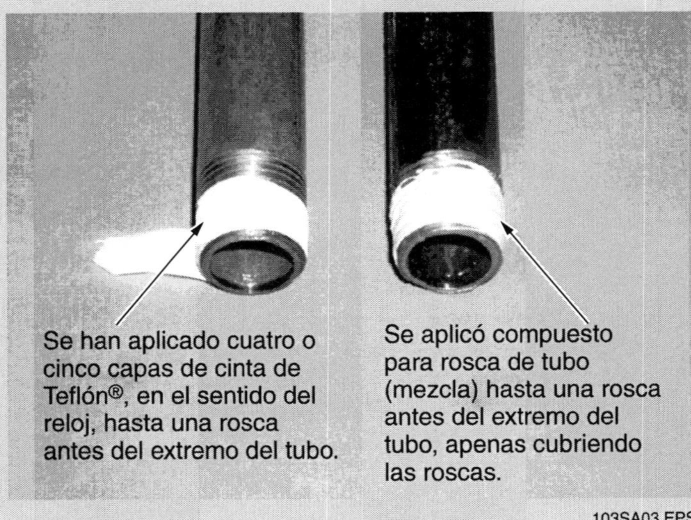

103SA03.EPS

Paso 11 Apriete la pieza lentamente usando una llave para tubería. Una vez que se ha realizado la instalación previa, las piezas ya deben estar en la tubería. Después debe apretarse la tubería con la pieza.

PRECAUCIÓN

No permita que las roscas sobresalgan en las piezas. Esto puede dañar las roscas y las piezas.

6.0.0 ◆ SELECCIÓN DE LAS PIEZAS ROSCADAS

Es su forma más simple, una pieza conecta a dos o más tramos de tubería. El encargado de la instalación de rociadores tiene a su disposición una gran variedad de piezas. Generalmente, el tipo de pieza a usarse se especifica en los diagramas. Las piezas para tubería están disponibles en varios tamaños, materiales, resistencias y diseños para concordar con los diversos tipos de sistemas de tubería. Éstas pueden ser piezas de una sola parte o en bandas. Las piezas en bandas son de hierro **dúctil, hierro maleable** y **hierro fundido**. Las piezas de una sola parte son de acero forjado.

Las piezas para tubería se colocan en la tubería para cambiar la dirección de flujo del fluido, para conectar una línea de derivación a la línea principal, para cerrar el extremo de una línea o unir dos tramos de tubería del mismo o de distinto tamaño.

El ingeniero de diseño determina los tipos específicos de piezas usadas en las instalaciones, además de estar contenidos dentro de las especificaciones del contrato. En ocasiones existen restricciones en contra del uso de determinados tipos de piezas. Los encargados de la instalación deben revisar su propio trabajo para asegurarse de que la instalación cumple con los requisitos del proyecto.

6.1.0 Aprobaciones

A continuación se presentan los estándares de aprobación generales de las piezas para tuberías de acero:

- Estándares Federales
- Directorio de equipo de protección contra incendios registrado por *Underwriters Laboratories*
- Guía de aprobación de *Factory Mutual*
- Estándares ANSI y ASTM identificados en *NFPA 13*

Las piezas que no cumplen con los estándares *NFPA 13* deben estar Registrados por un laboratorio de pruebas con respecto al cumplimiento de los requisitos de *NFPA 13*. Muchos de las piezas que cumplen con estos requisitos están Registrados por *Underwriters Laboratories*. Hay menos registros de *Factory Mutual* en comparación a los materiales que cumplen con los requisitos *NFPA 13*. Asegúrese de la aptitud de los materiales que está instalando.

6.2.0 Tipos de piezas roscadas

Las piezas roscadas se funden y después se maquinan. Todas las piezas roscados de acero y hierro usados en los sistemas de rociadores se fabrican usando el estándar americano de roscado estrecho.

En ocasiones las piezas fundidas presentan imperfecciones y fugas. El problema más común es causado por los orificios de lijado. Ya sea que la fuga se haya creado por un orificio lijado, una fisura o una pieza distorsionada, la pieza deberá retirarse y sustituirse. Informe todos los problemas al supervisor del trabajo.

Pueden presentarse otros problemas si el taller instala mal las piezas en la tubería, provocando un exceso o falta de roscas. Notifique estos problemas al supervisor del taller de modo que puedan corregirse. Si las piezas presentan fisuras

A NIVEL

Use el número mínimo de piezas

Las piezas para tubería incrementan la resistencia y reducen el flujo dentro de los sistemas de tubería. Deben planificarse todos los sistemas de tubería antes de su instalación para eliminar la mayor cantidad posible de piezas. En algunas instalaciones grandes industriales y comerciales, puede ser preferible doblar en curvas la tubería en vez de usar codos, esto con la finalidad de reducir la resistencia al flujo.

durante el proceso de transporte, se deberá notificar a los responsables del envío.

6.2.1 Piezas de hierro fundido

Las piezas de hierro fundido son las de uso más común en los sistemas de suministro. Los patrones son muy antiguos y las dimensiones se encuentran perfectamente establecidas. Existen muchos usos para las piezas de hierro fundido y se fabrican en grandes cantidades. Por estos motivos, las piezas de hierro fundido son el tipo de pieza más económica.

Una desventaja de las piezas de hierro fundido es que se rompen más fácilmente que otros tipos. Si se deja caer una al piso este golpe puede crear fisuras y provocar fugas. Una ventaja es que sus paredes son más gruesas que en las piezas de hierro maleable, lo cual ofrece un mayor peso por elemento.

Conforme a *NFPA 13*, se permite el uso de piezas de peso estándar con presiones de trabajo de hasta 300 libras por pulgada cuadrada en tuberías de tamaño de 2" o menores. Por encima de las 2", se permite el peso estándar únicamente hasta 175 libras por pulgada cuadrada. Más allá de estas especificaciones, se debe usar el patrón **extra resistente**; sin embargo, existen muy pocas piezas de patrón extra-pesado en comparación con las piezas de peso estándar.

6.2.2 Piezas de hierro maleable

Las piezas de hierro maleable se producen mediante recalentamiento y enfriamiento lento de hierro fundido. El resultado es un cambio en la estructura cristalina del carbón, lo cual le otorga a la pieza una mayor resistencia, ductilidad y resistencia al impacto. Debido a esto, las piezas de hierro maleable normalmente son más caras que las de hierro fundido. Aunque las piezas de hierro maleable son más caras, su peso es menor en comparación a las de hierro fundido. En algunos casos el mayor costo de la pieza se compensa por la reducción en los costos de transporte, los cuales se basan en el peso.

En vez de la formación de fisuras, las piezas de hierro maleable sufren de estiramiento. La tubería que debe retirarse de estas piezas con frecuencia ya no puede volver a utilizarse. Por otro lado, hay ocasiones en que es importante la flexibilidad en una pieza maleable, como en los casos en que la tubería está sujeta a un golpe de agua severo. En las áreas sísmicas, se usan las piezas de hierro maleable en vez de las de hierro fundido, para ofrecer una mayor tolerancia al impacto. Si una pieza de hierro maleable se congela accidentalmente, la pieza se ampliará en vez de formarse fisuras. Se reduce el potencial de daños causados por el agua. Una gran ventaja es que una excepción en la norma *NFPA 13* permite el uso de piezas de hierro maleable con un patrón de peso estándar para tamaños de 6" o menores y una presión de hasta 300 libras por pulgada cuadrada.

Algunos fabricantes suministran piezas galvanizadas únicamente de hierro maleable. Éstas se someten a un galvanizado por inmersión en calor y los roscados se forman después de que la pieza se ha galvanizado. Como consecuencia, los roscados quedan sin tratamiento.

6.2.3 Piezas de hierro dúctil

Las piezas de hierro dúctil son similares en apariencia, diseño y función a los fabricados a partir de otros tipos de hierro. Las piezas de hierro dúctil están disponibles con el mismo tipo de grosor, clasificación de presión, recubrimientos y diseños de la unión en comparación a la tubería de hierro dúctil estándar. El número de clase estándar de las mismas debe concordar con el de la tubería utilizada.

6.3.0 Piezas estándar en hierro fundido, maleable y dúctil

Se encuentran disponibles muchos tipos de piezas, en una gran variedad de tipos y tamaños, en hierro fundido, maleable y dúctil. Entre las piezas se incluyen las siguientes:

- **Codos**
- Unión en "T"
- **Crucetas**
- Tapones y tapas
- Acoples
- **Reductores**
- Unión "T" mecánica
- **Niples**

6.3.1 Codos

Los tres tipos de codos son estándar, reductor y **codo de calle** (*Figura 17)*. Un codo estándar tiene roscado interno con el mismo tamaño de la tubería nominal en ambos extremos. Los codos estándar están disponibles en patrones de 90 y 45 grados tanto en acabado galvanizado como negro. Un codo reductor tiene roscado interno con diferentes tamaños de tubería nominal en cada uno de los extremos. Cuando se especifica este tipo de tubo, la abertura mayor es la que se especifica primero. Los codos de calle tienen un ros-

Figura 17 ◆ Codos roscados.

cado interno en uno de sus extremos y un roscado externo por el otro. La desventaja principal de los codos de calle es la reducción en el tamaño para el patrón de flujo en el extremo con roscado externo. Estos codos se usan rara vez en el trabajo de rociadores contra incendio. En la *Figura 18* se muestran las configuraciones diversas de los codos.

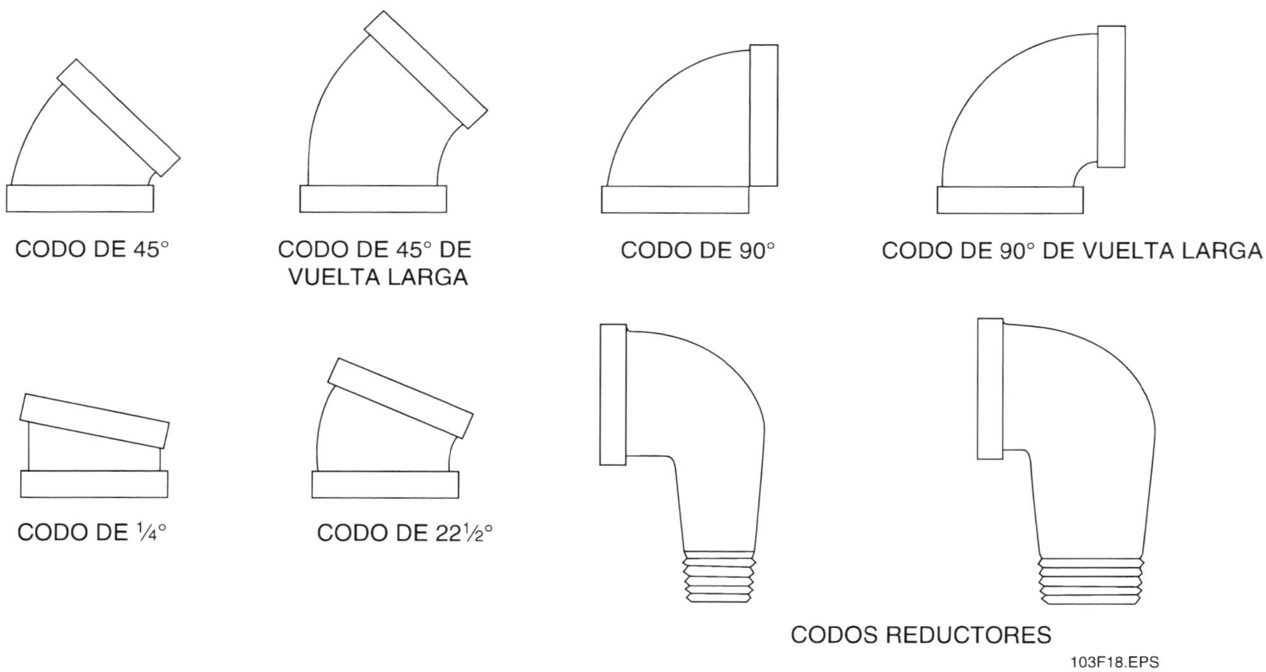

Figura 18 ◆ Tipos de codos roscados.

6.3.2 Piezas en "T"

Las **piezas "T"** (*Figura 19*) permiten la unión de tres piezas de tubería. Las piezas en "T" pueden ser rectas con el mismo tamaño nominal de tubería en sus extremos o piezas "T" con reducción, las cuales tienen salidas que no tienen el mismo tamaño. La salida de mayor tamaño es la que se menciona en primer lugar, independientemente de cómo se instalen las "T" dentro del sistema. En la industria de rociadores, cuando se instala una "T" con la salida de mayor tamaño de manera lateral, a la "T" se le denomina como redondeada. La *Figura 20* muestra una lista de las piezas "T".

Las empresas de suministro local generalmente tienen en su inventario los tamaños de mayor demanda. El resto se puede obtener de las fundiciones mediante pedidos especiales. Puede requerirse hasta 6 meses para obtener algunos tipos de piezas "T".

6.3.3 Crucetas

Las crucetas permiten la unión de cuatro tramos de tubería. La *Figura 21* muestra el tamaño de las crucetas con reducción. Una cruceta también puede ser recta, como se ilustra en la *Figura 22*.

Figura 19 ◆ Piezas "T" roscadas.

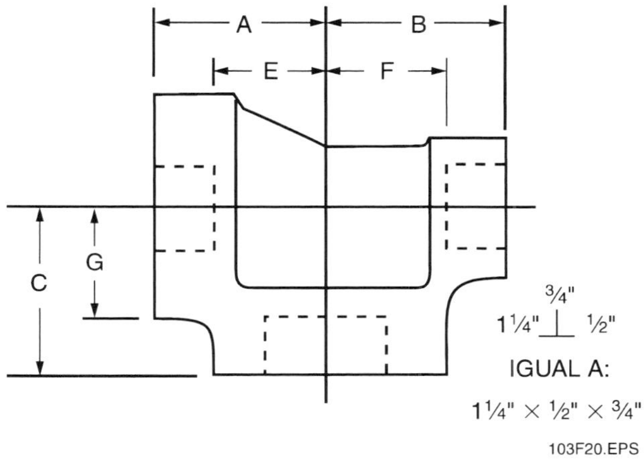

Figura 20 ◆ Lista de piezas "T".

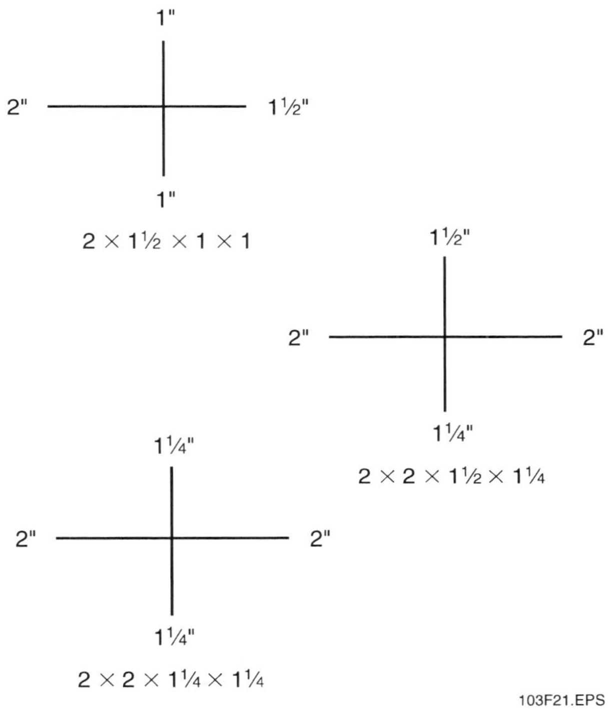

Figura 21 ◆ Tamaños de las crucetas con reducción.

Figura 22 ◆ Crucetas roscadas.

¿SABÍA USTED?

Llave de tuercas

La llave de tuercas es una llave de propósito general con una mordaza ajustable para poder hacer girar tuercas de varios tamaños. Charles Moncky inventó esta herramienta en 1858. El nombre de la llave de tuercas también tiene un significado informal en inglés (monkey wrench) relacionado con la desorganización. Monkey proviene del apellido del inventor de la llave.

Las crucetas, en especial las reductoras, muchas veces no se encuentran disponibles y deben solicitarse como artículos con tiempos de entrega prolongados. Algunas instalaciones de rociadores requieren un gran número de crucetas. Se debe realizar una programación cuidadosa para garantizar que se encuentren disponibles.

6.3.4 Tapones y Tapas

Los tapones y tapas son piezas que se utilizan para el cierre de líneas. Los tapones y tapas deben tener la misma clasificación de presión que el resto de las piezas. Una pieza de tapón (*Figura 23*) se enrosca dentro de un extremo de una pieza. Una tapa (*Figura 24*) se enrosca sobre un extremo de tubería. Las tapas pueden ser de una sola pieza con cabezales redondeados que tienen una proyección en escuadra sobre el cuerpo para permitir su apriete con ayuda de una llave. Los tapones pueden ser tapones sólidos de cabezal cuadrado o tapones abocardados. Los últimos tienen una depresión cuadrada donde se inserta una llave de cubo para su apriete.

6.3.5 Acoples

Los acoples alinean dos piezas de tubería en un trayecto recto. Los acoples rectos tienen el mismo tamaño nominal en ambos extremos. **Los acoples de reducción concéntricos** mantienen una línea central a través de la pieza y se usan comúnmente en los sistemas de rociadores. **Los acoples con reducción excéntrica** tienen diferentes líneas centrales para las aberturas de entrada y salida. Un ensamble de piezas de unión conjunta masiva tiene partess concordantes que se unen masivamente para formar un sello de metal a metal. En la industria de rociadores, las piezas de unión conjunta masiva se usan principalmente en las preparaciones para válvulas en donde se requiere un punto de unión. Las partes se empatan y deben mantenerse unidas. La *Figura 25* muestra los tipos de acoples.

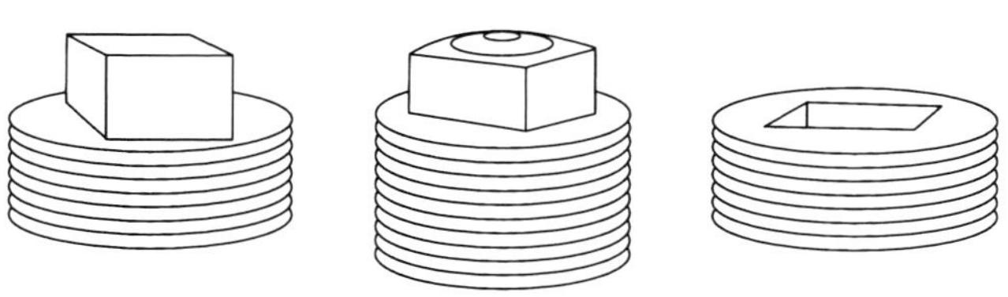

103F23.EPS

Figura 23 ◆ Tapones roscados.

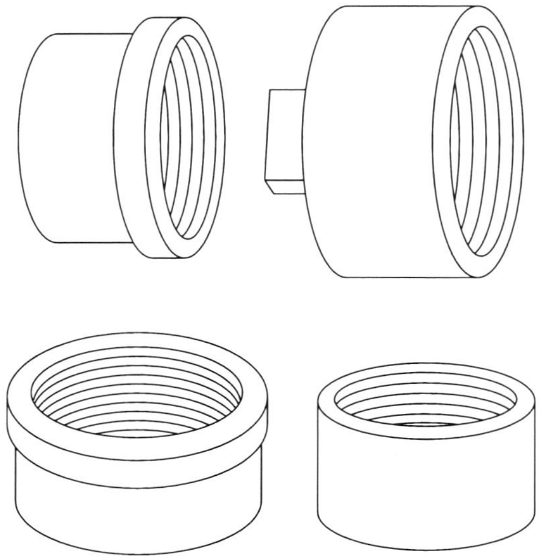

103F24.EPS

Figura 24 ◆ Tapas roscadas.

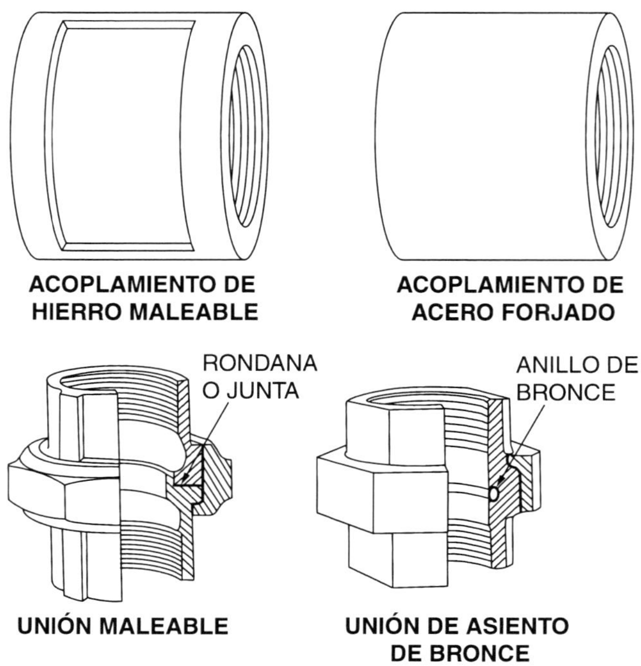

103F25.EPS

Figura 25 ◆ Tipos de acoples roscados.

6.3.6 Reductores

Los reductores (*Figura 26*) se usan ocasionalmente como piezas cuando no se tiene disponible una pieza de reducción. Sin embargo, la norma *NFPA 13* determina que se deben usar piezas de reducción de una sola parte, además de que prohíbe el uso de reductores a menos que no encuentre disponible la pieza del tamaño requerido. Algunas AHJ interpretan "no disponible" como "no fabricado". De esta manera, queda prohibido el uso de reductores en todas las circunstancias. Una excepción permitida específicamente en la norma *NFPA 13* es cuando el cabezal del rociador se encuentra inicialmente en posición vertical, pero cuyos rociadores se colocarán colgando con un enrtrerroscado de bajada en una fecha futura.

Los reductores agregan un conjunto adicional de roscados y una probabilidad adicional de fugas para un ensamble instalado.

6.3.7 Piezas de "T" mecánicas

Una Pieza "T" mecánica ofrece una salida lateral roscada o acanalada sin necesidad de realizar una unión en la tubería. Se corta un orificio del tamaño apropiado en la tubería, usando una sierra de barrenado. La "T" mecánica se sujeta entonces en la tubería, de modo que la **junta** de hule en la pieza quede alineada apropiadamente con el orificio. Se aprieta entonces un perno en "U" sobre la tubería para lograr una conexión impermeable.

Las "T" mecánicas son muy útiles en la modificación de sistemas viejos o para hacer cortes adicionales en sistemas nuevos sin tener que retirar la tubería para cortarla y roscarla. El recorte o fragmento debe retirarse a fin de evitar una obstrucción en la tubería. Algunas autoridades que tienen jurisdicción requieren que el fragmento se perfore y se una con alambre en la tubería, de modo que el inspector pueda comprobar que se ha retirado. Una cruceta mecánica consiste de dos de estas salidas que se unen juntas alrededor de la tubería Las salidas pueden roscarse o acanalarse. La *Figura 27* muestra las "T" mecánicas.

6.3.8 Niples

Los niples de tubería son piezas cortas de tubo (menos de 12") que tienen roscas en ambos extremos. La *Figura 28* muestra los tipos de niples.

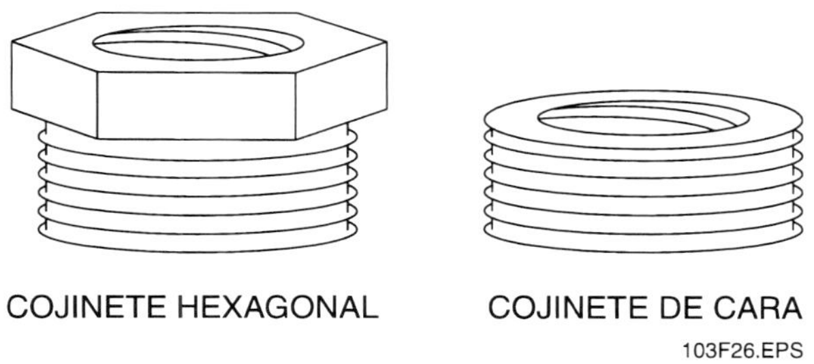

Figura 26 ◆ Tipos de reductores roscados.

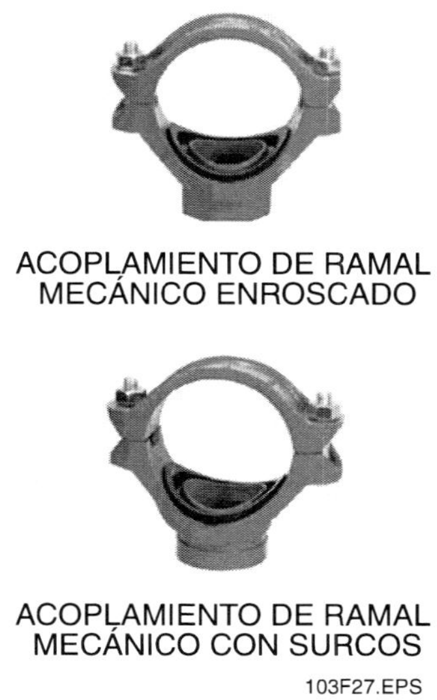

Figura 27 ◆ Piezas "T" mecánicas roscados y acanalados.

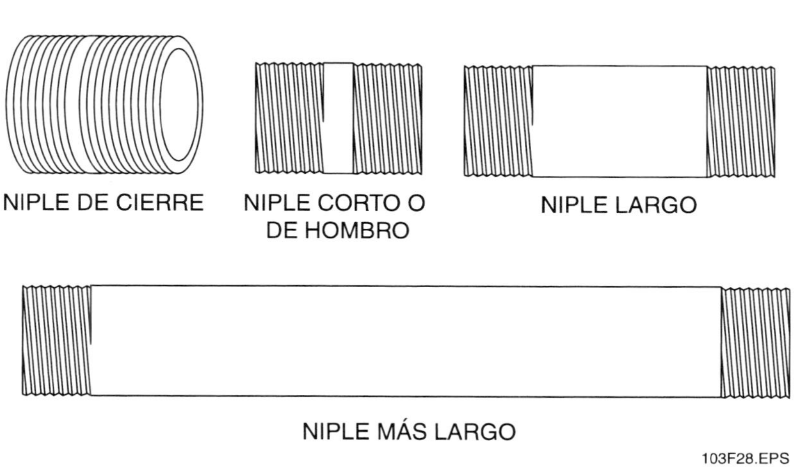

Figura 28 ◆ Tipos de Niples

El niple más corto disponible se denomina **niple cerrado**. Los niples cerrados consisten en roscados casi completos en el exterior, lo cual los hace de instalación muy difícil. Su pared es débil, lo cual contribuye al adelgazamiento, son susceptibles a las fugas y no tienen un sitio de agarre seguro debido a que el roscado cubre toda su longitud. Se prefiere el uso del siguiente tipo de pieza, el niple de soporte. Los niples más largos ofrecen mayor seguridad contra las fugas. La *Tabla 4* muestra ejemplos de estos niples.

6.4.0 Tuberías flexibles

Las piezas flexibles, conocidas como **tuberías flexibles** (*Figura 29*) se desarrollaron para cubrir el tramo desde la línea troncal hasta el cabezal del rociador. Este tipo de pieza se fabrica a partir de niple de tubería roscada, una conexión flexible, una pieza de reducción y una ménsula de soporte que se conecta con el cabezal del rociador.

103F29.EPS

Figura 29 ◆ Tubería flexible.

7.0.0 ◆ EXTREMOS SIMPLES

Existe un gran número de piezas diseñadas para la tubería con extremos simples. Estas normalmente requieren la preparación del extremo por medio de limpieza y retiro de rebaba. Se debe retirar toda la pintura, muescas, abombados, gotas de soldadura y marcas para corte que estén de 1" a 1½" del extremo de la tubería, para que la juntase ajuste de manera apropiada. Los biseladores internos, los cortes con ruedas abrasivas normales que dejan rebabas y los cortadores con ruedas sueltas producirán superficies que no pueden usarse. Existen esmeriladores o limas que permiten preparar de manera apropiada el extremo de la tubería.

Se deben revisar los registros de piezas para extremos simples para asegurarse de que la aplicación sea correcta. Algunos de los productos Registrados anteriormente requieren una penetración periférica significativa de la tubería con ayuda de pinzas.

Algunas piezas para extremo simple usan un saliente de bloqueo de un cuarto de vuelta que tiene un patrón de dientes de diámetro pequeño en el extremo del saliente que amarra la tubería. Otros tienen un perno de bloqueo de cabeza hexagonal. Estas piezas se encuentran disponibles en varios tamaños y combinaciones de reducción. Consulte el catálogo del fabricante para determinar los límites de la aplicación.

Tabla 4 Niples de tipo cerrado y de soporte

Tamaño nominal de tubería	Longitud del niple de cierre	Longitud del niple de soporte
1	1½	2
1¼	1⅝	2
1½	1¾	2
2	2	2½
2½	2½	3
3	2⅝	3
3½	2¾	4
4	2⅞	4
5	3	4½
6	3⅛	4½
8	3½	5

NOTA: Todas las medidas son en pulgadas. 103T04.EPS

7.1.0 Acoples con mordazas

Los acoples con mordazas tienen mordazas curvadas que se fijan dentro de la tubería para crear una unión mecánica (*Figura 30*). Este tipo de pieza de extremo simple es apropiada para usarse en tubería con los extremos en escuadra o biselada. Aparte de hacer el corte en escuadra y retirar la rebaba de la tubería, no es necesaria una preparación especial de la tubería. Los acoples con mordazas están diseñados para tubería de Programa 40. Estos son más útiles cuando se realizan cortes en

103F30.EPS

Figura 30 ◆ Piezas con mordazas de extremos simples.

sistemas ya instalados, con la finalidad de extenderlos o modificarlos. En las áreas en donde hay una expansión o contracción significativa de la tubería debido a los cambios de temperatura, los acoples con mordazas no podrán sujetarse. Estas piezas sólo podrán usarse conforme a su registro.

7.2.0 Piezas diversas con extremos simples

Se ha diseñado un gran número de piezas de extremo simple para usarse con los acoples de extremo simple del tipo con mordazas. Estas piezas incluyen codos, "T", crucetas, niples de adaptación, bridas de adaptación y niples estampados. Asegúrese de consultar las instrucciones del fabricante antes de instalar las piezas de extremo simple.

7.3.0 Piezas para tubería con extremo preparado

Las piezas para tubería con **extremo preparado** fueron populares durante un tiempo, sin embargo ya no se les usa de manera común debido a los problemas de fugas. Estas piezas se usaron para la tubería de Programa 40 y Programa 10 de pared delgada. Se usaba una máquina especial para la limpieza de la tubería para preparar los extremos de la tubería para colocar las piezas, después se instalaba un acople similar la pieza de extremo simple.

7.4.0 Poz-Loc®

Poz-Loc® es un sistema de tuberías que usa una pieza de hierro dúctil especial y una llave en forma de "U" para asegurar la tubería. Se corta una tubería especial galvanizada y de pared delgada, dejando un extremo enrollado hacia abajo o biselado. La pieza tiene un collarín "O" para ofrecer un sello por la parte exterior de la tubería. Después de que se prepara el extremo de la tubería y se lubrica el collarín "O", la tubería se inserta en la pieza de 1⅜" hasta el tope de la tubería. La llave especial con forma de "U" se hace pasar por una ranura en el extremo de la pieza usando un martillo de punta de bola. La llave puede retirarse y cambiarse para ensamblar y desmontar la conexión. Este tipo de material ya no se fabrica.

7.5.0 Ajuste a presión

Otro sistema de tubería es un sistema de ajuste a presión que usa tubería de pared delgada y Programa 5 y una pieza de acero. La pieza tiene un collarín "O" para ofrecer un sello por la parte exterior de la tubería. La tubería se corta y se limpian las rebabas para después insertarla en la pieza. La tubería se inserta hasta que entra en contacto con el tope de la misma. Se coloca una herramienta eléctrica portátil sobre la pieza y se realiza una indentación alrededor de la circunferencia de la pieza y de la tubería para asegurar la conexión. No es necesario lubricar el collarín "O". Este sistema ya no se recomienda para el trabajo de rociadores contra incendio.

A NIVEL

Niples para tubería

Los niples de tubería están disponibles con los proveedores en una gran cantidad de longitudes cortas. En general es más simple comprar los niples de uso más común en masa, especialmente para los niples de tipo cerrado y de soporte, en vez de cortarlos y roscarlos en el lugar de trabajo. La mayoría del equipo de roscado no puede usarse para fabricar niples de cierre o soporte. Sin embargo si pueden fabricarse los niples cortos y largos usando los tramos de tubería no utilizados y reunidos durante las instalaciones en el lugar de trabajo. Este tipo de tareas deben realizarse en el taller durante los periodos de poco trabajo.

8.0.0 ◆ TUBERÍA ACANALADA O CANALIZADA

Los sistemas de tubería acanalada ofrecen una alternativa sencilla a la unión por soldadura con bridas o roscada. Cada unión en un sistema de tubería acanalada sirve como una unión, lo cual permite un acceso sencillo a cualquier parte del sistema de tubería para su limpieza o servicio. Los sistemas de tubería acanalada tienen un amplio rango de aplicaciones y pueden usarse con muchos tipos de materiales para tubería.

El sistema de tubería acanalada ofrece diversos beneficios mecánicos, incluyendo la opción de acoples flexibles o rígidos. Los acoples flexibles y rígidos pueden incorporarse dentro de cualquier sistema para tomar ventaja de las características de cada uno. Los acoples rígidos crean una unión rígida que es útil para los elevadores, cuartos mecánicos y otras áreas donde se desea un amarre positivo sin flexibilidad en las uniones. Los acoples flexibles permiten un movimiento controlado de la tubería que ocurre con la expansión, contracción y deflexión. Los acoples rígidos y flexibles tienen requisitos de instalación específicos para la sujeción sísmica, como se refiere en la norma *NFPA 13*. La *Figura 31* muestra ejemplos de acoples de tubería acanalada rígidos y flexibles.

Otra ventaja de la tubería acanalada es la capacidad que tiene de unir tubería de pared delgada. La tubería de Programa 5 tiene una pared mucho más delgada que la tubería de Programa 40 y puede conectarse únicamente mediante acoples acanalados. La tubería de Programa 5 está registrada por UL para su uso en las instalaciones de sistemas de rociadores. Esta es la tubería con la pared más delgada que se permite usar en los sistemas de rociadores. Los tamaños registrados en el Directorio UL de equipo para protección contra incendios son de 1¼" a 6".

8.1.0 Conexiones acanaladas

La conexión para la tubería acanalada estándar consiste en una junta de hule y dos medios envolventes que se unen mediante pernos. Los medios envolventes se aprietan juntos conforme a las instrucciones del fabricante. Esta área debe estar limpia y lisa para lograr un sellado apropiado. El diseño de la junta permite que la presión interna de la tubería oprima sobre la parte posterior de la junta, lo cual obliga a descender a la junta en la tubería y formar el sello. La tubería puede flexionarse en la unión acanalada sin que se produzcan fugas. La *Figura 32* muestra el corte estándar y las ranuras roladas en la tubería lista para la colocación de los acoples.

Las dimensiones señaladas por las letras en la *Figura 32* deben cumplir con las especificaciones de ingeniería. La dimensión A es la distancia desde el extremo de la tubería al acanalado y ofrece el área de asentado de la junta. Esta área debe estar libre de indentaciones, salientes o marcas de enrolle para ofrecer un sellado hermético para la junta. La dimensión B es el ancho del acanalado. Ésta controla la expansión y la deflexión angular basada en su distancia desde el extremo del tubo y su ancho en relación al ancho de la llave del envolvente del acople. La dimensión C es el diámetro apropiado de la base del acanalado. Esta dimensión debe encontrarse dentro de la tolerancia establecida para el diámetro y concéntrica con el diámetro externo (OD) de la tubería. La dimen-

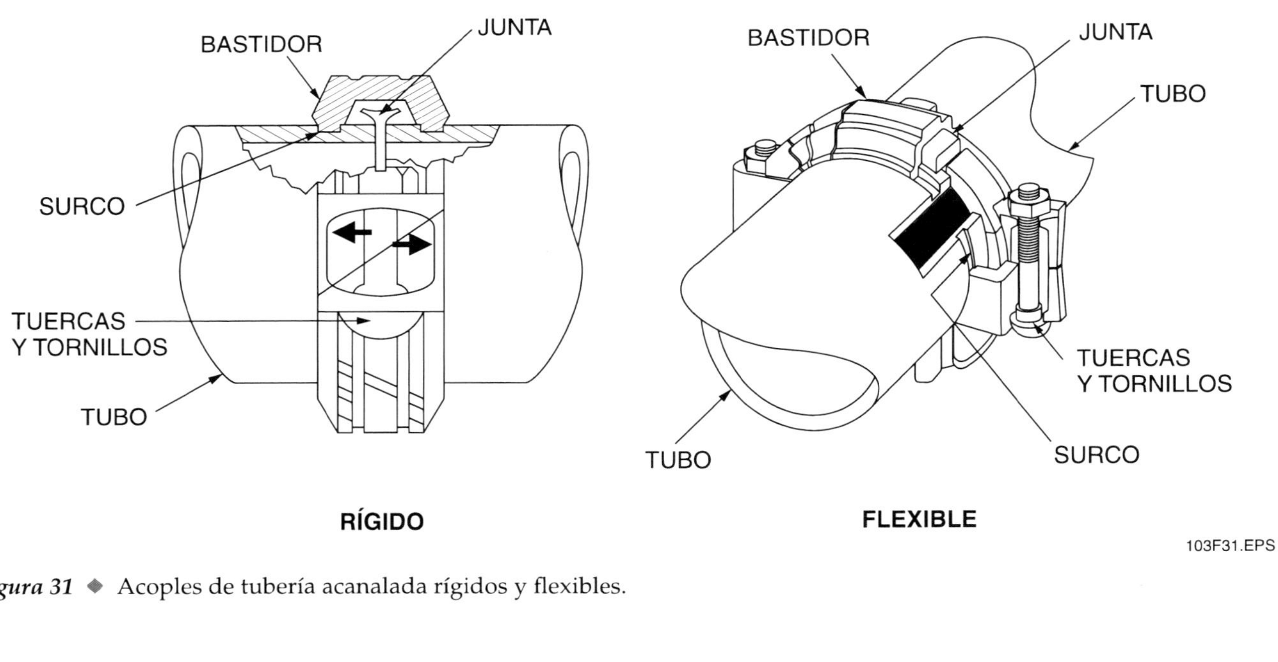

Figura 31 ◆ Acoples de tubería acanalada rígidos y flexibles.

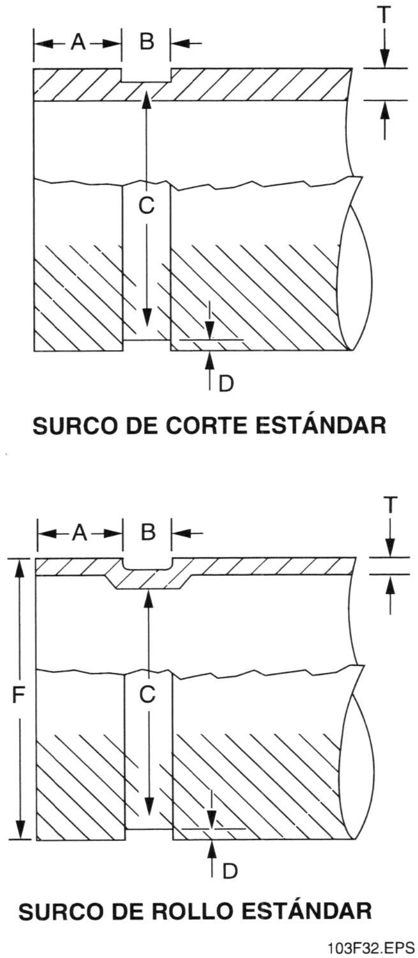

Figura 32 ◆ Tubería acanalada.

sión D es la profundidad nominal del acanalado y se usa únicamente como referencia de prueba. Si es necesario se puede cambiar esta dimensión para mantener a la dimensión C dentro de las tolerancias establecidas. La dimensión F se usa únicamente con el rolado estándar y ofrece el ensanchamiento máximo permitido en el extremo del tubo. La dimensión T es el menor grado o grosor mínimo de la tubería apropiada para el rolado o acanalado por corte.

8.1.1 Corte del acanalado en comparación con acanalado rolado

Los acanalados pueden formarse por corte o enrollado. El método original para el acanalado de una tubería era el corte. El método de corte se diseñó para la tubería de Programa 40. La tubería de Programa 10 no tiene un grosor de pared suficiente para permitir el **acanalado por corte**. Únicamente se pueden usar **acanalados por rolado** en aquellas paredes que son más delgadas que Programa 40 (tamaños menores de 8") o Programa 30 (tuberías de 8" y mayores). En la mayoría de las máquinas, el Programa 40 es el límite máximo de seguridad. El resto de los programas menores para los materiales de tubería aceptables conforme a la norma *NFPA 13* pueden acanalarse por rolado.

PRECAUCIÓN

Nunca acanale por corte la tubería con paredes más delgadas al Programa 40.

El acanalado por corte retira metal y adelgaza la pared de la tubería. Este tipo de tubería se usa poco en la industria de rociadores. Un acanalado por corte retira menos metal que el roscado estándar; sin embargo la resistencia de una unión estándar es mayor por dos razones. La primera es que en la unión roscada la pieza refuerza a la tubería en el área donde de otro modo existiría una muesca. En segundo lugar, los bordes del acanalado por corte introducen concentraciones de más tensión que los roscados. Por otro lado, los acanalados rolados pueden aumentar en realidad la resistencia de la tubería en el área de la unión. El trabajo del metal en frío por su desplazamiento puede producir una estructura granular y aumentar la resistencia a la tensión de forma similar a la obtenida mediante el forjado. Sin embargo, existe una reducción de aproximadamente el 50% en el movimiento disponible con un aca-

A NIVEL

Tubería acanalada

Como muchos productos que ahora tomamos como comunes, los sistemas de unión de tubería acanalada se desarrollaron en 1925 por la empresa Victaulic Corporation, la cual se conocía entonces como Victory Pipe Grooving Company, para resolver un problema en el ejército. El objetivo fue crear un sistema que le permitiera a las tropas en el campo de batalla a ensamblar rápidamente sistemas para la distribución de agua y combustible.

Fuente: Victaulic Corp.

nalado enrollado en comparación al acanalado por corte. Si la flexibilidad en las uniones representa un problema específico, puede ser necesario el uso de acanalados por corte. La *Figura 32* muestra un acanalado por corte y un acanalado por rolado.

PRECAUCIÓN

Tenga mucho cuidado cuando realice el acanalado de la tubería para evitar dañar la capa galvanizada.

8.1.2 Especificaciones para el acanalado

La profundidad del acanalado (diámetro) es un factor crítico. Si el acanalado no tiene la profundidad suficiente, el acople no se ajustará en la tubería. Si el acanalado es demasiado profundo, el acople no abrazará a la tubería. Estas profundidades pueden calibrarse automáticamente mediante un tope en la máquina de acanalado, o bien el encargado de la instalación del rociador tendrá que calibrar cada acanalado a medida que lo prepara.

El instalador del rociador es responsable del control de calidad en el área de trabajo. Si el encargado de la instalación realiza un acanalado por rolado y éste presenta fugas o no ajusta, la responsabilidad es del instalador. Sólo se requieren unos instantes para realizar la comprobación de la precisión de cada acanalado. Es mucho más sencillo corregir el acanalado en tierra durante el proceso de ensamblado, que tener que desarmar una porción de un sistema ya instalado cuando presente fugas o no se ajuste.

Un mal alineamiento de los rodillos de acanalado en una máquina puede cortar la tubería durante el proceso de formación del acanalado. Ya sea que use tubería que usted haya acanalado o tubería acanalada en el taller, revise el acanalado antes de instalar la tubería, para asegurarse que el acanalado sea el correcto. Otra posible falla es la separación en la unión con soldadura en el caso de la tubería unida con soldadura de resistencia eléctrica (ERW).

8.2.0 Herramientas para acanalado

Se usan diferentes tipos de herramientas para el acanalado por corte y acanalado por rolado. La tubería de Programa 40 en tamaños de 1" a 6" y de programa 30 en tamaños de 8" a 10" se puede acanalar por corte. Cualquier tubería con un grosor de pared más delgado deberá acanalarse por rolado. Sin embargo, la tubería de Programa 40 y 30 también puede acanalarse por rolado.

8.2.1 Acanalado por rolado

Las máquinas eléctricas y manuales para el acanalado por rolado se usan para realizar el acanalado por rolado en los extremos de la tubería, a fin de prepararla para aceptar los acoples y piezas acanaladas.

Las máquinas de acanalado eléctricas están disponibles para el acanalado de tubería de acero estándar y de peso ligero, de 2" a 16" y tubería de plástico PVC.

Muchas máquinas eléctricas para el acanalado por rolado son unidades autónomas con sus propios motores eléctricos. Algunos modelos requieren un motor eléctrico u otro equipo equivalente como fuente de suministro eléctrico. La máquina de acanalado por rolado presiona para crear un acanalado en la tubería, por medio de cabezales con dados superiores e inferiores. El cabezal con dado inferior o dado hembra es el que hace girar a la tubería. El cabezal con dado superior o dado macho se acciona ya sea por presión hidráulica o por un volante y forma un acanalado en la tubería a medida que la misma gira. Un tope ajustable controla la profundidad del acanalado. El acanalado por rolado no retira metal de la tubería, pero sí forma un acanalado por desplazamiento de metal. Debido a que el acanalado se forma en frío, éste tiene bordes redondeados que reducen el movimiento de la tubería después de la disposición de la unión.

Debe seguir los procedimientos sugeridos por el fabricante para un ajuste y operación apropiados de la herramienta de acanalado por rolado. La *Figura 33A* muestra una máquina eléctrica de acanalado por rolado.

8.2.2 Máquina portátil de acanalado en aire

Otra herramienta que se usa para el acanalado por rolado es la máquina de acanalado en aire portátil (en el lugar de trabajo). La máquina de acanalado en aire portátil es una máquina accionada manualmente y usada para el acanalado por rolado de la tubería ya instalada. Las máquinas de acanalado en aire portátiles están disponibles para el acanalado de tubería de cobre de tamaños 2½" a 16", de los tipos K, L, M y DWV, además de tubería de acero de Programa 10 y Programa 40. Las máquinas de acanalado en aire son capaces de producir rolados estándar para tubería de 1¼" a 6" de Programa 10 y 1¼" a 3" de Programa 40. Las máquinas de acanalado en aire requieren diferentes acanalados por rolado y rodillos de accionamiento para mantener el asiento correcto de la junta y las dimensiones del ancho del acanalado, cuando se realiza el acanalado de diferentes tipos y tamaños de tubería. La *Figura 33B* muestra una máquina portátil de acanalado en aire.

8.2.3 *Máquina de acanalado por corte*

El acanalado por corte se realiza en raras ocasiones en el trabajo de instalación de rociadores debido a la cantidad de material retirado de la pared de la tubería durante el proceso. En el mercado existe una gran variedad de herramientas para el acanalado por corte de tubería de 1" a 24". La máquina de acanalado por corte es una herramienta accionada por una fuente de energía externa. La máquina está diseñada para accionarse alrededor de una tubería estacionaria. Esto garantiza que el acanalado sea concéntrico con el diámetro exterior de la tubería. La mayoría de los modelos tienen un tope ajustable para la tubería para garantizar que la profundidad del acanalado sea la apropiada. El acanalado por corte difiere del acanalado por rolado en que el acanalado se corta en la tubería en vez de formarse en frío. La máquina de acanalado por corte retira menos de la mitad de la pared de la tubería, lo cual es menor a la profundidad de los cortes por roscado. El acanalado por corte se usa en tubería de peso estándar o mayor. La *Figura 34* muestra dos tipos de máquinas de acanalado por corte.

(A) MÁQUINA ELÉCTRICA DE ACANALADO POR ROLADO

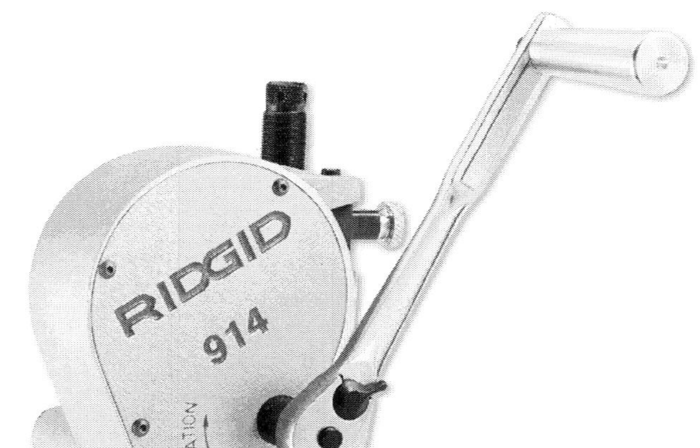

(B) MÁQUINA PORTÁTIL DE ACANALADO POR AIRE

103F33.EPS

Figura 33 ◆ Máquinas de acanalado por rolado.

8.3.0 Herramientas de corte de orificios

Las herramientas de corte de orificios se usan para realizar un barrenado rápido, limpio y preciso en las tuberías de acero para colocar las "T" mecánicas de acero y piezas especiales del cabezal de rociador. Estos tipos de herramientas aceleran el proceso de instalación. Hay otros tipos de herramientas para el corte de orificios para los tamaños de tubería mayores y para la tubería que se perfora bajo presión. Cuando corte orificios en la tubería asegúrese de retirar los fragmentos o discos de la tubería de modo que el sistema funcione de manera apropiada. Para verificar el retiro de los discos, una con alambre estos fragmentos por la parte exterior de la tubería. Consulte siempre las instrucciones del fabricante de la herramienta antes de usar una herramienta para el corte de orificios. La *Figura 35* muestra una herramienta para el corte de orificios.

8.4.0 Piezas acanaladas

La unión de tubería usando piezas acanaladas ahorra tiempo y dinero. Las piezas acanaladas son más caras que las roscadas, sin embargo se necesitan menos horas para unir la tubería con piezas acanaladas. En la tubería de diámetro grande, el ahorro en mano de obra para hacer las uniones con piezas acanaladas es mayor que el ahorro en el costo de material con el uso de piezas roscadas. El acanalado de la tubería en el lugar de trabajo es simple, mientras que el roscado en tuberías con un diámetro mayor de 2" normalmente requiere regresar al taller. Además, si se utiliza tubería de peso ligero o pared delgada que no está aprobada para roscarse, un medio de conexión en la área de trabajo aprobado es con los acoples acanalados.

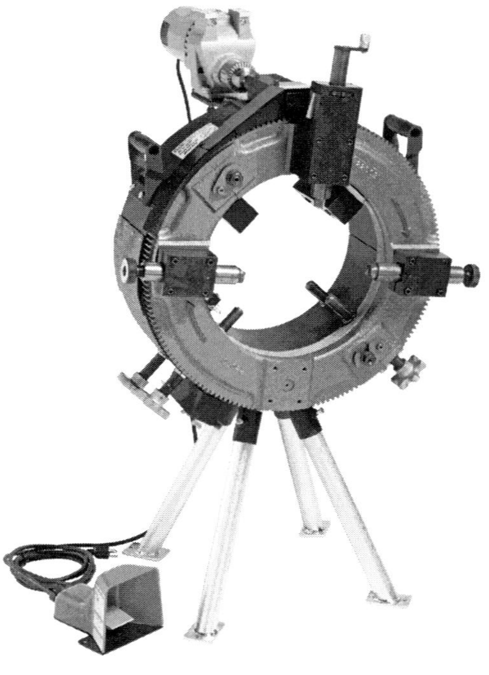

(A) MÁQUINA DE CORTE ELÉCTRICA

(B) MÁQUINA DE CORTE MANUAL

103F34.EPS

Figura 34 ◆ Máquinas de acanalado por corte.

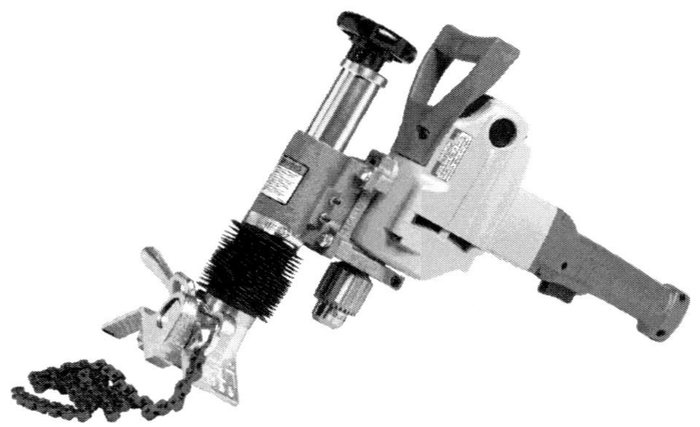

103F35.EPS

Figura 35 ◆ Herramienta para el corte de orificios.

Para estas piezas es muy importante la lubricación de las juntas de hule (goma) conforme a las instrucciones del fabricante. Utilice únicamente el lubricante no derivado de petróleo o una junta lubricada previamente y recomendada por el fabricante. Los productos de petróleo atacarán a la junta y ocasionarán fallas prematuras. También es muy importante el retiro de rababas. De lo contrario, se pueden provocar fugas o cortes en las juntas. Se debe consultar las instrucciones del fabricante para conservar las certificaciones UL y el estado de la garantía. Entre los tipos de piezas y acoples usados con la tubería acanalada se incluyen los siguientes:

- Acoples flexibles
- Acoples rígidos
- Acoples reductores
- Bridas acanaladas
- Codos
- Unión en "T"
- Crucetas y laterales
- Reductores
- Tapas
- Válvulas

8.4.1 Acoples flexibles

La flexibilidad de los acoples acanalados estándar puede ser una gran ventaja donde el tendido de la tubería necesite una ligera desviación de una línea recta. Estos también tienen aplicaciones específicas en las áreas sísmicas.

Los acoples acanalados flexibles se fabrican para aplicaciones estándar, de peso ligero y extra resistente. Estos se clasifican conforme a la presión de trabajo. Una junta de hule (goma) ofrece un sello hermético.

Existe un gran número de fabricantes de acoples flexibles Registrados en el Directorio de equipo UL. Cada uno presenta diferencias menores, por ello no deben usarse juntas de un fabricante con acoples de otro. Algunos acoples flexibles están aprobados para sistemas en seco y otros no. Es importante determinar qué acoples funcionan con acanalados rolados, acanalados por corte, juntas estándar y juntas de sello triple. Cuando use acoples acanalados en aplicaciones de tubo seco o con congelamiento, use acoples rígidos y juntas de sello triple con un lubricante de silicón libre de petróleo.

Consulte la literatura del fabricante para garantizar que la aplicación sea apropiada para el uso de acoples flexibles. Además, revise los acoples y piezas para asegurarse que sean compatibles.

8.4.2 Acoples rígidos

Los acoples rígidos son particularmente útiles en las instalaciones con tubo seco, con congelamiento, **tubería vertical** y bombas contra incendio. Estos también tienen aplicaciones específicas en las áreas sísmicas. El acople rígido se desarrolló para usarse donde no se desea la formacíon de una línea presurizada conectada por medio de acoples acanalados. No hay flexibilidad en los acoples rígidos. Se usa una junta de sello triple (flexseal), Grado E EPDM (código de color verde) previamente lubricado en las aplicaciones de tubo seco y con congelamiento. La *Tabla 5* muestra los datos de aplicación para las juntas usadas en los sistemas de protección contra incendios. La *Figura 36* es un ejemplo de un acople acanalado rígido.

8.4.3 Acoples reductores

Los acoples reductores acanalados permiten ahorros en los gastos de material y mano de obra, ya que permiten la reducción del tamaño de la tubería en el tendido sin que sea necesario retirarla. En este caso, la reducción se conoce comúnmente en la industria como 'takeout', por su origen en inglés. Para propósitos de este plan de estudio, se usará el término en inglés, ya que no hay traducción exacta. Un acople reductor típico está clasificado para una presión de trabajo de 350 libras por pulgada cuadrada. La *Figura 37* muestra una acople reductor.

8.4.4 Bridas acanaladas

Las bridas acanaladas usan el principio del punto de bisagra y junta de hule (goma) para unir la brida a la tubería acanalada. La *Figura 38* muestra una brida acanalada.

103F36.EPS

Figura 36 ◆ Acople acanalado rígido.

103F37.EPS

Figura 37 ◆ Acople reductor.

Tabla 5 Aplicaciones con junta

Nivel	Rango de temp.	Compuesto	Código de color	Aplicación de servicio general
A Pre-lubricado	Ambiente a +150°F (+66°C)	EPDMA	Violeta	Sistemas de protección contra incendios (no se recomienda para sistemas de agua caliente)
E	–30°F (–34°F) a +230°F (+110°C)	EPDM	Verde	Sistemas de protección contra incendios
E Triple sello	–30°F (–34°F) a +230°F (+110°C)	EPDM	Verde	Sistemas de protección contra incendios (sistemas de tubo seco o de congelación)

103T05.EPS

103F38.EPS

Figura 38 ◆ Brida acanalada.

8.4.5 Codos

La variedad disponible de codos acanalados es mucho mayor que la de las piezas roscados. Los codos acanalados están disponibles en modelos de 90 grados, 45 grados, 22½ grados y 11¼-grados. Además, existen codos adaptadores que se acanalan en un extremo y se enroscan por el otro. Estos están disponibles en configuraciones de 90 y 45 grados. También hay una selección adicional para codos de radio grande. Los modelos en el intervalo de 90 y hasta 11¼ grados, están disponibles con radios de 3D, 5D y 6D, donde D es el diámetro de la tubería. Otro tipo de codo de 90 grados es el Add-a-cap®. Una pieza Add-a-cap® es una tapa acanalada con una salida. Una pieza Add-a-cap® permite la instalación de un rociador en el extremo de una tubería acanalada tendida y también funciona como una tapa. La *Figura 39* muestra los tipos de codos.

8.4.6 Piezas "T"

Existen varios tipos de piezas "T" disponibles para los sistemas de rociadores (*Figura 40*). Existen piezas "T" mecánicas, para tubería vertical, redondeados, acanalados y de acople a la salida. La pieza "T" mecánica previamente discutida está disponible con una salida acanalada.

El acople de salida es un tipo especial de pieza "T". Ésta sirve de acople y "T" al mismo tiempo. La salida está disponible acanalada o roscada. Las "T" acanaladas son estándar o con reducción y están disponibles con forma acanalada recta o salida lateral roscada. Las "T" para tubería vertical tienen una salida lateral de 2½" roscada internamente. Estas se usan específicamente para las salidas en tuberías verticales que usan conexio-

Figura 39 ◆ Tipos de codos acanalados.

nes acanaladas en vez de conexiones con bridas. La "T" redondeada tiene una salida grande en la cara lateral.

8.4.7 Crucetas

Las crucetas están disponibles únicamente con el patrón estándar; no hay modelos con reducción. La *Figura 41* muestra una cruceta acanalada.

ACOPLAMIENTO CON SURCO CON SALIDA CON SURCOS

ACOPLAMIENTO CON SURCOS CON SALIDA REDUCTORA CON SURCOS

ACOPLAMIENTO DE BASE ANCHA

ACOMPLAMIENTO DE BASE

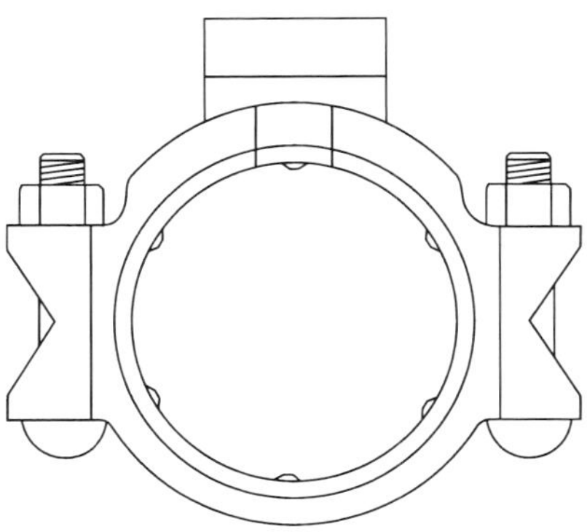

ACOPLAMIENTO DE SALIDA

103F40.EPS

Figura 40 ◆ Tipos de "T" acanaladas.

103F41.EPS

Figura 41 ◆ Cruceta acanalada.

8.4.8 Reductores

Los reductores acanalados se usan para unir dos tuberías de tamaños diferentes en la configuración acanalada. Existen reductores concéntricos y excéntricos (*Figura 42*).

8.4.9 Tapas

Un tipo de cierre para el extremo es la tapa estándar (*Figura 43*). Una tapa acanalada se usa comúnmente en la tubería acanalada.

REDUCTOR CONCÉNTRICO

REDUCTOR EXCÉNTRICO

103F42.EPS

Figura 42 ◆ Reductores acanalados.

Figura 43 ◆ Tapa acanalada estándar.

8.5.0 Instalación de acoples para tubería acanalados

Aplique los siguientes pasos para la instalación de un acople acanalado típico para tubería. Refiérase a la *Figura 44*.

Paso 1 Asegúrese que la junta que se va a instalar sea del tipo y tamaño apropiado.

PRECAUCIÓN

Cuando haya una transición a CPVC, procure usar un lubricante compatible.

Paso 2 Aplique una capa delgada de lubricante (o silicón en el caso de aplicación con refrigeración) a los bordes de la junta y en el exterior de la misma o el interior del envolvente del acople, o use una junta lubricada previamente.

Paso 3 Coloque la junta en el extremo de la tubería, arreglándola de modo que no cuelgue en el extremo de la tubería.

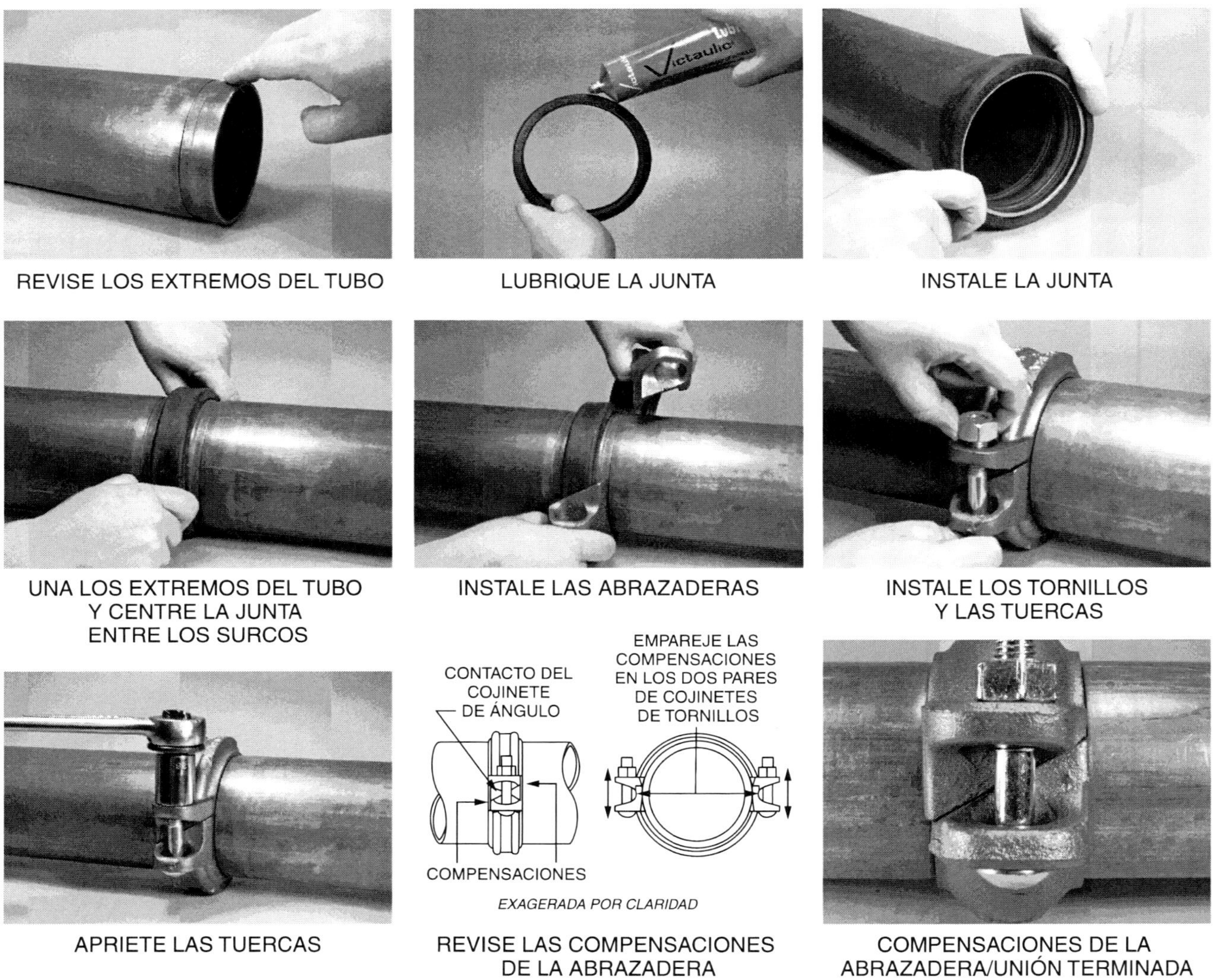

Siempre consulte las instrucciones provistas con el producto para tener información completa respecto de la preparación y la instalación de los tubos, la inspección del producto y los requisitos de seguridad.

103F44.EPS

Figura 44 ◆ Unión de tubería acanalada.

Paso 4 Debe alinear y juntar los dos extremos de tubería.

Paso 5 Centre la junta entre los acanalados de cada tubería.

Paso 6 Asegúrese que ninguna parte de la junta se extienda dentro del acanalado de ninguna de las tuberías.

Paso 7 Coloque envolventes sobre la junta.

Paso 8 Enganche las marcas del envolvente dentro de los acanalados.

Paso 9 Inserte los pernos, después apriete las tuercas con sus dedos.

Paso 10 Apriete las tuercas con una llave, hágalo de manera alterna y equivalente hasta cumplir con las especificaciones del momento de torsión del fabricante.

PRECAUCIÓN

No es necesario apretar de forma excesiva la tuerca. Un apriete no uniforme puede provocar el pliegue de la unión.

9.0.0 ◆ TUBERÍA CON BRIDAS

La tubería con bridas tiene muchas aplicaciones. La tubería y piezas con bridas se usan en todas las válvulas mayores de 2", así como en otras aplicaciones. Las piezas con bridas son particularmente útiles en los ensambles de elevación, instalaciones de almacenamiento en frío, bombas contra incendio y límites de batería de los sistemas.

9.1.0 Piezas con bridas

Las piezass con bridas se usan ahora para cumplir con los requisitos de la norma *NFPA 13* para ofrecer una unión en el elevador en cada piso donde no se usen válvulas de control de piso o zona. También se usan en los casos donde deben retirarse o cambiarse las válvulas durante el mantenimiento. Las uniones con bridas se usan raras veces en los sistemas de rociadores con conexiones de 2" o menores, aunque se en encuentren disponibles. La *Figura 45* muestra una unión típica con bridas, con la junta y los pernos usados para hacerla mecánicamente estable y hermética.

Los takeouts para las piezas con bridas pueden calcularse de manera más precisa que los de las piezas roscadas. Las piezas con bridas usan de manera consistente juntas con un grosor de ⅛" para todos los tamaños de brida. Con las piezas roscadas varía la disposición y el ajuste no es tan uniforme como en la disposición de las piezas con bridas. Las piezas con bridas también aparecen en las extensiones de los sistemas existentes. El uso de una pieza con brida, acanalada o de extremo simple dependerá principalmente de las preferencias del contratista de la instalación y del dispositivo o dispositivos usados en el montaje de la tubería. Entre los tipos comunes de piezas con bridas se incluyen las siguientes:

- Codos
- Unión en "T"
- Crucetas
- Reductores con bridas
- **Bridas complementarias**
- Bridas ciegas
- Bridas de piso
- Bridas extra resistentes

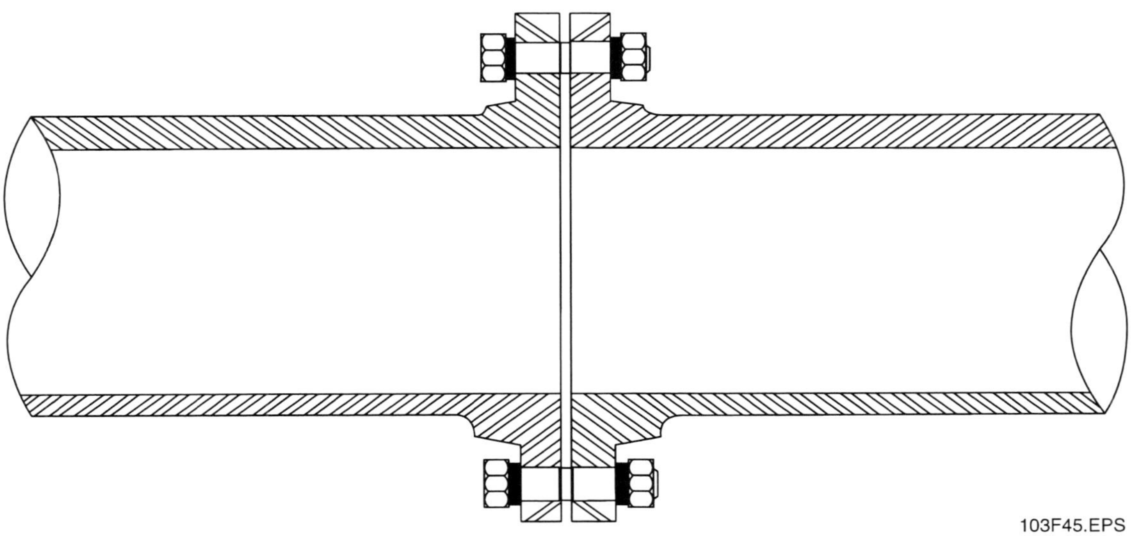

Figura 45 ◆ Unión típica con bridas.

9.1.1 Codos

Los codos comúnmente usados en las conexiones contra incendios son los codos laterales a 45 grados y **roscados-con brida** a 90 grados. Algunos codos rectos a 90 grados tienen bridas en ambos extremos, mientras que otros tienen una sola brida por un extremo. Los codos de base con brida, aunque no se usan con frecuencia, son especialmente útiles en el tendido horizontal de los ensambles de elevadores, donde el elevador se alimenta por medio de un codo y se requiere un soporte por debajo del elevador. La base colada evita muchas dificultades en el apoyo del codo desde la parte inferior. La base debe ser redondeada o cuadrada. Los codos de radio grande también están disponibles para su uso en los rociadores contra incendios. Éstos se usan para reducir las pérdidas por fricción o para realizar la conexión en una instalación que tenga una geometría especial.

Los codos son elementos que tardan en surtirse y deben solicitarse con el tiempo suficiente para que se encuentren disponibles cuando se les necesite. La *Figura 46* muestra los tipos de codos con bridas.

9.1.2 Pieza "T"

Además de los codos de base con brida y radio grande ya discutidos, existen dos piezas especiales que se usan en las conexiones de los sistemas contra incendio. Una es la pieza "T" de base con brida el cual se usa cuando se requiere un apoyo en una conexión, el otro es la "T" con brida estándar y reducción, la cual se usa cuando la tubería de drenado grande necesita conectarse con tubería de drenado más pequeña. Las piezas con bridas, como los codos, son elementos que tardan en surtirse. A menos que su compañía las tenga dentro del inventario, será difícil adquirirlas a corto plazo. La *Figura 47* muestra los tipos de "T" con bridas.

9.1.3 Crucetas

Las crucetas con bridas son piezas que se usan para conectar cuatro tramos de tubería. Como sucede con muchas de las piezas con bridas, se requiere de tiempo para la adquisición de las crucetas. Las crucetas con bridas son escasas y deben fundirse de manera especial. Los instaladores normalmente no participan en el proceso de adquisi-

Figura 46 ◆ Tipos de codos con bridas.

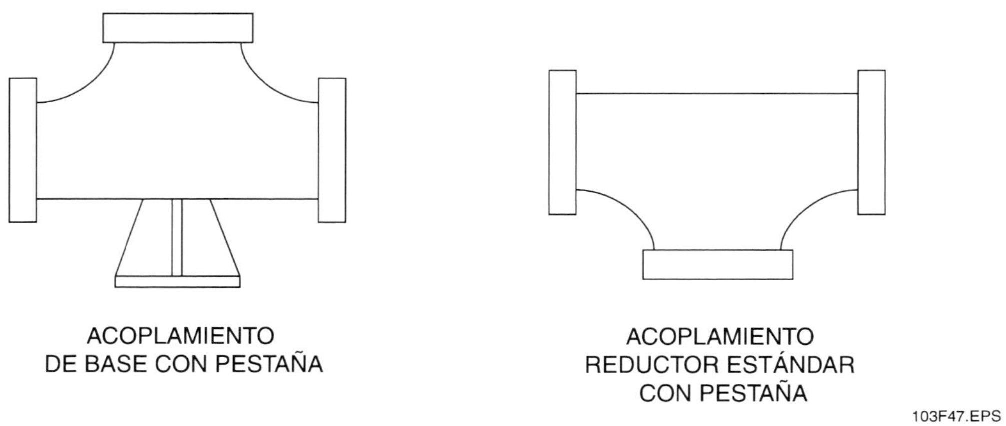

Figura 47 ◆ Tipos de "T" con bridas.

ción a menos que se trate de materiales rotos o perdidos. La *Figura 48* muestra una cruceta con bridas.

9.1.4 Reductores con bridas

Los acoples de reducción están disponibles en configuraciones concéntrica, roscada y con bridas, en todos los tamaños y clasificaciones de servicio. Los reductores con brida concéntricos se usan en los elevadores de tubo seco de 8", donde se use una válvula de tubo seco de 6". Los reductores con brida concéntricos tienen la misma línea central. Los reductores con brida excéntricos son reductores especializados que también pueden usarse. Estos reductores no tienen la misma línea central. Los reductores con brida excéntricos y concéntricos se usan principalmente en las instalaciones de bombas contra incendio. La *Figura 49* muestra un reductor con bridas concéntrico y un reductor con bridas excéntrico.

9.1.5 Bridas complementarias

Las bridas complementarias estándar son las bridas que se colocan junto a una pieza, mecanismo u otra brida del mismo tamaño de tubería nominal y que se enroscan en el extremo de un tramo de tubería. La *Figura 50* muestra una brida complementaria.

Las bridas complementarias se especifican de forma distinta que las piezas roscadas. Cuando se determinan los tamaños de tubería que se unirán usando bridas complementarias, el primer número es el del tamaño de la tubería nominal. El segundo número se relaciona con el diámetro exterior real de la brida.

Para relacionar los tamaños de la tubería de entrada con el tamaño de la tubería nominal de la brida complementaria y la brida de reducción, se debe correlacionar el diámetro exterior real de las bridas de reducción en la *Tabla 6* con el diámetro exterior real de la brida complementaria recta mostrada en la *Tabla 7*. Por ejemplo, si se va a unir una tubería de 4" con una de 6" usando bridas, se debe usar una brida reductora para la tubería de 4" junto a una brida complementaria estándar para la tubería de 6". Para ello, localice el tamaño de brida para la tubería de 6", el cual es igual a 11", en la *Tabla 6*. Después, examine la selección de bridas de 11" en la *Tabla 7* para determinar si se puede ajustar a la tubería de 4". La *Tabla 7* indica que una tubería de 4" puede unirse con un tamaño de brida de 11".

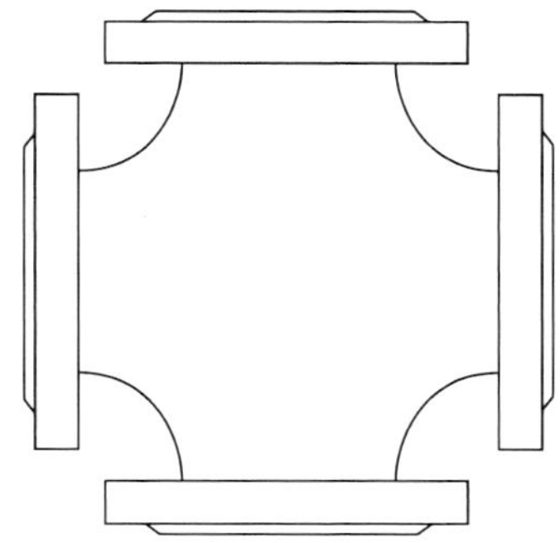

Figura 48 ◆ Crucetas con bridas.

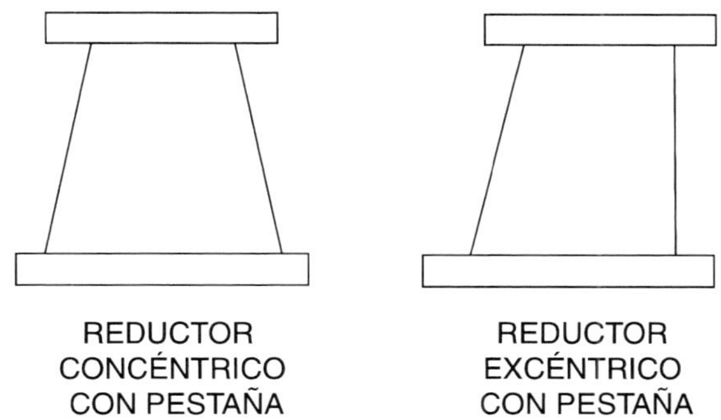

Figura 49 ◆ Reductores con bridas concéntricos y excéntricos.

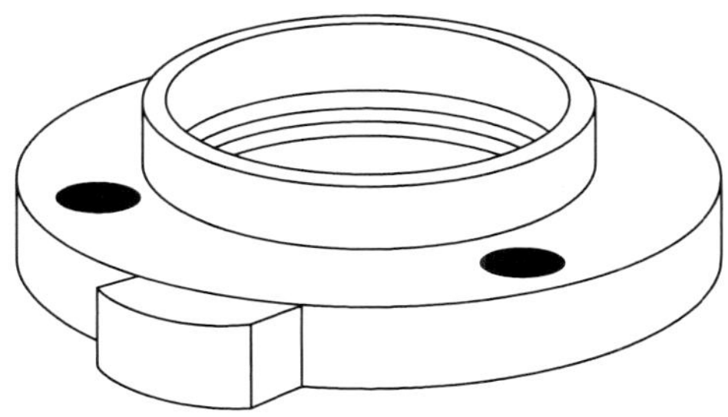

Figura 50 ◆ Brida complementaria.

9.1.6 Bridas ciegas

Las bridas ciegas (*Figura 51*) se usan para el cierre de los extremos de tubería, válvulas y aberturas en los recipientes a presión. Desde el punto de vista de la presión interna y carga del perno, las bridas ciegas son las que más tensión sufren de todos los tipos de bridas, debido a que las tensiones máximas en una brida ciega son las tensiones de doblado en la parte central. Las bridas ciegas están disponibles en las siete categorías principales de servicio y sus dimensiones se pueden encontrar en los catálogos del fabricante. Las bridas ciegas se usan en lugar de un tapón o tapa para cubrir el espacio abierto para una pieza con bridas. En la edición actual de la norma *NFPA 13*,

Tabla 6 Tamaños de la brida de reducción

Tamaño	Peso por 100 piezas	Dimensiones y plantillas para taladrar							
Tamaño del tubo × Diám. ex. de brida		Sobre nodo R.	Diámetro externo S.	Círculo de perno T.	Grosor de pernos	Número de pernos	Diám. orificios	Longitud del Diámetro	Perno
1 × 4 5/8	250	11/16	4 5/8	3 1/2	1/2	4	1/2	5/8	2
1 1/4 × 5	294	13/16	5	3 7/8	3/16	4	1/2	5/8	2
1 × 5	315	11/16	5	3 7/8	3/16	4	1/2	5/8	2
3/4 × 5	325	11/16	5	3 7/8	3/16	4	1/2	5/8	2
1 1/2 × 6	445	7/8	6	4 3/4	5/8	4	5/8	3/4	2 1/4
1 1/4 × 6	451	13/16	6	4 3/4	5/8	4	5/8	3/4	2 1/4
1 × 6	451	11/16	6	4 3/4	5/8	4	5/8	3/4	2 1/4
2 × 7	678	1	7	5 1/2	11/16	4	5/8	3/4	2 1/2
1 1/2 × 7	638	7/8	7	5 1/2	11/16	4	5/8	3/4	2 1/2
1 1/4 × 7	650	13/16	7	5 1/2	11/16	4	5/8	3/4	2 1/2
1 × 7	660	11/16	7	5 1/2	11/16	4	5/8	3/4	2 1/2
3/4 × 7	690	11/16	7	5 1/2	11/16	4	5/8	3/4	2 1/2
2 1/2 × 7 1/2	825	1 1/8	7 1/2	6	3/4	4	5/8	3/4	2 1/2
2 × 7 1/2	845	1	7 1/2	6	3/4	4	5/8	3/4	2 1/2
1 1/2 × 7 1/2	858	7/8	7 1/2	6	3/4	4	5/8	3/4	2 1/2
1 1/4 × 7 1/2	863	13/16	7 1/2	6	3/4	4	5/8	3/4	2 1/2
1 × 7 1/2	878	3/4	7 1/2	6	3/4	4	5/8	3/4	2 1/2
3 × 8 1/2	1060	1 3/16	8 1/2	7	13/16	8	5/8	3/4	2 3/4
2 1/2 × 8 1/2	1112	1 1/8	8 1/2	7	13/16	8	5/8	3/4	2 3/4
2 × 8 1/2	1130	1	8 1/2	7	13/16	8	5/8	3/4	2 3/4
1 1/2 × 8 1/2	1210	7/8	8 1/2	7	13/16	8	5/8	3/4	2 3/4
3 1/2 × 9	1345	1 1/4	9	7 1/2	15/16	8	5/8	3/4	3
3 × 9	1340	1 3/16	9	7 1/2	15/16	8	5/8	3/4	3
2 1/2 × 9	1415	1 1/8	9	7 1/2	15/16	8	5/8	3/4	3
2 × 9	1425	1	9	7 1/2	15/16	8	5/8	3/4	3
1 1/2 × 9	1140	15/16	9	7 1/2	15/16	8	5/8	3/4	3
1 1/4 × 9	1445	15/16	9	7 1/2	15/16	8	5/8	3/4	3
1 × 9	1453	15/16	9	7 1/2	15/16	8	5/8	3/4	3
4 × 10	1640	1 5/16	10	8 1/2	15/16	8	3/4	7/8	3
3 1/2 × 10	1710	1 1/4	10	8 1/2	15/16	8	3/4	7/8	3
3 × 10	1731	1 3/16	10	8 1/2	15/16	8	3/4	7/8	3
2 1/2 × 10	1765	1 1/8	10	8 1/2	15/16	8	3/4	7/8	3
2 × 10	1770	1	10	8 1/2	15/16	8	3/4	7/8	3
1 1/2 × 10	1780	15/16	10	8 1/2	15/16	8	3/4	7/8	3
5 × 11	1960	1 7/16	11	9 1/2	1	8	3/4	7/8	3 1/4
4 × 11	2080	1 5/16	11	9 1/2	1	8	3/4	7/8	3 1/4
3 1/2 × 11	2170	1 1/4	11	9 1/2	1	8	3/4	7/8	3 1/4
3 × 11	2140	1 3/16	11	9 1/2	1	8	3/4	7/8	3 1/4
2 1/2 × 11	2250	1 1/8	11	9 1/2	1	8	3/4	7/8	3 1/4
2 × 11	2230	1	11	9 1/2	1	8	3/4	7/8	3 1/4
1 1/2 × 11	2410	1	11	9 1/2	1	8	3/4	7/8	3 1/4
6 × 13 1/2	3240	1 3/16	13 1/2	11 3/4	1 1/8	8	3/4	7/8	3 1/2
5 × 13 1/2	3450	1 7/16	13 1/2	11 3/4	1 1/8	8	3/4	7/8	3 1/2
4 × 13 1/2	3640	1 5/16	13 1/2	11 3/4	1 1/8	8	3/4	7/8	3 1/2
3 1/2 × 13 1/2	3800	1 1/4	13 1/2	11 3/4	1 1/8	8	3/4	7/8	3 1/2
3 × 13 1/2	3720	1 3/16	13 1/2	11 3/4	1 1/8	8	3/4	7/8	3 1/2
2 1/2 × 13 1/2	4005	1 1/8	13 1/2	11 3/4	1 1/8	8	3/4	7/8	3 1/2
2 × 13 1/2	4100	1 1/8	13 1/2	11 3/4	1 1/8	8	3/4	7/8	3 1/2
1 1/2 × 13 1/2	4150	1 1/8	13 1/2	11 3/4	1 1/8	8	3/4	7/8	3 1/2
8 × 16	4800	1 3/4	16	14 1/4	13/16	12	7/8	1	3 3/4

NOTA: Todas las medidas son en pulgadas.

103T06.EPS

Tabla 7 Tamaños de la brida complementaria

Tamaño		Peso por 100 piezas	Dimensiones y plantillas para taladrar							
Tamaño del tubo	Diám. ex. de brida		Sobre nodo P.	Diámetro externo R.	Círculo de perno S.	Grosor T.	Número de pernos	Diám. pernos	Diám. orificios	Longitud del perno
1	× 4 1/4	187	11/16	4 1/4	3 1/8	7/16	4	1/2	5/8	1 3/4
1 1/4	× 4 5/8	235	13/16	4 5/8	3 1/2	1/2	4	1/2	5/8	2
1 1/2	× 5	305	7/8	5	3 7/8	9/16	4	1/2	5/8	2
2	× 6	442	1	6	4 3/4	5/8	4	5/8	3/4	2 1/4
2 1/2	× 7	653	1 1/8	7	5 1/2	11/16	4	5/8	3/4	2 1/2
3	× 7 1/2	769	1 3/16	7 1/2	6	3/4	4	5/8	3/4	2 1/2
3 1/2	× 8 1/2	1010	1 1/4	8 1/2	7	13/16	8	5/8	3/4	2 3/4
4	× 9	1235	1 5/16	9	7 1/2	15/16	8	5/8	3/4	3
5	× 10	1465	1 7/16	10	8 1/2	15/16	8	3/4	7/8	3
6	× 11	1778	1 9/16	11	9 1/2	1	8	3/4	7/8	3 1/4
8	× 13 1/2	2900	1 3/4	13 1/2	11 3/4	1 1/8	8	3/4	7/8	3 1/2
10	× 16	3850	1 15/16	16	14 1/4	1 3/16	12	7/8	1	3 3/4
12	× 19	5840	2 3/16	19	17	1 1/4	12	7/8	1	3 3/4
14	× 21	7600	2 1/4	21	18 3/4	1 3/8	12	1	1 1/8	4 1/4
16	× 23 1/2	9800	2 1/2	23 1/2	21 1/4	1 7/16	16	1	1 1/8	4 1/2
18	× 25	11250	2 11/16	25	22 3/4	1 9/16	16	1 1/8	1 1/4	4 3/4

NOTA: Todas las medidas son en pulgadas.

103T07.EPS

este tipo de brida se especifica para su uso en las instalaciones de almacenamiento en frío como puertos de inspección. En ocasiones las bridas ciegas se usan con la salida NPT de ¼" y una salida de prueba como un medio temporal de probar una espiga con bridas.

9.1.7 Bridas de piso

Aunque no se usa en las líneas de agua, las bridas de piso (*Figura 52*) son útiles para los soportes de tubería. Las bridas de piso son menos caras y más ligeras en peso que las bridas complementarias, además, están diseñadas para montarse a una superficie de soporte con pernos o tornillo para madera de cabeza plana.

9.1.8 Bridas extra resistentes

Las bridas extra resistentes se usan en aplicaciones especiales en donde las presiones son altas. Las juntas usadas para estas bridas son diferentes a las que se usan para las bridas estándar. Las bridas extra resistentes tienen patrones diferentes en los orificios para pernos y diferentes requisitos para los pernos en comparación a las bridas estándar. Estas bridas son más gruesas y no son compatibles con las bridas estándar. Consulte las instrucciones del fabricante antes de realizar la instalación.

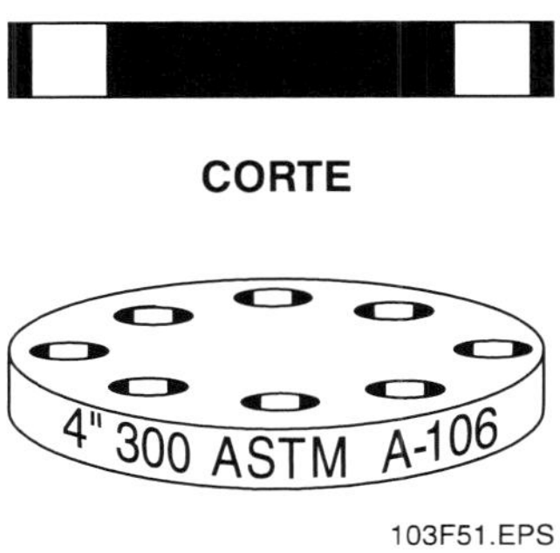

103F51.EPS

Figura 51 ◆ Brida ciega.

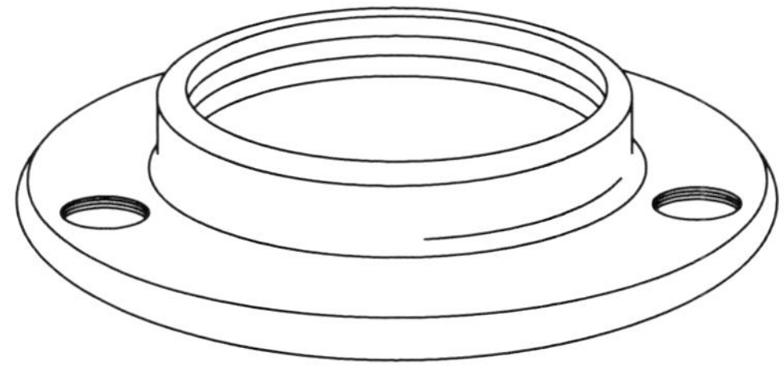

103F52.EPS

Figura 52 ◆ Brida de piso.

9.2.0 Tuercas, pernos y juntas

Para garantizar que la composición de los diversos tipos de juntas, el material de la junta y algunas juntas cumplan con las especificaciones requeridas, la Asociación de Pruebas y Materiales de Estados Unidos (ASTM) desarrolló un método para la identificación de los diferentes materiales de junta.

Las juntas están disponibles en una gran variedad de tipos y materiales. El tipo de junta usada debe concordar con las características del proceso y las condiciones de operación a las cuales estará expuesta. Por ejemplo, los diferentes materiales de junta son capaces de soportar diferentes rangos de presión y temperatura, además ciertos materiales de junta son compatibles con diferentes fluidos de proceso. En los sistemas de tubería, las juntas se colocan entre dos bridas para lograr que la junta sea hermética. La dimensión de las juntas normalmente se relaciona con el grosor del material de juntas en fracciones de pulgada. Las juntas de hule, collarín plano y cara completa se usan en los sistemas de tubería con bridas.

9.2.1 Materiales para la junta

Las juntas se fabrican de muchos tipos de materiales diferentes para cumplir con las demandas del sistema y proceso en particular en el cual están instalados. Las condiciones afectan a los tipos de junta que pueden usarse en el sistema.

NOTA

Los pernos, tuercas y juntas, referidos como BNG, se combinan usualmente en una unión conocida como unión con brida.

9.2.2 Juntas de hule

Las juntas de hule están disponibles en una gran variedad de clasificaciones de presión y temperatura de servicio. Las juntas de hule estándar negro y rojo se surten en grosores de $\frac{1}{16}$" a 1". Estas juntas se usan principalmente en sistemas de refrigeración, aire, gas y agua a baja presión y baja temperatura. Las juntas de hule se usan para vapor saturado con presiones de hasta 100 libras por pulgada cuadrada. Tienen un rango aproximado de temperatura de 20°F a 170°F.

PRECAUCIÓN

Algunos materiales de junta no son compatibles con CPVC.

9.2.3 Tipos de juntas con brida

Existen diferentes tipos de juntas que pueden empatarse con los diferentes tipos de bridas. Por ejemplo, las juntas de collarín plano se usan con las bridas de cara elevada; las juntas de cara completa se usan con las bridas correspondientes.

9.2.4 Juntas de collarín plano

Las juntas de collarín plano (*Figura 53*) se usan en las bridas con caras elevadas. El diámetro exterior de la junta de collarín plano es ligeramente más grande que el diámetro exterior de la cara elevada. Los materiales usados en la fabricación de las juntas de collarín plano pueden ser metálicas, no metálicas o una combinación de ambas. Las dimensiones de la brida de cara elevada y la clasificación de servicio de la brida determina el tamaño necesario de la junta de collarín plano.

9.2.5 Juntas de cara completa

Las juntas de cara completa se usan con las bridas de cara plana y se extienden a lo largo de todo el recorrido hasta el borde exterior de la brida. Estas juntas tienen orificios para pernos que concuerdan con los orificios de las bridas que se usan con ellas. La *Figura 54* muestra una junta de cara completa.

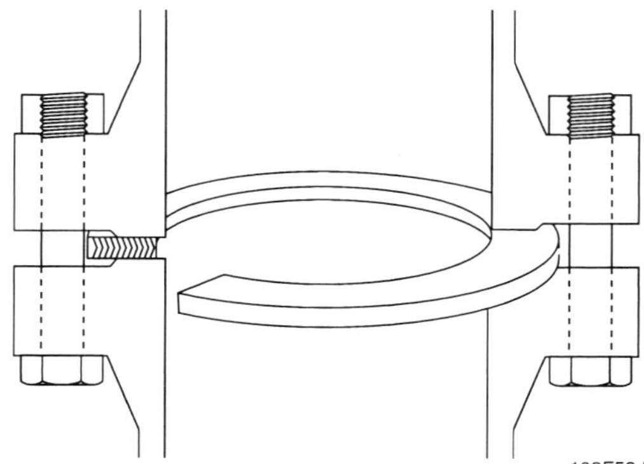

103F53.EPS

Figura 53 ◆ Junta de collarín plano.

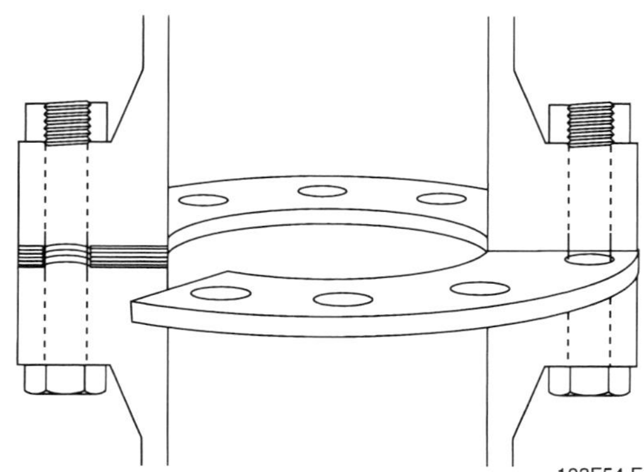

103F54.EPS

Figura 54 ◆ Juntade cara completa.

9.3.0 Pernos para bridas

Se usan dos tipos de pernos en las conexiones con brida: pernos maquinados y pernos de montaje (*Figura 55*). Los pernos maquinados tienen cabeza cuadrada o hexagonal. Los pernos de montaje están roscados en toda su longitud o están roscados por ambos extremos. Existen algunos casos en los cuales se usan tornillos de cabeza en vez de pernos. La *Figura 55* muestra los diferentes tipos de pernos para bridas.

Se deben considerar las siguientes cuatro características cuando se seleccionen pernos para bridas:

- Series y estándares de roscado
- Clases de roscado
- Designación del roscado
- Grado del sujetador

9.3.1 Series y estándares de roscado

Los roscados del sujetador se hacen conforme a los estándares establecidos. El estándar más común es el unificado o estándar americano. Los estándares unificados se han establecido para tres series de roscado, dependiendo del número de roscados por pulgada para un sujetador de diámetro determinado. Estas tres series y sus abreviaturas son las siguientes:

- *Unified National Coarse Thread (UNC)* – Es un roscado grueso utilizado para pernos, tornillos, tuercas y otros usos generales. Los sujetadores con roscados UNC se usan para un ensamblado o desensamblado de partes rápido donde puede ocurrir corrosión o daños ligeros.
- *Unified National Fine Thread (UNF)* – Es un roscado fino usado para pernos, tornillos, tuercas y otros usos en donde se requiere un roscado más fino que el UNC.
- *Unified National Extra-Fine Thread (UNEF)* – Es un roscado ultra fino usado para tubos de pared delgada, tuercas, casquillos y acoples.

9.3.2 Designación del roscado

Los roscados de pernos y tornillos están diseñados mediante un método estándar. A continuación se presentan las designaciones estándar para los roscados de pernos y tornillos:

- *Tamaño nominal* – Diámetro.
- *Número de roscados por pulgada* – Estándar para diámetros diferentes.
- *Símbolo de las series de roscado* – El estándar unificado utilizado para el roscado (UNC, UNF o UNEF).
- *Símbolo de la clase de roscado* – El grado de ajuste entre los roscados del perno y los de la tuerca.
- *Símbolo de roscado hacia la izquierda* – Está especificado por el símbolo LH. (A menos que se especifique LH, todos los roscados son hacia la derecha.)

La *Figura 56* muestra la designación del roscado para sujetadores comunes.

9.3.3 Grado del sujetador

La resistencia y calidad de un sujetador se determina fácilmente por medio de las marcas de grado especiales en la cabeza del sujetador. Estas marcas están estandarizadas por la Sociedad de Ingenieros Automotrices (*Society of Automotive*

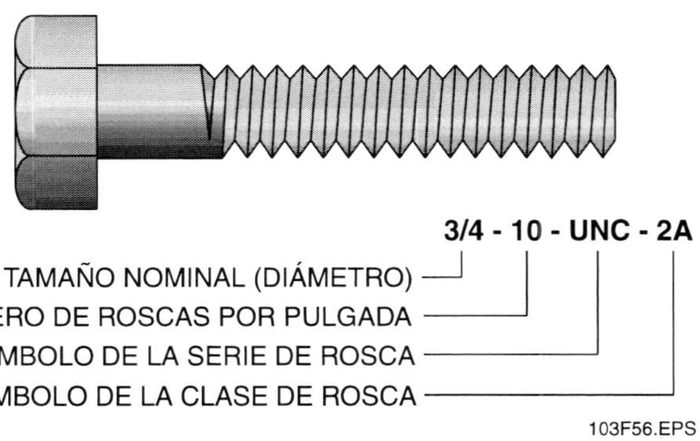

Figura 56 ◆ Designación de roscado.

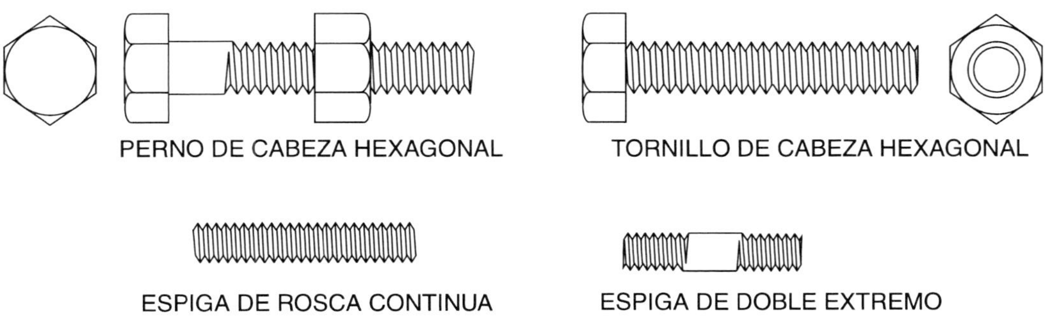

Figura 55 ◆ Pernos para bridas.

Engineers, SAE) y por la ASTM. Las marcas de grado en ocasiones se denominan marcados de línea. Los pernos de soporte están estampados únicamente por un extremo. Cuando corte los pernos de soporte, tenga cuidado de no cortar el extremo estampado.

> **PRECAUCIÓN**
> Existen en el mercado muchos pernos falsificados que no cuentan con las marcas de grado ASTM y que pueden ser pernos de calidad inferior.

9.4.0 Instalación de bridas para tubería

Los estándares ANSI requieren que los pernos para bridas siempre se monten sobre las líneas centrales horizontal y vertical, a menos que se indique lo contrario. Este montaje se conoce como el método de los dos orificios. Sin embargo, es posible que para la especificación de un trabajo se requiera que los orificios para los pernos se queden alineados con las líneas verticales y horizontales. Este montaje se conoce como el método de un orificio. La regla general es hacer referencia únicamente a una línea central, dependiendo del tipo de diagrama usado. En los diagramas de elevación, la referencia usual es la línea central vertical y en los diagramas de localización la referencia usual es la línea central norte-sur. Esta regla garantiza que todos los fabricantes se refieran a la misma línea central.

Los cuatro pasos para la instalación de la brida en la tubería son la limpieza de las piezas, la alineación de las piezas, la instalación de las juntas y el apriete de los pernos de la brida.

9.4.1 Limpieza de las piezas

Como en todas las uniones de tubería, las uniones con bridas deben limpiarse para garantizar el mejor ajuste posible. Las bridas provenientes de la fábrica y el resto del equipo con frecuencia tienen una goma u otro residuo que puede desprenderse de la cara. Las bridas con caras acanaladas deben limpiarse y estar libres de suciedad de modo que la junta se ajuste de manera apropiada. En ocasiones es necesario usar solventes para retirar la capa protectora colocada sobre las bridas en la fábrica. Revise siempre las especificaciones de diseño antes de aplicar cualquier tipo de solvente en las bridas.

Las juntas también deben limpiarse antes de su instalación. Las juntas con brida están diseñadas de modo que la cara de cada brida concuerda de manera precisa con una junta para formar un sello hermético. Se debe retirar cualquier tipo de obstrucción o residuo que pudiese provocar que las bridas se dispongan de manera incorrecta.

9.4.2 Alineado de las piezas

Es muy importante alinear de manera apropiada las bridas y los componentes para garantizar una conexión sin fugas. Primero debe limpiarse la tubería. Después de que se ha limpiado, se debe poner la tubería en su sitio y soportarse de manera apropiada. Los sujetadores y bases de soporte deben ajustarse hasta que las bridas se encuentren alineadas de manera apropiada. Se puede usar un pasador de corrimiento para alinear los orificios de los pernos. Nunca trate de alinear los orificios del perno con los dedos, pues podría lesionarse. Después de completar la alineación estará listo para instalar la junta. La *Figura 57* muestra una alineación correcta y una incorrecta.

9.4.3 Instalación de juntas

Después de haber alineado las piezas, se deben seleccionar las juntas de acuerdo al tipo de brida usada. Para fines de entrenamiento, considere que se usa una brida de cara plana y que se instala una junta de cara completa. Siga los siguientes pasos para instalar una junta de cara completa entre las bridas de cara plana:

Paso 1 Revise las especificaciones para determinar el tipo de junta necesaria.

Paso 2 Coloque la junta entre las caras de la brida.

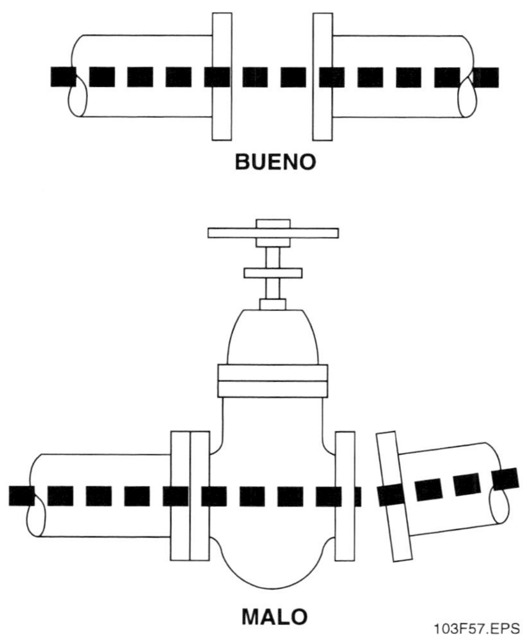

Figura 57 ◆ Alineación correcta y alineación incorrecta.

Paso 3 Sostenga la junta en su sitio, usando un pasador de corrimiento e inserte los pernos de fondo dentro de las bridas.

> **¡ADVERTENCIA!**
> Nunca use los dedos para sostener la junta en su sitio. Use un pasador de corrimiento para evitar aplastarse los dedos.

Paso 4 Inserte todos los pernos a través de los orificios de perno en la brida.

Paso 5 Coloque las tuercas en los pernos y apriételas con los dedos.

Si se usan bridas con cara elevada, instale una junta con collarín plano. Siga estos pasos para instalar una junta de collarín plano entre las bridas de cara elevada:

Paso 1 Inserte los pernos de fondo dentro de las bridas.

Paso 2 Lubrique las juntas como sea necesario.

Paso 3 Coloque la junta entre las caras de la brida.

Paso 4 Inserte todos los pernos a través de los orificios para pernos en la brida.

Paso 5 Coloque las tuercas en los pernos y apriételas con los dedos.

9.4.4 Apriete de los pernos para brida

Los pernos para brida deben apretarse con cuidado para evitar marcar a la brida. Si los pernos no se aprietan correctamente, la unión puede presentar fugas o fisuras. Se debe aplicar la cantidad correcta de presión, de manera uniforme y en la secuencia de apriete correcta para lograr un buen sellado. La *Figura 58* muestra la secuencia de apriete apropiada para los pernos de la brida.

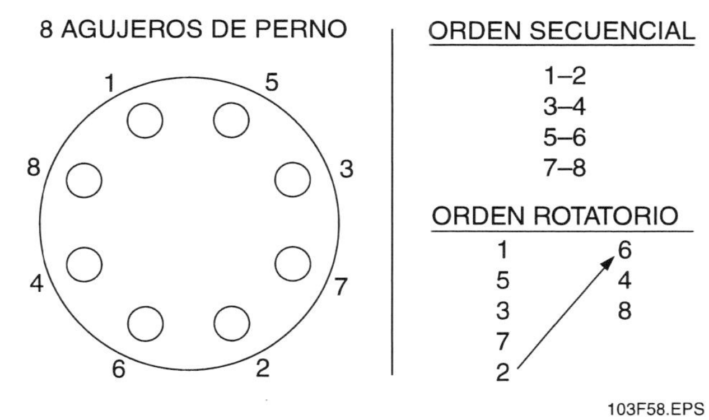

Figura 58 ◆ Secuencia de apriete apropiada.

10.0.0 ◆ DETERMINACIÓN DE LAS LONGITUDES DE TUBERÍA ENTRE PIEZAS

Para determinar la longitud de la tubería entre dos piezas, el encargado de la instalación del rociador debe determinar el takeout de las piezas. El takeout, también referido como toma o reducción, se refiere a las dimensiones de la pieza dentro de un tendido de tubería. Es esencial conocer el takeout de las piezas cuando se determinan las longitudes de tubería recta.

10.1.0 Takeouts

Normalmente, el takeout que se especifica en los planos usa dimensiones de centro a centro. La tubería en realidad no se extiende de centro a centro. Si lo hiciese, la salida lateral en una "T" podría bloquearse. Cuando se corta la tubería, se requiere un poco menos de la dimensión de centro a centro. Debe aplicarse una longitud de takeout, también referida como libramiento de roscado, para obtener las dimensiones de corte de la tubería. Este es el espacio permisible para la pieza. En el trabajo de sistemas de rociadores, takeout es la dimensión que se resta de la medida de centro a centro, de modo que cuando se unen la tubería y las piezas, la dimensión de centro a centro sea la correcta.

La reposición (o "makeup") es el término usado para describir la cantidad de tubería que debe enroscarse dentro de una pieza roscada. La dimensión de cara a cara, o **soporte a soporte**, de una pieza roscada y la reposición (o "makeup") se usa para calcular el takeout. La *Figura 59* muestra las convenciones para el takeout.

Las válvulas como los vástagos exteriores y estribos (OS&Ys), válvulas de control y válvulas de alarma y las piezas roscadas, ocupan espacio dentro del tendido de la tubería. Para que el sistema ajuste de manera apropiada, se debe incluir en el diseño las dimensiones de estas válvulas. En la creación del diagrama del rociador, el detalle de las longitudes de corte de la tubería se refieren como corte de tubería, incluso cuando el proceso real sea simplemente el cálculo de una cifra. En ocasiones, el encargado de la instalación debe cortar físicamente la tubería considerando las condiciones del trabajo local. En estas circunstancias el instalador debe calcular takeouts.

Las cifras de takeouts en esta sección se desarrollaron a partir de las instrucciones de los fabricantes. Los datos en estas figuras se usan con los ejercicios y el módulo de examen. Los takeouts son útiles para realizar cambios en campo y para el diseño del arreglo de los rociadores. Los diferentes fabricantes usan distintos diseños y por lo tanto los takeouts podrán diferir.

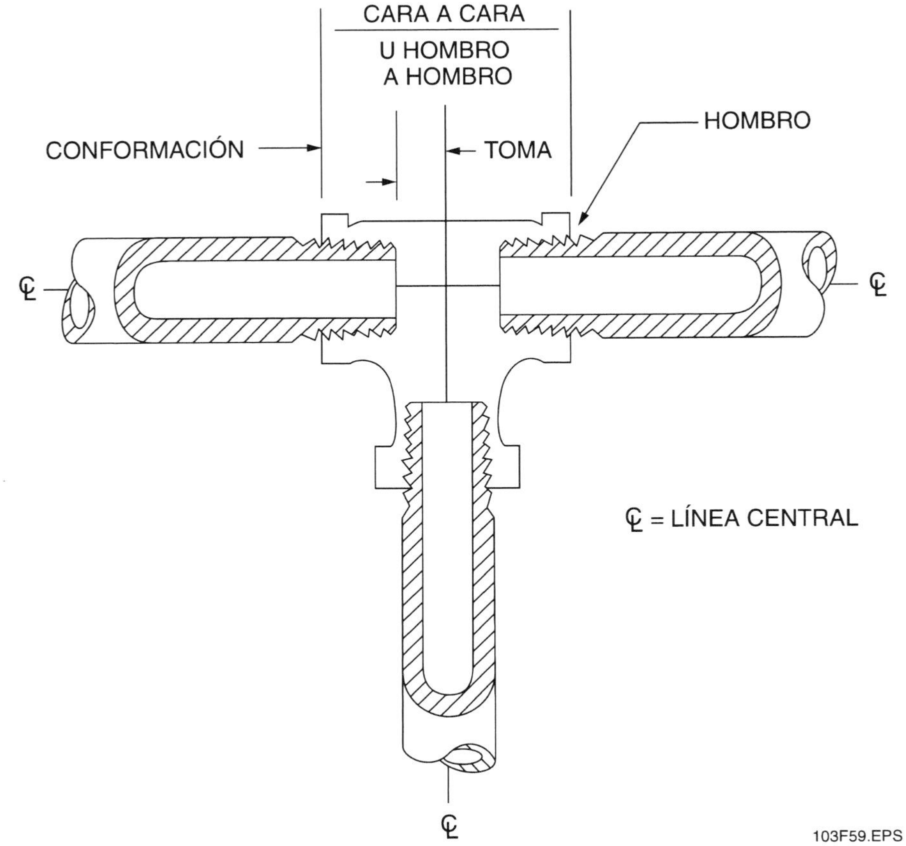

Figura 59 ◆ Convenciones para takeout.

10.2.0 Piezas roscadas

Los takeouts de piezas roscadas con conexiones a 90 grados pueden aplicarse en piezas "T" y codos a 90 grados. Cada fabricante de piezas roscadas tiene sus propios moldes, de modo que las dimensiones de los mismos pueden variar ligeramente de un fabricante a otro. Esto da como resultado variaciones ligeras en takeouts relacionados. Además, con un fabricante determinado, existen diferencias en los takeouts con las diferentes "T" con reducción. Con las piezas roscadas existen dos takeouts que necesitan agregarse, uno para cada extremo de la tubería. La *Tabla 8* muestra una tabla de takeouts para las piezas roscadas.

10.2.1 Tolerancias

Los takeouts en la *Tabla 8* están dimensionados a ¹⁄₁₆". La mayoría de los talleres de fabricación de tubería únicamente dimensionan tubería hasta ½", aunque algunos talleres operan con una precisión de hasta ¼". En realidad, con un poco de cuidado, la tubería se puede cortar de manera consistente hasta con una precisión de ⅛". En un taller de maquinado las dimensiones pueden cortarse hasta una tolerancia de 0.001"; sin embargo entre más preciso sea el corte más cara será la tubería.

Tenga presente que las mediciones en campo generalmente tienen una precisión de únicamente ±½". En la industria de la construcción, normalmente es suficiente una tolerancia de ±½". Se presentan excepciones cuando se cortan caídas y cuando se centran los cabezales en lozas de techo. También se requiere de precisión para los sistemas con malla y cuartos de bombas. Su taller de fabricación puede usar de manera rutinaria una tolerancia de ¼". Se pueden usar los siguientes principios, aunque están basados en una tolerancia de ±½", para lograr su meta para la tolerancia si ésta es menor de ½".

En el diseño, cuando hay un takeout con un valor como 2¼", puede redondearse hacia arriba o abajo para representar un incremento de ½". (Si su objetivo para la tolerancia es de ±¼", se aplica el mismo razonamiento para un valor de 2⅛".) Para la primera de dichas dimensiones, no importa hacia dónde se aplique el redondeo; sin embargo el segundo takeout con el mismo valor debe redondearse en la dirección contraria. Esto es 2¼" + 2¼" = 4½". El resultado final alcanzado es: 2" + 2½" = 4½" o 2½" + 2" = 4½". Si aplicamos el proceso como 2½" + 2½", el resultado de 5" presenta un exceso de ½". Al realizar el redondeo en incrementos de ½", mantenga un registro de qué se ha sumado o restado en el proceso de redon-

Tabla 8 Tabla de takeouts para las piezas roscadas

Tubería en el ángulo recto de tubería a cortar	Tamaño de tubería en la corrida: 1/2	3/4	1	1 1/4	1 1/2	2	2 1/2	3	3 1/2	4	5	6	8	CODO DE 45°	Presentación de tubería
1/2	5/8	3/4	9/16	5/8	3/4	13/16	9/16	7/8	7/8	13/16	1 1/16	–	–	3/8	–
3/4	3/4	3/4	3/4	3/4	13/16	15/16	13/16	7/8	7/8	15/16	1 1/16	1 1/2	–	7/16	–
1	7/8	7/8	7/8	7/8	15/16	1 1/16	1	1 1/16	7/8	1 1/2	1 1/16	1 1/2	–	1/2	5/8
1 1/4	1	1 1/16	1 1/16	1 1/16	1 1/8	1 3/16	1 1/8	1 3/16	1	1 1/4	1 1/16	1 1/2	2 1/16	5/8	11/16
1 1/2	1 3/16	1 3/16	1 3/16	1 3/16	1 1/4	1 5/16	1 1/4	1 5/16	1 3/16	1 3/8	1 1/2	1 5/8	2 1/16	3/4	11/16
2	1 3/8	1 7/16	1 3/8	1 7/16	1 1/2	1 9/16	1 7/16	1 9/16	1 3/8	1 5/8	1 11/16	1 3/4	2 1/16	1	11/16
2 1/2	1 15/16	1 11/16	1 11/16	1 11/16	1 13/16	1 15/16	1 3/4	1 13/16	1 5/8	1 15/16	2	2 1/8	2 5/16	1	15/16
3	2 1/8	2 1/16	2 1/16	2 1/16	2 1/8	2 1/4	2 1/8	2 1/16	1 15/16	2 3/16	2 1/4	2 3/8	2 5/8	1 3/16	1
3 1/2	2 3/4	2 11/16	2 5/8	2 9/16	2 9/16	2 11/16	2 3/8	2 1/4	2 3/8	2 1/4	2 1/2	2 5/8	3 1/8	1 1/16	1 1/16
4	2 5/8	2 9/16	2 9/16	2 9/16	2 5/8	2 3/4	2 9/16	2 5/8	2 1/2	2 11/16	2 3/4	2 7/8	3 1/8	1 1/2	1 1/2
5	3 1/2	3 7/16	3 3/8	3 5/16	3 1/4	3 7/16	3 3/16	3 1/4	3 1/4	3 5/16	3 1/4	3 3/8	3 5/8	1 13/16	1 1/2
6	–	3 7/8	3 13/16	3 3/4	3 13/16	3 15/16	3 3/4	3 3/4	3 11/16	3 13/16	3 3/4	3 7/8	4 3/16	2 3/16	1 1/2
8	–	–	–	5 1/8	5 1/8	5 1/8	5 1/16	5 1/16	5 1/8	5 1/16	5	5 1/8	5 3/16	2 7/8	1 3/8

NOTA: Todas las medidas son en pulgadas.

103T08.EPS

deo, de modo que se equilibren las sumas y las restas. Esto evita que se acumulen los valores de tolerancia.

10.2.2 Uso de la tabla para takeout

La *Figura 60* muestra el diseño de un sistema de rociadores típico que usa tubería de acero de 3", Programa 40. Use la información de la *Tabla 8* para determinar las longitudes de corte de la tubería requeridos en la *Figura 60*.

La distancia de centro a centro entre las líneas de derivación es de 12' y 6", pero la longitud de corte se encuentra restando takeouts de la distancia de centro a centro. La cantidad de takeout se relaciona específicamente con la tubería en ángulos rectos.

Lea el valor a lo largo de la parte superior de la *Tabla 8* hasta llegar a las 3". Después muévase hacia abajo de la columna hasta encontrar la hilera de 1 1/2". El valor de takeout para nuestra combinación de tubería y piezas es de 1 5/16". Este es el valor de takeout para uno de los lados de esa pieza, con una tubería de 3" con un redondeo en la tubería de 1 1/2" en ángulos rectos.

Cuando se corta la tubería entre dos de estas conexiones, se quita 1 5/16" en A y 1 5/16" en B. De ese modo, el takeout total para esta pieza de tubería es de 1 5/16" + 1 5/16" = 2 5/8". El incremento más cercano a 1/2" es 2 1/2". Como consecuencia, debe usarse un takeout de 2 1/2" pero manteniendo en mente el hecho de que el tramo de tubería se corta 1/8" más largo.

Para mantener de manera precisa las dimensiones de centro a centro, debemos reducir la tu-

A NIVEL

Dirección de instalación de la tubería

Cuando se instale tubería para cualquier sistema, comience con la tubería en la fuente y trabaje hacia la unidad que se está instalando. Si se suministran especificaciones y planos para los trabajos, éstos deberán seguirse cuando se instalen los tendidos de tubería. Mida y corte la tubería a medida que se realice la instalación para garantizar una apariencia uniforme. Si la unidad aún no está en su lugar, tienda la tubería hasta la ubicación aproximada de la unidad y coloque un tapón o tapa en la tubería. El tendido final puede completarse cuando la unidad se encuentre en su lugar. Si existe una hoja con la especificación de material para el trabajo, revise la hoja para conocer la información de la ubicación aproximada de la unidad y tienda la tubería hasta la misma. Si la unidad se coloca de manera estimada en el lado erróneo, la mayoría de las unidades cuentan con una disposición que permite que la tubería se instale desde dos o más lados.

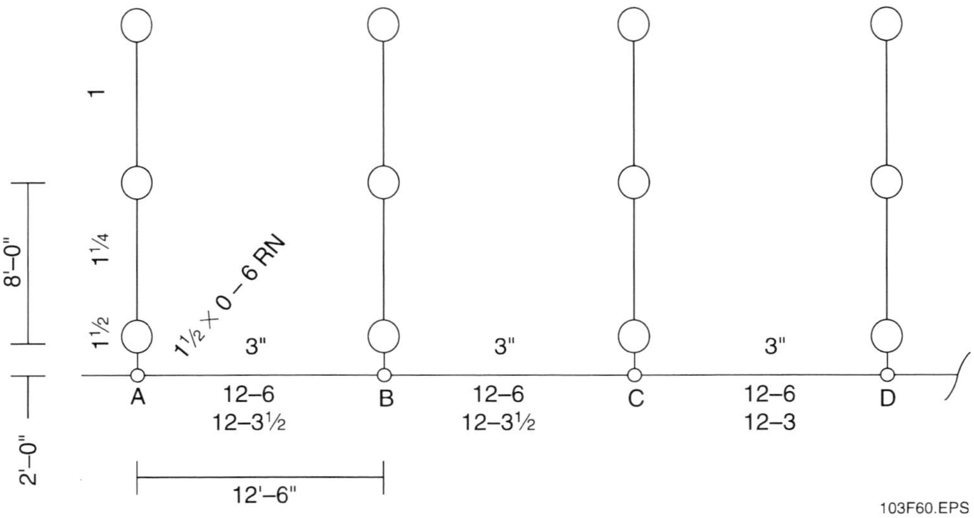

Figura 60 ◆ Diseño típico de un sistema de rociadores.

bería en ⅛". Siguiendo con el segmento de la línea de B a C, tenemos dos takeouts de 1 5/16". El takeout total que necesitamos ahora es de 2⅝" + ⅛" (sobrante) = 2¾". Si redondeamos a 2½", el corte tiene ¼" adicional. Si redondeamos a 3", el corte tiene ¼" menos. Para los fines de este módulo usamos 2½" para el takeout.

Con el segmento de línea de C a D, nuevamente el takeout es de 2⅝". Si usamos 2½" para el takeout, el corte tendrá ⅜" adicionales. En este caso, tomamos el exceso de ¼" y lo sumamos al takeout de 2⅝" para obtener un takeout total necesario de 2⅞". Redondeando al incremento de ½" más cercano, usamos un takeout de 3". Por lo tanto, el corte tiene ⅛" de menos. En todos los casos, este enfoque garantiza que las dimensiones del corte identificado nunca tengan una diferencia mayor de ¼" del valor correcto. Para mantener nuestra precisión de ½", esto significa que el encargado de la instalación debe cortar físicamente la tubería con una precisión de ±¼". Note que la línea principal en la *Figura 60* se ha dimensionado con un diámetro de tubería nominal sobre la parte superior de la línea. Por debajo de esta línea, primero anotamos la dimensión de centro a centro y debajo de la misma la longitud de corte planificada.

10.3.0 Salidas con soldadura

Los dos tipos más comunes de salidas con soldadura son los modelos roscados y acanalados. Las salidas roscadas se usan particularmente para las conexiones con roscado pequeño (líneas de derivación, niples del elevador o salidas del rociador) para tuberías de pared delgada. La salida acanalada se usa cuando la conexión es de tubería de Programa 10. Es importante que el instalador comprenda los takeouts necesarios para las salidas con soldadura. La *Tabla 9* muestra takeouts para las salidas con soldadura.

10.4.0 Piezas con bridas

Las piezas con bridas tienen una junta de ⅛" entre las dos bridas. Por ejemplo, en un cuarto de bombas debe haber tres o cuatro conexiones con bridas en series. Si no se considera la acumulación (4 × ⅛" = ½"), esto puede dar como resultado que el material no se ajuste. Esta es un área en donde debe considerarse la precisión de ¼", lo cual requiere que la tubería se dimensione y corte a una precisión de ⅛". La *Tabla 10* enumera los takeouts para piezas con brida específicas. Nótese que estas dimensiones son de cara a cara y de brida a brida. Las juntas deben agregarse cuando se corta la tubería. Por ejemplo, cuando se usa una válvula de contensión Mueller de 4", se debe permitir un espacio de 12⅞", de brida a brida, cuando se realiza el tendido de la tubería. Con una junta a cada lado, se debe permitir un total de 13⅛" para esta instalación.

10.5.0 Piezas con roscado y brida

Las piezass con roscado y brida tienen uno de sus lados con conexión roscada. Mientras que el otro es para una conexión con brida. En el pasado éstos se usaron en las conexiones del departamento de bomberos a un elevador debido a que tenían un radio de giro corto que conserva el espacio. Esta es un área en donde también debe indicarse el uso de un dimensionado de ¼". Los takeouts para estas piezas se muestran en la *Tabla 10*.

Tabla 9 Takeouts para las salidas con soldadura

	Tamaño de tubería en la corrida											
Takeouts de roscas hembra soldadas												
		1	1 1/4	1 1/2	2	2 1/2	3	3 1/2	4	5	6	8
Tamaño de salida	1/2	1 5/16	1 1/2	1 13/32	1 21/32	1 29/32	2 7/32	2 15/32	2 23/32	3 1/4	3 25/32	4 25/32
	3/4	1 5/32	1 21/64	1 29/64	1 11/16	1 15/16	2 1/4	2 1/2	2 3/4	3 9/32	3 13/16	4 13/16
	1	1 3/16	1 23/64	1 31/64	1 23/32	2	2 9/32	2 17/32	2 25/32	3 5/16	3 27/32	4 27/32
	1 1/4	1 3/16	1 31/64	1 39/64	1 27/32	2 1/8	2 13/32	2 21/32	2 29/32	3 7/16	4	4 15/16
	1 1/2	1 13/32	1 19/32	1 45/64	1 15/16	2 3/16	2 1/2	2 3/4	3	3 17/32	4 5/64	5 1/16
	2	1 11/32	1 25/32	1 53/64	2 1/16	2 5/16	2 5/8	2 7/8	3 1/4	3 21/32	4 3/16	5 1/8
	2 1/2	1 51/64	1 25/32	2 5/64	2 5/16	2 9/16	2 7/8	2 1/8	3 3/8	3 15/16	4 7/16	5 7/16
Tamaño de salida	1	3 21/32	3 53/64	3 61/64	4 3/16	4 7/16	4 3/4	5	5 1/4	5 25/32	6 5/16	7 5/16
	1 1/4	–	3 53/64	3 61/64	4 3/16	4 7/16	4 3/4	5	5 1/4	5 25/32	6 5/16	7 5/16
	1 1/2	–	–	3 61/64	4 3/16	4 7/16	4 3/4	5	5 1/4	5 25/32	6 5/16	7 5/16
	2	–	–	–	4 3/16	4 7/16	4 3/4	5	5 1/4	5 25/32	6 5/16	7 5/16
	2 1/2	–	–	–	–	4 7/16	4 3/4	5	5 1/4	5 25/32	6 5/16	7 5/16
	3	–	–	–	–	–	4 3/4	5	5 1/4	5 25/32	6 5/16	7 5/16
	4	–	–	–	–	–	–	–	6 1/4	6 25/32	7 5/16	8 5/16
	6	–	–	–	–	–	–	–	–	–	7 5/16	8 5/16
	8	–	–	–	–	–	–	–	–	–	–	8 5/16
Takeouts de salidas acanaladas soldadas												

Dimensión de tabla

NOTA: Todas las medidas son en pulgadas.

103T09.EPS

Tabla 10 Takeouts para roscado-brida, con bridas y otras piezas

Tamaño		1/2	3/4	1	1 1/4	1 1/2	2	2 1/2	3	3 1/2	4	5	6	8
F.T. CODO ℄ a F.	90°	–	–	–	–	–	–	2 11/16	3 1/16	3 7/16	3 3/4	4 1/2	5 1/8	6 9/16
	45°	–	–	–	–	–	–	1 15/16	2 3/16	2 1/8	2 5/8	3 1/16	3 7/16	4 1/4
Codos con bridas y "T" ℄ a F.	90°	–	–	–	–	–	–	5	5 1/2	6	6 1/2	7 1/2	8	9
	45°	–	–	–	–	–	–	3	3	3 1/2	4	4 1/2	5	5 1/2
C.I. CODOS	90°	5/8	3/4	7/8	1 1/16	1 1/4	1 9/16	1 3/4	2 1/16	2 3/8	2 11/16	3 1/4	3 7/8	5 3/16
	45°	3/8	7/16	1/2	5/8	3/4	1	1	1 3/16	1 1/16	1 1/2	1 13/16	2 3/16	2 7/8
Verif. balanceo F. a F.	M&H & Kennedy	–	–	–	–	–	10	10 1/4	–	13	15	16	19	–
	Mueller	–	–	–	–	–	–	9 1/8	10 3/8	11 3/4	12 7/8	14 1/8	16 1/2	19 1/2
	Stockham	–	–	–	–	–	–	10	11	–	13 1/8	15	16	20
Verif. atornill. VA, ℄ a Fin		–	1 1/8	1 3/8	1 13/16	1 7/8	2 5/16	–	–	–	–	–	–	–
OS&Y con bridas Válvula de compuerta	F. a F.	–	–	–	–	–	–	7 1/2	8	8 1/2	9	10	10 1/2	11 1/2
	℄ a VA a Fin de espiga	–	–	–	–	–	–	15 7/8	16 7/8	19	20 3/4	26	30	39 3/4
Atornill. OS&Y, VA. ℄ a Fin		–	3/4	7/8	15/16	1 1/16	1 3/16	–	–	–	–	–	–	–
Válvula de compuerta ℄ a Fin		–	1 1/16	1 1/4	1 1/2	1 11/16	2 1/16	–	–	–	–	–	–	–
Estándar Brida Complementaria	FLG. DIA.	–	–	4 1/2	4 5/8	5	6	7	7 1/2	8 1/2	9	10	11	13 1/2
	Número pernos	–	–	4	4	4	4	4	4	8	8	8	8	8
	B&N	–	–	1/2 × 1 1/2	1/2 × 2	1/2 × 2	5/8 × 2 1/4	5/8 × 2 1/4	5/8 × 2 1/2	5/8 × 2 3/4	5/8 × 3	3/4 × 3	3/4 × 3 1/4	3/4 × 3 1/2
T.O. para G.J. Unión		13/16	7/8	13/16	1 1/8	1 1/4	1 3/16	–	–	–	–	–	–	–

NOTA: Todas las medidas son en pulgadas.

103T10.EPS

10.6.0 Acoples acanalados con juntas

Las piezas acanalados y con juntas se considera que no requieren takeouts con holgura, sin embargo cuando se presurizan, los acoples acanalados con juntas pueden expandirse de ⅛" a ¼" por unión. Los resultados de esta expansión pueden generar un problema serio en un elevador de tubería vertical/rociador en un edificio alto. En un edificio de 50 pisos de alto, ⅛" × 50 = 6½" o 50 × ¼" = 1'-1". Para evitar este problema, use las abrazaderas del elevador en la parte superior e inferior de las penetraciones del piso y use acoples que no sean flexibles.

Si no se necesita la flexibilidad de una unión acanalada, use un acople rígido. Si se requiere la flexibilidad de un acople juntado normal, considere el efecto agregado de la serie de ellos. El estiramiento de las líneas principales, por ejemplo, podría resultar en un espacio adicional de líneas de derivación. En un tendido largo de tubería, se puede dar como resultado la interferencia con los sujetadores o las piezas.

10.7.0 Piezas acanaladas

Existen numerosas piezas acanaladas disponibles para su uso en los sistemas de rociado. Algunos de ellos tienen los mismos takeouts, sin embargo algunos productos nuevos podrían diferir. Por ejemplo, una pieza acanalada Fire-Lok® es un producto que tiene una dimensión más corta de centro a centro en comparación a las piezas acanaladas estándar y tiene requisitos especiales de instalación. Estos deben usarse únicamente junto con los acoples Fire-Lok®. El uso de otros productos con los de Fire-Lok® puede dar como resultado una interferencia con el acolchado del perno.

Las piezas acanaladas Fire-Lok® se usan en las conexiones para válvulas, líneas principales de sistemas contra incendio y tendidos rectos largos debido a su rigidez. Revise los datos del fabricante para conocer los takeouts y requisitos de instalación. La *Tabla 11* muestra los takeouts para las piezas acanaladas estándar.

10.8.0 Piezas de extremo simple

Las piezas de extremo simple se encuentran disponibles en varios tamaños y combinaciones de reducción. Revise la hoja de datos del fabricante para conocer las dimensiones de takeout.

10.9.0 Dispositivos

Las dimensiones se proporcionan cara a cara con los dispositivos con bridas. En las piezas roscadas, los valores dados son de la línea central al extremo. Con las piezas roscadas, la reposición (o "makeup") de la tubería debe restarse de la medida de línea central al extremo para identificar el takeout realmente requerido. La autoridad final en estos takeouts es el fabricante. A medida que se lanzan al mercado nuevos productos, la información sobre takeouts puede requerir actualizaciones. No se muestran datos para las alarmas, tubos secos o válvulas de inundación debido a que éstas varían de un fabricante a otro y de un estilo a otro. Los takeouts para las válvulas se obtienen directamente de los datos del fabricante.

NOTA
Existen dos tipos de piezas acanaladas que varían del estándar de la industria debido a que tienen piezas especiales a 90 grados con takeouts especiales. Revise las instrucciones del fabricante para obtener la información específica.

Tabla 11 Takeouts para las piezas acanaladas estándar

Tamaño nominal de tubería	1	1¼	1½	2	2½	3	3½	4	5	6	8
STD CODO DE 90°	2¼	2¾	2¾	2¼	3¾	4¼	4½	5	5½	6½	7¾
STD CODO DE 45°	1¾	1¾	1¾	2	2¼	2½	2¾	3	3¼	3½	4¼
STD CODO DE 22°	3¼	1¾	1¾	3¾	4	4½	3½	2⅞	2⅞	6¼	7¾
STD CODO DE 11°	1⅜	1⅜	1⅜	1⅜	1½	1½	1¾	1¾	2	2	2
STD "T" y Cruz	2¼	2¾	2¾	3¼	3¾	4¼	4½	5	5½	6½	7¾

NOTA: Todas las medidas son en pulgadas.

103T11.EPS

Preguntas de repaso

1. La tubería galvanizada es la tubería que se ha _____.
   a. pintado con un recubrimiento de aluminio
   b. rociado con galvanizado
   c. inmerso en una mezcla de zinc caliente
   d. roscada usando una herramienta de roscado manual

2. Una ventaja del acero inoxidable es que éste es _____.
   a. económico
   b. fácil de roscar
   c. resistente a la corrosión
   d. difícil de unir de manera hermética

3. El grosor de la pared de la tubería de Programa 40 y Programa 80 es la misma; lo que es diferente es el diámetro externo.
   a. Verdadero
   b. Falso

4. El tipo de tubería requerido por FM en los sistemas en seco es _____.
   a. galvanizada
   b. de hierro negro
   c. de cobre
   d. CPVC

5. ¿Cuál de las siguientes afirmaciones es correcta acerca de la tubería de pared delgada?
   a. Puede usarse en los trabajos con rociadores mientras se diseñen con tubería delgada que cumpla con la norma *NFPA 13*.
   b. Debe ser de Programa 40 o más gruesa, independientemente del uso.
   c. Puede usarse en los edificios de un solo piso.
   d. Puede usarse si está Registrada específicamente para la aplicación.

6. Las herramientas mostradas en la *Figura 1* se usan para _____.
   a. el corte de tubería
   b. el roscado de tubería
   c. retirar las rababas de la tubería
   d. la limpieza del cabezal del dado

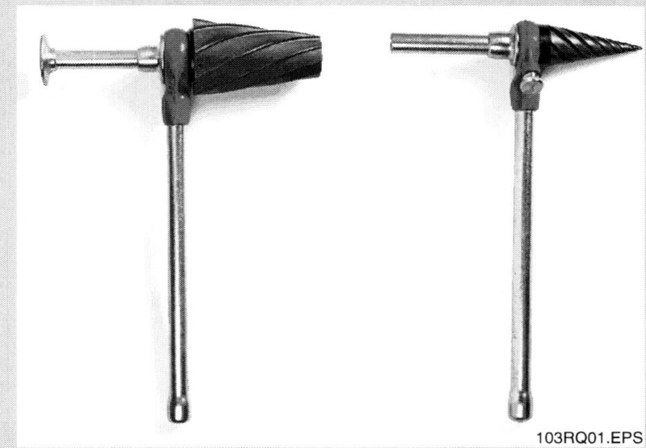

Figura 1

7. En la designación del roscado de $\frac{3}{8}$-18-NPT, el 18 representa el número de roscas por pulgada.
   a. Verdadero
   b. Falso

8. Dada una tubería roscada apropiadamente, una pieza roscada debe ser capaz de enroscarse a mano _____ vueltas completas.
   a. 1 a 2
   b. 2 a 3
   c. 3 a 4
   d. 4 a 5

9. Se puede usar cualquier compuesto para roscado de alta calidad en cualquier tubería del sistema de rociado.
   a. Verdadero
   b. Falso

10. El método más común para el acanalado de la tubería utilizado en el trabajo de instalación del rociador es el método de acanalado por corte.
    a. Verdadero
    b. Falso

Preguntas de repaso

Figura 2

11. La pieza mostrada en la *Figura 2* es un(a) _____.
    a. tapa
    b. acople
    c. niple
    d. reductor

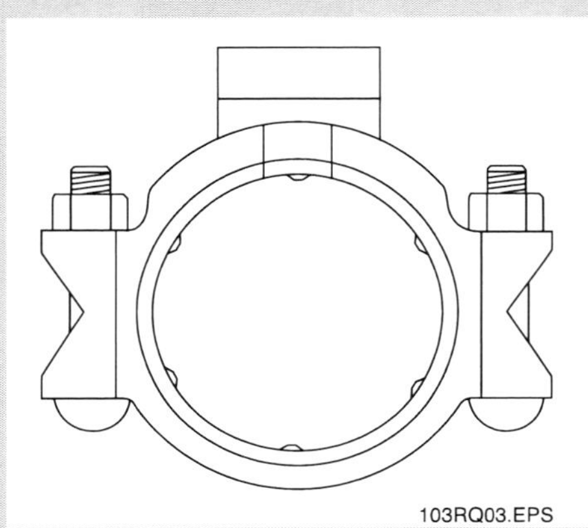

Figura 3

12. El componente mostrado en la *Figura 3* es un _____.
    a. reductor excéntrico
    b. acople reductor
    c. "T" redondeada
    d. acople de salida

13. Las uniones con bridas son más comunes en los sistemas de rociadores con conexiones menores a 2" de diámetro interno.
    a. Verdadero
    b. Falso

14. El término takeout se refiere a _____.
    a. la cantidad de tubería que se enrosca dentro de la pieza roscada
    b. el espacio entre la reposición (o "make-up") de la pieza y el centro de la misma
    c. la distancia entre los extremos roscados de las tuberías conectadas con el segmento recto de la "T"
    d. la dimensión de soporte a soporte de la pieza

15. La dimensión de takeout es la misma para todas las piezas acanaladas.
    a. Verdadero
    b. Falso

Resumen

La tubería de acero es el tipo usado más frecuentemente en el trabajo de instalación de los rociadores. La tubería de acero puede unirse con piezas roscadas, piezas de unión acanaladas, bridas o acoples de extremo simple.

La tubería roscada es el material más versátil y ampliamente utilizado para la unión de la tubería, además de que es relativamente sencilla de instalar. Toda la tubería se enrosca conforme con los estándares nacionales. El roscado de tubería estrecho o NPT, es el usado más comúnmente en las tuberías y piezas para aplicaciones comerciales e industriales a baja presión. El sistema de tuberías roscado requiere un compuesto para el roscado y un ensamble apropiado para garantizar una unión hermética e impermeable.

La habilidad para instalar la tubería de acero conforme con los requisitos del trabajo es una destreza que debe desarrollar cada uno de los instaladores de rociadores. Este módulo le ha presentado los fundamentos para la instalación de tubería de acero. Todo lo que tiene que hacer es poner en práctica estos fundamentos para llegar a ser un trabajador capacitado en la industria de la instalación de sistemas de rociadores.

Notas

Cuestionario de términos clave

1. Un codo que tiene un roscado macho y un roscado hembra es un(a) ____________.
2. Un(a) ____________ está formado(a) mediante la presión del metal alrededor de la tubería.
3. El estándar de los Estados Unidos de Norteamérica para los roscados de tubería es el/la ____________.
4. Uno de los compuestos para roscado aplicados en los roscados macho en una tubería es el/la ____________.
5. Una pieza con conexión de brida en un extremo y roscado por el otro se conoce como ____________.
6. Un(a) ____________ forma un ángulo entre tuberías adyacentes.
7. Una pieza con cuatro derivaciones, todas en ángulo recto con respecto a las demás es un(a) ____________.
8. Una pieza de tubería de aproximadamente dos veces la longitud del roscado estándar y roscado por ambos es un(a) ____________.
9. Un(a) ____________ es una pieza de tubería que es un tapón ahuecado con roscado interno y externo.
10. El/la ____________ se coloca alrededor de los roscados machos de una tubería antes de que la tubería se enrosque dentro de una pieza.
11. Una línea principal de suministro horizontal o vertical que se tiende a través del edificio y que tiene válvulas para manguera en cada piso es ____________.
12. Una tubería que no tiene acanalado en el extremo y al que se le han retirado todas las imperfecciones se conoce como ____________.
13. El/la ____________ es un material para las piezas metálicas usado generalmente para las aplicaciones para aire y agua.
14. Un(a) ____________ se usa para sellar una unión entre las superficies metálicas para evitar que el gas o líquido entre o escape.
15. ____________ se refiere a tubería más gruesa que la estándar o apropiada para válvulas a presiones de trabajo elevadas.
16. Una pieza que se desplaza a un lado de la línea central de la menor de dos tuberías que se están uniendo es un(a) ____________.
17. Un(a) ____________ se usa para conectar una pieza o brida directamente a la tubería roscada.
18. Un(a) ____________ se usa generalmente en aplicaciones para agua y tiene una clasificación de 125 o 250.
19. Una pieza que tiene una salida por un extremo a 90 grados del tendido es un(a) ____________.
20. Un(a) ____________ es una pieza de tubería roscada por ambos extremos con una longitud menor de 12".
21. El/la ____________ es el término usado para describir la cantidad de tubería que debe enroscarse dentro de una pieza roscada.
22. ____________ se refiere al tipo de hierro fundido en el cual se agrega magnesio al hierro gris fundido para reducir su carácter quebradizo.
23. Un término usado para describir la dimensión cara a cara de una pieza es ____________.
24. Una placa metálica maquinada para mantener a otras piezas en su sitio, para ofrecer una superficie de soporte u ofrecer medios para evitar que las piezas queden sueltas se conoce como ____________.
25. Un(a) ____________ se forma alrededor de la tubería mediante el corte del material de la tubería.
26. La tubería cuyos extremos se han preparado ya sea por parte del fabricante o en el taller se denomina como tubería de ____________.
27. Un acople que mantiene la misma línea central entre dos tuberías a las cuales une es un(a) ____________.

Cuestionario de términos clave

Términos clave

Acanalado por corte
Acanalado por rolado
Brida complementaria
Cinta de Teflón®
Codo
Codo de calle
Contrachaveta
Cruz
Dúctil
Extra resistente
Extremo preparado
Extremo simple
Hierro fundido
Hierro maleable
Junta
Niple
Niple Cerrado
Norma nacional de roscado de tubería (*National Pipe Thread*, NPT)
Pieza "T"
Reductor
Reductor concéntrico
Reductor excéntrico
Reposición (o "makeup")
Roscado con brida
Soporte a soporte
Teflón® líquido
Tubería vertical

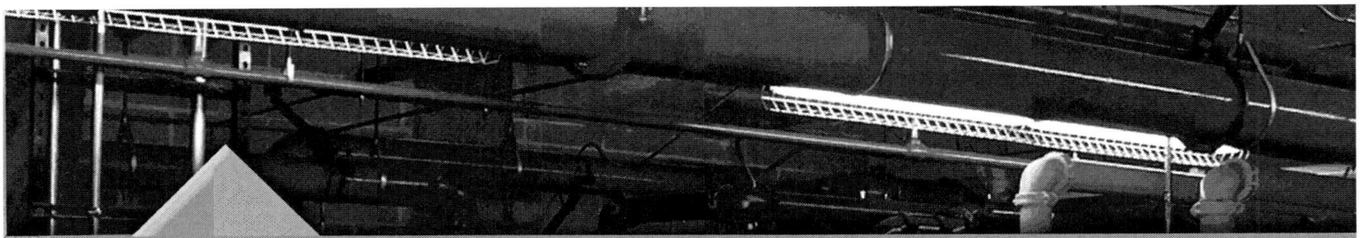

Perfiles de éxito

Martha Graizer, Advanced Fire Protection

Diseñadora de sistemas
Advanced Fire Protection
Woodlinville, Washington

Martha Graizer ganó en 1994 el primer lugar en la competencia de aprendices de la Asociación de Rociadores contra Incendios de Estados Unidos (AFSA). En los últimos 12 años ha trabajado en la misma empresa, con promociones de becaria a encargada de instalación y finalmente a diseño de sistemas.

¿Por qué eligió una carrera en el área de instalación de rociadores?
En la escuela existía un programa de capacitación en donde se podía trabajar con el departamento de bomberos. En ese momento quería ser bombero o paramédico y me uní al programa. Mi capacidad visual no fue suficiente para aprobar el examen médico sin cirugía. Sin embargo yo aún deseaba ser parte de esta industria. Uno de los participantes del programa me sugirió que buscara empleo en el área de sistemas de protección contra incendio. De ese modo presenté mi solicitud de trabajo en la empresa *Advanced Fire Protection* y me contrataron. Ahora puedo ayudar a que los bomberos ataquen los incendios desde el exterior de los edificios, gracias a la incorporación en los mismos de los sistemas de rociadores.

¿Qué tipos de capacitación ha recibido?
La mayor parte de mi capacitación se ha realizado en el trabajo. Trabajamos durante el día para aprender a cortar y roscar la tubería. Asistimos a una clase una noche por semana. Después de 10,000 horas de práctica en campo y cuatro años de clases, recibí la certificación para el nivel de jornalero en el área de instalación de rociadores por el estado de Washington.

Cuando comencé a trabajar en la oficina aprendí los aspectos de diseño de los sistemas de rociadores: AutoCAD, códigos de incendio y cómo se deben presentar los planos. Siempre estoy aprendiendo cosas nuevas. Los códigos cambian constantemente, de modo que siempre debemos actualizarnos.

¿Qué tipo de tareas ha desempeñado a lo largo de su carrera?
Trabajé durante 11 años en campo como instalador. En el trabajo de la instalación casi siempre trabajé en proyectos residenciales, como por ejemplo en remodelación de casas y unidades de departamentos. También realicé algunos trabajos de tipo comercial, como sistemas de acero estructural pequeños para almacenes y estacionamientos.

Ahora realizo trabajos de diseño para todo tipo de sistemas. Hago el diseño de los sistemas, realizo los cálculos, determino el tamaño de las tuberías y el arreglo general del proyecto. También me encargo de la administración de proyectos, suministro de materiales, programación y coordinación.

¿Qué es lo que le gusta de su trabajo?
Cuando comenzaba disfrutaba de la demanda física y mental del trabajo. No me agrada estar quieta, aunque también deseaba hacer algo en donde tuviera que razonar.

Todos los días me propongo nuevos retos. Constantemente estoy aprendiendo cosas nuevas. Disfruto trabajar en una gran variedad de proyectos. Es muy satisfactorio ver un proyecto ya instalado que yo misma diseñé y saber que el sistema fue fácil de instalar para los trabajadores. Pero por encima de todo, me siento muy satisfecha de saber que mi trabajo sirve para proteger vidas.

¿Cuáles son los factores que más han contribuido para su éxito?
Principalmente la disponibilidad de la empresa para la cual trabajo al ofrecerme una buena capacitación combinada con mi propia voluntad de aprender. En nuestra empresa la mayoría de nosotros hemos trabajado juntos por mucho tiempo. Es muy importante aprender a trabajar como parte de un equipo. Mi relación es muy buena con el resto de los compañeros de la compañía.

¿Qué consejo puede ofrecerle a los que son nuevos en el área de instalación de rociadores?
Que cuenten con un plan de respaldo. Después de 10 a 15 años de subir y bajar escaleras tus rodillas comenzarán a flaquear. Mi sobrino decidió abandonar la preparatoria para trabajar como carpintero debido a que de ese modo ganaba una buena cantidad de dinero. Después de algunos años se percató que si sufría de alguna lesión no podría mantenerse. El cuerpo se desgasta y por ello es necesario adquirir otras habilidades. Ahora ha regresado a la escuela para aprender administración en la construcción, de modo que algún día podrá tener su propia compañía.

Términos especializados introducidos en este módulo

Acanalado por corte: Es un acanalado que se forma alrededor de la tubería por corte del material de la tubería.

Acanalados por ròlado: Son los acanalados formados por presión del metal alrededor de la tubería.

Acople reductor concéntrico: Es un acople reductor que mantiene la misma línea central entre dos tuberías a las cuales une.

Acople reductor excéntrico: Es un acople reductor que desplaza la línea central de la menor de dos tuberías unidas en uno de los extremos.

Brida complementaria: Es una brida que se usa para conectar una pieza o brida directamente a la tubería roscada.

Cinta de Teflón®: Es una cinta hecha de Teflón® la cual se coloca alrededor de los roscados machos de la tubería antes de enroscarle dentro de una pieza. La cinta de Teflón® sirve como lubricante y sellador.

Codo de calle: Es un codo que tiene un roscado macho por un extremo y un roscado hembra por el otro.

Codo: Es una pieza que forma un ángulo entre tuberías adyacentes. Un codo siempre es a 90 grados, a menos que se especifique otro ángulo para la pieza o en las especificaciones de los planos. También se le conoce como "L".

Contrachaveta: Es una placa metálica o de otro material, maquinada para mantener a otras piezas en su sitio, para ofrecer una superficie de soporte u ofrecer medios para evitar que las piezas queden sueltas.

Cruz: Es una tubería con cuatro derivaciones que se encuentran a ángulos rectos cada una con respecto a las demás.

Dúctil: Cuando se refiere al hierro dúctil, es un tipo de hierro fundido al cual se agrega magnesio al hierro gris fundido para reducir su carácter quebradizo.

Extra resistente: Cuando se aplica a la tubería, extra resistente se refiere a una tubería más gruesa que la tubería estándar. Cuando se aplica a las piezas y válvulas se refiere a que las unidades son apropiadas para presiones de trabajo más altas.

Extremo preparado: Es la tubería cuyos extremos se han preparado por parte del fabricante o en el taller.

Extremo simple: Es la tubería que no tiene acanalado en los extremos y al cual se le han retirado todas las imperfecciones.

Hierro fundido: Una pieza de hierro fundido se usa generalmente en aplicaciones para agua y tiene una clasificación de 125 ó 250.

Hierro maleable: Es un material metálico para piezas que se usa generalmente para aplicaciones de aire y agua y tiene una clasificación de 150 ó 300.

Junta: Es una hoja o collarín plana de hule o de otro material usado para sellar la unión entre superficies metálicas para evitar que el gas o líquido entre o salga.

Norma nacional para el roscado de tubería (National Pipe Thread, NPT): Es el estándar de los Estados Unidos de Norteamérica para los roscados de tubería. NPT tiene un estrecho de 1⁄16" desde la parte posterior hasta el frente.

Niple: Es una pieza de tubería que está roscada por ambos extremos y cuya longitud es menor de 12". Cualquier tubería de más de 12" se refiere como tubería cortada.

Niple Cerrado: Es un niple que tiene aproximadamente dos veces la longitud del roscado estándar y que se enrosca en cada extremo sin soportes.

Pieza "T": Es una pieza que tiene una salida por un extremo a 90 grados del tendido.

Reductor: una pieza de tubería que conecta una tubería con una pieza de mayor tamaño nominal. Un reductor es un tapón ahuecado con roscado interno y externo que puede acoplar diámetros de tubería diferentes.

Reposición (o "makeup"): Es el término usado para describir la cantidad de tubería que debe enroscarse dentro de una pieza roscada.

Roscado con brida: Es una pieza que permite una conexión roscada por un extremo y una conexión con brida por el otro.

Soporte a soporte: Es un término usado para describir la dimensión cara a cara de una pieza.

Teflón® líquido: Es un compuesto para el roscado de la tubería que se aplica en los roscados machos para servir como lubricante y sellador.

Tubería flexible: Es una pieza flexible desarrollada para cubrir la distancia desde la línea de derivación hasta el cabezal del rociador.

Tubería vertical: Es una línea principal de suministro horizontal o vertical que se tiende a través del edificio y que tiene válvulas para mangueras en cada piso.

MÓDULO 18103-07 — RESPUESTAS A LAS PREGUNTAS DE REPASO

Respuesta		Sección de referencia
1.	c	2.0.0
2.	c	2.0.0
3.	b	2.2.1
4.	a	2.3.4
5.	d	2.6.0
6.	c	3.1.3; Figura 5
7.	a	4.1.0
8.	c	4.2.0
9.	b	5.3.0
10.	b	8.1.1
11.	b	8.4.2; Figura 36
12.	d	8.4.6; Figura 40
13.	b	9.1.0
14.	b	10.1.0
15.	b	10.7.0

MÓDULO 18103-07
RESPUESTAS AL CUESTIONARIO DE TÉRMINOS CLAVE

1. Codo de calle
2. Acanalado por rolado
3. NPT
4. Teflón® Líquido
5. Brida - rosca
6. Codo
7. Cruz
8. Enterroscado de cierre
9. Reductor
10. Cinta de Teflón®
11. Tubería vertical
12. Extremo sencillo
13. Hierro maleable
14. Junta
15. Extra resistente
16. Reductor excéntrico
17. Brida complementaria
18. Pieza de hierro fundido
19. "T"
20. Niple
21. Reposición (o "makeup")
22. Dúctil
23. Soporte a soporte
24. Contrachaveta
25. Acanalado por corte
26. Extremo preparado
27. Reductor concéntrico

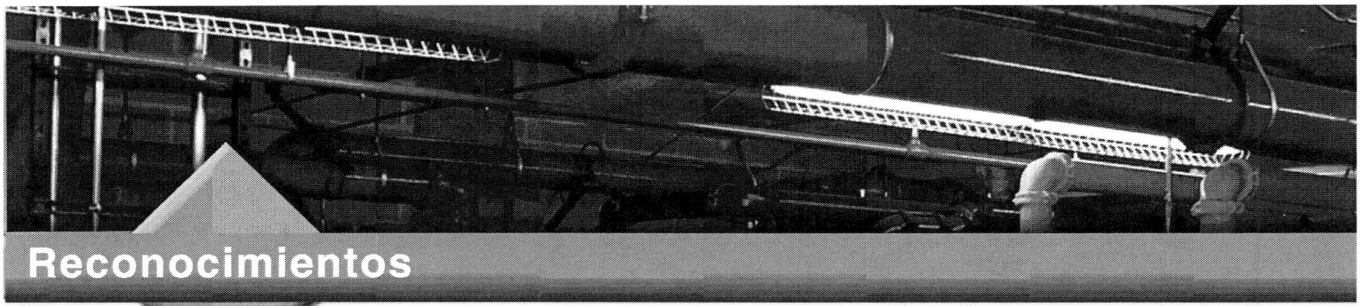

Reconocimientos

Recursos adicionales

Este módulo está concebido para ser un recurso exhaustivo para el entrenamiento de tareas. Se recomiendan las siguientes obras de consulta para profundizar los estudios. Éstos son materiales optativos para educación continua más que para entrenamiento de tareas.

Factory Mutual Approval Guide, última edición. Norwood MA: Factory Mutual.

NFPA 13, Standard for the Installation of Sprinkler Systems, última edición. Quincy, MA: National Fire Protection Association

Standard USAS (ASME) B1.20.1. New York, NY: American National Standards Institute Inc.

The Handbook of Steel Pipe, última edición. Washington, DC: American Iron and Steel Institute.

The Pipefitters Blue Book, 2002. W.V. Graves. Webster, TX: Graves Publishing Company.

Underwriters Laboratories Fire Protection Equipment Directory, última edición. Northbrook, IL: Underwriters Laboratories.

Créditos de las figuras

National Fire Protection Association, 103T01

Reimpreso con permiso de la norma *NFPA 13, Instalación de sistemas de rociadores*, Copyright © 2006, National Fire Protection Association, Quincy MA 02169. El material reimpreso no es la posición oficial y completa de la NFPA sobre el material de referencia, la cual está representada únicamente por el estándar en su totalidad.

Topaz Publications, Inc., 103SA01, 103F14, 103F15, 103SA02, 103SA03

Ridge Tool Co./Ridgid®, 103F03-103F06, 103F07 (máquina de acanalado en aire portátil), 103F08, 103F33B, 103RQ01

Coleman Cable, Inc., 103F09

Koike Aronson, Inc., 103F10 (rolador de banco)

Sumner Manufacturing Company, Inc., 103F10 (gato con cabezal de rolado, gato con cabezal en "V", rolador con soporte de piso)

Mueller/B&K Industries, Inc., 103F17, 103F19, 103F22, 103F28

Anvil International, Inc., 103F27, 103F39-103F41, 103F43, 103T08

FlexHead Industries, Inc., 103F29

Victaulic Company, 103F30, 103F33 (máquina de acanalado por rolado eléctrica), 103F34-103F38, 103F42, 103F44, 103F59, 103F60, 103T11, 103RQ02

Tyco Fire and Building Products, 103T05

Stockham Valves & Fittings, 103T07, 103F52

SERIE EDUCATIVA CONTREN® — COMENTARIOS DEL USUARIO

NCCER hace el esfuerzo de mantener estos libros de texto actualizados y libres de errores técnicos. Apreciamos su ayuda en este proceso. Si tiene una idea para mejorar este libro de texto, o si encuentra algún error, ya sea tipográfico, o de contenido en los libros de texto de *Contren*®, favor de escribirnos usando esta forma o una fotocopia de la misma. Asegúrese de incluir el número exacto del módulo, la página, una descripción detallada, y la corrección, si es aplicable. Su comentario será traído a la atención del comité técnico de revisión. Gracias por su ayuda.

Instructores – si usted encontró que algún material adicional es necesario para enseñar este módulo con eficacia, por favor déjenos saber para poder incluirlos en la lista de Equipo y Materiales en la guía anotada del instructor.

Dirección postal: Departamento de Desarrollo de Productos
National Center for Construction Education and Research
3600 NW 43rd Street, Bldg. G, Gainesville, FL 32606

Fax: 352-334-0932

E-mail: curriculum@nccer.org

Oficio ____________ Nombre del Módulo ____________

Fecha del Copyright ____________ Número del Módulo ____________ Número(s) de Página(s) ____________

Descripción ____________

____

____

____

Corrección (opcional) ____________

____

____

Su nombre y dirección (opcional) ____________

____

____

Instalación de rociadores nivel uno

18104-07

Tuberías y piezas de CPVC

18104-07
Tuberías y piezas de CPVC

En este módulo se presentan los siguientes temas:

Generalidades

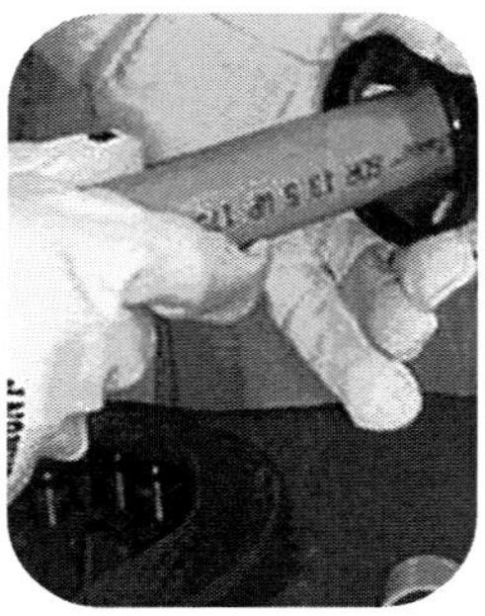

Las tuberías, tubos y piezas de cloruro de polivinilo clorinado (CPVC) se han utilizado con éxito en sistemas de distribución de agua caliente y fría desde 1960. De 1960 al 2000, se han vendido una gran cantidad de tuberías de CPVC para instalaciones domésticas y su uso aumenta cada año.

El CPVC tiene las siguientes ventajas: no requiere mantenimiento, tiene un bajo costo de instalación y puede ser instalado en áreas con temperaturas ambiente de hasta 150°F (65.5°C), es ligero, flexible, resistente y confiable y tiene capacidades excelentes de manejo de presión a altas temperaturas. El CPVC es conveniente para sistemas rociadores contra incendios debido a su peso liviano, su baja fricción hidráulica y sus convenientes coeficientes de presión y temperatura.

PRECAUCIÓN

El CPVC puede ser dañado al entrar en contacto con cierto tipo de químicos que se encuentran en algunos productos de construcción. Es necesario tomar ciertas precauciones para garantizar que los productos que van a estar en contacto con los sistemas de CPVC son químicamente compatibles. Refiérase al *Apéndice* para ver notas generales de la compatibilidad química del CPVC y para ver una lista de productos que no deben ser utilizados con tuberías y piezas de CPVC.

Por estas razones y más, el CPVC se utiliza cada vez más en sistemas rociadores contra incendios y es una parte importante del arsenal de productos de rociadores contra incendios para el instalador de rociadores.

PRECAUCIÓN

Existen diversos fabricantes de tuberías y piezas de CPVC. Aunque los materiales de los diferentes fabricantes pueden ser dimensionalmente equivalentes, los registros e instrucciones de instalación de los fabricantes pueden variar. Se deben de tomar precauciones antes de combinar materiales de diferentes fabricantes.

Objetivos

Cuando usted haya terminado este módulo, podrá hacer lo siguiente:

1. Seguir las medidas de seguridad básicas para preparar e instalar tuberías de CPVC.
2. Identificar los problemas de compatibilidad química al acoplar CPVC con otros materiales.
3. Identificar los tipos de tuberías y piezas de CPVC aprobados.
4. Identificar las herramientas de corte y achaflanado para tuberías de CPVC.
5. Calcular los takeouts (o reducciones).
6. Configurar el equipo.
7. Cortar, biselar y fijar con cemento la tuberías de CPVC.
8. Preparar apropiadamente los extremos de la tubería.
9. Unir y curar la tubería de CPVC.

Términos técnicos

Achaflanado
Cloruro de polivinilo clorinado (CPVC)
Compuestos de CPVC
Placa de fijación
Relación dimensional estándar (SDR)
Resinas de CPVC
Takeout (reducción)
Tamaño de la tubería de hierro (IPS)
Temperatura ambiente
Termoplástico
Transversal

Materiales requeridos para el estudiante

1. Lápiz y papel
2. Equipo de protección personal adecuado

Requisitos

Antes de empezar este módulo, es recomendable que concluya satisfactoriamente lo siguiente: *Currículo básico*; y *Instalación de rociadores nivel uno*, Módulos 18101-07 al 18103-07.

Este mapa del curso muestra todos los módulos del primer nivel del currículo básico para *Instalación de rociadores*. El orden recomendado de entrenamiento empieza abajo y avanza hacia arriba. El nivel de habilidad se eleva conforme usted avance en el mapa del curso. El patrocinador local del programa de entrenamiento podrá ajustar el orden del entrenamiento.

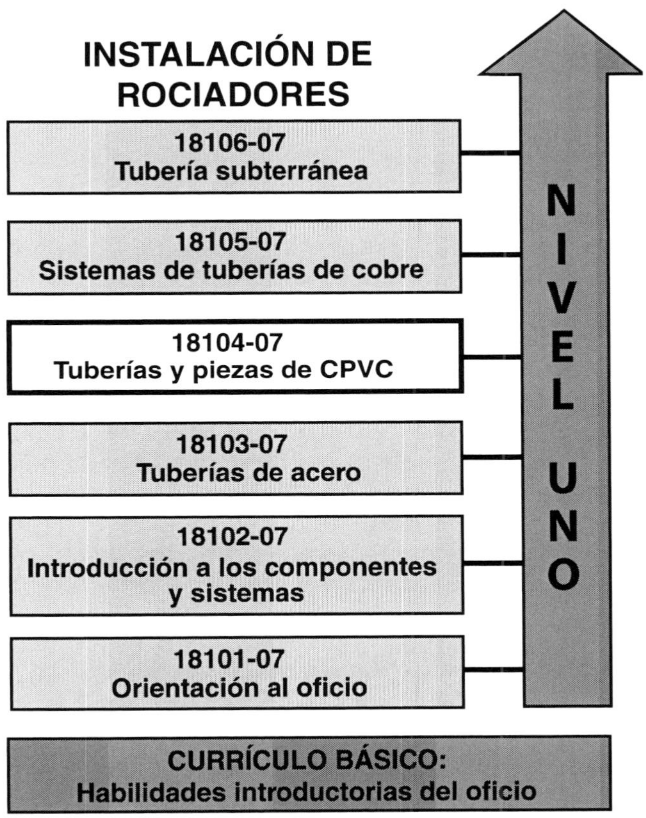

104CMAP.EPS

1.0.0 ◆ INTRODUCCIÓN

La tubería de **cloruro de polivinilo clorinado (CPVC)** es ligera, flexible, durable y resistente a la corrosión. Con capacidad para soportar mayores temperaturas que en las aplicaciones en que se utiliza el PVC, el CPVC se puede encontrar en sistemas rociadores, de agua caliente, de distribución de ácido caliente y de desechos.

Los sistemas de CPVC son más fáciles y rápidos para instalar que los sistemas metálicos. Debido a que no se requiere soplete para unir las tuberías con las piezas, no existe riesgo de fuego como al soldar en frío o con bronce. Aunque los sistemas de CPVC tienen muchas ventajas, requieren de atención cuidadosa en las técnicas de instalación y deben adherirse estrechamente a los requisitos de los códigos y directrices de la NFPA.

2.0.0 ◆ TUBERÍAS DE CPVC

El CPVC es conocido químicamente como cloruro de polivinilo post-clorinado. En 1960, la *B.F. Goodrich Chemical Corporation* (conocida ahora como *Noveon, Inc.*) introdujo una familia de **termoplásticos** especializados. Después de cuidadosos estudios de los requisitos de ingeniería para los rociadores contra incendio, se desarrolló un tipo especial de CPVC aprobado por UL específicamente para sistemas rociadores. El CPVC ha tenido una amplia aceptación por sus características de limpieza y facilidad de manejo por su bajo peso, compatibilidad con sistemas de agua potable, bajos costos de instalación, mejores características de flujo y métodos probados de unión mediante cemento solvente.

PRECAUCIÓN

La tubería y las piezas de CPVC así como el cemento, deben estar Registrados para poder utilizarse en sistemas de rociado contra incendio.

2.1.0 Características del CPVC

La **resina de CPVC** es producida a partir de la resina blanca de PVC. Después, los ingredientes son añadidos a la resina blanca de CPVC para producir un compuesto anaranjado de CPVC. Los compuestos de CPVC vienen en dos formas, pelotillas y polvo. Las pelotillas se utilizan en el proceso de moldeo por inyección de piezas; el polvo se expulsa hacia dentro de la tubería.

La tubería de CPVC para sistemas de rociado se fabrica con una **proporción dimensional estándar (SDR)** de 13.5 para todos los diámetros de acuerdo con la norma *ASTM F-442*. SDR significa que el espesor de la pared de la tubería es directamente proporcional al diámetro externo. Para una tubería con SDR de 13.5, esto significa que el diámetro exterior de la tubería es de 13.5 veces el espesor de la pared. Por lo tanto, todos lo diámetros SDR 13.5 de tuberías tienen la misma capacidad de resistencia a la presión (175 psi a 150°F).

Las tuberías de CPVC con SDR 13.5 CPVC tienen un diámetro interno mayor a las de la acero programa 40. La *Figura 1* muestra una comparación de los diámetros internos de tuberías de acero programa 40 y tuberías de CPVC SDR 13.5.

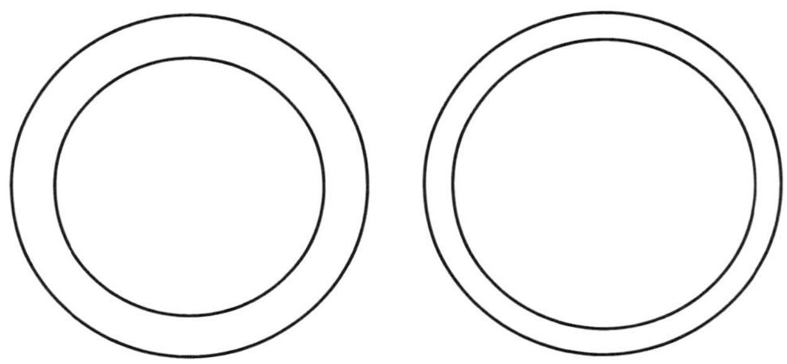

Figura 1 ◆ Comparación ID.

¿SABÍA USTED?

La ciudad de Chicago era la única área metropolitana importante de Estados Unidos que no permitía el uso de CPVC para rociadores. En el año 2005, eso cambió. La ciudad de Chicago puede actualmente utilizar sistemas de protección contra incendio de CPVC en las remodelaciones a los edificios altos. Esta es la primera vez en la historia de Chicago que los edificios comerciales pueden tener instaladas alternativas a las tuberías metálicas para rociadores contra incendio.

Una sección anterior en el Código de Construcción de Chicago requería que solamente fueran utilizadas tuberías metálicas en las instalaciones de rociadores contra incendio. Actualmente, el ayuntamiento ha aprobado el nuevo código que permite tuberías, incluyendo las de CPVC, que cumplan o excedan los requisitos de la *NFPA 13-2002*. Han sido reconocidas la multitud de ventajas de los sistemas de CPVC.

Las tuberías de CPVC tiene típicamente una menor pérdida por fricción hidráulica que las de acero. Debido al mayor diámetro interno y a la lisura interior, es posible utilizar diámetros menores con tuberías de CPVC que con tuberías de acero para el mismo trabajo. La tubería de CPVC es considerada una tubería rígida. La tubería pesa aproximadamente una sexta parte de la tubería de acero y la mitad que la de cobre. La *Tabla 1* muestra una comparación de los pesos de tuberías de CPVC contra tuberías de metal.

Las tuberías y piezas de CPVC están clasificadas para trabajar con una presión de operación de 175 psi a una temperatura de 150°F. De acuerdo con los requisitos de registro para un sistema con factor de seguridad cinco, las tuberías y piezas de CPVC tienen una resistencia mínima al estallido rápido requerida por UL de 875 psi. Como la presión de operación de diseño de las tuberías de CPVC es de 175 psi, puede parecer que probar con presiones mayores de 175 psi no está permitido. Este no es el caso. Las presiones de prueba de 200 psi, o una prueba de sistema que requiera una presión de prueba de 50 libras sobre la presión de operación (225 psi), no están restringidas por la limitación de 175 psi. Tales pruebas de sistema pueden ser realizadas sin ningún problema.

2.2.0 Registros para tuberías de CPVC

Las tuberías y piezas de CPVC están diseñadas para utilizarse en sistemas de rociado en varios tipos de servicios. Los siguientes son registros para tuberías y piezas de CPVC de acuerdo al servicio.

- Servicios de bajo riesgo como está definido en *NFPA 13, Norma para la instalación de sistemas de rociadores*
- Servicios residenciales como está definido en *NFPA 13R, Norma para la instalación de sistemas de rociadores en servicios residenciales de hasta cuatro pisos de altura*
- Servicios residenciales como está definido en *NFPA 13D, Norma para la instalación de sistema de rociado en viviendas para una o dos familias y casas prefabricadas*
- Instalaciones de difusores de aire de retorno como está descrito en *NFPA 90A, Norma para la instalación de sistemas de aire acondicionado y ventilación*
- Instalaciones subterráneas utilizando tuberías con diámetros que van desde ¾" a 3" instaladas de acuerdo a *ASTM D2774* y a *NFPA 13*
- Tuberías y piezas de CPVC para rociado certificadas por NSF (la Compañía Pública de Salud y Seguridad, *The Public Health and Safety Company*) para uso con agua potable.

Las aprobaciones de *Factory Mutual* (FM) permiten también el uso de tuberías y piezas de CPVC. Las aprobaciones específicas varían entre los diferentes fabricantes de tuberías y piezas. Siempre siga las instrucciones de instalación de tuberías y/o piezas del fabricante.

Las tuberías y piezas para rociado de CPVC de diferentes fabricantes no pueden ser combinadas a menos que esas combinaciones hayan sido evaluadas por UL. Para los requisitos, consulte las instrucciones de instalación de tuberías y/o piezas.

NOTA

Si se queda sin material en un trabajo, no vaya a la tienda local para obtener reemplazos. Verifique con su supervisor los requisitos específicos del trabajo.

¿SABÍA USTED?

El primer sistema automático para extinción de incendios del que se tiene registro fue patentado en Inglaterra en 1723, y consistía en un recipiente con agua, una cámara con pólvora y un sistema de fusibles. Alrededor de 1852 un sistema con una tubería perforada constituyó el primer tipo de sistema de rociado utilizado en Estados Unidos. En 1874, Henry S. Parmelee de New Haven, Connecticut, patentó el primer rociador automático práctico.

Tabla 1 Comparación de pesos de tuberías de CPVC contra tuberías de metal

Tamaño nominal de tubería	Libras por pie		
	CPVC SDR 13.5	Tubería de acero Programa 40	Tubo de cobre Tipo M
¾"	0.17	NA	0.33
1"	0.26	1.68	0.47
1¼"	0.42	2.27	0.68
1½"	0.55	2.72	0.94
2"	0.86	3.65	1.46
2½"	1.26	5.79	2.03
2"	1.87	7.58	2.68

104T01.EPS

2.3.0 Manejo y almacenamiento del CPVC

La mayoría de las piezas de CPVC (*Figura 2*) al igual que las tuberías son empacadas para facilidad de manejo y almacenamiento, minimizando el daño potencial a las tuberías y piezas durante la transportación y almacenamiento. Las tuberías y piezas de CPVC tienen requisitos especiales de manejo y almacenamiento.

2.3.1 Manejo de CPVC

Los productos para tuberías de CPVC tienen una menor resistencia al impacto que los de tuberías de metal. Las piezas para tuberías, empacadas o sueltas, nunca deben ser lanzadas o tiradas al suelo. Nunca se debe dejar caer o arrastrar la tubería en el suelo (por ejemplo al descargarla de un camión) y debe permanecer en su envoltura hasta el momento de ser utilizada. No se deben lanzar objetos pesados o puntiagudos en o contra tuberías o piezas de CPVC. Cuando se manejen tuberías de CPVC, asegúrese de que las tuberías están bien apoyadas para minimizar el pandeo. Las temperaturas muy bajas ocasionan que las tuberías y piezas de CPVC se vuelvan quebradizas. Sea extremadamente cuidadoso en su manejo para evitar daños.

Las tuberías y piezas siempre deben ser inspeccionadas antes de su instalación para detectar posibles daños. Las grietas, fisuras o rasguños pueden debilitar o dañar las tuberías y piezas. Las tuberías y piezas con cortadas, raspaduras, rasguños, fisuras u otros signos de daño ocasionados por un manejo o almacenamiento inadecuado no deben ser utilizadas. Las secciones dañadas a lo largo de la tubería pueden ser fácilmente cortadas utilizando las técnicas apropiadas para el corte de tuberías de CPVC.

104F02.EPS

Figura 2 ◆ Piezas de CPVC.

2.3.2 Almacenamiento de CPVC

Las tuberías de CPVC deben ser cubiertas con un material no transparente cuando están almacenadas a la intemperie por largos períodos de tiempo. Una breve exposición a la luz directa del sol en el lugar de trabajo puede dar como resultado una decoloración, pero no afectará las propiedades físicas. Almacene las tuberías y piezas de CPVC en sus envolturas originales para evitar que se ensucien y así reducir la posibilidad de daño.

Cuando almacene tuberías y piezas de CPVC en interiores, manténgalos en un área bien ventilada, lejos de tuberías de vapor o cualquier otro tipo de fuentes de calor. Para prevenir daños, siempre almacene tuberías y piezas de CPVC en sus envolturas originales hasta que sea necesario.

Almacene la tubería en una superficie limpia y plana, que proporcione un apoyo uniforme a todo lo largo de la tubería. Cuando almacena la tubería en tarimas, asegúrese que los travesaños de madera de las tarimas estén completamente en contacto entre si. Almacene las tuberías sueltas en envolturas, lejos de las tuberías de CPVC utilizadas previamente. Los estantes utilizados para almacenar tuberías deben tener secciones continuas o de apoyo cercano para prevenir el pandeo o deformación de las tuberías. Almacene las piezas para tuberías de CPVC en sus envolturas o cartones originales sobre las tarimas o paletas. Cubra las envolturas o cartones con láminas delgadas de plástico para evitar que la humedad y el agua los dañe. Nunca mezcle piezas de tuberías en recipientes para almacenaje con piezas metálicas. Tenga mucho cuidado para evitar la contaminación de las tuberías y piezas de CPVC con productos derivados del petróleo, como aceites de corte o para uniones, que pueden estar presentes en componentes de sistemas metálicos.

2.4.0 Protección del CPVC

La tubería de CPVC está aprobada para utilizarse en sistemas de tubo mojado. Un sistema de tubo mojado contiene agua y está conectado a un abastecimiento, para que el agua se descargue de inmediato cuando se ha abierto el rociador. Las tuberías y piezas de CPVC se pueden instalar en sistemas de rociado ocultos y expuestos.

¡ADVERTENCIA!

Nunca utilice aire o gas comprimido para realizar pruebas de presión a menos que específicamente lo permita el fabricante de tuberías y piezas. Debido a que el aire es comprimible, puede almacenar mucha más energía que el agua. Esa energía almacenada puede originar una explosión, particularmente si se utiliza demasiada presión de aire.

Todos los sistemas de tuberías deben ser probados con agua después de la instalación para detectar fugas. Los fabricantes de tuberías y piezas no recomiendan realizar pruebas con aire. Ellos no pueden asumir ninguna responsabilidad por cualquier tipo de accidentes que puedan ocurrir durante las pruebas de su producto con aire, como está indicado en la literatura del fabricante.

2.4.1 Instalaciones ocultas

Underwriters Laboratories requiere como protección mínima para instalaciones ocultas, que entre el área protegida y la tubería exista un plafón de triplay de ½", un panel de yeso de ⅜" o un techo suspendido (membrana) con paneles o placas con un peso no menor a 0.35 libras por pie cuadrado cuando sea instalado con entramados con soporte de metal. La mayoría de las placas del techo comerciales pesan al menos 0.70 libras por pie cuadrado. Para servicio residencial, como está definido por *NFPA 13R* y *NFPA 13D*, la protección puede ser también de triplay de ½". Los rociadores utilizados en instalaciones ocultas pueden ser modelos comerciales estándar o modelos residenciales para temperaturas de 225°F o menores. Cuando el sistema es oculto, no es necesario un cabezal de rociador de respuesta pronta.

2.4.2 Instalaciones expuestas

UL tiene también un Registro para tuberías de CPVC para uso en instalaciones expuestas en servicios residenciales, como está definido en las normas *NFPA 13D* y *13R*, y en servicios de bajo riesgo como está definido en la norma *NFPA 13*. Las siguientes restricciones se aplican para una instalación expuesta:

- El sistema debe estar instalado debajo de un techo liso, plano y horizontal.

¿SABÍA USTED?

A finales del siglo XIX había una gran cantidad de diferentes sistemas de rociado. Esto condujo a una variedad de reglas de instalación utilizadas por muchas compañías de seguros. Por ejemplo, en la región de Boston, Massachusetts había en uso nueve normas totalmente diferentes, cada una relacionada al tamaño de la tubería y al espaciado del rociador. Esta maraña de normas fue un problema que condujo al desarrollo de la *NFPA 13* y de la creación de la Asociación Nacional de Protección contra Incendios en 1896.

- El sistema debe utilizar rociadores registrados de respuesta pronta con deflectores instalados a 8" o menos del techo, o rociadores residenciales registrados instalados de acuerdo a su registro, utilizando un espaciado máximo entre rociadores que no exceda de 15'.
- El sistema debe utilizar rociadores horizontales de pared, de respuesta pronta y Registrados, que tengan deflectores instalados a 6" o menos del techo y a 4" o menos de la pared horizontal, o rociadores horizontales residenciales de pared Registrados, instalados de acuerdo a su registro utilizando un espaciado máximo entre rociadores que no exceda los 14'.
- La tubería expuesta que utilice cabezales verticales de respuesta pronta Registrados debe ser instalada a no más de 7½" del techo a la línea central de la tubería. Los cabezales verticales deben ser instalados con los deflectores a 4" o menos del techo, y a una distancia máxima entre rociadores que no exceda los 15'. Para los cabezales verticales, la distancia máxima de la línea central de un cabezal de rociador a un soporte es de 3".
- Algunos fabricantes tienen registros adicionales para instalaciones expuestas. Por ejemplo, las tuberías y piezas BlazeMaster® están Registradas para uso expuesto en sótanos sin terminar utilizando estructuras de viguetas de madera sólida, en elevadores 13R y 13D expuestos y con rociadores de cobertura extendida. Refiérase a la guía de instalación del fabricante para ver los registros y limitaciones.

En general las tuberías y piezas de CPVC para rociadores no están aprobadas para instalación en espacios ocultos combustibles que requieran rociadores, como se hace referencia en *NFPA 13*. Sin embargo, hay cabezales de rociadores que han sido probados y están especialmente Registrados para utilizarse con tuberías y piezas para rociadores de CPVC en espacios ocultos combustibles que requieren rociadores, como desvanes y construcciones abiertas de vigas de madera.

PRECAUCIÓN

Los registros no se refieren a las tuberías y piezas de CPVC de todos los fabricantes. Consulte las instrucciones de instalación de rociadores para conocer los detalles y limitaciones.

La *NFPA 13R* y *13D* también permiten la omisión de rociadores de espacios ocultos combustibles, y las tuberías y piezas de CPVC pueden ser instaladas en estas áreas cuando se instalan los rociadores en servicios residenciales de acuerdo a normas específicas. Las tuberías y piezas de CPVC pueden ser adecuadas para uso en áreas en donde la **temperatura ambiente** está arriba del congelamiento y no excede los 150°F. La tubería de CPVC puede ser instalada en áreas donde la temperatura exceda los 150°F solamente si se cuenta con ventilación o se utiliza aislamiento alrededor de la tubería para mantenerla a 150°F o menos. También se debe proporcionar protección para evitar el congelamiento.

PRECAUCIÓN

La única solución permitida como anticongelante es la glicerina. Debe ser instalada de acuerdo a la *NFPA 13*.

En desvanes o áticos que requieren sistemas de rociado, la tubería de CPVC debe estar protegida. La autoridad con jurisdicción (AHJ) debe ser consultada antes de cualquier instalación de CPVC en desvanes o áticos que requieran rociadores. Los métodos de protección y los requisitos pueden variar de acuerdo con la jurisdicción y están sujetos a interpretación.

El CPVC en difusores de aire de retorno puede ser instalado alineado con el borde de la abertura, pero no debe ser colocado directamente sobre rejillas de ventilación abiertas.

El CPVC no arderá sino con una fuente de calor significante, y una vez que la fuente de calor sea removida, el CPVC dejará de arder. La tubería de rociado contra incendio probada y Registrada de acuerdo a *UL 1887, Prueba de fuego en tuberías de plástico para rociadores para propiedades de llama y humo*, cumple los requisitos de la *NFPA 90A* para instalación en difusores de aire de retorno. Consulte las instrucciones de instalación del fabricante para ver los requisitos.

Antes de perforar los muros de incendio y las divisiones, consulte los códigos de construcción y a la AHJ en su área. Los sistemas de CPVC deben estar diseñados e instalados para que las tuberías no estén expuestas a temperaturas excesivas de fuentes de calor específicas como lámparas, balastos, transformadores para luces fluorescentes y tuberías de vapor.

NOTA

No hay una distancia mínima exacta a la que las tuberías y piezas de CPVC deban estar de las fuentes de calor. Las distancias mínimas están en función de la fuente específica que produce calor, la temperatura ambiental máxima, el aislamiento de calor, si existe, y la proximidad entre los sistemas de tuberías de CPVC y las fuentes de calor. Por favor, consulte con el fabricante las dudas específicas concernientes a las fuentes de calor y la ubicación recomendada del CPVC.

Durante los períodos de remodelación y renovación, se deben seguir los pasos apropiados para proteger las tuberías de exposición al fuego si se retira temporalmente el techo. Consulte a la AHJ.

Las tuberías de CPVC y otras piezas Registradas se pueden proteger del congelamiento utilizando sólo soluciones anticongelantes de glicerina, como se describe en la *NFPA 13*. Consulte a la AHJ local antes de utilizar cualquier tipo de solución anticongelante en aplicaciones de rociadores contra incendio.

NOTA

Una solución anticongelante debe estar preparada con un punto de congelamiento por debajo la mínima temperatura esperada para la localidad. La solución de anticongelante debe revisarse cada año antes del inicio de la temporada de frío. La utilización de soluciones anticongelantes con glicol en sistemas de rociadores contra incendio de CPVC está expresamente prohibida. La *NFPA 13* requiere la instalación de cámaras de expansión Registradas cuando estén instalados bloqueadores de contracorriente.

> **¿SABÍA USTED?**
>
> Además del texto, los anexos y las interpretaciones formales, la parte uno del *Manual de rociadores automáticos* incluye comentarios que proporcionan la historia y otra información básica de párrafos específicos en la norma *NFPA 13*. Este revelador comentario lleva al lector tras bambalinas, a las razones subyacentes de los requisitos.

2.5.0 Piezas de CPVC

Las tuberías y piezas de CPVC son fabricadas únicamente en los **tamaños de las tuberías de hierro (IPS)**. Las piezas en diámetros de ¾" a 1¼" son producidos para dimensiones de programa 40 (*ASTM F-438*). En los diámetros de 1½", 2", 2½" y 3", las piezas son producidas para dimensiones de programa 80 (*ASTM 437*).

2.6.0 Takeouts (reducciones) de CPVC

El **takeout** es la distancia del extremo de una tubería en una pieza a la línea central de la pieza. Este término se conoce comúnmente en la industria como "takeout", por su origen en inglés. Para propósitos de este plan de estudio, se usará el término en inglés, ya que no hay traducción exacta Los takeouts pueden variar de fabricante a fabricante. Verifique sus fuentes de materiales antes de cortar la tubería. La *Tabla* 2 muestra takeouts típicos para piezas de CPVC.

> **NOTA**
>
> Los valores mostrados en la *Tabla 2* son los más cercanos a 1/16". Verifique las dimensiones de takeout antes de cortar la tubería.

3.0.0 ◆ CORTE, ACHAFLANADO Y LIMPIEZA DE TUBERÍAS DE CPVC

Las tuberías de CPVC deben cortarse, **achaflanarse** y limpiarse apropiadamente antes de ser unidas. Las funciones específicas en la unión de tuberías de CPVC son:

- Corte
- Achaflanado
- Limpieza
- Verificar secado adecuado
- Aplicar cemento
- Unir, girar y sujetar
- Curar antes de realizar la prueba de presión

Las siguientes secciones describen las herramientas y métodos utilizados para cortar, achaflanar, limpiar y unir tuberías de CPVC. La *Figura 3* muestra las herramientas y materiales típicos utilizados para cortar, achaflanar y limpiar tuberías de CPVC.

3.1.0 Corte de CPVC

La tubería de CPVC se corta con diversas herramientas (*Figura 4*). Independientemente de las herramientas que se utilicen, es extremadamente importante que se haga un corte a escuadra. Esto

Tabla 2 Takeouts típicos para piezas de CPVC

	¾	1	1¼	1½	2	2½	3
"T"	1⅛	1⅞	1 13/16	2 1/16	2½	3⅛	3¾
CODO DE 90°	9/16	¾	15/16	1	1¼	1 9/16	1⅞
CODO DE 45°	5/16	5/16	⅜	7/16	11/16	¾	13/16
Acoplamiento	1/16	1/16	1/16	1/16	1/16	3/16	3/16
Tapa	⅜	7/16	½	⅝	1½	1¾	1⅞
Brida	1/16	1/16	1/16	⅛	3/16	3/16	3/16
Adaptador macho	9/16	11/16	¾	¾	13/16	–	–
Adaptador de cabezal de rociador (Socket)	9/16	9/16	–	–	–	–	–
Adaptador de cabezal de rociador (Spigot)	9/16	9/16	–	–	–	–	–
"T" para adaptador de cabezal de rociador	1	1	–	–	–	–	–
"T" reductora	–	1 7/16	1 13/16	–	–	–	–
Codo de 90° para adaptador de cabezal de rociador	½	½	–	–	–	–	–

NOTA: Todas las medidas son en pulgadas.

104T02.EPS

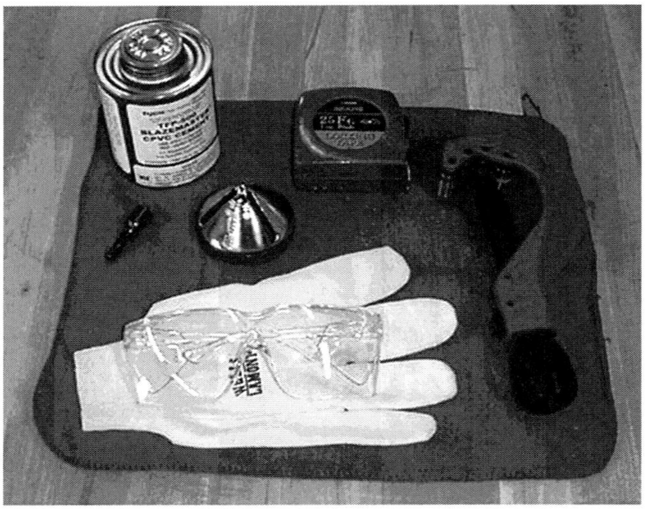

104F03.EPS

Figura 3 ◆ Herramientas y materiales para CPVC.

es crítico para lograr una buena conexión de cemento solvente. Si después de hacer el corte, hay alguna indicación de daño o fractura en el extremo de la tubería, corte al menos 2" más allá de donde la fractura es visible. Las siguientes secciones describen las herramientas utilizadas para cortar tuberías de CPVC.

> **NOTA**
> Se debe utilizar la rueda de corte adecuada para tubería de CPVC.

3.1.1 Cortadoras de tubo

Algunas cortadoras de tubo tienen rodillos que se ajustan para forzar la tubería contra la rueda de corte. Otros modelos tienen una rueda de corte deslizable, o una cuchilla de corte que se aplica a la tubería. Todas las cortadoras de tubo se deben rotar completamente alrededor de la tubería para hacer el corte. Las cortadoras de tubo se ajustan de acuerdo al tamaño de la tubería. La *Figura 5* muestra las cortadoras de tubo.

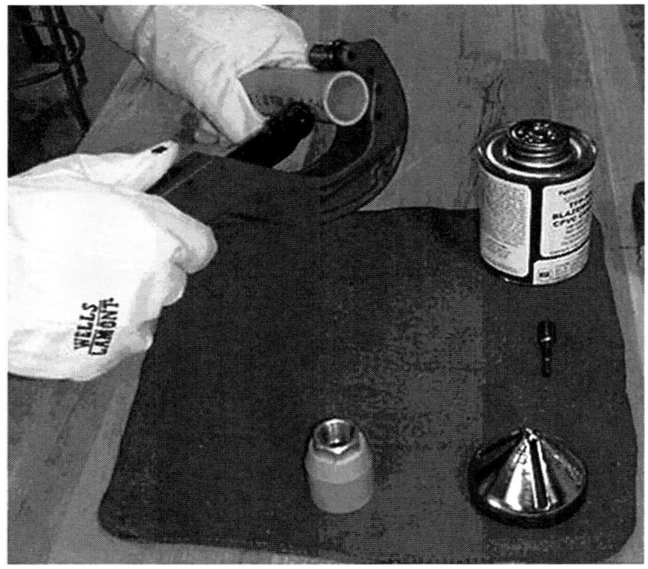

104F04.EPS

Figura 4 ◆ Corte de tubería de CPVC.

3.1.2 Cizallas de trinquete

Las cizallas de trinquete (*Figura 5*) están diseñadas para una acción suave de corte de trinquete con un sola mano. Es importante mantener las cuchillas de la cizalla afiladas, y nunca utilizar cizallas de trinquete con las cuchillas astilladas o rotas. Las cizallas defectuosas pueden debilitar o dañar a la tubería. Generalmente, las cizallas de trinquete se utilizan en tuberías de ¾" y 1" cuando las temperaturas son superiores a los 65°F.

CIZALLAS DE TRINQUETE CORTADORA DE TUBO CORTADORA DE TUBO BLANDO

104F05.EPS

Figura 5 ◆ Cortadoras de tubo.

3.1.3 Sierra para tubería de CPVC

Las sierras para tubería de CPVC operan bajo el mismo principio que todas las otras sierras de mano. El diseño de los dientes de las sierras para tuberías de CPVC permite cortar las tuberías de CPVC uniformemente en tamaños de hasta 4". Cuando emplee una sierra para tubería de CPVC, utilice una caja de ingletes para garantizar un corte a escuadra. La *Figura 6* muestra sierras para tubería de CPVC.

3.1.4 Sierra para trocear

Las sierras para trocear también pueden ser utilizadas para cortar tuberías de CPVC. Las sierras para trocear son sierras eléctricas en un marco retráctil, disponibles por muchos fabricantes. La cuchilla de la sierra y la velocidad se deben ajustar a la tubería que se va a cortar. Se deben tomar las precauciones apropiadas para evitar daños personales. La *Figura 7* muestra una sierra para trocear.

3.2.0 Achaflanado de CPVC

Después de que ha sido cortada la tubería de CPVC se debe limar y achaflanar (*Figura 8*). Las rebabas (o rebordes) evitan que haya un contacto adecuado entre la tubería y las piezas durante el ensamble. Las partículas en el cemento solvente pueden dar lugar a filtraciones. El achaflanado permite que la tubería se deslice en la pieza fácilmente, y evita que el borde de la tubería remueva el cemento solvente de la pieza. La *Figura 9* muestra las herramientas que eliminan rebabas y achaflanan simultáneamente.

3.3.0 Limpieza del CPVC

La limpieza de tuberías y piezas es importante para lograr un sellado adecuado. Una vez que se han eliminado las rebabas y se ha achaflanado la tubería, se debe quitar todo el material ajeno con un trapo limpio. Se debe utilizar un trapo limpio y seco para eliminar todo el material suelto y la humedad del receptáculo de la pieza y del extremo de la tubería. Después de la limpieza, usted está listo para empezar el proceso de unión. Debido a que el proceso de unión con cemento solvente es una reacción química, se deben tomar precauciones para evitar cualquier clase de contaminación. Las uniones defectuosas originadas por contaminación pueden no ser visibles hasta después de semanas.

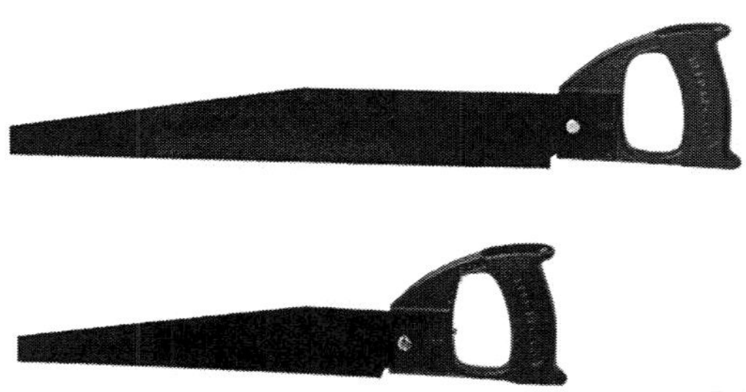

104F06.EPS

Figura 6 ◆ Sierras para tubería de CPVC.

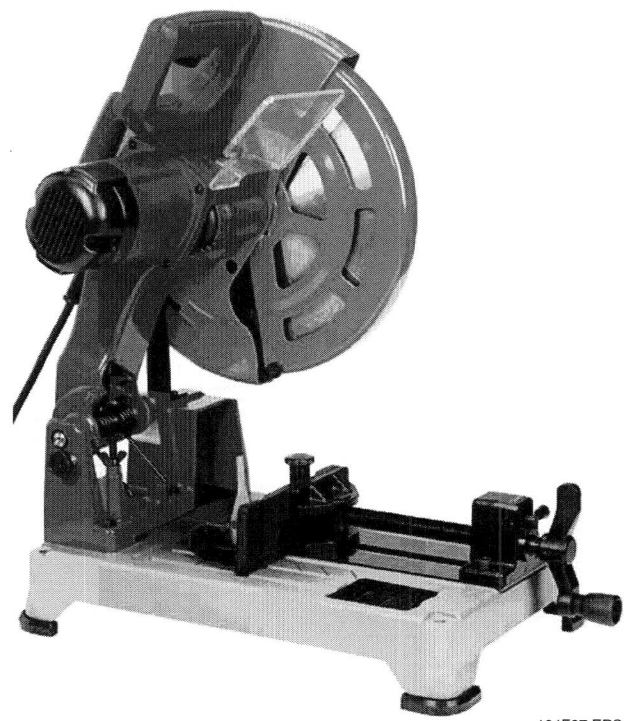

104F07.EPS

Figura 7 ◆ Sierra para trocear.

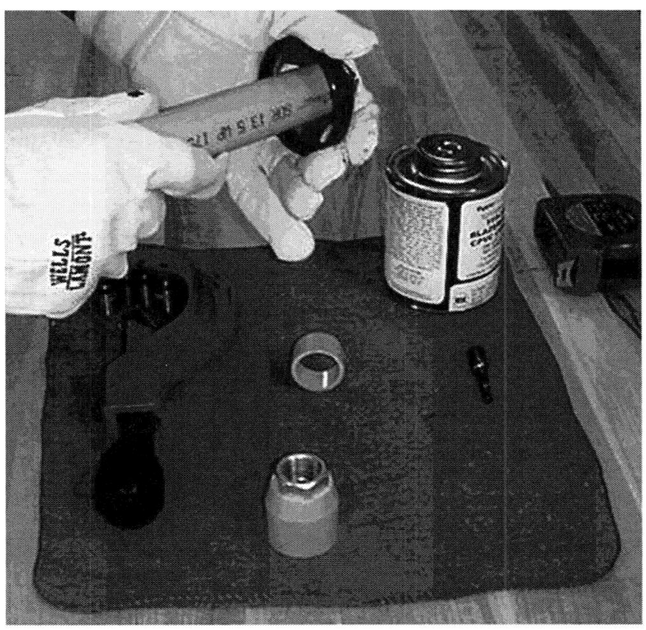

104F08.EPS

Figura 8 ◆ Removimiento de rebabas de tubería de CPVC.

Figura 9 ◆ Herramientas para remover rebabas.

Una vez que los extremos de la tubería y el receptáculo de la pieza hayan sido limpiados, verifique el ajuste en seco. La tubería debe introducirse fácilmente en el receptáculo de la pieza de ¼ a ¾ de la trayectoria. Si la tubería toca el fondo (al deslizarse hacia adentro) con poca interferencia, se debe utilizar otra pieza.

4.0.0 ◆ ACOPLAMIENTO DE TUBERÍA DE CPVC

La tubería de CPVC se une en un proceso de cemento solvente de un solo paso. Planifique de antemano haciendo un estimado de la cantidad de cemento solvente necesario para el trabajo. Cuente el número de uniones que necesita realizar y divida el total entre la cantidad de uniones-por-cuarto que aparece en los datos del fabricante para el cemento solvente a utilizar. Esto le da el número de cuartos de cemento solvente necesario para el trabajo. La *Tabla 3* muestra el número de uniones por cuarto de cemento solvente para varias piezas.

A NIVEL

Achaflanado

Algunas personas piensan que el biselado y el achaflanado son la misma cosa. Pero no lo son. Cuando una tubería es achaflanada, el extremo también es biselado así como terminado a escuadra para garantizar una buena unión para soldarlo o sellarlo en una pieza.

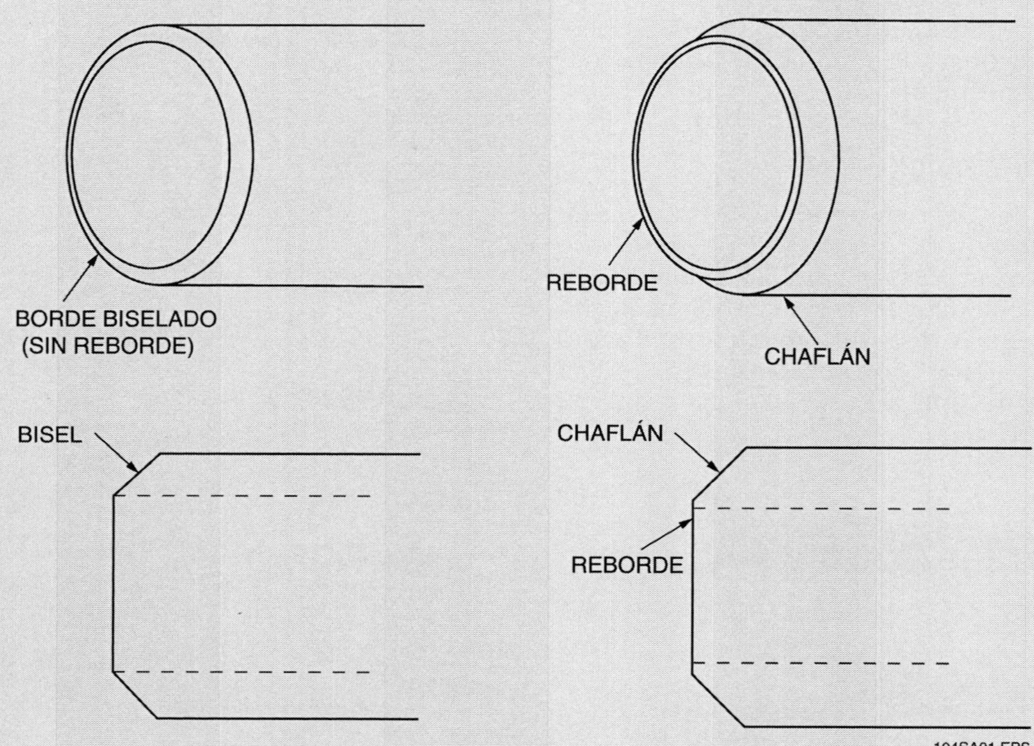

Tabla 3 Uniones por cuarto de cemento solvente

Tamaño del accesorio (pulgadas)	Solvente-Cemento (uniones/cuarto)
$\frac{3}{4}$	270
1	180
$1\frac{1}{4}$	130
$1\frac{1}{2}$	100
2	70
$2\frac{1}{2}$	50
3	40

104T03.EPS

4.1.0 Medidas de seguridad con el cemento solvente

Antes de utilizar cementos solventes para CPVC, lea las instrucciones y tome las precauciones señaladas en la etiqueta del envase, las hojas de datos de seguridad del material (MSDSs), y la *ASTM F402, Práctica estándar para manejo seguro de cementos solventes, pinturas bases y limpiadores utilizados para unir tuberías y piezas termoplásticos*. Los cementos solventes contienen solventes volátiles que se evaporan rápidamente y generan emanaciones tóxicas. Siempre cuente con una ventilación adecuada y evite respirar los vapores. En caso de necesidad, utilice un ventilador para mantener el área de trabajo libre de emanaciones tóxicas. Evite el contacto del cemento solvente con la piel o los ojos y mantenga el envase cerrado cuando no esté en uso. Si el cemento solvente se vuelve más espeso que su consistencia original, deséchelo. No intente diluirlo con pintura base o con solvente, ya que pueden cambiar las características del cemento solvente y restarle efectividad.

PRECAUCIÓN

El cemento solvente para CPVC tiene una vida útil de aproximadamente uno a dos años. No lo utilice más allá del período recomendado por el fabricante.

Antes de aplicar el cemento solvente, siga todas la medidas de seguridad apropiadas:

- Revise las MSDS del cemento solvente.
- Almacene el cemento solvente entre 40°F y 100°F y manténgalo lejos de la luz directa del sol.
- Elimine todas las fuentes de ignición y no fume cuando utilice el cemento solvente.
- Evite respirar los vapores.
- Utilícelo únicamente con una ventilación adecuada. Se recomienda utilizar ventilación mecánica a prueba de explosiones o un extractor local para mantener las concentraciones de vapor por debajo de los límites de exposición recomendados.
- En áreas cerradas o parcialmente cerradas, utilice una mascarilla completa con cartucho inhalador de vapor orgánico aprobada por el Instituto Nacional para la Seguridad y Salubridad Laboral (*National Institute for Occupational Safety and Health*, NIOSH).
- Mantenga perfectamente bien cerrados los envases que contengan cemento solvente cuando no estén en uso, y cúbralos cuanto sea posible cuando estén en uso.
- Evite el contacto frecuente con la piel. Utilice ropa protectora apropiada y un delantal impermeable.
- Evite todo contacto con los ojos. Utilice gafas protectoras contra salpicaduras de químicos. Para mayor información, refiérase a las MSDS del cemento solvente que está utilizando.

¡ADVERTENCIA!

Los cementos solventes contienen solventes volátiles que se evaporan rápidamente y generan emanaciones tóxicas. Siempre cuente con una ventilación adecuada y evite respirar los vapores. Evite el contacto del cemento solvente con la piel o los ojos y mantenga el envase cerrado cuando no esté en uso.

4.2.0 Aplicación del cemento solvente

El cemento solvente utilizado en el método de un paso está fabricado para ser utilizado sin pintura base. Siempre refiérase a las instrucciones del fabricante antes de utilizar el cemento solvente. Las superficies a unir tienen que estar penetradas y ablandadas (ver *Figura 10*). Aplique una capa generosa y uniforme de cemento solvente en la parte externa del extremo de la tubería, y una capa regular de cemento solvente al receptáculo de la pieza. Para tamaños de $1\frac{1}{4}$" y mayores, se requiere una segunda aplicación en el extremo de la tubería.

La secuencia apropiada es aplicar cemento solvente en el extremo de la tubería, después en el receptáculo de la pieza y después nuevamente en la tubería. Es importante que se asegure que hay suficiente penetración del cemento solvente en la tubería y en las superficies de la pieza. Haga esto distribuyendo el cemento solvente con un embadurnador hasta que las marcas de la tubería ha-

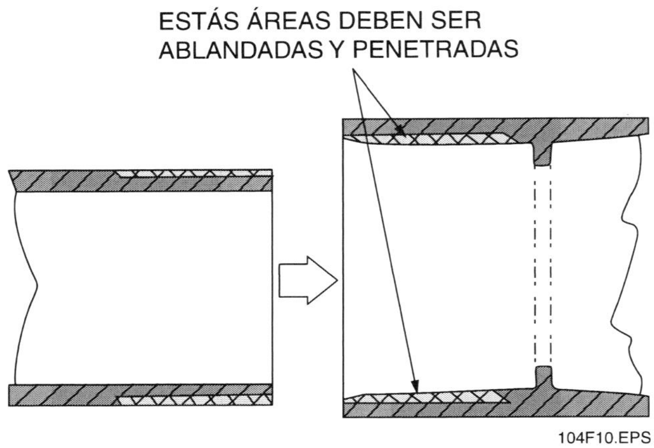

Figura 10 ◆ Área de cobertura (área de adherencia).

yan sido removidas (*Figura 11*). Generalmente son suficientes tres o cuatro pasadas con el embadurnador alrededor de la tubería para lograr el ablandado apropiado.

> **¡ADVERTENCIA!**
> Antes de utilizar cementos solventes para CPVC, revise y siga todas las instrucciones que vienen en las etiquetas de los envases, las hojas de medidas de seguridad del material y la *ASTM 402*.

4.3.0 Ensamble

Inserte inmediatamente la tubería en la boquilla de la conexión, al mismo tiempo que gira la tubería un cuarto de vuelta (*Figura 12*). Alinee la pieza para la instalación en este momento. La tubería debe topar con el fondo. Para asegurar el fijado inicial, mantenga el ensamble sin moverlo durante 10 a 15 segundos. Un anillo continuo de cemento debe ser evidente alrededor de la unión entre la tubería y la pieza. Si hay alguna fisura en el anillo alrededor de la unión, puede ser indicativo de que se aplicó una cantidad insuficiente de cemento solvente. Si esto ocurre, se debe desechar la pieza y repetir el proceso. Si hay demasiado cemento solvente en el anillo, se puede eliminar con un trapo.

Figura 11 ◆ Aplicación del cemento solvente.

> **NOTA**
> Al girar la tubería se eliminan las huellas hechas al insertar la tubería en la pieza. La mayor parte de la fuerza de la junta se localiza cerca del tope de la tubería. Es la razón por la que es importante hacer un corte a escuadra. La fuerza de agarre está en el último ¼" de la pieza achaflanada.

Antes de instalar los cabezales del rociador, deje curar las piezas del cabezal por un mínimo de 30 minutos. Antes de instalar el cabezal del rociador, se debe asegurar o anclar de manera segura la bajada de la tubería para evitar que gire la tubería en la conexiones previamente cementadas.

> **PRECAUCIÓN**
> No instale los rociadores en el adaptador del cabezal, y después aplique cemento solvente al adaptador del cabezal a la caída. Esto puede ocasionar que el cemento se introduzca en el orificio del rociador y tape el cabezal del rociador.

4.4.0 Tiempos de fraguado y curado

Los tiempos de fraguado y curado del cemento solvente dependen del tamaño de la tubería, la temperatura, la humedad relativa, lo apretado de la unión y el tipo de cemento solvente utilizado. El tiempo de secado es más rápido en ambientes secos que en ambientes húmedos. También es más rápido en tamaños menores de tuberías, temperaturas más altas y uniones más apretadas. En el fraguado inicial, se debe permitir que se seque el conector, sin ninguna presión sobre la unión, durante el tiempo recomendado, de acuerdo al tamaño de la tubería y a la temperatura. El conector puede entonces ser manejado con cuidado, evitando aplicar presiones excesivas a la unión. La *Tabla 4* muestra los tiempos de curado mínimos Registrados, antes de aplicar la prueba de presión, para tuberías y piezas de CPVC BlazeMaster® utilizando cemento solvente de un solo paso.

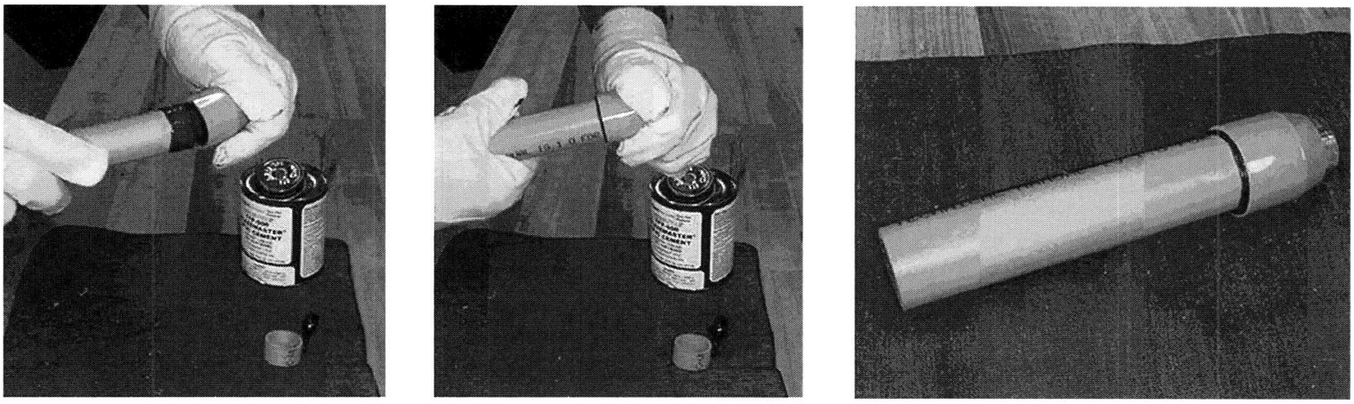

104F12.EPS

Figura 12 ◆ Ensamble de tubería y pieza cementadas.

Tabla 4 Tiempos de curado

Tiempos de curado con cemento solvente de un paso Presión de prueba 225 psi (máximo)			
Tamaño del tubo (pulgadas)	Temperatura ambiente durante el periodo de curado		
	60°F a 120°F	40°F a 59°F	0°F a 39°F
¾"	1.0 hrs.	4.0 hrs.	48.0 hrs.
1	1.5 hrs.	4.0 hrs.	48.0 hrs.
1¼"	3.0 hrs.	32.0 hrs.	10.0 días
1½"	3.0 hrs.	32.0 hrs.	10.0 días
2	8.0 hrs.	48.0 hrs.	Ver nota 1
2½"	24.0 hrs.	96.0 hrs.	Ver nota 1
3	24.0 hrs.	96.0 hrs.	Ver nota 1

NOTA 1: Para estos tamaños, el cemento solvente puede aplicarse a temperaturas menores de 32°F; sin embargo, se debe elevar la temperatura del sistema de rociadores a 32° o más y permitir que se cure de acuerdo con las recomendaciones anteriores antes de hacer la prueba de presión.

Tiempos de curado con cemento solvente de un paso Presión de prueba 200 psi (máximo)			
Tamaño del tubo (pulgadas)	Temperatura ambiente durante el periodo de curado		
	60°F a 120°F	40°F a 59°F	0°F a 39°F
¾"	45.0 min.	1.5 hrs.	24.0 hrs.
1	45.0 min.	1.5 hrs.	24.0 hrs.
1¼"	1.5 hrs.	16.0 hrs.	120.0 hrs.
1½"	1.5 hrs.	16.0 hrs.	120.0 hrs.
2	8.0 hrs.	36.0 hrs.	See Note 1
2½"	8.0 hrs.	72.0 hrs.	See Note 1
3	8.0 hrs.	72.0 hrs.	See Note 1

NOTA 1: Para estos tamaños, el cemento solvente puede aplicarse a temperaturas menores de 32°F; sin embargo, se debe elevar la temperatura del sistema de rociadores a 32° o más y permitir que se cure de acuerdo con las recomendaciones anteriores antes de hacer la prueba de presión.

Tiempos de curado con cemento solvente de un paso Presión de prueba 100 psi (máximo)			
Tamaño del tubo (pulgadas)	Temperatura ambiente durante el periodo de curado		
	60°F a 120°F	40°F a 59°F	0°F a 39°F
¾"	15.0 min.	15.0 min.	30.0 min.
¾" CTS	15.0 min.	15.0 min.	30.0 min.
1	15.0 min.	30.0 min.	30.0 min.
1¼"	15.0 min.	30.0 min.	2.0 hrs.

Tubería BlazeMaster® SDR 13.5 (ASTM F442) Estimación de los requisitos de cemento de un paso	
Tamaño del accesorio (pulgadas)	Cemento solvente (uniones/cuarto)
¾"	270.0
1	180.0
1¼"	130.0
1½"	100.0
2	70.0
2½"	50.0
3	40.0

104T04.EPS

> **PRECAUCIÓN**
> La *Tabla 4* muestra un ejemplo. Verifique las instrucciones de instalación con el fabricante específico. Los tiempos de curado pueden variar.

Las piezas del cabezal del rociador deben ser inspeccionadas visualmente y probadas con una espiga de madera para asegurarse que la tubería y las roscas no tengan exceso de cemento solvente. Una vez que se ha completado la instalación y se ha curado durante la cantidad de tiempo especificado, el sistema debe ser probado hidrostáticamente.

4.5.0 Unión de CPVC en clima frío

Los métodos para unir CPVC en climas cálidos y fríos son los mismos, pero es necesario considerar el equipo y materiales para diversas situaciones climáticas. El pegado de tuberías y piezas de CPVC está en función de la temperatura y el tiempo; sin embargo, es necesario tomar los cuidados adecuados en un clima muy frío. El cemento solvente de CPVC está aprobado para uso en climas fríos hasta 0°F. Un clima muy frío ocasiona que las tuberías y piezas de CPVC se hagan quebradizas, de manera que se deben de tomar precauciones adicionales para prevenir que se dañen durante el manejo.

Siga las instrucciones de instalación cuando trabaje en climas fríos, haciendo un énfasis especial en que los solventes penetren y ablanden las superficies más lentamente que en climas cálidos. La instalación a temperaturas menores de 0°F invalida el Registro del CPVC y del cemento solvente. Debajo de estas temperaturas, las superficies se hacen más resistentes al ataque de los solventes.

Las temperaturas más bajas provocan un tiempo de curado mayor, debido a que la penetración del cemento solvente es más lenta. Cuando cemente en climas fríos debe tomar las siguientes precauciones:

- Lea y siga cuidadosamente todas las instrucciones antes de realizar la instalación.
- Arme lo más que pueda el sistema en un área de trabajo con calefacción.
- Cuando no esté utilizando el cemento solvente, almacénelo en un área templada y asegúrese de que permanezca fluido.
- Tenga especial cuidado de retirar la humedad, incluyendo hielo y nieve.
- Permita que transcurra el período de curado recomendado por el fabricante antes de utilizar el sistema.

4.6.0 Unión de CPVC en clima caliente

Los cementos solventes para CPVC contienen solventes volátiles. Las altas temperaturas y el viento aceleran la evaporación. Las tuberías almacenadas bajo los rayos directos del sol pueden alcanzar temperaturas en la superficie de 20°F a 30°F por arriba de la temperatura del aire. Los solventes atacan estas superficies calientes más profundamente y es muy importante evitar que se haga pastoso el cemento solvente dentro del receptáculo de la pieza. Siempre asegúrese de limpiar el exceso de cemento solvente que queda en la parte exterior de la unión. Siga las instrucciones de instalación estándar y observe las siguientes precauciones:

- Refiérase a la información del fabricante de la tubería o a la información apropiada de la temperatura asociada a la expansión y contracción.
- Almacene el cemento solvente en un área fresca y a la sombra antes de usarlo.
- De ser posible, almacene las tuberías y piezas, o al menos los terminales que van a ser unidos, en un área a la sombra, antes del cementado.
- Asegúrese de que el cemento solvente de las superficies que van a ser unidas esté aún húmedo antes de unirlas. Con tamaños mayores de tubería, serán necesarias más personas para completar la aplicación adecuadamente.
- Lea y siga cuidadosamente todas las instrucciones antes de realizar la instalación.

4.7.0 Reparación y modificación a sistemas de CPVC existentes

Cuando se trabaja en sistemas húmedos activos en construcciones ocupadas, existe el riesgo de daño severo por agua. Siga los procedimientos de corte del fabricante y consulte con el departamento de servicio de su compañía antes de realizar este tipo de trabajo.

4.8.0 Conexión de CPVC con otros materiales

El CPVC puede ser conectado a otros materiales utilizando adaptadores machos roscados, adaptadores hembras roscados, bridas o adaptadores acanalados de acoplamiento. La cinta de teflón o TFE es el compuesto para rosca recomendado y debe ser utilizado con todas las conexiones roscadas. Se debe consultar al fabricante de las piezas antes de utilizar cualquier otro compuesto. Nunca utilice cinta TFE para rosca y pasta para rosca en la misma conexión. Si utiliza juntos estos dos productos se creará una conexión pobre.

> **PRECAUCIÓN**
> Cuando se utilizan selladores para rosca, lubricantes y materiales contra fuego, existen problemas de compatibilidad con el CPVC. Asegúrese siempre de que todos los productos que entren en contacto con el CPVC sean químicamente compatibles. Para mayor información consulte al fabricante de CPVC. Ver el *Apéndice* para información adicional.

5.0.0 ◆ REGLAS PARA EL USO DE SOPORTES EN TUBERÍAS DE CPVC

Proteja el CPVC de la abrasión originada por orillas afiladas de concreto o de acero. Esto incluye columnas y láminas metálicas. La mayoría de los soportes y de los apoyos que son adecuados para sistemas de tuberías metálicas, lo son también para piezas de tuberías de CPVC. Independientemente de qué tipo de soporte se utilice, debe estar libre de rebabas y bordes rugosos o afilados. Los servicios residenciales pueden utilizar soportes tipo plomería de conformidad con *NFPA 13D.* Cuando se utilizan soportes tipo plomería, éstos deben cumplir con los códigos locales de plomería.

Es muy importante colocar adecuadamente los soportes y los apoyos para prevenir un empuje vertical cuando ocurre la descarga del rociador. La expansión térmica también debe ser tomada en consideración. El soporte o el apoyo de la tubería debe estar localizado inmediatamente adyacente a la pieza del rociador, o a la conexión tipo "T" de la caída del rociador. Si la ubicación del rociador impide la instalación de un soporte o de una abrazadera adyacente a la "T", cambie la ubicación del rociador o proporcione un apoyo para el soporte o para la abrazadera. Se requieren retenciones verticales a una distancia de 6" a 9" del rociador. Consulte las instrucciones de instalación del fabricante

5.1.0 Espaciamiento de soportes para tuberías de CPVC

El espaciamiento de soportes para tuberías de CPVC es diferente al que se usa para tuberías de otros materiales debido a las flexibilidad misma de la tubería. Diferentes tipos de tuberías de CPVC tienen diferentes requisitos de espaciamiento de soportes.

5.1.1 Expansión térmica

Todos los materiales se expanden a medida que aumenta la temperatura, y se contraen a medida que disminuye la temperatura. Este cambio dimensional origina que la tubería cambie su longitud a medida que cambia la temperatura. El cambio es mayor en tuberías de CPVC que en tuberías de acero. Como resultado, es necesario el soporte y/o retención de tuberías CPVC en todos los sistemas de rociado para evitar que se muevan los cabezales del rociador. Para detalles acerca de la expansión térmica, incluyendo el uso de correas de expansión, vea la guía de instalación del fabricante.

5.1.2 Limitaciones de espaciamiento para tuberías de CPVC

El espaciamiento entre soportes de tubería está determinado por la medida de la tubería. La *Tabla 5* muestra el espaciamiento máximo entre soportes recomendado por un fabricante, para una tubería de CPVC.

5.1.3 Retenciones, anclas y guías

En el caso de las tuberías de CPVC, además de los soportes y de los apoyos, se requiere el uso de retenciones, anclas y guías. Estos se utilizan en tramos largos de tuberías y siempre que hayan cambios de dirección en la tubería. También deben ser utilizados siempre que se instalan uniones de expansión.

Las anclas orientan el movimiento de la tubería dentro de un marco de referencia definido. Un ancla impide el movimiento vertical y **transversal** en el punto de anclaje. Las guías impiden el movimiento transversal de la tubería, pero permiten el movimiento longitudinal. Las retenciones impiden el movimiento vertical de la tubería.

Tabla 5 Espaciamiento de soportes para tubería de CPVC

Tamaño nominal de tubería		Espaciamiento máximo de soporte	
pulgadas	mm	pies	metros
¾	20	5½	1.7
1	25	6	1.8
1¼	32	6½	2.0
1½	40	7	2.1
2	50	8	2.4
2½	65	9	2.7
3	80	10	3.0

104T05.EPS

Otros materiales que se usan comúnmente para retenciones anclas y guías son piezas especiales, correas plásticas y abrazaderas de perno en U. En todos los casos, se deben consultar las recomendaciones del fabricante. Existen dos abrazaderas para soporte específicamente diseñadas para tuberías de CPVC. Éstas, son una combinación de los dispositivos de soporte-retención. Ambas abrazaderas tienen bordes redondeados para evitar la abrasión de la tubería. Están hechas de chapa metálica galvanizada de acero al carbón y cumplen con los requisitos de la *NFPA 13, 13R,* y *13D*. La *Figura 13* muestra una abrazadera de dos hoyos.

Cuando se activa el cabezal del rociador, se ejerce una importante fuerza reactiva sobre la tubería, especialmente con presiones del sistema mayores de 100 psi. Esta fuerza reactiva provocará que la tubería se levante verticalmente si no se encuentra asegurada adecuadamente, especialmente si la caída del rociador proviene de una tubería de diámetro pequeño.

Cuando la caída de un rociador está entre ¾", 1", o 1¼" de tubería, el soporte más cercano debe asegurar a la tubería contra el levantamiento vertical. Se pueden utilizar varias técnicas para asegurar la tubería, como el uso de un soporte de banda estándar para colocar el apoyo roscado a un $\frac{1}{16}$" arriba de la tubería, o utilizar un aro dividido o un soporte que la abrace.

NOTA

La espiga roscada no debe entrar en contacto con el CPVC cuando se instale. Es conveniente utilizar dispositivos que impiden el levantamiento para evitar que la espiga roscada entre en contacto con la tubería de CPVC. Las líneas ramales deben ser colocadas a distancia de la "T" o del codo para evitar en levantamiento.

Cuando la tubería está suspendida de una plataforma, es necesario utilizar soportes para suspender la tubería y restringir el levantamiento vertical. Un apoyo puede servir como ambos. Las ubicaciones de las caídas entre los apoyos son aceptables en cualquier parte, siempre y cuando se respeten los requisitos de espaciamiento entre apoyos.

Cuando la tubería está apoyada en vigas o armaduras de madera, la estructura proporciona el apoyo, especialmente cuando las vigas están próximas entre sí. El único requisito con este tipo de construcciones es proporcionar restricción vertical. Cuando se apoya la tubería de CPVC debajo de la plataforma y cuando los miembros del soporte están muy espaciados, es importante asegurarlos para restringir el movimiento hacia arriba.

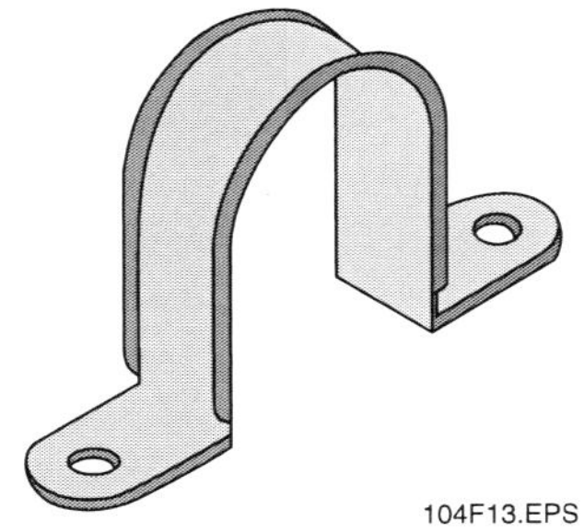

Figura 13 ◆ Abrazadera de dos hoyos.

Las ubicaciones de las caídas son aceptables en cualquier parte siempre y cuando se respeten los requisitos de espaciamiento entre apoyos.

5.1.4 Placas de fijación de CPVC

Algunos fabricantes han diseñado **placas de fijación** especiales para instalación con tuberías de CPVC. Como la tubería de CPVC es menos rígida que la de acero, la probabilidad de expansión y movimiento cuando está bajo presión puede ser mayor. Debido a la expansión térmica esperada de la tubería de CPVC, los cabezales del rociador se deben instalar para limitar el movimiento. Por esa razón, las placas de fijación, las corazas ornamentales o las cubiertas protectoras se utilizan algunas veces para ayudar a fijar la tubería. Estas placas de fijación deben tener placas roscadas o de tornillo. Es importante seguir las especificaciones de los fabricantes de piezas para restricción de movimiento de rociadores cuando se utilizan placas de fijación. La *NFPA 13* exige que el soporte fijado directamente a la tubería esté Registrado por un laboratorio de pruebas reconocido. Esto incluye a las placas de fijación. La *Figura 14* ilustra la tapa de una placa de fijación utilizada con un cabezal de rociador.

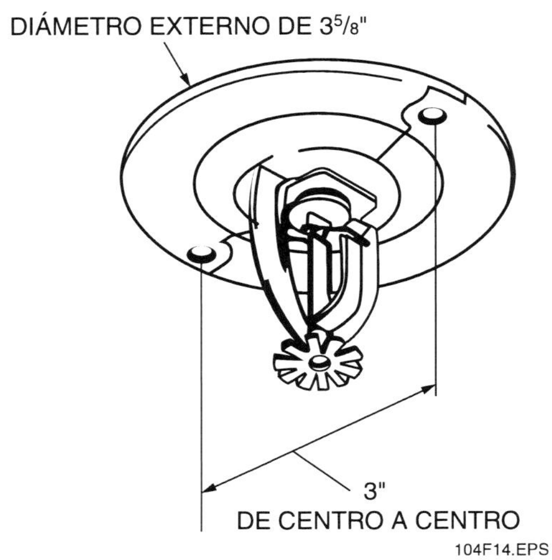

Figura 14 ◆ Placa de fijación de CPVC.

5.1.5 *Prácticas recomendadas y precauciones*

Los siguientes qué SE DEBE HACER y qué NO SE DEBE HACER son instrucciones generales típicas de los productos de CPVC.

QUÉ HACER:

- Instale los productos de acuerdo a las instrucciones de instalación del fabricante.
- Siga las prácticas de seguridad del trabajo recomendadas.
- Asegúrese que ciertos materiales como selladores para roscas, lubricantes de juntas o materiales contra fuego sean compatibles con el CPVC.
- Utilice solamente pinturas base agua cuando sea necesario pintar.
- Mantenga la tubería y las piezas en su envoltura original hasta que sea necesario utilizarlas.
- Cubra la tubería y las piezas con una lona opaca si se almacena a la intemperie.
- Siga las instrucciones de manejo adecuadas.
- Utilice herramientas específicamente diseñadas para uso con tuberías y piezas plásticas.
- Use cemento solvente apropiado y siga las instrucciones de aplicación.
- Utilice un trapo para proteger los acabados interiores.
- Corte los extremos de la tubería a escuadra.
- Lime y bisele los extremos de la tubería antes de aplicar cemento solvente.
- Después de aplicar el cemento solvente, gire la tubería un cuarto de vuelta una vez que la haya insertado hasta el fondo del receptáculo.
- Evite que se corra el cemento solvente en las piezas y en la tubería.
- Asegúrese que el cemento solvente no se corre y tapae el orificio del cabezal del rociador.
- Siga las recomendaciones de tiempo de curado del fabricante antes de realizar la prueba de presión.
- Llene las líneas lentamente y elimine el aire del sistema antes de ejecutar la prueba de presión.
- Sostenga apropiadamente el cabezal del rociador para evitar que se levante contra el techo al activarse.
- Mantenga la varilla roscada a ⅟₁₆" de la tubería.
- Instale tuberías y piezas de CPVC BlazeMaster® en sistemas de tubo mojado únicamente o en sistemas de tubo seco Registrados especialmente.
- Para protección contra el congelamiento utilice solamente aislamiento y/o soluciones de glicerina y agua.
- Tome en consideración el movimiento debido a la expansión y contracción.
- Renueve su entrenamiento en la instalación de tuberías y piezas de CPVC BlazeMaster® cada dos años.

QUÉ NO HACER:

- No utilice aceites comestibles como Crisco® como lubricante de juntas.
- No utilice pinturas, selladores, lubricantes o materiales para detener el fuego, basados en petróleo o solventes.
- No utilice ninguna solución de glicol como anticongelante.
- No mezcle soluciones de glicerina y agua en recipientes contaminados.
- No utilice cinta de Teflón® y selladores para roscas simultáneamente.
- No utilice cemento solvente que exceda su fecha de caducidad o que esté descolorido o gelatinoso.
- No permita que el cemento solvente tape el orificio del cabezal del rociador.
- No conecte acoples rígidos de metal a adaptadores ranurados de CPVC BlazeMaster®.
- No rosque ni acanale la tubería de CPVC BlazeMaster®.
- No utilice cemento solvente cerca de fuentes de calor, llamas abiertas o cuando esté fumando.
- No realice la prueba de presión hasta que se haya cumplido el tiempo de curado recomendado.
- No utilice herramientas de corte con hojas sin filo o rotas cuando corte la tubería.
- No utilice tuberías de CPVC BlazeMaster® que hayan sido almacenadas a la intemperie sin protección y que estén decoloradas.
- No permita que la varilla roscada entre en contacto con la tubería.
- No instale tuberías de CPVC BlazeMaster® en climas fríos sin permitir su expansión.
- No instale tuberías ni piezas de CPVC BlazeMaster® en sistemas secos a menos que estén Registradas para tal uso.

Preguntas de repaso

1. Todos los diámetros de tubería SDR 13.5 tienen una capacidad de presión que es _____.
   a. diferente
   b. igual
   c. estándar
   d. graduada

2. Las tuberías y piezas de CPVC están clasificadas para trabajar con una presión de operación de 175 psi a una temperatura de 150°F. Por lo tanto, una resistencia a la explosión rápida de _____ psi es un requisito Registrado.
   a. 525
   b. 700
   c. 875
   d. 1,050

3. Probar tuberías de CPVC a presiones superiores a la presión de diseño de 175 psi no es permitido.
   a. Cierto
   b. Falso

4. Las tuberías de CPVC tienen una resistencia al impacto _____ que las tuberías de metal. Esto origina requisitos específicos de manejo y almacenamiento para tuberías de CPVC.
   a. mayor
   b. menor
   c. similar
   d. mucho mayor

5. Cuando almacene material de CPVC, debe _____.
   a. mantenerlo a la intemperie con o sin cubierta
   b. utilizar dos apoyos para la tubería, uno en cada extremo
   c. almacenar la tubería suelta separada de la tubería empacada
   d. almacenar la tubería y las piezas en su envoltura original hasta que sea necesario utilizarlas

6. Las tuberías y piezas de CPVC pueden ser adecuadas para uso en áreas en donde la temperatura ambiente es superior a la de congelamiento y no exceda los
   a. 100°F
   b. 150°F
   c. 200°F
   d. 250°F

7. Las piezas de CPVC en diámetros de ¾" a 1¼" son producidas para dimensiones de Programa _____.
   a. 40
   b. 50
   c. 60
   d. 80

8. Cuando se corta tubería de CPVC, es extremadamente importante hacer un corte _____.
   a. ligeramente biselado
   b. rápido
   c. completamente biselado
   d. a escuadra

9. Como el proceso de unión del cemento solvente es una reacción química, *no* es necesaria la limpieza escrupulosa.
   a. Cierto
   b. Falso

10. Al insertar la tubería de CPVC en seco, debe entrar en el receptáculo fácilmente de ¼ a ¾ del recorrido. Pero si la tubería se topa con algo de interferencia, será necesario _____ al hacer la unión.
    a. poner un calce
    b. un tipo diferente de cemento solvente
    c. menos cemento solvente
    d. una pieza nueva

11. La práctica estándar para el manejo de cementos solventes para CPVC se encuentra en _____.
    a. *NFPA 13*
    b. *ASTM F204*
    c. *ASTM F402*
    d. *NFPA 13R*

Preguntas de repaso

12. Antes de aplicar cemento solvente, _____.
    a. siga todas las precauciones apropiadas de seguridad
    b. instale todos los rociadores
    c. realice las pruebas de presión al sistema
    d. determine que el cemento solvente no tiene más de siete años de antigüedad

13. El máximo espaciamiento entre apoyos para tuberías de CPVC de 1½" es _____.
    a. 5'
    b. 6'
    c. 7'
    d. 8'

14. Un ancla impide el movimiento _____ de la tubería.
    a. diagonal
    b. horizontal
    c. vertical
    d. oblicuo

15. La *NFPA 13* exige que el soporte fijado directamente a la tubería esté Registrado por un laboratorio de pruebas reconocido.
    a. Cierto
    b. Falso

Resumen

La tubería de CPVC se está haciendo cada vez más popular para aplicaciones residenciales y de bajo riesgo. Debido a su bajo peso, es más fácil de manejar que las tuberías de hierro.

Las tuberías de CPVC están fabricadas en una relación dimensional estándar (SDR) de 13.5 para todos los diámetros de acuerdo a la norma *ASTM F-442*. Aunque la tubería de CPVC tiene ventajas, también tiene requisitos especiales que deben ser observados, particularmente para su manejo y almacenamiento. Las tuberías de CPVC están aprobadas para sistemas de tubo mojado y para sistemas de rociado ocultos y expuestos, pero consulte las instrucciones de instalación del rociador para detalles y limitaciones.

El CPVC tiene requisitos especiales de corte, achaflanado y limpieza. Los métodos para unir CPVC en climas cálidos y fríos son los mismos, pero es necesario considerar el equipo y materiales para diversas situaciones climáticas.

Cuando utiliza CPVC y su método único de unión con cemento solvente, se deben de seguir fielmente las instrucciones del fabricante. La preparación adecuada de la tubería, y contemplar la cantidad de tiempo apropiado para el curado de la unión, son claves para lograr uniones fuertes y a prueba de fugas. Las instrucciones detalladas de instalación están disponibles por el fabricante, o por cualquier fuente de material CPVC.

Notas

Cuestionario de términos clave

1. La distancia del extremo de una tubería en una pieza a la línea central de la pieza se llama ___________.
2. El/la ___________ es un material termoplástico blanco que representa un 85 por ciento del peso de los productos terminados de CPVC.
3. Una tubería común de termoplástico utilizada en la industria de los rociadores contra incendio es el/la ___________.
4. Cuando la tubería se ha deslizado lateralmente, ha hecho un desplazamiento ________.
5. El tamaño nominal de tubería de acero se conoce como ___________.
6. ___________ es el nombre que se da a la temperatura del aire circundante.
7. ___________ se refiere a la tubería de plástico que es suave y flexible cuando se calienta, pero dura cuando se enfría.
8. El/la ___________ es un material termoplástico anaranjado utilizado para producir tuberías y piezas de rociadores contra incendio.
9. Al biselado y corte transversal del extremo de una tubería de plástico para hacer un extremo limpio para un conector se le llama ________.
10. La cubierta protectora para rociadores se llama ___________.
11. ___________ es el grosor de la pared de la tubería en proporción a su diámetro exterior.

Términos clave

Achaflanado
Cloruro de polivinilo clorinado (CPVC)
Compuesto de CPVC
Placa de fijación
Relación dimensional estándar (SDR)
Resina de CPVC
Takeout (o reducción)
Tamaño de tubo de hierro (IPS)
Temperatura ambiente
Termoplástico
Transversal

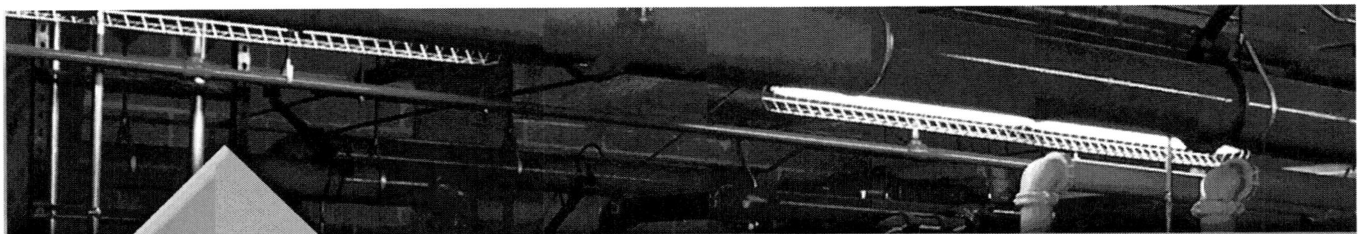

Perfiles de éxito

Richard Conley, HFP Fire Protection Services, Inc.

Gerente Regional de Servicio
HFP Fire Protection Services, Inc.
Westfield, Massachusetts

Richard Conley compitió en la primera competencia nacional de aprendices de la Asociación de Instaladores de Rociadores de Estados Unidos (ASFA) en 1994 y ganó el campeonato de la región 7. La convención anual fue en Fort Lauderdale, Florida, y Richard ganó el segundo lugar a nivel nacional. Antes de que terminara su aprendizaje, el hacía trabajos para su compañía. Una de sus metas a largo plazo es terminar un manual de servicio y reparación para técnicos de servicio e inspección, que los ayudará a localizar averías de emergencia.

¿Por qué eligió una carrera en el área de instalación de rociadores?

Tenía antecedentes como carpintero y como obrero de construcción/operador de maquinaria pesada; sin embargo, estaba buscando un trabajo más permanente con un buen paquete de beneficios a medida que iba formando una familia.

¿Qué tipos de capacitación ha recibido?

Empecé con el programa de aprendizaje ASFA, Wheels of Learning, que coincide con los cuatro años de capacitación en el trabajo de aprendiz de instalador de rociadores. También he estado en numerosos seminarios sobre habilidades administrativas, habilidades de capataz de construcción, cambios y mejoras al código de la NFPA, rociadores residenciales, bombas contra incendio, equipo de construcción y cómo levantar con seguridad.

¿Qué tipo de tareas ha desempeñado a lo largo de su carrera?

En mis 15 años en HFP, he tenido muchos cargos difeentes: aprendiz, oficial aprendiz con licencia, capataz, capataz de proyectos especiales, técnico de servicio, superintendente de campo y gerente de servicio.

He instalado principalmente sistemas de rociado basados en agua, desde farmacias pequeñas hasta sistemas de rejilla para almacenes grandes. También he tenido la oportunidad de instalar muchos tipos de bombas contra incendio, incluyendo las de caja deslizante horizontal y caja deslizante vertical, y bombas de turbina vertical, eléctricas y de diesel. Hace un par de años realicé una obra de servicio de emergencia, que incluía la revisión de viejos sistemas con averías, con válvulas de retención de alarma y válvulas de tubería en seco.

Durante cuatro años fui el superintendente en nuestra división de contratos de Connecticut, supervisando a un equipo de 25 a 30 personas. Este trabajo implicó la coordinación de cada trabajo de principio a fin en todo lo que tenía que ver con mano de obra, herramientas y control de calidad.

En los últimos cinco años, he sido el gerente de servicio para nuestra compañía en Connecticut. Mis deberes incluyen cálculo de precios y programación de reparaciones deficientes y llamadas para servicios de emergencia, así como ser el responsable de habilitar los sistemas residenciales de rociado para inquilinos y otros trabajos pequeñosde contratación. Mi día se divide entre salir a ver el trabajo; trabajar en la computadora calculando precios, cotizando y programando; y supervisando nuestro departamento de almacén y servicio en general.

¿Qué es lo que le gusta de su trabajo?

Las cosas que me gustan más de ser gerente de servicio es que soy directamente responsable de la rentabilidad y éxito de mi departamento. También es muy satisfactorio saber que mis opiniones y conocimientos son respetados y apreciados.

¿Cuáles son los factores que más han contribuido para su éxito?

Algunos de los factores que han contribuido a mi éxito son mi disposición a realizar hasta el final cualquier tarea que se me pida, mi interés en saber y estudiar tanto como me sea posible acerca del negocio de rociadores, una actitud de aceptar la responsabilidad y la suerte de elegir una de las industrias de más rápido crecimiento en el país actualmente.

¿Qué consejo puede ofrecerle a los que son uevos en el área de instalación de rociadores?

Que estudien sus libros de aprendizaje y aprendan todo lo que puedan acerca de la profesión. Sean cumplidos y estén dispuestos a trabajar duro; se los apreciarán. Fijen las metas que deseen alcanzar. Y el más importante consejo es trabajar con seguridad.

Apéndice

Compatibilidad química

Design & Specification

Chemical Compatibility

Updated: April 6, 2006
Supercedes: March 27, 2006

BlazeMaster® Pipe & Fittings

CPVC domestic water, fire sprinkler, and industrial piping systems have been used successfully for more than 45 years in new construction, re-pipe and repair. CPVC products are ideally suited for these applications due to their outstanding corrosion resistance. Occasionally, however, CPVC and PVC can be damaged by contact with chemicals found in some construction products (and site preparations). Reasonable care needs to be taken to insure that products coming into contact with CPVC systems are chemically compatible. Noveon recommends that chemical compatibility with CPVC be confirmed with the manufacturer of the product in contact with CPVC piping systems. If chemical compatibility with CPVC is in question, Noveon recommends isolating the suspect product from contact with CPVC pipe or fittings.

The following products have been shown to be **UNACCEPTABLE** for (unprotected use) contact with CPVC systems. Chemically incompatible products are added to this list as they are brought to our attention. A product's absence from this list does not imply or insure CPVC chemical compatibility. **ALWAYS CHECK THE BLAZEMASTER CPVC WEBSITE AT _WWW.BLAZEMASTER.COM_ FOR THE MOST UP TO DATE CHEMICAL COMPATIBILITY LISTING. ALWAYS CHECK THE PRODUCT MANUFACTURER'S RECOMMENDATION IN THIS REGARD**.

UNACCEPTABLE PRODUCTS - Do Not Use

CATEGORY	COMPANY	PRODUCT
Caulks	OSI Sealants (Dartworth Company) (Ohio Sealants)	Polyseamseal Tub & Tile Adhesive Caulk Polyseamseal All Purpose Adhesive Caulk Pro Series PC-158 Caulk
	John Wagner Associates	Grabber Acoustical Sealant GSCS
	United States Gypsum	Sheetrock Brand Acoustical Sealant
	White Lightning	3006 All Purpose Adhesive Caulk
Fire Stopping Systems	3M	Fire Barrier 2003 Silicone Fire Barrier CP25WB+
	Flame Stop	Flame Stop V
	Proset	Proseal Plug, Black Proseal Plug, Red
Leak Detector _(Also see NOTE Section)_	Federal Process Co.	Gasoila Leak Tech* *Gasoila Leak Tech Gold **is** FlowGuard Gold®, BlazeMaster®, and Corzan® CPVC compatible.
Miscellaneous	Fiberlock Technologies	ShockWave
	WD40	WD40 Lubricant
	Victaulic	Silicone Pipe Lubricant
		Peppermint Oil
		Roofing Tar
		Vaseline
		Vegetable Oils

104A01.EPS

Pipe Clamp	LSP Specialty Products Naylon Products	Acousto Clamp, Acousto-Plumb System Naylon Vinyl-Coated Wire Pipe Hangers
Pipe Tape	Christy's	Pipe Wrap Tape
	Pro Pak, Inc.	Pipe Wrap Tape (black)
	Pasco	All Weather PVC Pipe Wrap
	Wonder	No. 413 Pipe Wrap Tape
Thread Sealants	Allied Rubber & Gasket Company (ARGCO)	Super Dope
	Anti-Seize Technology	TFE Paste
	Devcon	Super Lock Hi-Strength, Stud Lock Grade 2271
	General Sealant	GS-600
	G.F. Thompson Co., Ltd.	Masters™ Pro-Dope™ with Teflon®
	Hercules	Brush-on/Blue Block
	Hernon Mfg. Inc.	Powerseal #932
	IPS	White Seal
	JC Whitlam Mfg. Co.	Seal Unyte Thread & Gasket Sealer
	Jet Lube, Inc.	Jet Lube V-2
	Jomar	Tighter-than-Tite
	Locktite	Threadlocker 242
	Lyn-Car Products Ltd.	Proseal
	National Starch & Chemical, Permabond	Permabond LH-050
	Division	Permabond LH-054
	Permatex Company, Inc.	Permatex 14H
	Rule	High Performance Teflon Thread Sealing Compound
	Saf-T-Lok Chemcial	Saf-T-Lok TPS Anaerobic Adhesive/Sealant, Industrial Grade TPS
	Swagelock Company	SWAK

TERMITICIDES & INSECTICIDES

- When performing installations underslab or where the presence of insecticides or termiticides is likely, care should be taken to isolate CPVC pipe from direct contact with large quantities of these chemicals. Vinyl piping materials such as PVC or CPVC may be damaged when termiticides or insecticides are injected into the annular space between the pipe wall and sleeving material trapping the termiticide against the pipe wall. Termiticide applications per label instructions in an open-air environment, such as slab pretreat applications, should not pose a problem. However, puddling of termiticides on or near CPVC pipe may cause failures. In areas where puddling is more likely, such as areas near tub boxes and retreat applications, extra care should be taken to avoid puddling of termiticides. Exercising caution and common sense should prevent installation problems. Before using an insecticide or termiticide, be sure to consult the manufacturer's installation guide for proper application instructions. For a listing of insecticides or termiticides that are included in the FGG/BM System Compatible Program, refer to www.flowguardgold.com, www.blazemaster.com or www.corzancpvc.com.

- Additional precautions need to be taken when retreat applications are required. Termiticide retreatment is usually required when the concrete slab has been broken to relocate a pipe. The following recommendations should followed in retreat applications:
  - Remove all the plastic barrier material that was installed prior to the initial concrete pour from the area to be retreated. Do not reinstall the plastic barrier material.
  - After the pipe has been relocated, the soil should be pretreated before it is placed in the hole around the pipe. Do not apply termiticide directly to the retreat area.

- In situations where sleeving is required, the pipe should be protected with a compatible sleeving material extending at least 12" above and below the soil. The top of the sleeving should be securely taped to the pipe with a compatible tape product. Backfill over underground piping prior to termiticide spraying.

104A02.EPS

NOTE:

- Noveon recommends Teflon® tape as the preferred thread sealant.
- If it is necessary to use leak detectors on CPVC systems, only leak detectors that are included in the **FGG/BM® System Compatible Program** should be used. While common ordinary soaps are not detrimental to CPVC, most modern dishwashing liquids contain synthetic detergents, some of which may cause environmental stress cracking of fittings. For a complete list of products that are included in the FGG/BM® System Compatible Products refer to www.flowguardgold.com, www.blazemaster.com, or www.corzancpvc.com.
- Noveon also publishes a more complete listing covering application of individual compounds. This may be found in the Noveon Chemical Resistance Chart for CPVC Piping Products. The user is also encouraged to compare data from the individual product's MSDS to the published Chemical Resistance Chart.
- Direct contact with flexible wire and cable that ulitize insulation containing plasticizers is not recommended. Section 334.30 of the National Electric Code requires wire and cable to be secured by staples, cable ties, straps, or hangers. Air ducts, pipes and ceiling grid are not acceptable supports for wire and cable.
- HVAC applications - Some heat exchangers or condenser coils may contain residual oils from the manufacturing process which can cause cracking of CPVC. Caution should be exercised when installing CPVC in combination hot water/air heating units or as condensate drain lines for air conditioning systems. Confirm the compatibility of CPVC with the residual oils prior to installation. The interior of heat exchangers or the exterior of condenser coils may be thoroughly flushed with mild detergent solution to remove incompatible oils prior to piping installation. A rinse with clean water to completely clean the system is advisable as a final flushing.
- Primers, cleaners, and solvent cements containing appreciable amounts of acetone may cause rapid environmental stress cracking of CPVC metal insert parts during installation at freezing temperatures. Contact your primer/cleaner/solvent cement manufacturer for more information or recommendation of alternatives.
- When CPVC pipe is installed in kitchen areas the pipe must be protected from contact with grease or cooking oils. Consideration must be given to not only protecting the pipe from direct contact with grease or oil as well as contact that may occur from airborne grease or oil.
- When performing repairs to leaks in existing systems, care should be taken to isolate CPVC pipe from direct contact with heavy concentrations of fungicide products which may be applied during cleanup of water damage. Vinyl piping materials such as PVC or CPVC may be damaged by fungicides when fungicides are sprayed on surrounding drywall and wood framing to prevent the growth of mold and mildew in the affected area. Common sense precautions will prevent problems with repairs to existing systems. When repairs are made to an existing system, and the possibility exists that fungicides will be applied to treat damp drywall and wood framing surrounding the repair site, exposed piping should be sleeved with a compatible plastic sleeving or pipe insulation material to prevent direct contact of the fungicide with the plumbing system.

104A03.EPS

Términos especializados introducidos en este módulo

Achaflanado: Biselado y corte transversal del extremo de una tubería de CPVC para hacer un extremo limpio para un conector.

Cloruro de polivinilo clorinado (CPVC): Una tubería común de termoplástico utilizada en la industria de los rociadores contra incendio.

Compuesto de CPVC: Es un material termoplástico anaranjado utilizado para producir tuberías y piezas de rociadores contra incendio.

Placa de fijación: Una tapa protectora para rociadores.

Relación dimensional estándar (SDR): Es el grosor de la pared de la tubería en proporción a su diámetro exterior.

Resina de CPVC: Es un material termoplástico blanco que representa un 85 por ciento del peso de los producto terminados de CPVC.

Takeout: Es la distancia del extremo de una tubería en una pieza a la línea central de la pieza.

Tamaño de tubería de hierro (IPS): El tamaño nominal de la tubería de hierro.

Temperatura ambiente: La temperatura del aire circundante.

Termoplástico: Se refiere a la tubería de plástico que es suave y flexible cuando se calienta, pero dura cuando se enfría.

Transversal: El desplazamiento lateral (hacia los lados) de una tubería.

MÓDULO 18104-07 — RESPUESTAS A LAS PREGUNTAS DE REPASO

Respuesta		Sección de referencia
1.	b	2.1.0
2.	c	2.1.0
3.	b	2.1.0
4.	b	2.3.1
5.	d	2.3.2
6.	b	2.4.2
7.	a	2.5.0
8.	d	3.1.0
9.	b	3.3.0
10.	d	3.3.0
11.	c	4.1.0
12.	a	4.1.0
13.	c	5.1.2; Tabla 5
14.	c	5.1.3
15.	a	5.1.4

MÓDULO 18104-07
RESPUESTAS AL CUESTIONARIO DE TÉRMINOS CLAVE

1. Takeout (reducción)
2. Resina de CPVC
3. Cloruro de polivinilo clorinado (CPVC)
4. Transversal
5. Tamaño de tubería de hierro (IPS)
6. Temperatura ambiente
7. Termoplástico
8. Compuesto de CPVC
9. Achaflanado
10. Placa de fijación
11. Relación dimensional estándar (SDR)

Reconocimientos

Recursos adicionales

Este módulo está concebido para ser un recurso exhaustivo para el entrenamiento de tareas. Se recomiendan los siguientes recursos para profundizar los estudios. Éstos son materiales opcionales para educación continua más que para entrenamiento de tareas.

Multimedia Apprenticeship Training Supplement for Fire Sprinkler Fitters (Juego de CDs: Nivel 1 a Nivel 4). Asociación de Rociadores contra Incendios de Estados Unidos. www.sprinklernet.org.

NFPA 13, Standard for the Installation of Sprinkler Systems, última edición. Quincy, MA: National Fire Protection Association.

NFPA 13D, Standard for the Installation of Sprinkler Systems in One- and Two-Family Dwellings and Manufactured Homes, última edición. Quincy, MA: National Fire Protection Association.

NFPA 13R, Standard for the Installation of Sprinkler Systems in Residential Occupancies up to and Including Four Stories in Height, última edición. Quincy, MA: National Fire Protection Association.

Standard 203, Standard for Pipe Hanger Equipment for Fire Protection Service, última edición. Northbrook, IL: Underwriters Laboratories.

Créditos de figuras

Tyco Fire and Building Products, 104F02-104F04, 104F08, 104F11, 104F12

Reed Manufacturing Company, 104F05, 104F06

Milwaukee Electric Tool Corporation, 104F07

Ridge Tool Co./Ridgid®, 104F09

Noveon, Inc., 104T03-104T05, Apéndice

NIBCO INC., 104F13

SERIE EDUCATIVA CONTREN® — COMENTARIOS DEL USUARIO

NCCER hace el esfuerzo de mantener estos libros de texto actualizados y libres de errores técnicos. Apreciamos su ayuda en este proceso. Si tiene una idea para mejorar este libro de texto, o si encuentra algún error, ya sea tipográfico, o de contenido en los libros de texto de *Contren®*, favor de escribirnos usando esta forma o una fotocopia de la misma. Asegúrese de incluir el número exacto del módulo, la página, una descripción detallada, y la corrección, si es aplicable. Su comentario será traído a la atención del comité técnico de revisión. Gracias por su ayuda.

Instructores – si usted encontró que algún material adicional es necesario para enseñar este módulo con eficacia, por favor déjenos saber para poder incluirlos en la lista de Equipo y Materiales en la guía anotada del instructor.

Dirección postal: Departamento de Desarrollo de Productos
National Center for Construction Education and Research
3600 NW 43rd Street, Bldg. G, Gainesville, FL 32606

Fax: 352-334-0932

E-mail: curriculum@nccer.org

Oficio ____________ Nombre del Módulo ____________

Fecha del Copyright ____________ Número del Módulo ____________ Número(s) de Página(s) ____________

Descripción

____

____

____

____

Corrección (opcional)

____

____

____

Su nombre y dirección (opcional)

____

____

____

18105-07

Sistemas de tubería de cobre

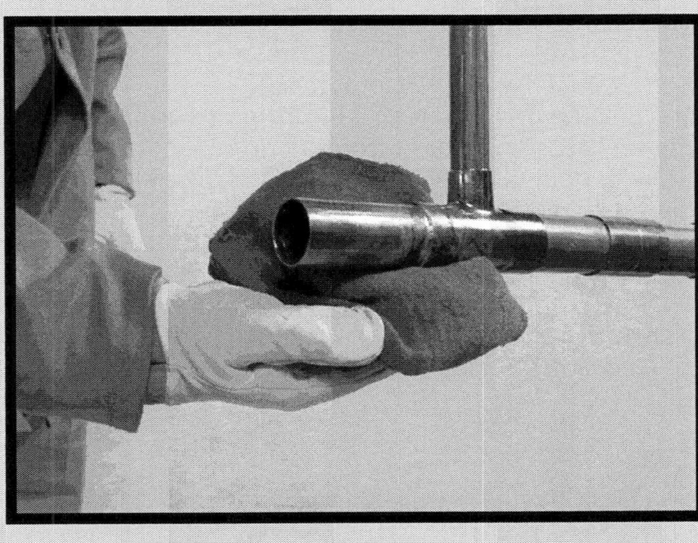

18105-07
Sistemas de tubería de cobre

En este módulo se presentan los siguientes temas:

Generalidades

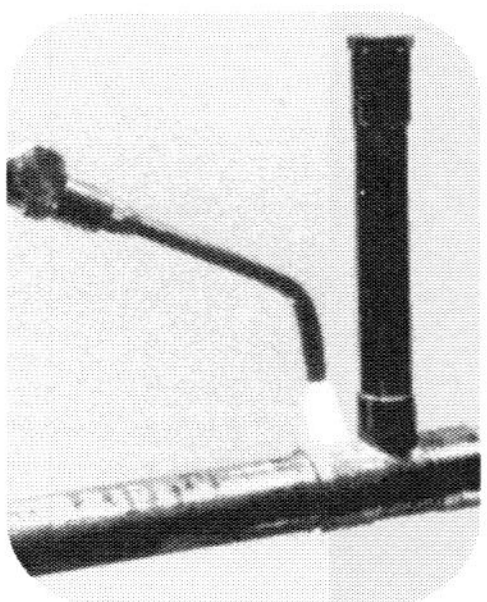

La norma *NFPA 13* permite el uso de tres tipos de tubo de cobre y piezas en los sistemas de rociadores contra incendio: K, L y M. Está prohibido el uso de otros tipos de cobre. A diferencia de la tubería de acero, el cobre normalmente se une por medio de soldadura fuerte o blanda, en vez de usar piezas roscadas.

La soldadura blanda y fuerte son técnicas en las cuales la unión se calienta hasta el punto en que se funde el material de relleno, el cual fluye dentro de la unión, creando un sello positivo. Tanto la soldadura fuerte como la blanda requieren el uso de equipo de calentamiento con combustión de gas. La soldadura blanda puede realizarse con un simple soplete portátil con gas propano. La soldadura fuerte usa temperaturas más altas que la soldadura blanda y requiere un equipo de calentamiento más complejo. Para la soldadura fuerte el combustible de uso más común en campo es la combinación de gases de oxígeno y acetileno (oxiacetileno).

Existen dos problemas importantes en la soldadura fuerte y blanda. Uno es la seguridad. Ambas técnicas hacen uso de gases inflamables, de modo que el riesgo de incendio es una de las principales preocupaciones. Además, los gases usados en la soldadura fuerte se encuentran a presión alta y deben manejarse y usarse de manera apropiada.

El segundo problema es la mano de obra. Incluso un error pequeño puede dar como resultado una unión con fugas, de modo que es extremadamente importante concentrarse en el trabajo y hacerlo bien en todo momento. La práctica lleva a la perfección.

Objetivos

Cuando usted haya terminado este módulo, podrá hacer lo siguiente:

1. Seguir las precauciones básicas de seguridad para la preparación e instalación de la tubería de cobre.
2. Identificar los tipos aprobados de tubería y piezas de tubo de cobre.
3. Identificar y describir las piezas de bronce fundido.
4. Identificar las piezas forjadas.
5. Identificar y seleccionar las piezas dieléctricas.
6. Usar la soldadura fuerte y blanda en la unión de los tubos de cobre.
7. Calcular takeouts (reducciones).
8. Ajustar el equipo.
9. Cortar, biselar y limpiar la tubería de cobre.
10. Preparar apropiadamente los extremos de la tubería

Términos técnicos

Acción capilar	Oxidación
Aleación	Piezas forjadas
Boratos	Potable
Dieléctrico	Purga
Entrelazado	Soldadura
Fundente	Soldadura blanda
Galvánico	Soldadura fuerte
Hendidura (rizado)	Sólidos
Líquidos	Unión con soldadura en caliente
Oxiacetileno	

Materiales requeridos para el estudiante

1. Lápiz y papel
2. Equipo de protección personal requerido

Requisitos

Antes de empezar este módulo, es recomendable que concluya satisfactoriamente lo siguiente: *Currículo básico*; y *Instalación de rociadores nivel uno*, Módulos 18101-07 al 18104-07.

Este mapa del curso muestra todos los módulos del primer nivel del currículo básico para *Instalación de rociadores*. El orden recomendado de entrenamiento empieza abajo y avanza hacia arriba. El nivel de habilidad se eleva conforme usted avance en el mapa del curso. El patrocinador local del programa de entrenamiento podrá ajustar el orden del entrenamiento.

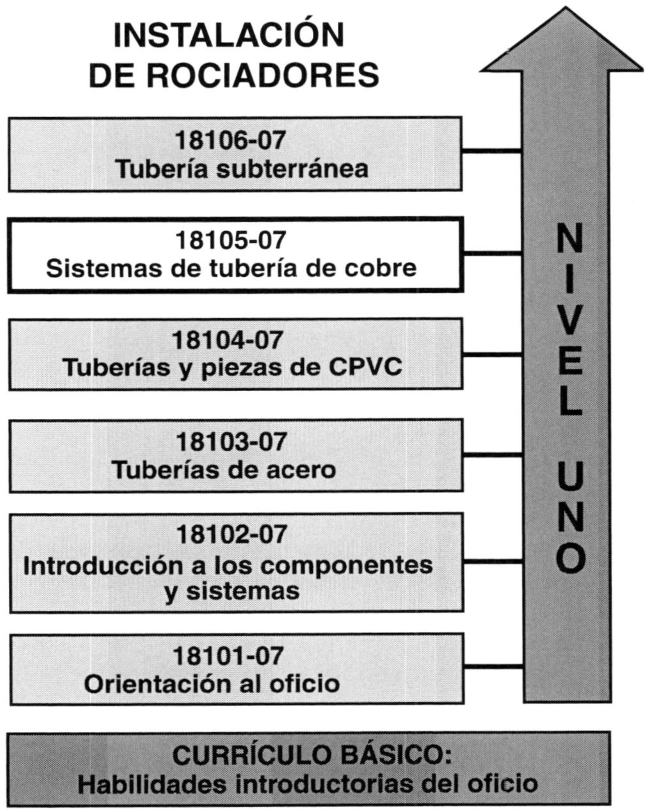

105CMAP.EPS

1.0.0 ◆ INTRODUCCIÓN

Una ventaja importante del tubo de cobre es que resiste la corrosión mucho mejor que la tubería de acero. Esto es muy útil en los sistemas de suministro de agua **potable**. El cobre también tiene mejores características de flujo que la tubería de acero, pero no es tan resistente a la acumulación interna de productos de incrustación debido a la dureza del agua en comparación con la tubería de plástico. El cobre tiene una elevada conductividad térmica y tiende a congelarse más rápido que el acero. Debido a sus características de flujo positivo, el tubo de cobre puede ser de menor tamaño que la tubería de acero para una situación dada. Por ejemplo, si una aplicación requiere una tubería de acero con un diámetro mínimo de 1", podría usarse en su lugar tubería de cobre de ¾". El uso de tubo de cobre en los sistemas de rociadores contra incendio requiere de diferentes métodos de soporte y unión en comparación a los utilizados para la tubería de plástico o acero.

2.0.0 ◆ TUBERÍA Y PIEZAS DE COBRE

La tubería de cobre de los tipos K, L y M están permitidos por la norma *NFPA 13, 13R* y *13D* para su uso en los sistemas de rociadores. Los tipos K y L son muy dúctiles y se suministran en tramos rectos, así como enrollados o en carretes suaves. El tipo K es el tubo con pared más gruesa, mientras que el tipo M es el que tiene la pared más delgada. El Tipo M es el cobre más grueso y únicamente está disponible en tramos rectos. El tubo de cobre de pared gruesa puede doblarse sin retorcerse con las herramientas específicamente diseñadas para el doblado de tubo de cobre. Debe tenerse cuidado para mantener la calidad del tubo durante la instalación. El costo del tubo de cobre se relaciona directamente con el grosor de la pared y normalmente se usa el menor grosor de pared permitido para cada aplicación específica. El diámetro real del tubo de cobre es muy cercano al tamaño nominal del tubo. Las especificaciones para el cobre con frecuencia se refieren como CTS, que se refiere al tamaño del tubo de cobre, para diferenciarlo del IPS, que se estableció originalmente para el tamaño de la tubería de acero. La *Tabla 1* muestra las diferencias en el grosor de pared. También existe tubería de cobre fabricada conforme a los tamaños IPS y que se usa ocasionalmente en los sistemas de rociadores de tamaños grandes. Esta tubería se fabrica conforme al estándar *ASTM B42* y puede conectarse con piezas de unión roscada o con piezas especiales de unión con **soldadura fuerte**.

Están disponibles otros tipos de tubería de cobre, como por ejemplo los usados para drenaje, residuos y desfogue (DWV) además del usado en sistemas de refrigeración y acondicionamiento de aire (ACR). Estos tipos no son aceptados por la norma *NFPA 13, 13R* y *13D* para su uso en los sistemas de rociadores.

> **¿SABÍA USTED?**
>
> Las industrias de los Estados Unidos usan aproximadamente 3 millones de toneladas de cobre al año. Aproximadamente dos tercios del cobre se obtiene de minas; el resto proviene de cobre reciclado. Los objetos eliminados, el desmantelamiento de edificios y la maquinaria usada son las fuentes de desperdicios de cobre. Este desperdicio de cobre puede fundirse para reutilizarse. Muchas estaciones de reciclado pagan por los desperdicios de cobre.

2.1.0 Piezas forjadas para tubería de cobre

Las **piezas forjados** para cobre se especifican en la norma *ASME B16.22 2001, Piezas forjadas de cobre y de unión a presión son soldadura de aleación de cobre*. Bajo la norma *NFPA 13, 13D* y *13R*, cualquier **soldadura** que cumpla con la norma *ASTM B32*, que tenga un punto de fusión por encima de los 400°F y que no contenga más del 0.2 por ciento de plomo (Pb) será aceptable. Los sistemas de tubo seco pueden unirse con soldadura fuerte usando metal de relleno para soldadura fuerte BCuP3 o BCuP4; la soldadura de 50% de estaño/50% de plomo ya no está permitida en los sistemas bajo la norma *NFPA 13D*. Además de las piezas mostradas en la *Figura 1*, existen tapones, tapas y piezas de transición.

2.2.0 Piezas de bronce fundido

Puede ser menos conveniente el uso de piezas de bronce fundido debido a las diferencias en el manejo de las piezas fundidas cuando se usa la soldadura fuerte. Las piezas fundidas requieren el uso de **fundente** cuando se unen con soldadura fuerte. Cuando se unen piezas forjadas con soldadura fuerte, el uso del fundente es opcional.

2.3.0 Piezas dieléctricas

Cuando se realiza una conexión entre metales diferentes, como por ejemplo tubería de acero y de

Tabla 1 Diferencias en el grosor de pared

Tamaño nominal del tubo		Diámetro externo		Tipo K Diámetro interno		Tipo K Grosor de pared		Tipo L Diámetro interno		Tipo L Grosor de pared		Tipo M Diámetro interno		Tipo M Grosor de pared	
pulgada	(mm)	pulgada	(mm)	pulgada	(mm)	pulgada	(mm)	pulgada	(mm)	pulgada	(mm)	pulgada	(mm)	pulgada	(mm)
¾	(20)	0.875	(22.2)	0.745	(18.9)	0.065	(1.7)	0.785	(19.9)	0.045	(1.1)	0.811	(20.6)	0.032	(0.8)
1	(25)	1.125	(28.6)	0.995	(25.3)	0.065	(1.7)	1.025	(26.0)	0.050	(1.3)	1.055	(26.8)	0.035	(0.9)
1¼	(32)	1.375	(34.9)	1.245	(31.6)	0.065	(1.7)	1.265	(32.1)	0.055	(1.4)	1.291	(32.8)	0.042	(1.1)
1½	(40)	1.625	(41.3)	1.481	(37.6)	0.072	(1.8)	1.505	(38.2)	0.060	(1.5)	1.527	(38.8)	0.049	(1.2)
2	(50)	2.125	(54.0)	1.959	(49.8)	0.083	(2.1)	1.985	(50.4)	0.070	(1.8)	2.009	(51.0)	0.058	(1.5)
2½	(65)	2.625	(66.7)	2.435	(61.8)	0.095	(2.4)	2.465	(62.6)	0.080	(2.0)	2.495	(63.4)	0.065	(1.7)
3	(80)	3.125	(79.4)	2.907	(73.8)	0.109	(2.8)	2.945	(74.8)	0.090	(2.3)	2.981	(75.7)	0.072	(1.8)
3½	(90)	3.625	(92.1)	3.385	(86.0)	0.120	(3.0)	3.425	(87.0)	0.100	(2.5)	3.459	(87.9)	0.083	(2.1)
4	(100)	4.125	(104.8)	3.857	(98.0)	0.134	(3.4)	3.905	(99.2)	0.110	(2.8)	3.935	(99.9)	0.095	(2.4)
5	(125)	5.125	(130.2)	4.805	(122.0)	0.160	(4.1)	4.875	(123.8)	0.125	(3.2)	4.907	(124.6)	0.109	(2.8)
6	(150)	6.125	(155.6)	5.741	(145.8)	0.192	(4.9)	5.845	(148.5)	0.140	(3.6)	5.881	(149.4)	0.122	(3.1)
8	(200)	8.125	(206.4)	7.583	(192.6)	0.271	(6.9)	7.725	(196.2)	0.200	(5.1)	7.785	(197.7)	0.170	(4.3)
10	(250)	10.13	(257.3)	9.449	(240.0)	0.338	(8.6)	9.625	(244.5)	0.250	(6.4)	9.701	(246.4)	0.212	(5.4)

105T01.EPS

cobre, se puede formar una celda **galvánica**. Esta celda es similar a una batería en la que se puede generar una corriente eléctrica. El agua que fluye en la tubería ofrece el electrolito que permite el flujo de la corriente entre dos metales diferentes. Los metales se clasifican en Series Galvánicas Estándar conforme con su potencial de corrosión relativo. En el caso del cobre y el acero, el cobre será el cátodo, mientras que el acero será el ánodo. La acción galvánica producida puede causar corrosión de la tubería y las piezas de cobre y una falla prematura del sistema si no se efectúa una acción correctiva. En la norma *NFPA 13* hay un requisito específico para una pieza **dieléctrica** en los sistemas de circuito cerrado que tienen estas conexiones con metales distintos (tubería de acero y tubo de cobre). Para prevenir que pasen corrientes eléctricas entre metales diferentes se usa una arandela aislante o algún otro material no conductor. Además, un niple de latón se usa en ocasiones como pieza aislante. La *Figura 2* muestra una pieza dieléctrica.

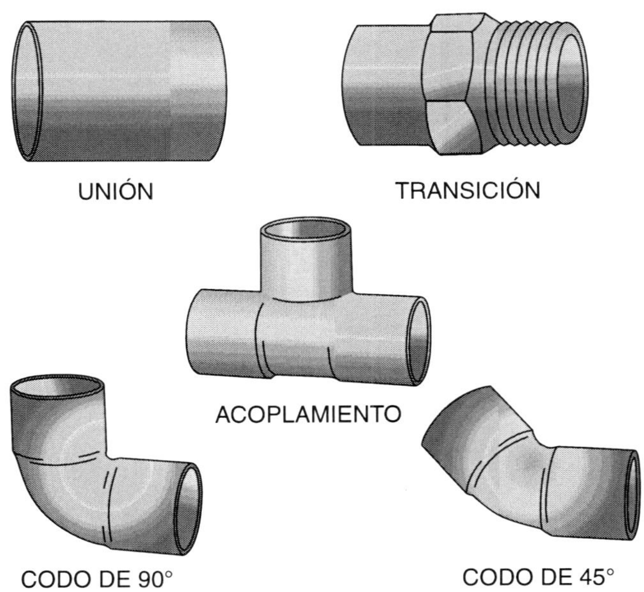

105F01.EPS

Figura 1 ◆ Piezas de unión con soldadura en caliente.

105F02.EPS

Figura 2 ◆ Pieza dieléctrica.

¿SABÍA USTED?

El cobre es uno de los metales más abundantes. Se ha usado por miles de años. De hecho, una pieza de tubería de cobre usada por los egipcios hace más de 5,000 años aún se encuentra en buenas condiciones. Cuando los primeros europeos llegaron al Nuevo Mundo, encontraron que los indígenas norteamericanos usaban el cobre para joyería y decoración. Una gran parte de este cobre provino de la región alrededor del Lago Superior, el cual separa el norte de Michigan y Canadá.

Una de las primeras minas de cobre en Norteamérica se estableció en 1664 en Massachusetts. Durante la mitad del siglo XIX,se descubrieron depósitos nuevos en Michigan. Posteriormente, cuando los mineros emigraron al Oeste en búsqueda de oro, descubrieron algunas de las venas más ricas de cobre en los Estados Unidos.

NOTA

No se necesitan uniones dieléctricas para CPVC y cobre.

2.4.0 Ramificación sin piezas

Se puede usar un taladro T para crear ramificaciones sin accesorios o piezas. Un taladro T barrena un orificio en la tubería sobre el tendido. Una vez que el taladro T ha penetrado la tubería, los pernos de collarín se extienden y el cabezal se extrae por sí mismo. Esto deja una salida extraída en la línea principal. La *Figura 3* muestra el uso de un taladro T.

Después del uso de un taladro T para barrenar un orificio, se usa una herramienta para crear una muesca en el extremo del tubo de salida para evitar la obstrucción del paso del agua, y al mismo tiempo esto crea una **hendidura (rizado)** en el tubo de modo que sólo puede penetrar el collar lo suficiente para ofrecer el traslape requerido. Este proceso produce un ensamble aprobado por UL cuando se une con soldadura fuerte. El uso de la herramienta para muescas es extremadamente importante debido a que controla la profundidad de que la ramificación penetre dentro de la línea principal. Este método de ramificación es económico ya que elimina una pieza y dos uniones con soldadura fuerte. El punto de salida puede finalizarse rápidamente con los criterios específicos de la instalación. La *Figura 4* muestra un extremo de tubo con muesca.

2.5.0 Takeouts (reducciones)

Se requieren reducciones para el tubo de cobre de manera similar a las de la tubería de acero.Este término se conoce comúnmente en la industria como "takeout", por su origen en inglés. Para

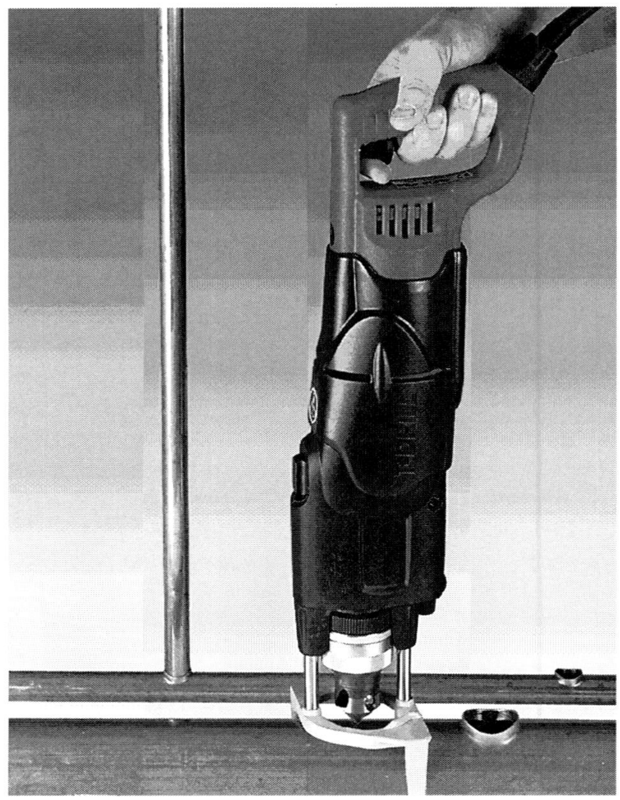

105F03.EPS

Figura 3 ◆ Taladro "T".

105F04.EPS

Figura 4 ◆ Conexión "T" mecánica.

propósitos de este plan de estudio, se usará el término en inglés, ya que no hay traducción exacta Sin embargo, estos takeouts son exclusivos para cada fabricante del tubo de cobre. Los takeouts para las piezas de cobre deben revisarse en el trabajo para determinar sus dimensiones precisas. La *Tabla 2* muestra una tabla de takeouts desarrollada para tubo de cobre y piezas forjadas de acuerdo a los datos del fabricante.

3.0.0 ◆ CORTE DEL TUBO DE COBRE

El tubo de cobre debe cortarse perpendicular al tendido del tubo. El tubo de pared delgada de ⅛" a 4" de diámetro puede cortarse con las herramientas adecuadas, como se muestra en la *Figura 5A*. El tubo con diámetros mayores puede cortarse con cortadores de tubo (*Figura 5B*).

Cuando se usan cortadores manuales de tubería y tubo, sujete la herramienta sobre la tubería y gírela, apretando el tornillo de ajuste a medida que avance. Una vez que se ha cortado la tubería, ésta debe avellanarse para retirar la rebaba dejada por el proceso de corte. Algunos cortadores de tubo tienen integradas una cuchillas con la finalidad de retirar dichas rebabas (*Figura 6*).

Con frecuencia se usan sierras eléctricas, de manera específica las portátiles de banda y la sierra con cuchilla (*Figura 7*) para el corte de la tubería. Si usted usa una sierra de banda eléctrica, la tubería debe sujetarse con la ayuda de un tornillo de banco. La sierra con cuchilla, que usa una cuchilla abrasiva, tiene integrado el tornillo de banco.

¡ADVERTENCIA!

Debido a la velocidad elevada y a las cuchillas extremadamente filosas, las sierras eléctricas son inherentemente peligrosas. No intente usar una de estas sierras sino hasta haber recibido específicamente el entrenamiento para su manejo.

También pueden usarse seguetas para cortar el tubo de cobre, aunque es más difícil lograr un corte perpendicular de esta manera. El corte con segueta también tiende a producir una gran cantidad de rebabas en la tubería. La cuchilla de la segueta debe tener 24 ó 32 dientes por pulgada. Una cuchilla gruesa rasgará y dividirá la pared del tubo de cobre.

A NIVEL

Cuchillas de la sierra para trocear

Las cuchillas de corte abrasivas para las sierras para trocear tienen clasificaciones para la velocidad máxima que pueden aceptar. Asegúrese de seleccionar una cuchilla que se encuentre clasificada para la velocidad de la sierra. Por ejemplo, la velocidad máxima segura y típica para la cuchilla de 12" es de 5,000 revoluciones por minuto (rpm).

Tabla 2 Takeouts para tubería

Tamaño de la tubería en ángulos rectos	Tamaño de la tubería que se corta										
	¾	1	1¼	1½	2	2½	3	3½	4	5	6
¾	29/64	15/32	37/64	45/64	37/64	15/16	15/64	–	37/64	–	–
1	37/64	9/16	37/64	53/64	37/64	1 5/64	1 5/64	–	37/64	–	–
1¼	45/64	11/16	23/32	45/64	37/32	1 5/64	1 5/64	–	1 1/16	–	–
1½	1 5/8	1 21/32	27/32	53/64	53/64	1 5/64	1 5/64	–	1 1/16	–	–
2	1 21/32	1 9/32	2 1/16	1 1/16	1 5/64	1 5/64	1 5/64	–	1 1/16	3 11/16	1½
2½	2 55/64	2 25/32	2½	1 25/32	1 11/16	1 5/16	1 5/64	–	1 37/64	–	1½
3	3 5/32	2 15/16	2 29/32	2¾	1 25/32	2 15/16	1 19/32	–	1 23/32	3 7/16	1¾
3½	–	–	–	–	–	–	1 41/64	1 55/64	–	–	–
4	2 23/64	29/16	3 17/32	3 11/64	2 29/64	3 13/64	2 13/64	–	2 11/64	3 3/32	2 9/32
5	–	–	–	–	–	–	3 7/16	–	–	2 21/32	3 1/8
6	–	–	–	–	4 59/64	4 25/32	3 47/64	–	3¼	3 5/8	3 5/8
Std. CODO DE 90° –	45/64	29/32	1 1/16	1 7/32	1 9/16	1 13/16	2 1/16	2 13/32	2 23/32	3 1/8	4 13/64
L.R. CODO DE 90° –	1 13/16	1½	1 7/8	2¼	2 7/8	3 11/16	–	–	–	–	–
CODO DE 45° –	23/64	15/32	25/32	15/16	1¼	1 9/16	1 21/32	1¾	1 15/16	1 7/16	1 5/8

NOTA: Todas las medidas son en pulgadas.

105T02.EPS

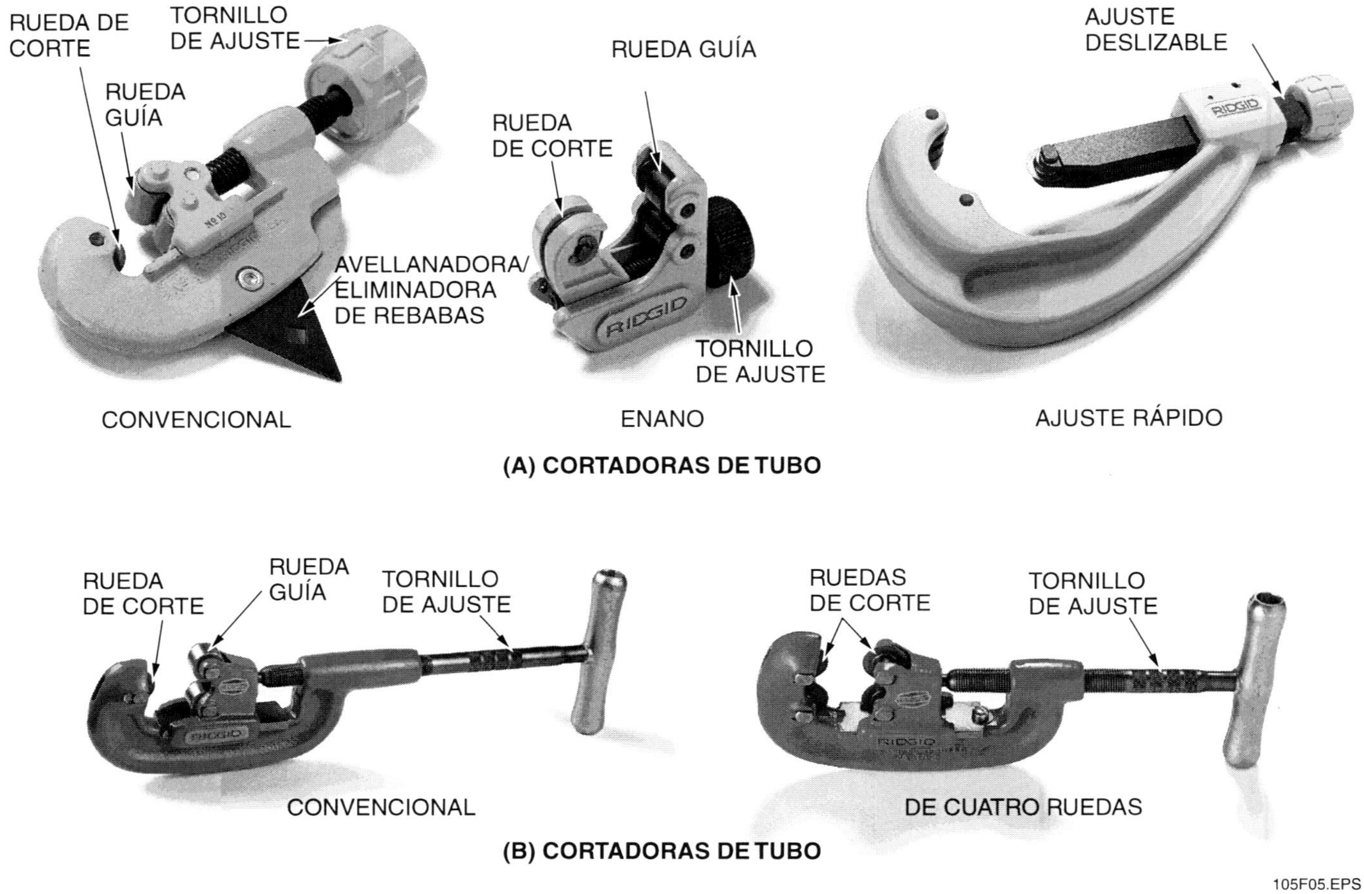

Figura 5 ◆ Cortadores de tubo.

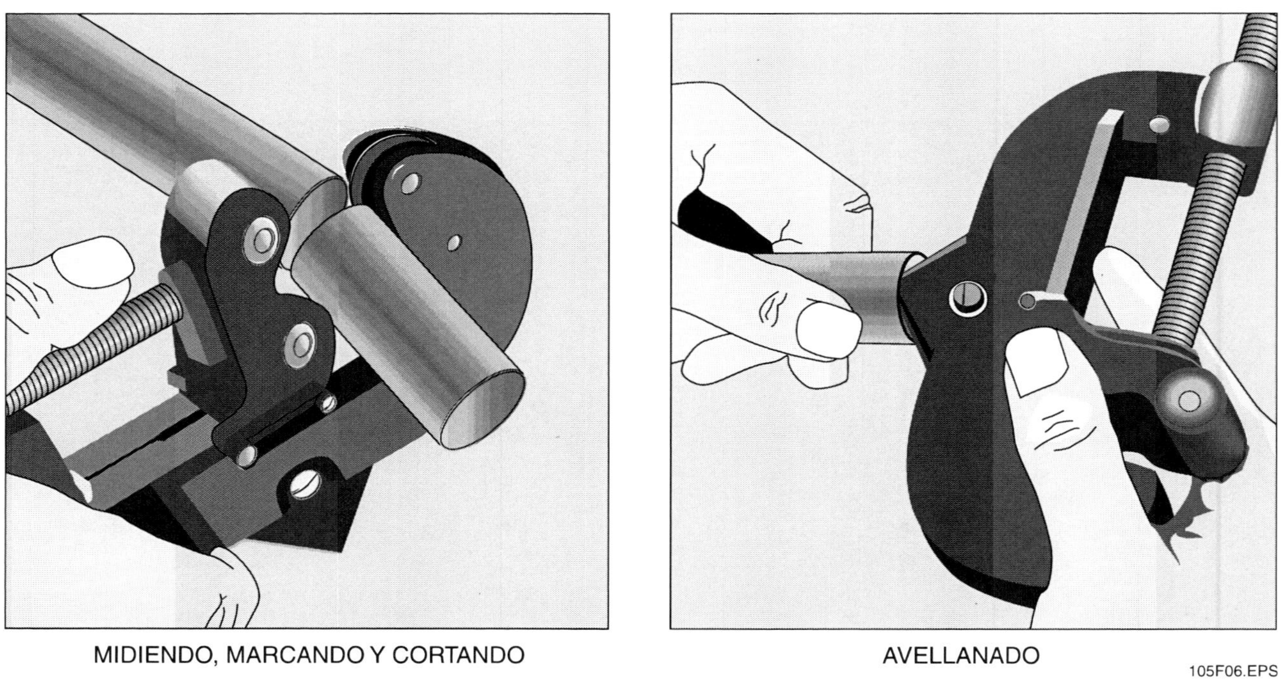

Figura 6 ◆ Uso del cortador de tubo manual.

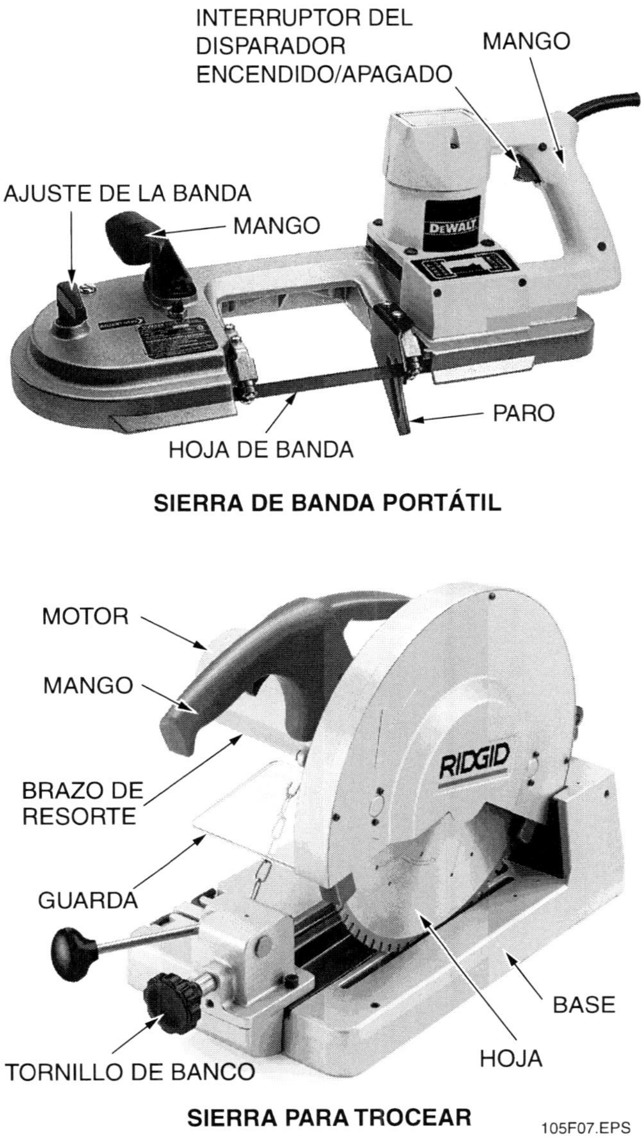

Figura 7 ◆ Sierras eléctricas usadas para el corte de la tubería.

4.0.0 ◆ DOBLADO DEL TUBO DE COBRE

A diferencia de otros tipos de tubería metálica rígida, como la de hierro fundido o acero, la tubería de cobre puede doblarse. De hecho, las pruebas han demostrado que la resistencia a la explosión en la tubería doblada es mayor que la del tubo recto regular. El doblado reduce el número de uniones y piezas en un sistema de plomería. Esto puede reducir las fugas, así como el tiempo de instalación. Cuando esté usando un tubo suave, es mejor doblarlo que cortarlo.

Usted puede doblar fácilmente el tubo de diámetro pequeño de manera manual. Tenga cuidado de no aplastar el tubo con un doblez demasiado agudo. Se pueden usar los resortes para doblado de tubo en la parte exterior del tubo, para prevenir que se colapse mientras realiza el doblado manual (vea la *Figura 8*). También puede usar equipo para el doblado del tubo para lograr dobleces precisos y confiables, tanto en tubería suave como dura. Este equipo tiene varios tamaños de piezas de formado para usarlas en el doblado de tubería con diámetros de hasta ⅞" y ángulos de hasta 180 grados (vea la *Figura 9*).

5.0.0 ◆ INTRODUCCIÓN A LA SOLDADURA BLANDA

La **soldadura blanda** es un método simple y económico de crear una unión con tubo de cobre. La soldadura blanda es el proceso de unión de tubería de cobre y piezas con un metal distinto o una **aleación** de dos o más metales distintos que tienen temperaturas de fusión (temperatura del líquido) de 840°F o menor.

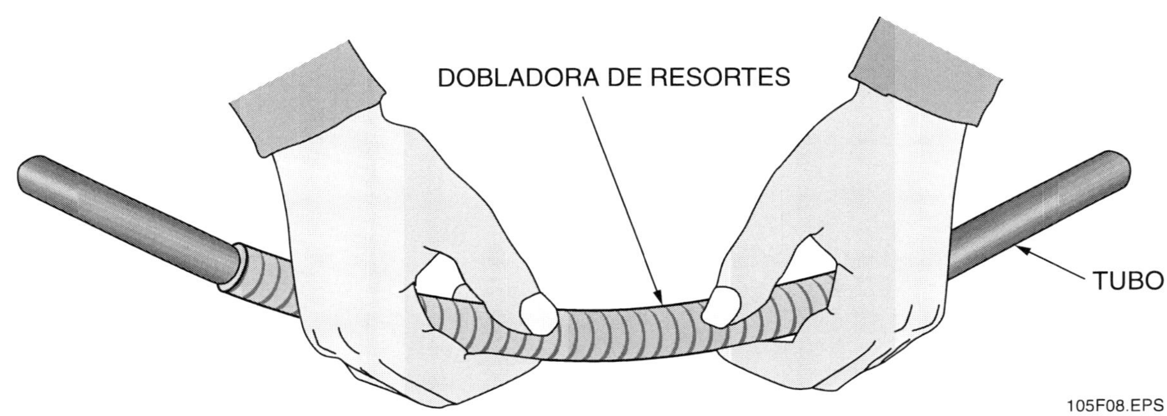

Figura 8 ◆ Resorte para el doblado de tubo.

105F09.EPS

Figura 9 ◆ Equipo para el doblado de tubo.

La soldadura blanda se distingue de la soldadura fuerte y de la soldadura con arco por la baja temperatura a la cual se realiza la unión. Para que la operación sea de soldadura blanda, la temperatura de licuefacción (temperatura líquida) de la aleación de soldadura debe ser de 840°F o menor. Una unión con soldadura también se denomina como **unión con soldadura en caliente**.

En la soldadura blanda, las moléculas de la soldadura se unen a las moléculas del material que se está uniendo. La unión molecular puede ocurrir únicamente si la superficie del material está limpia. Esto requiere de una limpieza química y mecánica de las piezas de unión. El uso de un fundente limpia y previene la **oxidación** mientras se calienta el material hasta alcanzar la temperatura líquida de la soldadura. Cuando se alcanza la temperatura líquida, el metal de la soldadura se vierte (**entrelaza**) dentro de la unión por la **acción capilar** produciendo un sello hermético cuando se enfría (*Figura 10*). Al proceso de mantener la temperatura de las dos piezas de metal en un punto igual o ligeramente arriba del punto líquido de la soldadura el tiempo suficiente para que tenga lugar la unión se le denomina unión con soldadura en caliente.

La soldadura puede ser de naturaleza elástica y no debe depender de la resistencia mecánica. El principal propósito de la soldadura es ofrecer un sello en contra de las fugas. La resistencia mecánica principal de una unión con soldadura blanda depende del ajuste y traslape entre el tubo y la pieza. La integridad de la unión con soldadura blanda está en función del carácter de la propia soldadura, con qué cuidado se han limpiado ambas partes, el espacio entre las dos partes que se están uniendo y de la cantidad de traslape entre las dos piezas que se están uniendo. El tubo debe

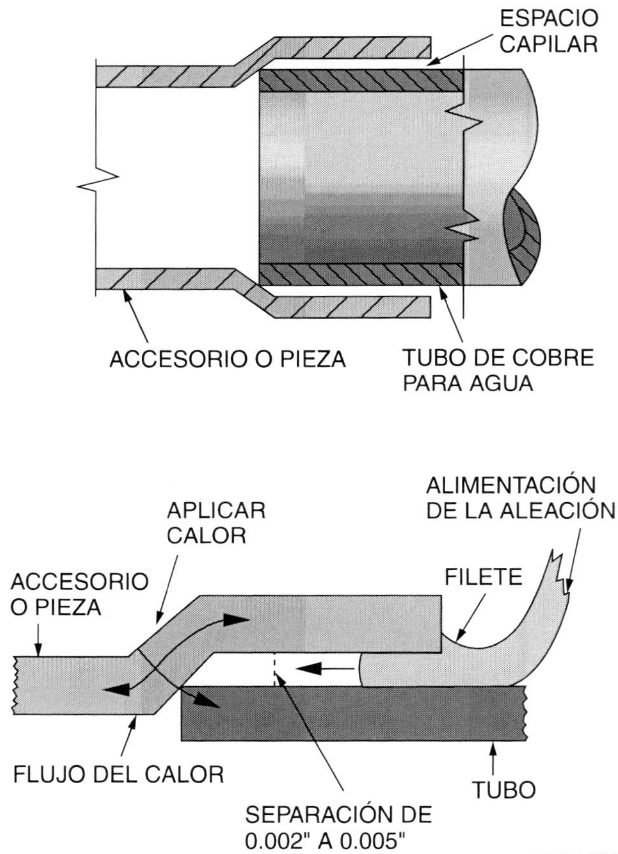

105F10.EPS

Figura 10 ◆ Acción capilar.

insertarse completamente dentro de la pieza y el espacio entre el tubo y la pieza debe ser mínimo. Generalmente, entre más estrecho sea el ajuste, mejor resultará la unión. Debido a la suavidad de la soldadura, puede presentarse un arrastre o flujo en frío con el tiempo. Esto puede destruir el sello bajo algunas condiciones de carga.

5.1.0 Restricciones normativas para la soldadura blanda

El uso de soldadura en los sistemas de protección contra incendios se restringe en el caso de los sistemas de tubo húmedo. La soldadura debe cumplir con la norma *ASTM B32*, fundirse por encima de los 400°F y contener menos del 0.2% de plomo (Pb). La soldadura permitida en la tubería húmeda de los sistemas de rociadores contra incendio es la de aleación 95/5 (estaño-antimonio). Vea la norma *NFPA 13* para más detalles.

5.2.0 Metal de la soldadura

La soldadura es una aleación de metales seleccionados para producir características específicas de propiedades físicas, fusión y unión. Tiene un punto de fusión de 840°F o menor. Las soldaduras aprobadas para los sistemas de rociadores contra incendio también se usan para conexiones de agua potable (apropiada para beberse) debido a que no contienen plomo. Una característica de muchas aleaciones usadas para soldadura es que se encuentran formuladas para tener un determinado rango de temperatura de fusión entre su estado sólido y líquido. Este rango de temperatura usualmente se denomina rango de trabajo o rango de formación. El punto líquido verdadero se alcanza cuando la soldadura se entrelaza. En dicho punto el área de unión ha alcanzado la temperatura apropiada para que la soldadura fluya dentro de la unión por la acción capilar. El área de la unión no debe calentarse más allá de lo necesario para fundir la soldadura (temperatura líquida).

¡ADVERTENCIA!

Siempre debe aplicarse la soldadura blanda en un área bien ventilada. Los vapores del fundente pueden irritar sus ojos, nariz, garganta y pulmones.

5.3.0 Preparación del tubo y las piezas para la soldadura blanda

Aunque la operación de soldadura blanda es inherentemente simple, la mala aplicación u omisión de una sola parte del proceso puede significar la diferencia entre una buena unión y una avería. La norma *ASTM B828, Práctica estándar para la realización de uniones capilares mediante soldadura blanda con tubos de cobre y aleaciones de cobre y piezas*, se creó para estandarizar el proceso de preparación, calentamiento y aplicación de aleación en las uniones hechas con soldadura blanda. Los siguientes pasos para el proceso de unión establecen los requisitos básicos para la formación consistente de una unión de soldadura blanda de alta calidad. La norma *NFPA 13* requiere esta secuencia específica. Cada uno de estos pasos se discute en los párrafos siguientes.

- Medición y corte
- Avellanado
- Limpieza
- Aplicación de soldadura
- Ensamblado y soporte
- Calentamiento
- Aplicación del metal de relleno
- Enfriamiento y limpieza

La *Figura 11* muestra las herramientas y materiales comúnmente usados en el proceso de unión con soldadura blanda.

5.3.1 Medición y corte

Mida de manera precisa la longitud de cada tramo de tubo. La falta de precisión puede comprometer la calidad de la unión. Si el tubo es muy corto, no alcanzará a cubrir todo el tramo interno de la pieza y no podrá obtenerse una unión apropiada. Si el tramo de tubo es demasiado largo, se introducirá tensión al sistema, lo cual podría afectar la vida útil del servicio.

Corte el tubo hasta la longitud medida. Como se ha discutido previamente, el corte puede realizarse de muchas maneras para producir un extremo perpendicular satisfactorio. El tubo puede cortarse con un cortador de tubo del tipo de disco, una segueta, una rueda abrasiva o una sierra de banda fija o portátil. Debe tener cuidado para garantizar que el tubo no se deforme mientras se corta. Independientemente del método, el corte debe ser perpendicular al tendido del tubo de modo que el tubo pueda asentarse apropiadamente en el espacio de la pieza.

¿SABÍA USTED?

Para unir con soldadura blanda las piezas de cobre, usted debe calentar la pieza hasta que la pasta de soldadura comience a fundirse. Esta pasta fundida aparece como perlas de material fundido sobre la tubería, de ahí proviene el nombre de piezas de unión con soldadura en caliente.

Figura 11 ◆ Herramientas para la unión con soldadura blanda de tubería de cobre a una pieza.

5.3.2 Avellanado

Avellane todos los extremos del tubo cortado en todo el diámetro interno (ID) del tubo para retirar la pequeña rebaba creada por la operación de corte. Si no se elimina el borde interno rugoso mediante el avellanado, puede presentarse erosión o corrosión debido a la turbulencia local, además de una velocidad de flujo local mayor dentro del tubo. Una pieza de tubo avellanada apropiadamente ofrece una superficie lisa para un flujo continuo.

Retire cualquier rebaba de la parte exterior de los extremos del tubo que se hayan formado en la operación de corte para garantizar un ensamblado apropiado del tubo dentro de la pieza.

Las herramientas usadas para el avellanado de los extremos del tubo incluyen la cuchilla de avellanado en el cortador del tubo, limas redondas o medio redondas, una navaja portátil y una herramienta apropiada para quitar las rebabas (*Figura 12*). Con el tubo suave se debe tener cuidado para no deformar el extremo del tubo mediante la aplicación de una presión excesiva. El tubo suave, cuando se deforma, puede recuperar su forma con una herramienta de reparación que consiste en un taco y un collarín al tamaño.

5.3.3 Limpieza

El retiro del óxido y tierra de la superficie de los extremos del tubo y casquillos de las piezas es crucial para un flujo apropiado del metal de relleno dentro de la unión. Si no se retira la rebaba, ésta puede interferir con la acción capilar, reducir la resistencia de la unión y provocar una avería. El espacio capilar entre el tubo y la pieza es de aproximadamente 0.004". El material de relleno cubre este espacio a través de la acción capilar. Este espacio es crítico porque determina si hay un flujo apropiado del material de relleno dentro del espacio, lo cual garantiza una unión fuerte.

Aplique un lijado ligero (limpieza) en los extremos del tubo usando lijas abrasivas con soporte de tela o nylon (*Figura 13*) a una distancia ligeramente mayor que la profundidad del casquillo de la pieza. Limpie los casquillos de la pieza usando una lija abrasiva con soporte de tela o un cepillo de acabado del tamaño apropiado.

El cobre es un metal relativamente suave. Si se retira demasiado material del extremo del tubo o del casquillo de la pieza, se puede presentar una falta de ajuste lo cual dará como resultado una unión deficiente. Se puede usar la limpieza química si los extremos del tubo y piezas se enjuagan

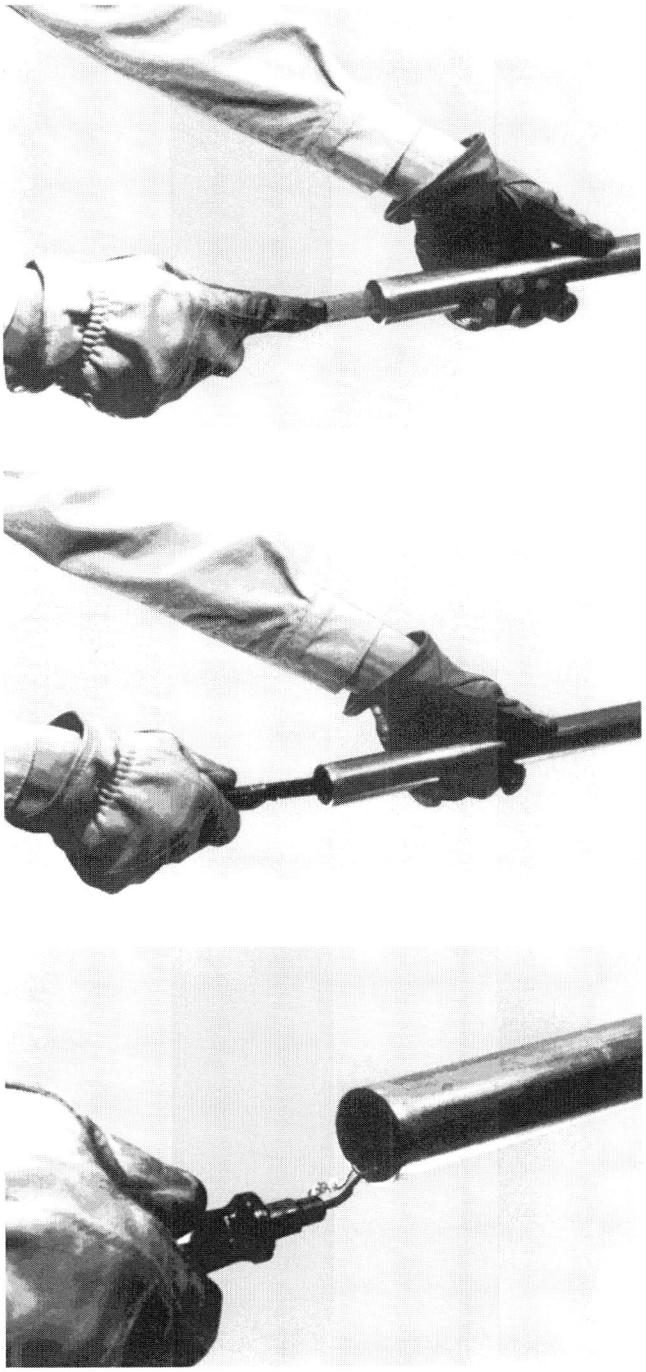

105F12.EPS

Figura 12 ◆ Métodos para el retiro de rebaba.

completamente después de su limpieza, conforme a los procedimientos descritos por el fabricante de los productos químicos. No toque la superficie limpiada con las manos desnudas, hágalo únicamente con guantes. La grasa de la piel, los aceites lubricantes y la grasa afectan a la adherencia del metal de relleno.

¡ADVERTENCIA!

Algunos tipos de fundentes producen vapores peligrosos o que contienen ácido. Asegúrese siempre de que el área de trabajo se ventile de manera apropiada. Use el equipo de protección personal apropiado, incluyendo gafas o lentes de seguridad. Evite el contacto del fundente con los ojos y la piel. Lave de inmediato el fundente si entra en contacto con la piel.

5.4.0 Preparación del tubo y las piezas para la soldadura blanda

Para lograr buenos resultados con el uso de soldadura blanda se requiere de paciencia y autodisciplina. Cuando se deben unir con soldadura blanda varias uniones, todas las uniones en la pieza deben prepararse al mismo tiempo de modo que sólo se requiera un calentamiento. Si se calienta una segunda unión se podría volver a fundir la primera provocando fugas. Siga estos pasos para preparar la tubería y las piezas para su unión con soldadura blanda:

Paso 1 Asegúrese de tener fácilmente accesible un extintor de incendios en caso de que la fuente de calor provoque fuego.

Paso 2 Mida la distancia entre las caras de las dos piezas, usando el método cara a cara (*Figura 14*).

Paso 3 Determine la profundidad del casquillo de unión en cada pieza. La profundidad del casquillo de unión es la distancia que penetra la tubería dentro de la pieza. Esta medida puede encontrarse mediante la medición de la pieza o mediante el uso de una tabla de reposición del fabricante. La *Tabla 3* muestra una tabla de reposición del fabricante.

Paso 4 Agregue la profundidad del casquillo de ambas piezas a la medición del Paso 2 para encontrar la longitud del tubo necesaria.

Paso 5 Corte el tubo de cobre a la longitud correcta, asegurándose que el corte sea perpendicular a la dirección del tubo.

Paso 6 Avellane el interior y exterior de ambos extremos del tubo de cobre usando una herramienta, navaja o avellanador para el retiro de la rebaba.

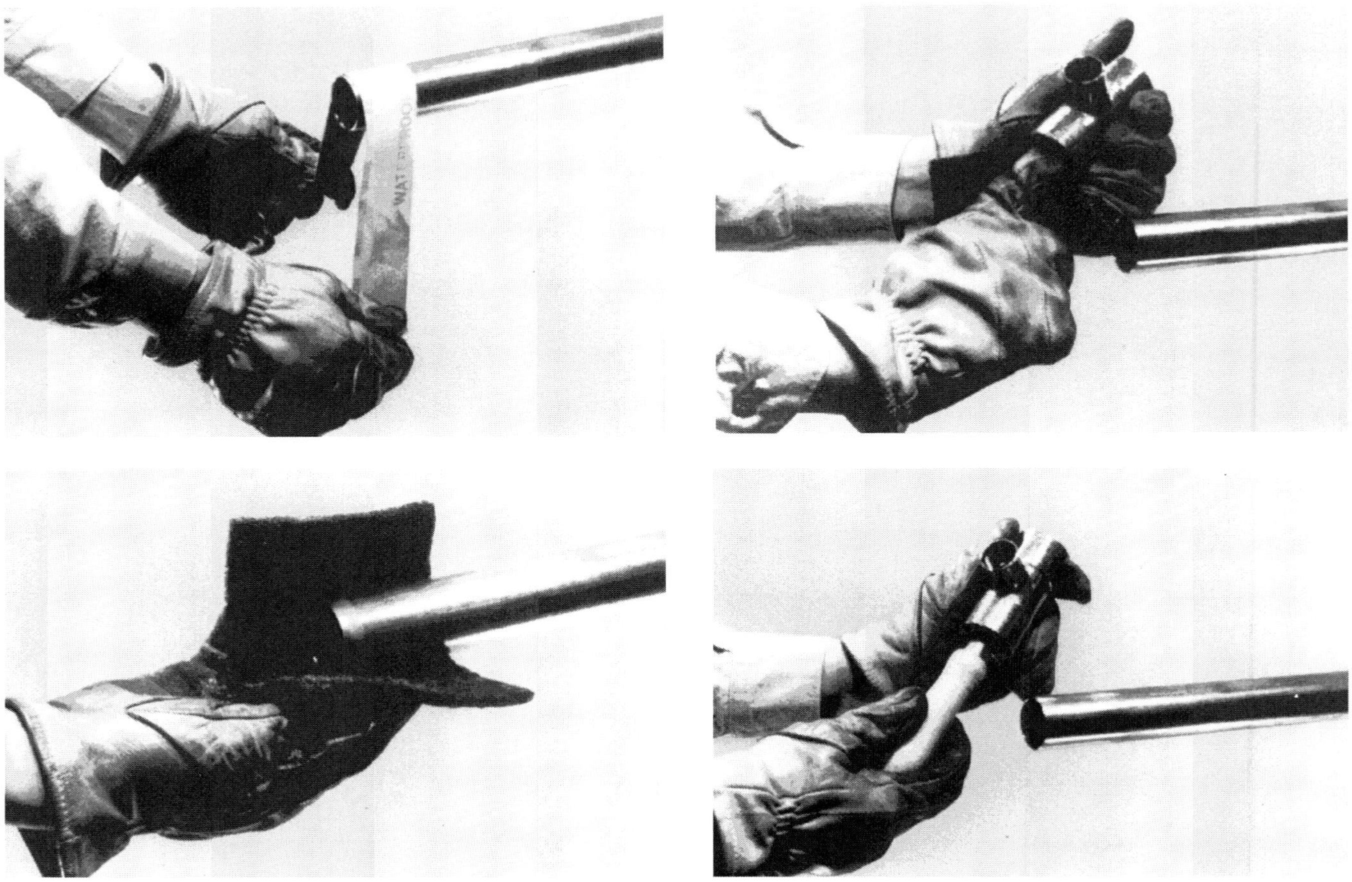

105F13.EPS

Figura 13 ◆ Herramientas de limpieza.

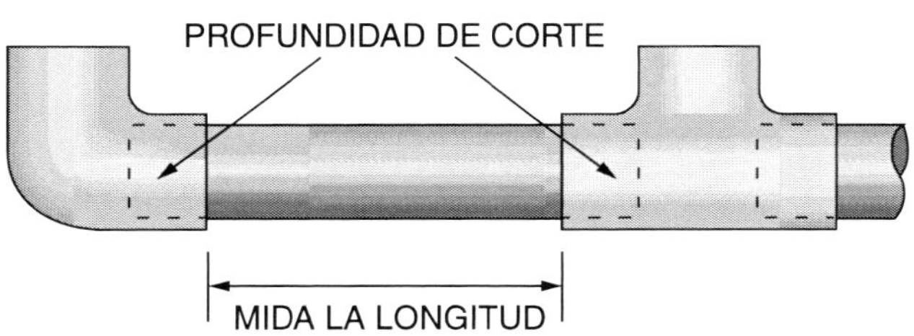

105F14.EPS

Figura 14 ◆ Método de medición cara a cara.

Tabla 3 Tabla de reposición del fabricante

Tamaño de la tubería	Profundidad del casquillo	Tamaño de la tubería	Profundidad del casquillo
1/4	5/16	2	1 11/32
3/8	3/8	2 1/2	1 15/32
1/2	1/2	3	1 21/32
5/8	5/8	3 1/2	1 29/32
3/4	3/4	4	2 5/32
1	29/32	5	2 21/32
1 1/4	31/32	6	3 3/32
1 1/2	1 3/32	–	–

NOTA: Todas las medidas son en pulgadas.

105T03.EPS

Paso 7 Pruebe el ajuste de los dos elementos que se van a unir con soldadura. La pieza debe deslizarse sobre el tubo, sin embargo el ajuste debe ser preciso. Un ajuste suelto puede producir uniones con fugas.

Paso 8 Limpie el tubo y la pieza usando una lija o una herramienta especial para la limpieza de cobre.

PRECAUCIÓN

Cuando limpie piezas y tubería de cobre, tenga cuidado de retirar todo el óxido del cobre sin retirar una cantidad grande de metal. No toque ni intente retirar las rebabas del tubo usando los dedos pues estos contaminarán el metal recién limpiado.

Paso 9 Aplique el fundente a la parte exterior del tubo de cobre y en el interior del casquillo de la pieza de cobre inmediatamente después de limpiarlos (*Figura 15*).

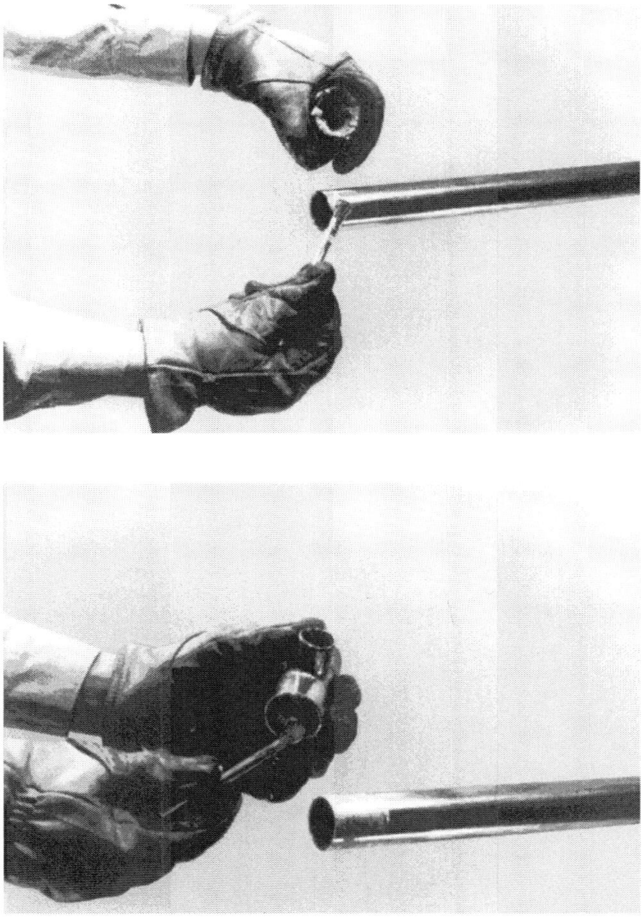

105F15.EPS

Figura 15 ◆ Aplicación del fundente.

> **PRECAUCIÓN**
>
> El fundente para soldadura fuerte y el de soldadura blanda no son el mismo. No permita que estos fundentes se mezclen o intercambien. La falta de cuidado puede arruinar la calidad del trabajo.

Paso 10 Inserte el tubo dentro del casquillo de la pieza con un ligero movimiento oscilante hasta que el tubo toque el soporte interior de la pieza.

Paso 11 Limpie cualquier exceso de fundente de la unión.

Paso 12 Compruebe que el tubo y la pieza tengan el alineamiento y soporte apropiados antes de aplicar la soldadura blanda.

5.5.0 Calentamiento de las uniones y aplicación de la aleación

El calentamiento de una resistencia eléctrica es el método preferido para el calentamiento de una unión de cobre. Sin embargo, este tipo de equipo de calentamiento es difícil de obtener para su uso en campo. El método más común en el lugar de la construcción es mediante el uso de un soplete. Los sopletes de aire y combustible que usan propano, acetileno u otros gases son muy comunes. Los sopletes que usan oxígeno en vez de aire generalmente producen temperaturas excesivas y no es conveniente su uso.

> **¡ADVERTENCIA!**
>
> Siempre debe aplicarse la soldadura blanda en un área bien ventilada. Los vapores del fundente pueden irritar sus ojos, nariz, garganta y pulmones.

El uso de sopletes y equipo de soldadura son las principales causas de incendios en las construcciones. Siga siempre estas disposiciones cuando aplique soldadura blanda:

- Asegúrese de tener cerca un extintor de incendios cuando use un soplete.
- Proteja a la estructura de la llama y el calentamiento excesivo.
- Mantenga el calor y la llama dirigida únicamente hacia la pieza que se desea calentar.
- Use un paño húmero alrededor del bloque del tubo para confinar el calor en la unión.

La temperatura producida por la fuente de calor y la capacidad térmica de la fuente son factores críticos. Los sopletes producen temperaturas que superan en mucho la necesaria para la unión con soldadura blanda. Por ello se requiere que la punta de la llama sea lo suficientemente larga, de modo que el volumen de calor generado compense la pérdida de calor corriente abajo del tubo y dentro de la atmósfera. Mueva la llama del soplete alrededor para producir un calentamiento uniforme y para evitar puntos de calor extremos que den como resultado una vaporización prematura o el quemado del fundente. Los puntos de calor son un problema especialmente con el soplete de **oxiacetileno**. Los sopletes de oxiacetileno están diseñados para soldadura fuerte y producen temperaturas más altas que las necesarias para la soldadura blanda.

5.5.1 Calentamiento

La obtención de una unión soldada apropiada requiere el calentamiento del metal de relleno hasta la temperatura líquida. La fundición de la soldadura por sí misma no es suficiente. Compruebe la temperatura del tubo a medida que se calienta usando soldadura en barra o alambre. Toque el metal con la soldadura en un punto alejado de la llama para determinar cuándo el metal está lo suficientemente caliente para fundir la soldadura. El fundir la soldadura con la llama no ayuda a la unión. Esta unión de soldadura en caliente no ocurrirá sino hasta que el metal mismo se encuentre lo suficientemente caliente como para fundir la soldadura. Comience calentando con la llama perpendicular al tubo (*Figura 16*). El tubo de cobre conduce el calor inicial dentro del casquillo de la pieza para la distribución uniforme del calor en el área de la unión. La extensión de este calentamiento previo depende del tamaño de la unión.

El calentamiento previo del ensamble debe incluir toda la circunferencia del tubo a fin de que el ensamblado completo alcance la condición del calentamiento previo. Sin embargo, para las uniones en posición horizontal, evite el precalentamiento directamente en la parte superior de la unión para impedir que se queme el fundente de la soldadura blanda. La tendencia natural de la conducción del calor garantizará un precalentamiento adecuado de la parte superior del montaje. La experiencia indicará los valores requeridos para la cantidad de calor y el tiempo.

Después, mueva la llama sobre el casquillo de la pieza. Barra la llama de manera alterna entre el casquillo de la pieza y el tubo una distancia igual a la profundidad del casquillo de la pieza. Nuevamente, mientras se precalienta la circunferencia del ensamble como se describió anteriormente, con el soplete en la base del casquillo de la pieza, toque la unión con la soldadura. Si la soldadura no se funde, retírela y siga calentando.

PRECAUCIÓN

No sobrecaliente la unión ni dirija directamente la llama a la cara del casquillo de la pieza. El sobrecalentamiento podría quemar el fundente, lo cual destruirá su efectividad, además de que la soldadura no entrará de manera apropiada en la unión.

Cuando la soldadura se funda, aplique calor a la base del casquillo para ayudar a la acción capilar durante el depósito de la soldadura fundida dentro del casquillo hacia la fuente de calor.

5.5.2 Aplicación de la soldadura

Para las uniones en posición horizontal, comience aplicando el metal de la soldadura ligeramente fuera del centro, en el fondo de la unión (*Figura 17*). Cuando la soldadura comienza a fundirse a partir del calor del tubo y la pieza, empuje la soldadura

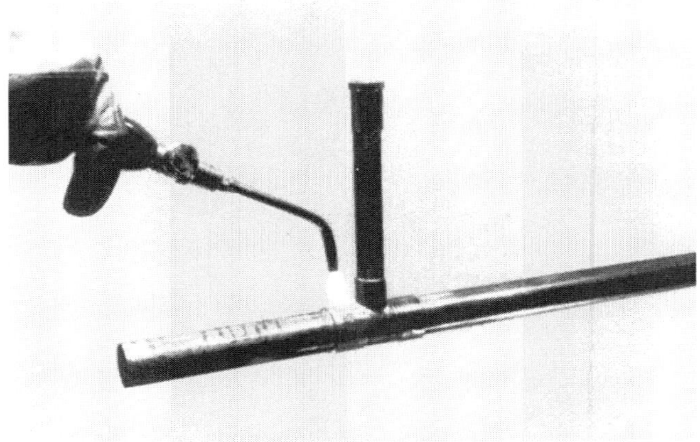

105F16.EPS

Figura 16 ◆ Calentamiento inicial.

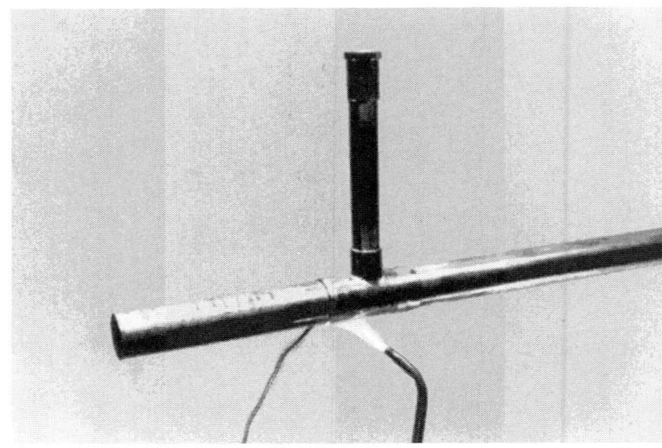

105F17.EPS

Figura 17 ◆ Aplicación de soldadura en la unión calentada.

directamente dentro de la unión mientras se mantiene el soplete en la base de la pieza y ligeramente al frente del punto de aplicación de la soldadura. Prosiga con esta técnica a lo largo del fondo de la pieza y subiendo por una cara hasta la parte superior de la pieza. La soldadura ahora solidificada en el fondo de la unión ha creado un colchón efectivo que evitará que la soldadura corra fuera de la pieza a medida que las caras laterales y la parte superior de la unión se vayan llenando.

Regrese al punto inicial, con un ligero traslape y siga hacia arriba por el lado incompleto hasta la parte superior, nuevamente con un ligero traslape. Mientras aplica la soldadura blanda, pueden aparecer gotas pequeñas detrás del punto de aplicación de la soldadura, lo cual indica que la unión está llena hasta dicho punto y que ya no se requiere más soldadura. A lo largo de este proceso, usted pasará por tres estados físicos de la soldadura: sólido, pasta y líquido. Para las uniones en la posición vertical, siga una secuencia similar de pasos de traslape, comenzando donde sea conveniente.

Las uniones con soldadura blanda dependen de la acción capilar, en la cual la soldadura fundida se mueve libremente dentro del estrecho espacio entre la pieza y el tubo. El metal de la soldadura fundida se reparte dentro de la unión por acción capilar, independientemente de si el flujo de la soldadura es hacia arriba, abajo o en dirección horizontal. La acción capilar es más efectiva cuando el espacio entre las superficies a unir se encuentra entre 0.002" y 0.005". Se puede tolerar una cierta cantidad de juego, sin embargo si queda muy flojo se pueden presentar dificultades con las piezas más grandes.

Para unir un tubo de cobre a las válvulas con soldadura, siga las instrucciones del fabricante. La válvula debe estar en una posición parcialmente abierta antes de aplicar calor, además de que el calor debe aplicarse principalmente en el tubo. Los materiales de pozo térmico disponibles comercialmente también pueden usarse para proteger los componentes sensibles a la temperatura durante la operación de unión. La cantidad de soldadura consumida cuando se rellena de manera adecuada el espacio capilar entre el tubo y cualquier pieza forjada o fundido dependerá del tamaño del tubo. Un tubo de 1" puede usar aproximadamente 1.5 libras de soldadura por cada 100 uniones. El fundente requerido es de aproximadamente 2 onzas por cada libra de soldadura.

5.6.0 Enfriamiento y limpieza

Permita que la unión se enfríe completamente de manera natural. El choque térmico de enfriamiento con agua puede generar tensión o ruptura de la unión. Cuando se enfríe, limpie el residuo de fundente que quede con un paño húmedo (*Figura 18*). Siempre que sea posible, considerando el uso final, se deben purgar completamente los sistemas para retirar el exceso de fundente y cualquier otro tipo de residuo.

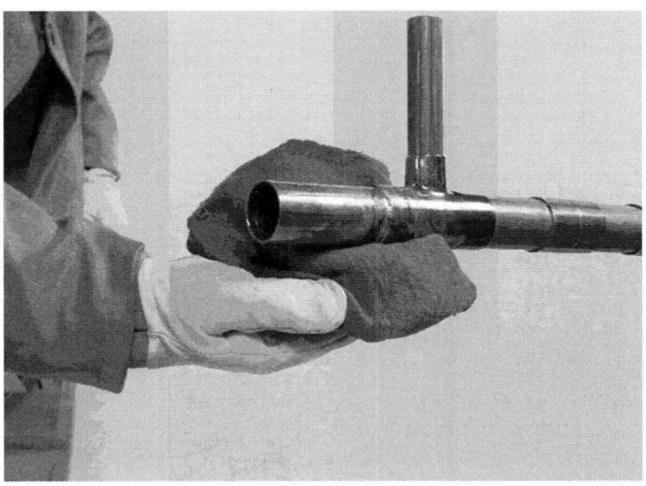

105F18.EPS

Figura 18 ◆ Limpieza de la unión unida con soldadura.

5.7.0 Soldadura blanda en una unión

A continuación se presenta una descripción general del proceso de soldadura. Debido a que la soldadura blanda requiere un calor relativamente bajo, el equipo de calentamiento que mezcla acetileno, butano o propano directamente con aire es todo lo que se necesita. Únicamente se requiere un tanque de gas y un soplete para realizar la soldadura blanda. Siga estos pasos para unir una unión con soldadura blanda:

¡ADVERTENCIA!

Siempre debe aplicarse la soldadura blanda en un área bien ventilada. Los vapores del fundente pueden irritar sus ojos, nariz, garganta y pulmones.

Paso 1 Aplique bloques térmicos o escudos contra calor en el tubo y entre el tubo y la estructura, como sea apropiado.

Paso 2 Obtenga ya sea un tanque de acetileno y el equipo relacionado, o un cilindro de propano y un soplete.

Paso 3 Coloque el equipo conforme con las instrucciones del fabricante.

Paso 4 Encienda el equipo de calentamiento conforme con el tipo de equipo que se está usando y a las instrucciones del fabricante.

¡ADVERTENCIA!

Apunte el soplete lejos de su cuerpo cuando lo encienda. Use únicamente un encendedor de chispa para encender el soplete. No use cerillos, un encendedor de cigarrillos o un cigarrillo para encender el soplete.

Paso 5 Precaliente primero la tubería y entonces mueva la llama sobre la pieza (*Figura 19*).

PRECAUCIÓN

El cono interno de la llama debe casi tocar el metal que se está calentando. No dirija la llama dentro del casquillo debido a que esto quemará el fundente. Asegúrese de mantener en movimiento la llama sobre el metal en vez de mantener la llama en un solo lugar.

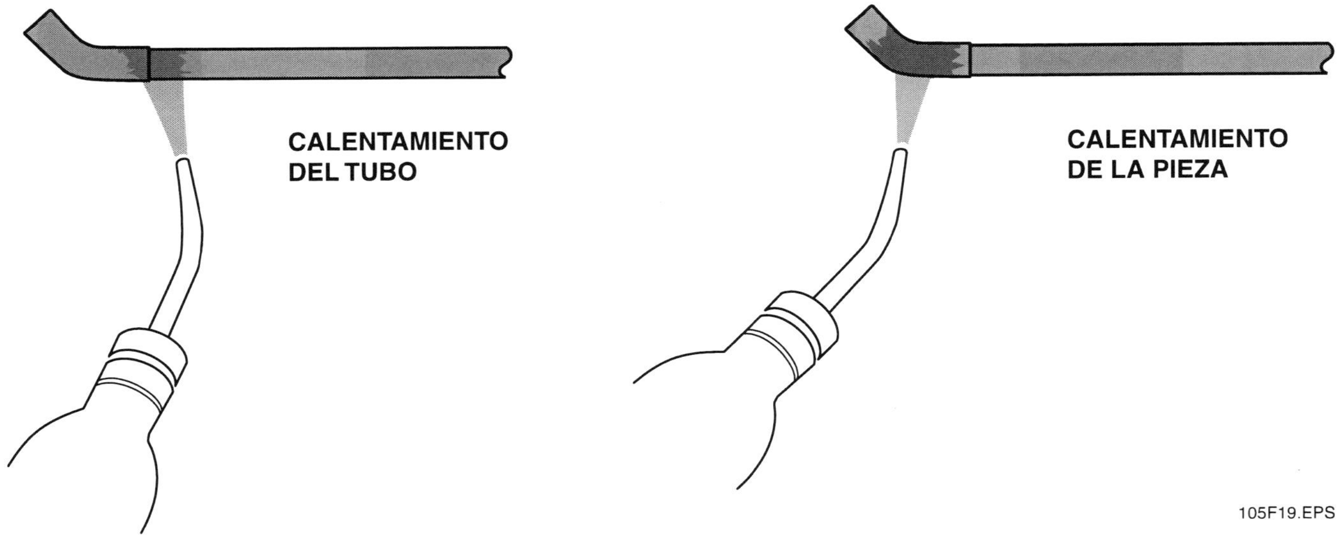

Figura 19 ◆ Calentamiento del tubo y la pieza.

Paso 6 Mueva la llama a la parte posterior del casquillo de la pieza.

Paso 7 Toque con el extremo de la soldadura el área entre el tubo y la pieza. La soldadura se verterá dentro de la unión por la acción capilar. La soldadura se puede alimentar hacia arriba o abajo dentro de la unión. Si la soldadura no se funde al contacto con la unión, retire la soldadura y caliente más la unión. No funda la soldadura con la llama.

Paso 8 Siga alimentando la soldadura dentro de la unión hasta que aparezca un anillo de soldadura alrededor de la unión, lo cual indica que la unión está llena.

NOTA

En un tubo horizontal comience aplicando soldadura en la posición de las cinco o siete horas a lo largo del fondo del tubo y muévase hasta la posición de las 12 horas. Asegúrese de llenar el fondo alimentando soldadura hasta que salgan algunas gotas. Regrese a la posición inicial, vuelva a fundir la soldadura y comience con la segunda cara. Cuando alcance nuevamente la posición de las 12 horas, asegúrese de llenar la parte superior. Retire el calor y siga alimentando soldadura dentro de la parte superior hasta que en la unión ya no se funda la soldadura. En las uniones verticales, seleccione una posición inicial conveniente y proceda alrededor del tubo hasta regresar a la posición inicial.

PRECAUCIÓN

Asegúrese de que el calor siempre conduzca a la soldadura. Si el calor se aplica por detrás, en relación a la dirección de movimiento de la soldadura, se dejarán residuos de fundente en el espacio capilar, lo cual debilitará a la unión y posiblemente genere una fuga.

Paso 9 Permita que se enfríe la unión sin moverla.

Paso 10 Limpie la unión con un paño después de que la unión se haya enfriado.

Paso 11 Purgue el interior del tubo si es posible, para retirar los residuos de fundente.

6.0.0 ◆ INTRODUCCIÓN A LA SOLDADURA FUERTE

La soldadura blanda tiene lugar a una temperatura igual o menor de 840°F. La soldadura fuerte tiene lugar a temperaturas superiores a los 840°F pero debajo del punto de fusión del metal base. La temperatura de fusión del tubo de cobre es de 1,981°F; las aleaciones para soldadura fuerte usadas para unir la tubería y las piezas de cobre se funden típicamente entre 1,200°F y 1,500°F. Como en el caso de la soldadura blanda, la soldadura fuerte es la unión de dos piezas metálicas, usando un metal diferente no ferroso que tiene una temperatura de fusión menor a la de las piezas que se están uniendo.

La soldadura fuerte produce uniones mecánicamente fuertes y resistentes a la presión. La resistencia de la soldadura fuerte es el resultado de la capacidad del metal de relleno para penetrar el metal base. La penetración únicamente puede ocurrir si los metales base se han limpiado de manera adecuada, cuando se han seleccionado los metales apropiados para el relleno y fundente, además de que el espacio vacío entre la parte exterior del tubo y el interior de la pieza es de 0.002" a 0.005".

6.1.0 Restricciones normativas

La soldadura fuerte es el proceso requerido para la unión de tubería de cobre en un sistema de tubo seco. También es el método aprobado para la instalación de una salida o derivación cuando se crea una "T" sobre el tendido con un taladro T u otros métodos relacionados para la extrusión de una salida o una rama con "T".

6.2.0 Metales y fundentes para la soldadura fuerte

Las dos formulaciones aprobadas para la soldadura fuerte son BCuP-3 y BCuP-4. Éstas contienen cobre, fósforo y plata como componentes principales. Las temperaturas de fusión de estas dos aleaciones para la soldadura fuerte son las siguientes:

	Sólido	Liquido
BCuP-3	1,190°F	1,485°F
BCuP-4	1,190°F	1,335°F

Los metales de relleno usados para unir la tubería de cobre se encuentran dentro de dos grupos: aleaciones que contienen 28% al 56% de plata (la serie BAg) y aleaciones de cobre que contienen fósforo (las series BCuP). Cuando se une la tubería de cobre, se puede usar cualquiera de estos metales de relleno; sin embargo, la NFPA menciona específicamente los compuestos de BCuP-3 y BCuP-4. La *Tabla 4* muestra los materiales de relleno para la soldadura fuerte.

Los fundentes para soldadura fuerte pueden aplicarse usando los mismos métodos que con los fundentes de la soldadura blanda. Los fundentes para soldadura fuerte operan a temperaturas mucho más altas que los fundentes de la soldadura blanda, por ello debe tener cuidado de no mezclar los fundentes de soldadura blanda con los fundentes de soldadura fuerte. Para obtener los mejores resultados, use el fundente recomendado por el fabricante de los metales de relleno para soldadura fuerte.

Cuando se une la tubería de cobre con piezas de cobre forjado con aleaciones de cobre-fósforo (series BCuP), se puede omitir el fundente debido a que las aleaciones de cobre-fósforo son autofundentes sobre el cobre. Sin embargo, se requieren fundentes para la unión de todas las piezas fundidas.

6.3.0 Fundentes

El metal de relleno BCuP puede usarse con éxito sin fundente cuando se usa tubo de cobre y las piezas de cobre forjadas, sin embargo se requiere una limpieza mecánica apropiada del tubo y las piezas antes de comenzar con la operación de soldadura fuerte. El fósforo en las aleaciones BCuP ofrece una capacidad auto fundente sobre el tubo de cobre estándar. Si se usa la aleación de cobre fundido o latón, se requiere el fundente para sol-

Tabla 4 Materiales de relleno para la soldadura fuerte.

	Porcentaje de elemento principal					
AWS Clasificación	Plata	Fósforo	Zinc	Cadmio	Estaño	Cobre
BCuP-2	–	7–7.50	–	–	–	Equilibrio
BCuP-3	4.75–5.25	5.75–6.25	–	–	–	Equilibrio
BCuP-4	5.75–6.25	7–7.50	–	–	–	Equilibrio
BCuP-5	14.5–15.50	4.75–5.25	–	–	–	Equilibrio
BAg-1	44–46	–	14–18	23–25	–	14–16
BAg-2	34–36	–	19–23	17–19	–	25–27
BAg-5	44–46	–	23–27	–	–	29–31
BAg-7	55–57	–	15–19	–	4.5–5.5	21–23

105T04.EPS

dadura fuerte debido a que no hay fósforo en la pieza de latón fundido. Para unir las piezas con una soldadura fuerte (en oposición a las piezas forjadas), la pieza completa se recubre en ocasiones con el fundente para prevenir la pérdida de zinc (dezinquificación).

Los fundentes para soldadura fuerte son químicamente activos a las temperaturas de la soldadura fuerte y son normalmente **boratos**. Los boratos son una clase de sales cristalinas, blancas y solubles en agua, el conocido Bórax es una de ellas. Los fundentes para soldadura fuerte están disponibles en pasta, polvo o en forma líquida. El método usual de aplicación del fundente es aplicarlo con cepillo en el interior del casquillo de la pieza y en el extremo del tubo, de la misma manera que se aplica el fundente para la soldadura blanda.

Cuando se requiere fundente, los residuos pueden retirarse después de la operación de soldadura fuerte mediante la limpieza con agua caliente y cepillado con un cepillo de cerdas de acero inoxidable.

6.4.0 Preparación del tubo y las piezas para la soldadura fuerte

Para preparar la tubería y las piezas para la soldadura fuerte, siga los mismos procedimientos de preparación de la tubería y las piezas usadas en el caso de la soldadura blanda. Un factor crítico es el uso de las técnicas de limpieza apropiadas con la finalidad de producir una unión sólida y sin fugas. Siga estos pasos para preparar la tubería y las piezas para su unión con soldadura fuerte:

Paso 1 Mida la distancia entre las caras de las dos piezas.

Paso 2 Determine la profundidad del casquillo de unión en cada pieza. La profundidad del casquillo requerida para la soldadura fuerte es mucho menor que en el caso de la soldadura blanda, debido a que la penetración de la aleación para soldadura fuerte a una distancia que es tres veces el grosor del tubo, con un filete bien desarrollado, es todo lo que se necesita para ofrecer una unión que es más fuerte que el propio tubo (regla 3-T). Piezas para soldadura fuerte con casquillo corto, no se consiguen facilmente, y la mayoría de las uniones con soldadura fuerte pueden hacerse con las piezas que tienen una profundidad de casquillo apropiada para soldadura blanda. La profundidad del casquillo que se está usando puede encontrarse midiendo la pieza o usando la tabla de reposición del fabricante. La *Figura 20* muestra la tabla de reposición de las piezas para soldadura fuerte ofrecida por el fabricante.

Paso 3 Agregue la profundidad del casquillo de ambas piezas a la medición del Paso 1 a fin de encontrar la longitud del tubo necesaria.

Paso 4 Corte el tubo de cobre a la longitud correcta, asegurándose de que el corte sea perpendicular a la dirección del tubo.

Paso 5 Retire las rebabas de las piezas que se están uniendo para eliminar cualquier interferencia al paso del agua y de la propia unión.

Paso 6 Avellane el interior y exterior de ambos extremos del tubo de cobre usando una herramienta, navaja o avellanador para el retiro de la rebaba.

Paso 7 Limpie el tubo y la pieza usando una lija o una herramienta especial para la limpieza de cobre.

PRECAUCIÓN

Tenga cuidado cuando limpie la tubería o las piezas para retirar todo el óxido sin que se elimine una gran cantidad de metal. No toque ni intente retirar las rebabas del tubo usando los dedos pues estos contaminarán el metal recién limpiado.

Paso 8 Revise manualmente el ajuste de los dos elementos que se van a unir. La pieza debe deslizarse sobre el tubo, sin embargo el ajuste debe ser preciso. Un ajuste suelto puede producir uniones con fugas.

Paso 9 Aplique el fundente al tubo de cobre y en el interior del casquillo de la pieza de cobre inmediatamente después de limpiarlos.

Paso 10 Inserte el tubo dentro del casquillo de la pieza con un ligero movimiento oscilante hasta que el tubo toque el soporte interior de la pieza .

Paso 11 Limpie de la unión cualquier exceso de fundente.

Paso 12 Compruebe que el tubo y la pieza tengan el alineamiento y soporte apropiados antes de aplicar la soldadura fuerte.

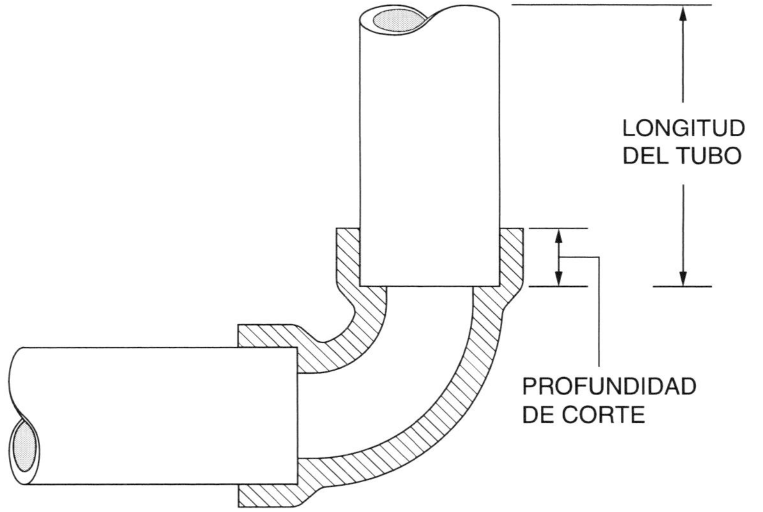

TAMAÑO DEL TUBO (pulgadas)	PROFUNDIDAD DE CORTE (pulgadas)
1/4	17/64
3/8	5/16
1/2	3/8
3/4	13/32
1	7/16
1 1/4	1/2
1 1/2	5/8
2	21/32
2 1/2	25/32
3	53/64
3 1/2	7/8
4	29/32
5	1
6	1 7/64
7	1 7/32
8	1 5/16

105F20.EPS

Figura 20 ◆ Tabla de reposición de las piezas para soldadura fuerte ofrecida por el fabricante.

6.5.0 Ajuste del equipo para soldadura fuerte

El procedimiento de calentamiento para la soldadura fuerte difiere del de la soldadura blanda en que se requiere equipo diferente para elevar la temperatura de los metales a unir por encima de los 840°F. Debido a que se necesitan temperaturas más altas, para la soldadura fuerte se usa el equipo de oxígeno/acetileno (oxiacetileno) o el de oxígeno/gas licuado de petróleo (oxicombustible). La llama se produce por quemado del gas combustible mezclado con oxígeno puro. La *Figura 21* muestra el equipo de oxiacetileno para la soldadura fuerte. El equipo de oxicombustible es similar. Solamente el regulador para el gas combustible es diferente.

6.5.1 Manejo de los cilindros de oxígeno y acetileno

El trabajo con el equipo de oxiacetileno para soldadura fuerte requiere de precauciones de seguridad especiales. El oxígeno y el acetileno se comprimen y suministran a presiones altas dentro de los cilindros. Debido a que su uso es muy común, los técnicos con frecuencia no tienen cuidado cuando los manejan. El oxígeno se suministra en cilindros a presiones de aproximadamente 2,000 libras por pulgada cuadrada. Los cilindros de acetileno están presurizados a unas 250 libras por pulgada cuadrada. Los cilindros no deben moverse a menos que se coloquen las cubiertas protectoras.

¡ADVERTENCIA!

Si se deja caer un cilindro sin la tapa colocada se puede ocasionar la ruptura de la válvula y su salida del cilindro. Esto permite que la presión interna se escape, provocando que los cilindros se impulsen como un cohete. Nunca transporte los cilindros sin el manómetro conectado. Nunca mezcle diferentes tipos de cilindros en el almacén. Mantenga separados los distintos tipos de cilindros.

Durante el uso, transporte y almacenamiento, los cilindros de oxígeno y acetileno deben asegurarse en posición vertical con un cable de sujeción o una cadena, a fin de prevenir que caigan y dañen el equipo o lesionen a las personas. Cuando se almacenen en el sitio de trabajo, los cilindros de oxígeno y acetileno deben almacenarse por separado con una distancia de al menos 20 pies entre ellos o con un muro contra fuego separándolos. Almacene los cilindros vacíos lejos de los llenos a parcialmente vacíos, y asegúrese de que se encuentren debidamente marcados para mostrar claramente que se encuentran vacíos.

El oxígeno puede encenderse incluso sin que haya chispas o llamas en su derredor, especialmente cuando entra en contacto con aceite o grasa. Nunca maneje los cilindros de oxígeno con las manos o los guantes manchados de aceite, aunque use guantes. Mantenga la grasa lejos de los cilindros y no use aceite o grasa sobre las válvulas o

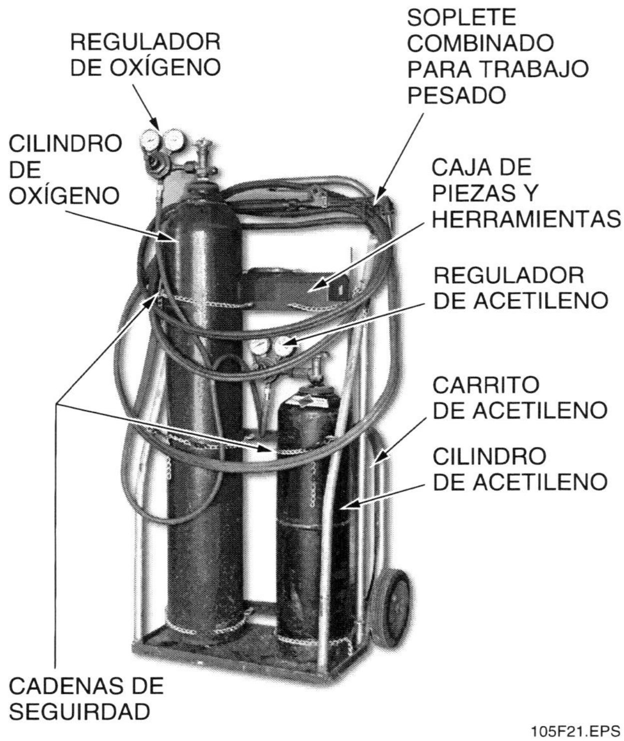

Figura 21 ◆ Equipo de oxiacetileno o de oxígeno con gas licuado de petróleo para la soldadura fuerte.

en las piezas de los cilindros. Nunca use un regulador de oxígeno para otro gas ni trate de usar un regulador para el oxígeno cuando dicho regulador se haya usado para otro servicio.

Con el acetileno debe usar un regulador de reducción de presión ajustado a no más de 15 libras por pulgada cuadrada manométricas. El acetileno se vuelve inestable y volátil por encima de las 15 libras por pulgada cuadrada manométricas. La llave de la válvula debe dejarse en la posición de apertura de las llaves de acetileno. Esto permite un cierre rápido en caso de una emergencia. Es una buena práctica abrir la válvula de acetileno lo menos posible, pero nunca dejándola a más de 1¼ de vuelta.

6.5.2 Ajuste inicial del equipo de oxiacetileno

Siga este procedimiento para el ajuste del equipo de soldadura fuerte con oxiacetileno. El ajuste para el equipo de oxicombustible es similar.

¡ADVERTENCIA!

No maneje los cilindros de acetileno y oxígeno con las manos o guantes manchados de aceite. Mantenga la grasa lejos de los cilindros y no use aceite o grasa sobre las válvulas o piezas de los cilindros. La mezcla de aceite y oxígeno provocará una explosión.

Asegúrese de que se encuentren en su lugar los capuchones protectores de los cilindros antes de comenzar con el transporte o el almacenamiento de los cilindros.

Paso 1 Instale y sujete de manera segura los cilindros de oxígeno y acetileno en un carrito protegido o en posición vertical.

A NIVEL

Peligros y costos del acetileno

Como se ha indicado previamente, es peligroso trabajar con acetileno. Cuando sea posible, use siempre el equipo de oxicombustible para la soldadura fuerte. Este equipo es el de uso más seguro y el gas es mucho más barato. En las tuberías y piezas más pequeñas el calor generado a partir de un soplete de aire con gas licuado de petróleo y un solo tanque de gas combustible, generalmente es el equipo adecuado tanto para la soldadura fuerte como para la soldadura blanda.

Una acumulación de la mezcla de oxígeno y gas combustible puede dar como resultado una explosión peligrosa cuando se enciende. Un globo de 2" lleno con una mezcla de oxígeno y acetileno tiene la potencia explosiva de un cohete M80 (equivalente a la cuarta parte de un cartucho de dinamita). Los gases mezclados en una manguera de ¼" de diámetro y un largo de 100 pies llenarían un globo de 9". Un globo de 9" lleno de la mezcla de los gases de oxígeno y acetileno tienen un poder explosivo que es 90 veces más poderoso que un cohete M80.

¡ADVERTENCIA!

No permita que nadie se coloque frente a la válvula del cilindro de oxígeno cuando lo abra, debido a que el oxígeno se encuentra a alta presión (aproximadamente 2,000 libras por pulgada cuadrada manométricas) y podría causar una lesión severa en caso de liberarse.

Paso 2 Instale el regulador del oxígeno en el cilindro de oxígeno.

- Retire la tapa de protección del cilindro.
- Abra (quitando el seguro) la válvula del cilindro de oxígeno justo lo suficiente para permitir que pase una pequeña cantidad de oxígeno a través de la válvula, después ciérrela.
- Gire el tornillo de ajuste del regulador de oxígeno (*Figura 22*) en sentido contrario a las manecillas del reloj hasta que se afloje. Esto desactivará la salida del regulador y evitará una presión excesiva en la manguera y el soplete durante su enganchado.
- Usando una llave apropiada, instale el regulador de oxígeno en el cilindro. Los cilindros y reguladores tienen roscas que giran hacia la derecha. Apriete la tuerca de manera precisa, tenga cuidado de no apretar de manera excesiva la tuerca porque esto podría dañar el roscado.

¡ADVERTENCIA!

El gas acetileno es inflamable. No permita llamas abiertas cerca del mismo.

Paso 3 Instale el regulador de acetileno en el cilindro de acetileno.

- Retire la tapa de protección del cilindro.
- Abra (rompiendo el seguro) la válvula del cilindro de acetileno, usando la llave del cilindro, justo lo suficiente para permitir que pase una pequeña cantidad de acetileno a través de la válvula, después ciérrela.
- Gire el tornillo de ajuste del regulador de acetileno en sentido contrario a las manecillas del reloj hasta que se afloje. Esto desactivará la salida del regulador y evitará una presión excesiva en la manguera y el soplete durante su enganchado.
- Usando una llave apropiada, instale el regulador de acetileno en el cilindro. Los reguladores y cilindros de acetileno tienen roscas hacia la izquierda. Apriete perfectamente la tuerca. Tenga cuidado de no apretar en exceso la tuerca debido a que esto puede dañar el roscado.

A NIVEL

Tapas protectores de la válvula

La tapa protector de la válvula es una de las piezas más importantes del equipo de seguridad asociado con la soldadura fuerte.

105SA01.EPS

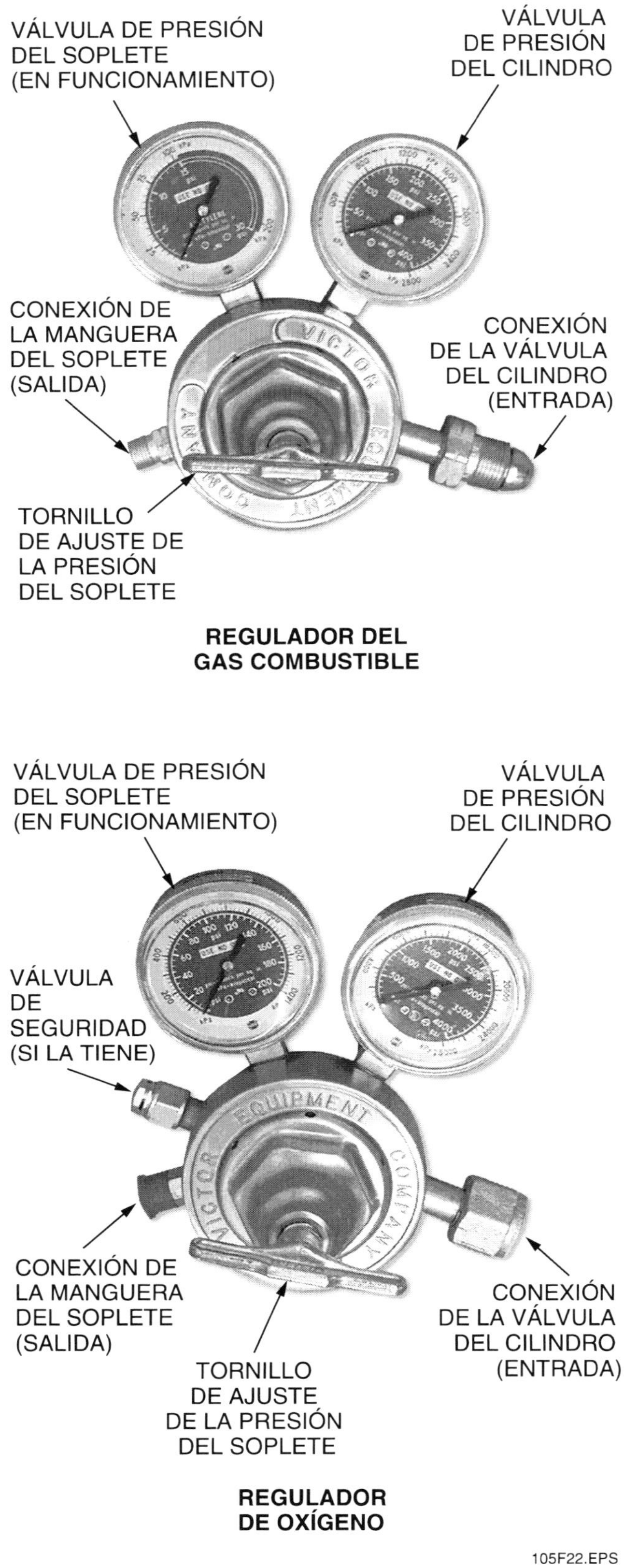

Figura 22 ◆ Reguladores de oxígeno y de gas combustible.

Paso 4 Instale las mangueras y el soplete para la soldadura fuerte.

- Instale los protectores contra retroceso de llama en los reguladores de oxígeno y acetileno.
- Conecte la manguera verde al manómetro de oxígeno y la manguera roja al manómetro de acetileno. Apriete perfectamente las mangueras. Tenga cuidado de no apretar en exceso las piezas ya que esto puede dañar el roscado.

A NIVEL

Equipo portátil de oxiacetileno y oxicombustible

El equipo mostrado en la *Figura 21* se monta sobre una carretilla de mano y es muy pesado. Este tipo de equipo se usa típicamente en un taller o en el lugar de trabajo cuando se necesita realizar una gran cantidad de trabajo con soldadura fuerte. Para la instalación normal o trabajo de servicio, generalmente se usa el equipo portátil que una persona puede transportar manualmente.

105SA02.EPS

¡ADVERTENCIA!

No debe colocarse al frente del manómetro de oxígeno porque la presión podría hacer volar la carátula del manómetro, provocando lesiones personales.

PRECAUCIÓN

Abra lentamente la válvula del cilindro de oxígeno, ya que una liberación rápida de presión podría dañar los manómetros.

Paso 5 **Purgue** (limpie) la manguera de oxígeno.

- Abra lentamente la válvula del cilindro de oxígeno hasta que se registre una pequeña cantidad de presión en el manómetro de presión alta del oxígeno; después abra lentamente y por completo la válvula.
- Gire el tornillo de ajuste del regulador de oxígeno en el sentido de las manecillas del reloj hasta que se muestre el registro de una pequeña cantidad de presión en el manómetro de la presión de trabajo. Permita que se acumule una pequeña cantidad de presión y purgue la manguera de oxígeno, para limpiarla.
- Gire el tornillo de ajuste del regulador de oxígeno en el sentido contrario a las manecillas del reloj hasta que se afloje. Esto cerrará la salida del regulador.

Paso 6 Purgue (limpie) la manguera de acetileno.

- Abra lentamente la válvula del cilindro de acetileno hasta que se registre una pequeña cantidad de presión en el manómetro de alta presión del acetileno. Después ábrala aproximadamente ½ vuelta.
- Gire el tornillo de ajuste del regulador de acetileno en el sentido de las manecillas del reloj hasta que se muestre el registro de una pequeña cantidad de presión en el manómetro de la presión de trabajo del acetileno (*Figura 22*). Permita que se acumule una pequeña cantidad de presión y purgue la manguera de acetileno, para limpiarla.
- Gire el tornillo de ajuste del regulador de acetileno en el sentido contrario a las manecillas del reloj hasta que se afloje. Esto cerrará la salida del regulador.

Paso 7 Instale protectores contra retroceso de llama en el soplete.

Paso 8 Instale el soplete para soldadura fuerte en los extremos de la manguera y cierre las válvulas en el soplete.

¡ADVERTENCIA!

Nunca ajuste el regulador de acetileno a una presión mayor de 15 libras por pulgada cuadrada manométricas debido a que el acetileno se vuelve inestable y volátil por encima de esta presión.

Paso 9 Revise el equipo de oxiacetileno para detectar fugas.

- Coloque el tornillo de ajuste del regulador de acetileno a 10 libras por pulgada cuadrada manométrica en el manómetro de presión de trabajo.
- Coloque el tornillo de ajuste del regulador de oxígeno a 40 libras por pulgada cuadrada manométrica en el manómetro de presión de trabajo.

¡ADVERTENCIA!

No use jabón con base de aceite para la prueba de fugas, debido a que la mezcla de aceite y oxígeno puede provocar una explosión.

- Cierre las válvulas del cilindro de oxígeno y acetileno y revise que no haya fugas. Si los manómetros de la presión de trabajo permanecen a 10 y 40 libras por pulgada cuadrada manométricas, no hay fugas en el sistema. Si la lectura cae, eso indica que hay una fuga. Use una solución de jabón o fluido comercial para la detección de fugas para revisar que no haya fugas en las conexiones de oxígeno o acetileno.
- Abra ambas válvulas en el soplete para liberar la presión en las mangueras. Observe los manómetros de presión de trabajo hasta que registren cero, después cierre las válvulas en el soplete.

A NIVEL

Equipo de protección contra retroceso de llama

Los equipos de protección contra retroceso de llama son válvulas unidireccionales especiales que evitan que una llama presurizada viaje hacia atrás de la punta del soplete y dentro de las mangueras y reguladores. Un retroceso de llama (quemado en retroceso) puede suceder en ocasiones si el flujo de oxígeno o de gas combustible no es adecuadon, o si tanto el oxígeno como el gas combustible se activan y se enciende entonces la punta del soplete de soldadura. Para ser efectivo, el equipo de protección contra retroceso de llama debe instalarse con la flecha de flujo apuntando hacia el asa del soplete.

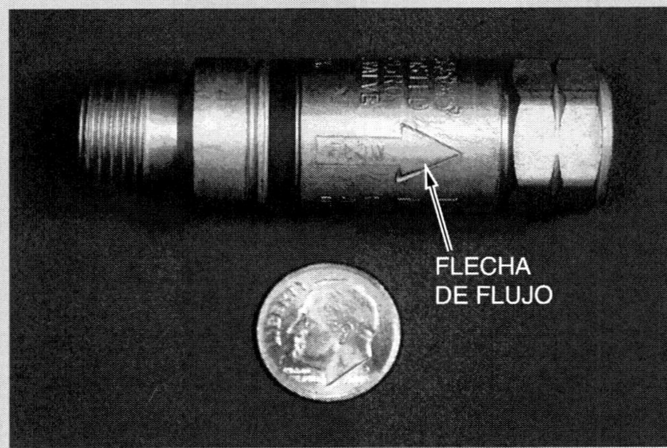

105SA03.EPS

- Gire las válvulas del regulador de oxígeno y acetileno en sentido contrario a las manecillas del reloj hasta que queden flojas. Esto liberará la presión del resorte en los diafragmas del regulador y cerrará completamente los reguladores.

Paso 10 Enrolle las mangueras y cuélguelas en el porta-mangueras.

6.5.3 Encendido del soplete de oxiacetileno

Una vez que se ha ajustado de manera apropiada el equipo de soldadura fuerte con oxiacetileno, puede encenderse el soplete y ajustar la llama para la soldadura fuerte. Existen tres tipos de llamas: neutral, carburizante (reductora) y oxidante (*Figura 23*). La llama neutral quema cantidades iguales de oxígeno y acetileno. El cono interior es de color azul brillante, rodeada de una llama envolvente de azul pálido que resulta cuando se combina el aire y el oxígeno con los gases supercalentados provenientes del cono interior. Se usa una llama neutral para casi todas las aplicaciones de soldadura por fusión o soldadura fuerte.

Una llama carburizante (reductora) tiene una pluma blanca creada por el combustible en exceso. La longitud de la pluma depende de la cantidad de combustible en exceso en la llama. El envolvente de la llama exterior es más brillante que en la llama neutral y tiene un color mucho más claro. El combustible en exceso dentro de la llama carburizante produce mayores cantidades de carbón. La llama carburizante es más fría que la llama neutral y se usa en la soldadura fuerte ligera para evitar la fusión del metal base.

Una llama oxidante tiene una cantidad de oxígeno en exceso. El cono interno es más corto, con un borde azul brillante y un centro más encendido. El cono también es más puntiagudo que el cono de una llama neutral. El envolvente de la llama exterior es muy corto y con frecuencia es más amplio en los extremos. La llama más caliente, se usa a veces para la unión con soldadura fuerte del hierro fundido o en otros metales.

¡ADVERTENCIA!

No use cerillos o un encendedor de gas para encender un soplete. Esto podría dar como resultado quemaduras severas o provocar que el encendedor explote.

Use siempre un encendedor de fricción (*Figura 24*), también conocido como encendedor de chispa o frotado, para encender el soplete de corte. El encendedor de fricción trabaja frotando una pieza de pedernal en contra de una superficie de acero para crear chispas.

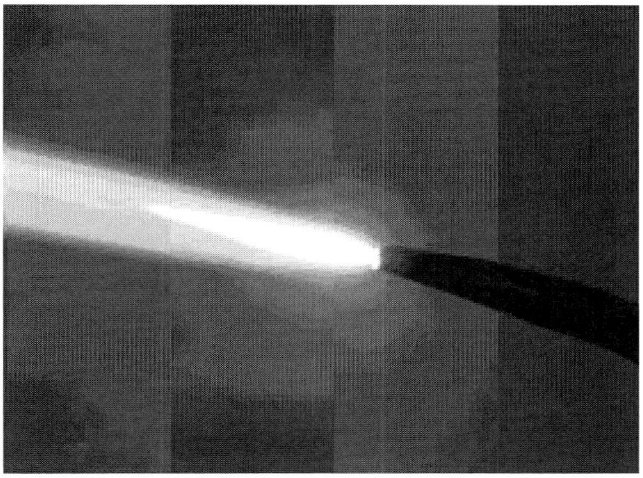

LLAMA CARBURIZANTE

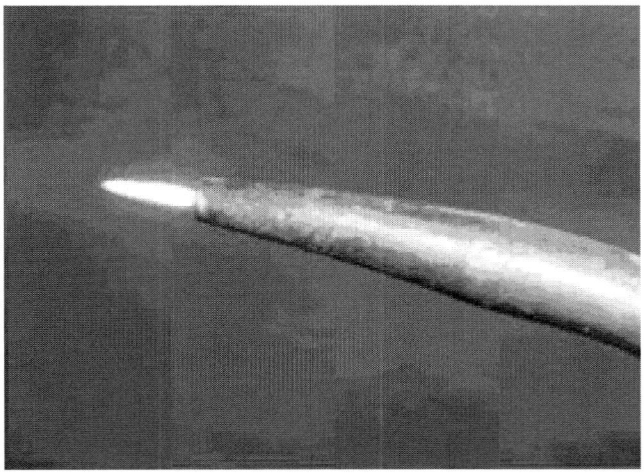

LLAMA NEUTRA

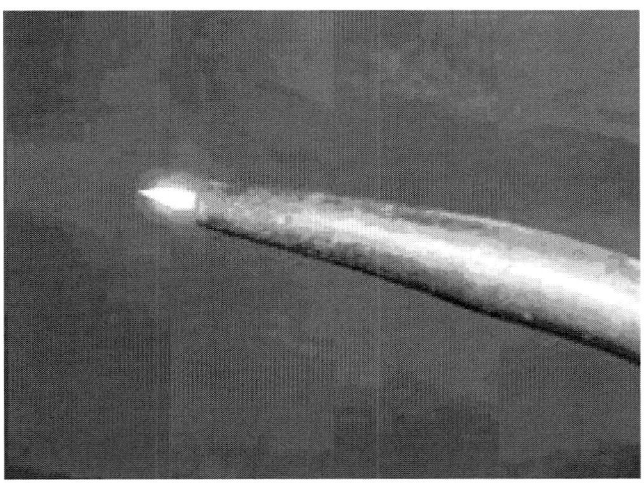

LLAMA OXIDANTE

105F23.EPS

Figura 23 ◆ Tipos de llamas.

Use el siguiente procedimiento para encender un soplete de oxiacetileno:

Paso 1 Ajuste el soplete de oxiacetileno como se ha discutido previamente. Asegúrese de instalar la punta correcta antes de encender el soplete. (Refiérase a la *Tabla 5* para conocer los tamaños de punta recomendados) Ajuste los reguladores a los valores de presión recomendados por el fabricante del soplete.

ENCENDEDOR OPERADO POR GATILLO

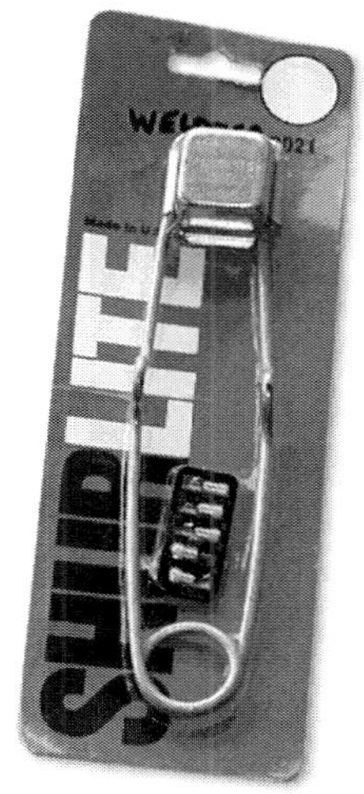

ENCENDEDOR COMÚN TIPO CASQUILLO

105F24.EPS

Figura 24 ◆ Encendedores de fricción típicos.

Tabla 5 Tamaños de punta usados para los tamaños de tubería comunes

Tamaño de punta (Número)	Tamaño de varilla (pulgadas)	Diámetro de tubería y accesorio (pulgadas)
4	3/32	1/4–3/8
5	1/8	1/2–3/4
6	3/16	1–1 1/4
7	1/4	1 1/2–2
8	3/16	2–2 1/2
9	3/8	3–3 1/2
10	7/16	4–6

105T05.EPS

NOTA

Las presiones no están estandarizadas para los sopletes de oxiacetileno. Refiérase a las instrucciones del fabricante para las presiones recomendadas del gas y conforme al tamaño de tubería que se está uniendo con soldadura fuerte.

Paso 2 Ajuste el sistema de oxígeno del soplete.

¡ADVERTENCIA!

No debe colocarse al frente del manómetro de oxígeno porque la presión podría hacer volar la carátula del manómetro, provocando lesiones personales.

PRECAUCIÓN

Abra lentamente la válvula del cilindro de oxígeno debido a que una liberación rápida de presión podría dañar los manómetros.

- Abra ligeramente la válvula del cilindro de oxígeno hasta que se registre una presión en el manómetro de alta presión del oxígeno; después abra completamente la válvula.
- Gire el tornillo de ajuste del regulador de oxígeno en el sentido de las manecillas del reloj hasta que se muestre una lectura de presión en el manómetro de la presión de trabajo.
- Abra la válvula de oxígeno en el asa del soplete.
- Gire el tornillo de ajuste del regulador de oxígeno en el sentido de las manecillas del reloj hasta que se registre una presión de aproximadamente 20 a 25 libras por pulgada cuadrada manométricas en el manómetro de presión de trabajo para el oxígeno. Ajuste siempre la presión con la válvula del soplete abierta. Cuando está cerrada, la presión registrada podría ser mayor.
- Cierre la válvula de oxígeno en el asa del soplete.

Paso 3 Ajuste el sistema de acetileno del soplete. Asegúrese de dejar la llave o volante de la válvula en el cilindro de acetileno, de modo que la válvula pueda cerrarse rápidamente en caso de una emergencia.

- Abra ligeramente la válvula del cilindro de acetileno hasta que se registre presión en el manómetro de alta presión del acetileno; después abra la válvula aproximadamente ½ vuelta.
- Gire el tornillo de ajuste del regulador de acetileno en el sentido de las manecillas del reloj hasta que se muestre una lectura de presión en el manóme-tro de la presión de trabajo del aceti-leno.
- Abra la válvula de acetileno en el asa del soplete.
- Gire el tornillo de ajuste del regulador de acetileno en el sentido de las manecillas del reloj hasta que se registre una presión de aproximadamente 5 libras por pulgada cuadrada manomé-tricas en el manómetro de presión de trabajo para el acetileno.
- Cierre y después abra la válvula de acetileno del soplete aproximadamente ½ vuelta.

¡ADVERTENCIA!

Cuando encienda el soplete, asegúrese de:

- Usar guantes y gafas.
- Sostenga el encendedor cerca del extremo de la punta del soplete. No cubra la punta con el encendedor. Use siempre un encendedor de fricción para encender el soplete. Nunca use cerillos, cigarrillos o una llama abierta porque esto podría dar como resultado quemaduras severas o provocar que el encendedor explote. Así mismo, asegúrese de que el soplete no apunte hacia las personas o hacia un material inflamable.
- Encienda primero el gas combustible, después abra la válvula de oxígeno del soplete.
- Apague el gas de inmediato siempre que una llama aparezca por un orificio en la manguera.

Paso 4 Encendido del soplete de oxiacetileno.

- Sostenga el encendedor en una mano y el soplete en la otra. Haga aparecer una chispa frente al gas acetileno que escapa.
- Abra la válvula de acetileno en el soplete hasta que la llama salte lejos de la punta aproximadamente 1⁄16". Después cierre la válvula hasta que la llama regrese a la punta. Esto ajusta un flujo de gas combustible apropiado para el tamaño de punta que se está usando.

- Abra lentamente la válvula de oxígeno en el soplete para agregarlo al acetileno en combustión.

NOTA

Observe el cono luminoso en la punta de la boquilla y el envolvente largo y verdoso alrededor de la llama, que es el acetileno en exceso que representa a la llama carburizante. A medida que sigue agregando oxígeno, deberá desaparecer el envolvente del acetileno. Aparecerá el cono interno suave y luminoso, además el soplete emitirá un sonido de escape suave y uniforme. Esto indica una llama a neutral, que es el tipo de llama ideal para la soldadura fuerte. Si se agrega un exceso de oxígeno, la llama se volverá más puntiaguda y de color blanco, además el soplete emitirá un sonido de embonado o silbido agudo. Para la unión de metales delgados con soldadura fuerte, se puede usar una llama más fría, de tipo carburizante, para ayudar a prevenir el fundido accidental del metal base.

Paso 5 Apague el soplete cuando haya terminado los trabajos de soldadura fuerte.

- Cierre primero la válvula de acetileno en el soplete. Esto provocará que el soplete se descargue y evita la acumulación de carbón en la punta.
- Cierre la válvula de oxígeno en el soplete.
- Cierre completamente las válvulas de los cilindros de oxígeno y acetileno.
- Abra ambas válvulas en el soplete para liberar la presión en las mangueras. Observe los manómetros de presión de trabajo hasta que registren cero, después cierre las válvulas en el soplete.
- Gire las válvulas de regulación del oxígeno y acetileno, en sentido contrario a las manecillas del reloj, hasta que queden flojas. Esto liberará la presión del resorte en los diafragmas dentro de los reguladores.

Paso 6 Enrolle las mangueras y cuélguelas en el porta-mangueras.

6.6.0 Técnicas de calentamiento

La aplicación de la cantidad de calor apropiada y alcanzar la temperatura requerida para la soldadura fuerte es más difícil que en el caso de la soldadura blanda. Las temperaturas para la soldadura fuerte pueden ser mayores de 1,200°F a 1,500°F. Aplique calor a las partes que van a unirse, de preferencia con el soplete de oxicombustible con una llama neutral. En ocasiones se usa el equipo de aire y combustible con los tama-

A NIVEL

Aparato de encendido de casquillo

Cuando use un aparato de encendido de casquillo para encender un soplete para soldadura, sostenga el casquillo del encendedor ligeramente por debajo y al lado de la punta del soplete, paralelo con la corriente de gas combustible proveniente de la punta. Esto evita que el gas encendido regrese hacia usted desde la casquillo y reduce la cantidad de carbón contenido dentro del casquillo. El pedernal dentro del encendedor puede cambiarse.

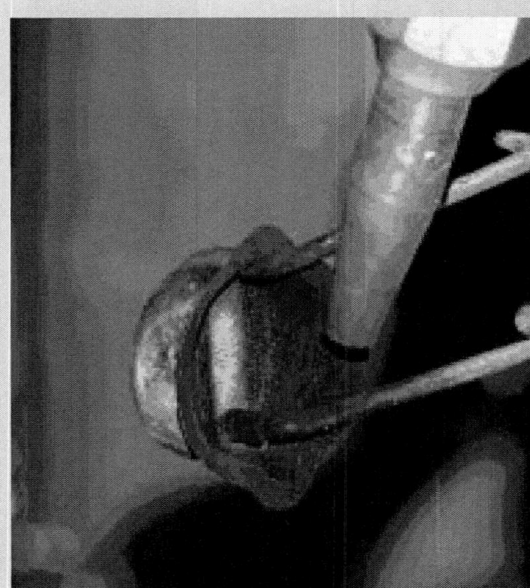

105SA04.EPS

A NIVEL

Ajuste de la llama de gas combustible

Cuando se ajusta de manera apropiada, la llama de gas debe regresar a la punta.

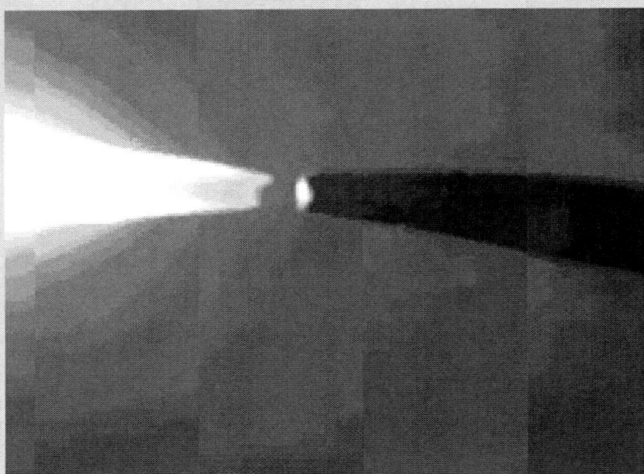

105SA05.EPS

105SA06.EPS

ños más pequeños. Caliente primero el tubo, comenzando a 1" desde el borde de la pieza, barriendo la llama alrededor del tubo en impulsos pequeños, en ángulos rectos al eje del tubo. Es muy importante que la llama se mantenga en movimiento y no sobre un solo punto, lo cual podría dañar el tubo. El resultado será una unión lisa sin la presencia de residuos voluminosos de material para soldadura fuerte sin fundir. La *Figura 25* muestra el tubo y pieza que se están precalentando y uniendo con soldadura fuerte.

Las temperaturas más altas de la soldadura fuerte requieren más precauciones en contra de incendios en comparación a las requeridas para las temperaturas de unión con soldadura blanda. Asegúrese de tener a la mano el extintor de incendios apropiado. Coloque siempre una protección para interceptar las gotas del material de soldadura fuerte y alejar la llama de los elementos estructurales, además de poner bloques térmicos para limitar la temperatura del tubo en donde éste penetra los muros, techos y vigas. Estos dispositivos de protección deben ser parte del equipo estándar en cualquier instalación de cobre. Las placas metálicas reflejan la llama, pero transferirán el calor rápidamente. Una placa de roca (tablero de yeso) aísla, pero no tiene una buena resistencia a la llama. La placa de roca con una placa metálica de protección entre la llama y la roca es un método de protección de fabricación sencilla. Se pueden usar paños o franelas húmedas envueltas alrededor de la tubería para lograr el bloqueo de la transferencia térmica por conducción.

El uso de sopletes en espacios cerrados puede reducir el oxígeno en el aire por debajo de un valor seguro para la respiración. Los vapores y productos de combustión derivados del proceso de soldadura fuerte pueden contaminar el aire que se está respirando. La unión con soldadura fuerte debe realizarse únicamente en un área con ventilación adecuada.

6.7.0 Uniones con soldadura fuerte

Con la excepción de la temperatura usada, la soldadura fuerte es muy parecida a la soldadura blanda. Se requiere de la acción capilar para producir una unión satisfactoria. Siga estos pasos para crear una unión con soldadura fuerte:

Paso 1 Asegúrese de tener fácilmente accesible un extintor de incendios en caso de que la fuente de calor provoque fuego.

Paso 2 Ajuste el equipo de soldadura fuerte con oxiacetileno.

Paso 3 Asegúrese de que la tubería que se va a unir con soldadura fuerte se encuentre debidamente soportada.

Paso 4 Asegúrese de que la tubería y la pieza se encuentren debidamente soportadas y alineadas. Fije las dos partes mientras permanecen en el sitio apropiado mientras se unen con soldadura fuerte.

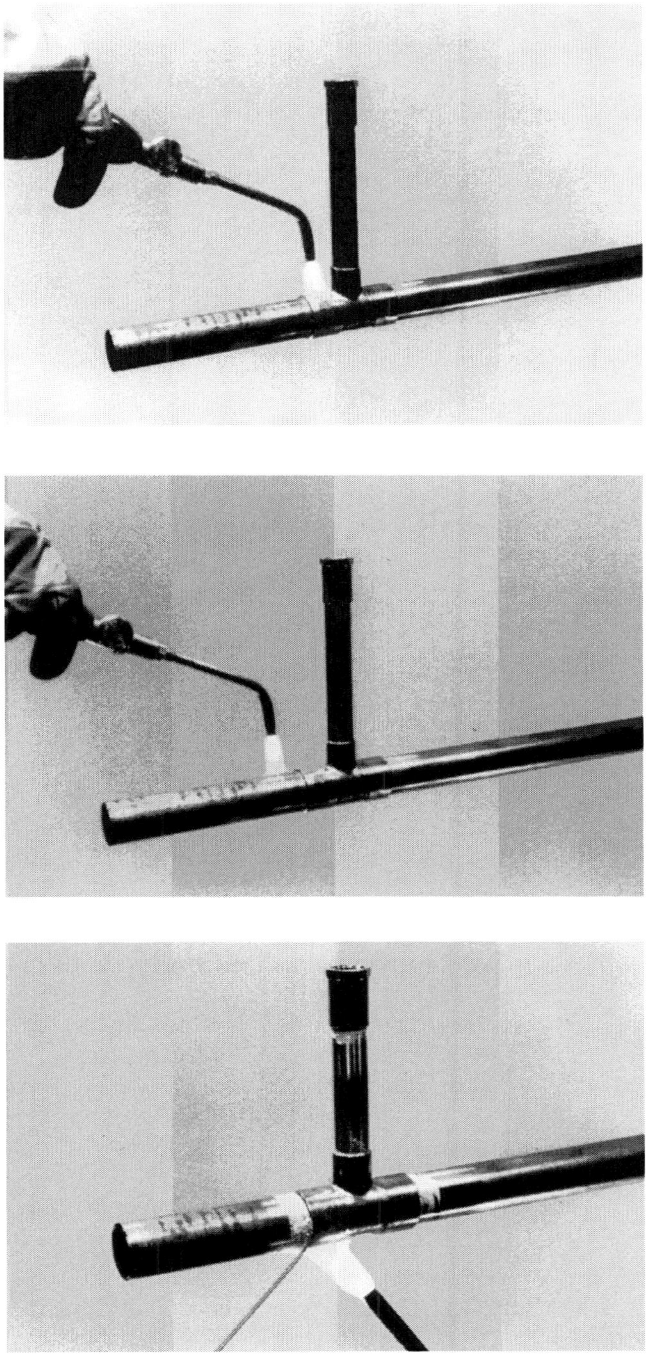

105F25.EPS

Figura 25 ◆ Precalentamiento y unión con soldadura fuerte del tubo y la pieza.

Paso 5 Aplique bloques térmicos o escudos contra calor en el tubo y entre el tubo y la estructura, como sea apropiado.

Paso 6 Aplique calor a la tubería aproximadamente a 1" de la unión y si se usa fundente, obsérvelo. El fundente debe burbujear y volverse blanco para después fundirse formando un líquido transparente.

Paso 7 Cambie la llama para dirigirla ahora a la base del casquillo de la pieza. Caliente de manera uniforme, barriendo la llama de manera alterna entre la pieza y el tubo hasta que el fundente deje de burbujear. Evite el calentamiento excesivo de las piezas de cobre fundido, debido a la posibilidad de que se formen fisuras. Cuando aparezca el fundente líquido y transparente, comience el barrido de la llama hacia atrás y al frente, a lo largo del eje de la unión, para mantener el calor sobre las partes que van a unirse, especialmente hacia la base del casquillo de la pieza. La llama debe mantenerse en movimiento, evitando que se funda el tubo o la pieza.

Paso 8 Siga moviendo el calor al frente y atrás sobre el tubo y la pieza.

NOTA

Permita que la pieza reciba más calor que el tubo, deteniéndose en la pieza mientras sigue moviendo la llama hacia el frente y atrás. Concentre el calor sobre la parte posterior del casquillo de la pieza. Para los tubos de 1" y mayores, puede ser difícil hacer que toda la unión llegue a la temperatura apropiada en un solo paso. En ocasiones puede ser deseable el uso de un soplete con orificios múltiples y oxicombustible (quemador) para mantener una temperatura más uniforme sobre áreas grandes. Se recomienda un precalentamiento moderado de toda la pieza para los tamaños más grandes, y además puede ser necesario el uso de un segundo soplete para mantener un precalentamiento uniforme de todo el ensamble de la pieza en los diámetros mayores.

Paso 9 Toque con la varilla de metal de relleno la unión para comprobar si ésta se funde. Mantenga alejada la llama de dicho material de relleno. La temperatura del tubo y la pieza en la unión debe ser lo suficientemente alta para fundir el metal de relleno. No use la llama para fundir el metal de relleno.

NOTA

Si el metal de relleno se funde al contacto con la unión, se ha alcanzado la temperatura de unión con soldadura fuerte y podrá continuar con el Paso 10. Si el metal de relleno no se funde al contacto, siga calentando y probando la unión hasta que se funda el metal de relleno.

Paso 10 Sostenga la varilla del metal de relleno sobre la unión (*Figura 26*) y permita que el material de relleno entre en la unión mientras sostiene el soplete ligeramente al frente del metal de relleno y dirigiendo la mayor parte del calor hacia el soporte de la pieza.

Paso 11 Aplique el material de soldadura fuerte alrededor de toda la unión y siga aplicando calor hasta que tenga lugar el entrelazado. El entrelazado es la acción capilar que vierte el metal de la soldadura fuerte dentro de la unión entre el tubo y la pieza.

Paso 12 Siga llenando la unión con el metal de relleno hasta que éste se encuentre en una cantidad de al menos tres veces el grosor de la tubería. Esto no llenará la unión, pero una unión con esta cantidad de penetración será más fuerte que la tubería. Si la tubería tiene un diámetro de 2" o más, se pueden usar dos sopletes para distribuir de manera uniforme el calor. Para las uniones de mayor tamaño se pueden calentar y unir con soldadura fuerte secciones pequeñas de la unión. Asegúrese de traslapar la sección previamente unida con soldadura fuerte mientras prosigue con el trabajo alrededor de la pieza. La *Figura 27* muestra el trabajo en los sectores con traslape.

Paso 13 Permita que se enfríe la unión de manera natural sin moverla.

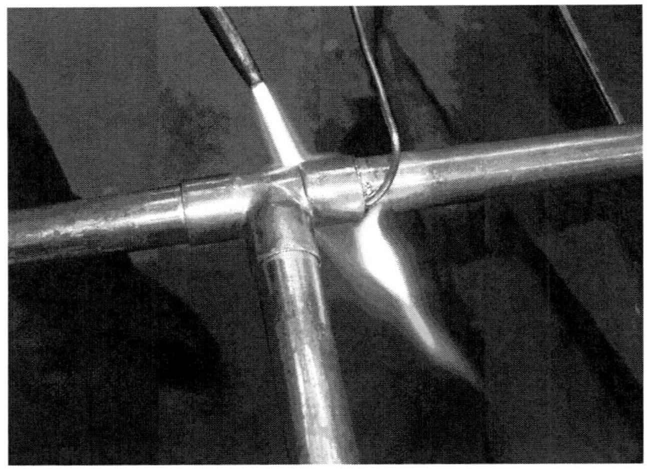

105F26.EPS

Figura 26 ◆ Calentamiento de la pieza con un soplete.

Paso 14 Lave la unión con agua caliente para limpiar el exceso de fundente de la soldadura fuerte que se haya secado o endurecido en la unión. Si el fundente es muy duro para retirarlo con agua, triture el fundente en exceso usando un cincel pequeño y un martillo ligero de bola. Después lave la unión con agua caliente.

Paso 15 Pruebe todos los montajes completados para comprobar la integridad de la unión. Siga los procedimientos de prueba detallados en los códigos aplicables que rigen al servicio correspondiente.

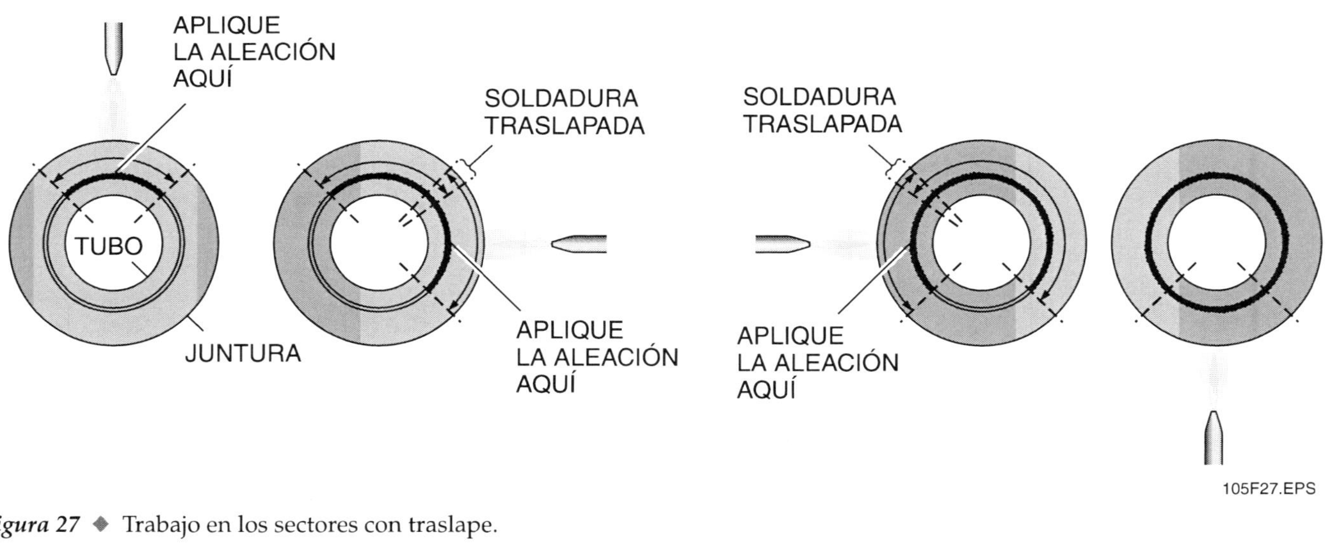

105F27.EPS

Figura 27 ◆ Trabajo en los sectores con traslape.

6.8.0 Acción capilar

La acción capilar arrastra el material de la soldadura fuerte dentro de la unión, entre el tubo y la pieza, para ofrecer la unión requerida. El espacio estándar es de 0.001" a 0.005". La acción de entrelazado es la clave para lograr una unión apropiada. Esto no es un proceso en que se amontona el material de la soldadura fuerte en la parte superior de la unión, sino en donde se provoca que penetre entre los dos metales base para producir la unión molecular de manera similar a la soldadura blanda. Se debe aplicar un calentamiento adecuado y uniforme para llevar a los metales base hasta la temperatura líquida del material para la soldadura fuerte.

Si el metal de relleno no fluye o tiene la tendencia a formal bolas, esto indica la oxidación sobre las superficies metálicas o un calentamiento insuficiente sobre las partes que van a unirse. Si el tubo o pieza comienza a oxidarse durante el calentamiento, esto indica que hay muy poco fundente. Si el metal de relleno no entra a la unión y tiende a fluir sobre la parte exterior de cualquiera de los miembros de la unión, esto indica que uno de ellos se ha sobrecalentado o que el otro está subcalentado.

7.0.0 ◆ ESPACIAMIENTO DE SOPORTES PARA EL TUBO DE COBRE

El espaciamiento de los soportes para la tubería de cobre es diferente al de otros materiales de tubería, debido a las diferencias en el propio tubo. Las siguientes secciones discuten las limitaciones para el espaciamiento para el tubo de cobre y la protección de la tubería de cobre desde los sujetadores.

7.1.0 Limitaciones en el espaciamiento para la tubería de cobre

Los requisitos de resistencia están basados en el espaciamiento máximo entre los sujetadores para el tubo de cobre. La norma *NFPA 13* reconoce que la resistencia mecánica del tubo de cobre es menor que en la tubería de acero. Esto significa que los sujetadores deben colocarse más cerca para el tubo de cobre. La *Tabla 6* muestra el espaciamiento máximo permitido para los sujetadores en el caso del tubo de cobre.

Cuando se encuentre certificado por un ingeniero profesional registrado, se podrá usar un espaciamiento más cercano para superar las limitaciones de resistencia de algunos sujetadores.

Se necesitan reconocer otras dos diferencias entre los requisitos para los soportes del tubo de cobre y la tubería de acero. Para una presión de operación máxima superior a 100 libras por pulgada cuadrada, la distancia máxima sin soportar entre un rociador en el extremo (posición colgada o niple en caída) y el último sujetador sobre la línea de ramificación se limita a 12" o menos para la tubería de acero, o 6" o menos para la tubería de cobre.

En una situación de tramos con presiones máximas menores de 100 libras por pulgada cuadrada, el tramo máximo sin soporte hasta un rociador, caída vertical para un rociador o salida de vástago debe ser de 24" o menos para la tubería de acero, o de 12" o menos para la tubería de cobre.

Con una presión máxima superior a 100 libras por pulgada cuadrada, el tramo máximo sin soporte para la tubería de acero es de 12", mientras que es de 6" en el caso de la tubería de cobre.

Si estas configuraciones representan un problema, la línea de la ramificación siempre puede extenderse al siguiente miembro estructural.

7.2.0 Protección de la tubería de cobre de los sujetadores

Siempre que entran en contacto dos metales distintos, como por ejemplo el cobre y el acero, cuando hay presencia de humedad, se formará una celda galvánica. Esta celda es similar a una batería en la que se puede generar una corriente eléctrica. La corriente eléctrica que pasa entre los dos materiales puede producir una acción galvánica que puede provocar corrosión. Aunque la magnitud de la corriente es pequeña, a lo largo de un periodo prolongado el daño puede ser significativo.

Una forma de prevenir esta acción es por medio del uso de material galvanizado para los sujetadores (un material con recubrimiento de zinc). La acción galvánica producida entre el material galvanizado y el cobre es mínima.

Tabla 6 Espaciamiento de los sujetadores para el tubo de cobre

Cobre Tamaño del tubo	Máximo Espaciamiento del colgante
¾"–1"	8'
1¼"–1½"	10'
2"–3"	12'
3½"–8"	15'

Para unidades SI: 1" = 25.4mm; 1' = 0.3048m

105T06.EPS

Otra forma de prevenir este problema es aislar el soporte ferroso de modo que no haya contacto eléctrico entre el tubo y el material ferroso del sujetador. El recubrimiento del área de contacto con plástico o usando cinta de aislar son formas aceptables de ofrecer protección.

> **NOTA**
> La norma *NFPA 13* requiere que el material del sujetador que se une directamente a la tubería esté Registrado por un laboratorio de pruebas reconocido.

8.0.0 ◆ ACOPLES ACANALADOS PARA LA TUBERÍA DE COBRE

Las piezas y acoples acanalados específicamente Registrados para tubo de cobre pueden usarse para la unión de la tubería de cobre. Estos están Registrados por UL y FM para una presión de operación de 175 libras por pulgada cuadrada y para unir tubería de cobre de 2" a 6". El acanalado del tubo de cobre requiere un dispositivo especial de acanalado por rolado para el cobre. Éste sigue los métodos convencionales de acanalado por rolado de la tubería de acero. La *Figura 28* muestra un acople acanalado por rolado.

Las dimensiones señaladas con letras en la *Figura 28* deben cumplir con las especificaciones de diseño. La dimensión A es la distancia desde el extremo de la tubería hasta el acanalado y ofrece el área para el asiento del junta. Esta área debe estar libre de muescas, proyecciones o marcas de rolado para ofrecer un asiento de sellado hermético para el junta. La dimensión B es el ancho del acanalado. Ésta controla la expansión y la deflexión

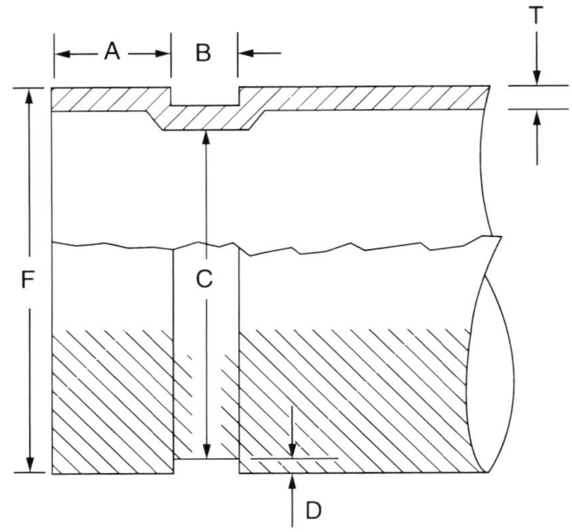

Figura 28 ◆ Acople acanalado por rolado.

conforme a la distancia desde el extremo del tubo y su ancho relacionado con el ancho de la llave del envolvente del acople. La dimensión C es el diámetro apropiado de la base del acanalado. Esta dimensión debe encontrarse dentro de la tolerancia del diámetro dado y concéntrica con el diámetro exterior (OD) de la tubería. La dimensión D es la profundidad nominal del acanalado y se usa únicamente como referencia de prueba. Esta dimensión debe cambiarse si es necesario para mantener a la dimensión C dentro de las tolerancias establecidas. La dimensión F se usa únicamente con el rolado estándar y ofrece el abocinado máximo permisible en el extremo de la tubería. La dimensión T es el grado más ligero o el grosor mínimo de tubería apropiado para el acanalado por corte o rolado.

Preguntas de repaso

1. ¿Cuál de los siguientes tipos de tubería de cobre se permite en los sistemas de rociadores conforme con los estándares *NFPA 13, 13R* y *13D*?
   a. DWV, ACR y K
   b. K, L y ACR
   c. K, L y M
   d. ACR, M y L

2. La acción galvánica, que puede conducir a la corrosión del tubo de cobre, es causada por _____.
   a. el sobrecalentamiento de la tubería
   b. dejar expuesta la tubería a la lluvia
   c. la unión de dos metales diferentes
   d. el uso del fundente equivocado

3. Los cortadores de tubo pueden usarse para cortar tubería de hasta _____ de diámetro.
   a. 1"
   b. 2"
   c. 3"
   d. 4"

4. En el proceso de soldadura blanda establecido por la norma *ASTM B828*, ¿cuál de estos agrupamientos se encuentra en la secuencia correcta?
   a. Avellanado, limpieza, fundente
   b. Calentamiento, limpieza, fundente
   c. Calentamiento, avellanado, corte
   d. Calentamiento, avellanado, fundente

5. La limpieza para retirar los óxidos y suciedad en la superficie se realiza debido a que el óxido y la suciedad pueden interferir con la acción capilar.
   a. Cierto
   b. Falso

6. El metal de relleno usado para la soldadura fuerte normalmente se funde a una temperatura de _____.
   a. 375°F a 500°F
   b. 750°F a 850°F
   c. 850°F a 1,200°F
   d. 1,200°F a 1,500°F

7. Cuando se usa equipo de soldadura blanda con oxiacetileno, el regulador de acetileno nunca debe ajustarse para una presión mayor de _____ libras por pulgada cuadrada.
   a. 15
   b. 40
   c. 100
   d. 250

8. Casi todas las aplicaciones de soldadura fuerte usan una llama _____ .
   a. oxidante
   b. carburizante
   c. pluma
   d. neutral

9. Durante el proceso de soldadura fuerte, la llama se aplica directamente al metal de relleno con la finalidad de fundirlo.
   a. Cierto
   b. Falso

10. Los acoples y piezas acanalados están aprobados para su uso en tubería de cobre de 2" a _____ de diámetro.
    a. 4"
    b. 5"
    c. 6 "
    d. 7"

Resumen

La soldadura blanda es la unión de dos piezas de metales diferentes. El punto de fusión para la soldadura blanda es por encima de los 840°F. La soldadura permitida en la tubería húmeda de los sistemas de rociadores contra incendio es la de aleación 95/5 (estaño-antimonio). Una unión con soldadura apropiada requiere un ajuste preciso entre las piezas a unir, además de superficies limpias, un fundente apropiado y un tratamiento de las piezas que se unen para alcanzar la temperatura líquida de la soldadura. La soldadura blanda se realiza cuando una determinada cantidad de metal se entrelaza dentro de la unión a través de la acción capilar. Para garantizar el sello deseado en contra de los líquidos, el ensamble debe mantenerse fijo hasta que la soldadura se haya enfriado. Un buen acabado requiere el retiro del fundente residual como la fase final de la unión con soldadura blanda.

La soldadura fuerte tiene muchas características en común con la soldadura blanda. Las temperaturas de la unión y la operación de fundición son más altas. La necesidad de precauciones de seguridad personal y contra incendios aumenta con estas temperaturas más altas. Las uniones bien realizadas dependen del retiro adecuado de las rebabas, del ajuste perfecto entre las dos partes y de elevar la temperatura hasta el nivel apropiado para garantizar el entrelazado o la acción capilar que arrastre la aleación de la soldadura fuerte dentro de la unión.

Notas

Cuestionario de términos clave

1. Un(a) ___________ es una unión de soldadura suave o una unión con soldadura blanda por debajo de 840°F.
2. ___________ se refiere al agua apropiada para beber.
3. Un término descriptivo para la soldadura que fluye fácilmente y que se ha fundido por calentamiento es ___________.
4. Un(a) ___________ es un aislante de la electricidad.
5. Cualquier sustancia compuesta de dos o más metales se conoce como ___________.
6. Un(a) ___________ es una aleación que se funde y usa para la unión de superficies metálicas.
7. El proceso por el cual el oxígeno en el aire se combina para producir óxido y residuos es ___________.
8. ___________ se refiere a la electricidad de corriente continua, especialmente cuando se produce químicamente.
9. ___________ es un método para la fusión de metales con un metal de relleno no ferroso, usando un calentamiento por encima de los 840°F, pero debajo del punto de fusión de los metales base que se están uniendo.
10. ___________ es un método para la unión de metales con un metal de relleno no ferroso, usando un calentamiento por debajo de los 800°F y debajo del punto de fusión de los metales base que se están uniendo.
11. A la mezcla de oxígeno y acetileno que se usa para producir una llama extremadamente caliente para el corte, unión con soldadura por arco o soldadura fuerte de piezas metálicas se le conoce como ___________.
12. Un(a) ___________ es una sustancia química que ayuda al flujo de la soldadura, además de retirar y prevenir la formación de óxidos en las piezas que se unirán con soldadura blanda.
13. Las sales de ácido bórico usadas como fundente se conocen como ___________.
14. Las piezas de tubo de cobre que se unen con soldadura fuerte o blanda en oposición al roscado se conocen como ___________.
15. La liberación del gas comprimido en la atmósfera a través de alguna pieza o piezas con la finalidad de retirar los contaminantes se conoce como ___________.
16. Una ligera depresión de la superficie se conoce como ___________.
17. El proceso de ___________ es verter soldadura dentro de una unión.
18. ___________ es el movimiento de un líquido a lo largo de la superficie de un sólido en un tipo de acción de dispersión.
19. Un término descriptivo para la soldadura en la fase sólida o estable es ___________.

Términos claves

Acción capilar
Aleación
Boratos
Dieléctrico
Entrelazado
Fundente
Galvánico
Hendidura (rizado)
Líquido
Oxiacetileno
Oxidación
Piezas forjadas
Potable
Purga
Soldadura
Soldadura blanda
Soldadura fuerte
Sólido
Unión con soldadura en caliente

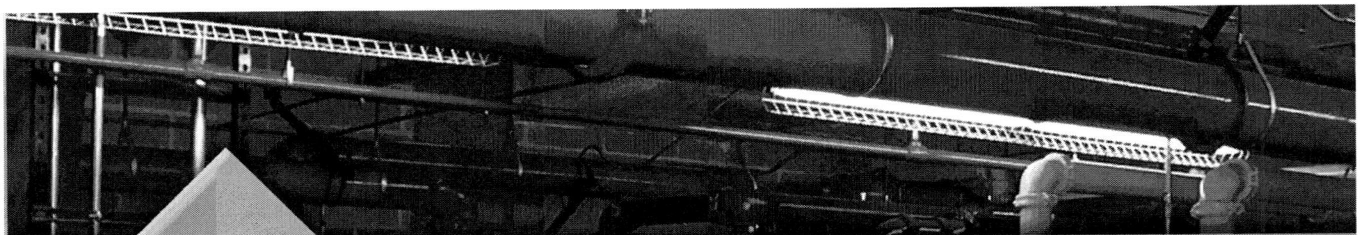

Perfiles de éxito

Shane Rushlo, Cox Fire Protection, Inc.

Capataz
Cox Fire Protection, Inc.
Tampa, Florida

Cuando Shane Rushlo solicitó por primera vez empleo en Cox Fire Protection, el propietario de la compañía no estaba seguro acerca de qué podía esperarse de él. Sin embargo Shane trabajó muy duro y muy pronto ganó la medalla de oro en el campeonato de instalación de rociadores de la Unión de Contratistas y Constructores Asociados (Associated Builders and Contractors, ABC) Cinco años después llegó a ser capataz, además de que su jefe está muy orgulloso de su éxito.

¿Por qué eligió una carrera en el área de instalación de rociadores?
En aquel momento tan sólo necesitaba un empleo. Salía con una chica y se presentó la oportunidad de una vacante en la empresa donde trabajaba su padre. Hice mi solicitud y obtuve el puesto. Desde entonces trabajo para la compañía.

¿Qué tipos de capacitación ha recibido?
Comencé con el programa de aprendiz de la ABC. También tomé el curso de seguridad de 10 horas OSHA, además de cursos de capacitación en el manejo de montacargas, elevadores de tijera, y vehículos todo terreno. Hubo varios cursos presentados por los fabricantes que me enseñaron cómo trabajar con diferentes tipos de tubería y herramientas. Pienso que siempre es bueno tomar un curso antes de usar una herramienta nueva o productos de especialidades. Es importante aprender el uso apropiado de la herramienta y cómo operarla de manera segura.

¿Qué tipo de tareas ha desempeñado a lo largo de su carrera?
He instalado muchos tipos distintos de sistemas de rociadores, tanto residenciales como comerciales. También he instalado bombas contra incendio y sistemas para especialidades. Ahora, como capataz, he asumido nuevas responsabilidades.

¿Qué es lo que le gusta de su trabajo?
Uno de los aspectos que más disfruto de mi trabajo es cuando hay que capacitar al personal nuevo. Me gusta enseñar a las personas a hacer correctamente sus tareas.

También me gustan los sistemas de especialidades, como por ejemplo los sistemas de enclavamiento doble. Me gustan los retos de aprender cómo instalar nuevos tipos de sistemas.

También disfruté el viaje a Las Vegas para participar en la competencia.

¿Cuáles son los factores que más han contribuido para su éxito?
Ser un líder y no un subalterno. Nadie desea ser un ayudante para siempre. Estar abierto a ideas nuevas. Escuchar a los veteranos, a las personas con más experiencia. Escuchar su opinión, compararla con la propia y sacar la mejor conclusión de ambas.

¿Qué consejo puede ofrecerle a los que son nuevos en el área de instalación de rociadores?
Que aprendan a escuchar a los demás. No ser obstinado y pensar que se sabe todo. La terquedad definitivamente no funciona en este negocio. Que todos los días aprendan algo nuevo. Si no se aprende algo nuevo todos los días eso significa que algo se está haciendo mal.

Nunca sentirse frustrado. Muchas personas piensan que el programa es lento durante el primer año y nos abandonan. La capacitación de aprendiz de ABC es un buen programa. Debe asimilarse perfectamente, debido a que son los fundamentos para el segundo y tercer año. Después estará listo para todo.

Se debe aprender a hacer algo nuevo, como por ejemplo los sistemas de especialidades, a una edad temprana. Esto puede darles una ventaja, al entender nuevos conceptos que las personas mayores desconocen.

Términos especializados introducidos en este módulo

Acción capilar: Es el movimiento de un líquido a lo largo de la superficie de un sólido en un tipo de acción de dispersión.

Aleación: Cualquier sustancia formada a partir de dos o más metales.

Boratos: Sales del ácido bórico usadas como un fundente.

Dieléctrico: Un aislante de la electricidad.

Entrelazado: Es cuando se vierte la soldadura dentro de una unión.

Fundente: Es una sustancia química que ayuda al flujo de la soldadura, además de retirar y prevenir la formación de óxidos en las piezas que se unirán con soldadura blanda.

Galvánico: Se refiere a la electricidad de corriente continua, especialmente cuando se produce químicamente.

Hendidura (rizado): Es una depresión ligera de la superficie o la acción de crear una.

Líquido: El estado de la soldadura cuando se funde por calentamiento y fluye libremente.

Oxiacetileno: Mezcla de oxígeno y acetileno que se usa para producir una llama extremadamente caliente para el corte, unión con soldadura por arco o soldadura fuerte de piezas metálicas.

Oxidación: El proceso por el cual el oxígeno en el aire se combina para producir óxido y residuos.

Piezas forjadas: Son las piezas de tubo de cobre que se unen con soldadura fuerte o blanda en oposición al roscado.

Potable: Se refiere al agua apropiada para beber.

Purga: Es la liberación de gas comprimido hacia la atmósfera a través de una o varias piezas, como por ejemplo una manguera o tubería, con la finalidad de retirar los contaminantes.

Soldadura: Es una aleación que se funde y usa para la unión de superficies metálicas.

Soldadura blanda: Es un método para la unión de metales con un metal de relleno no ferroso usando un calentamiento por debajo de los 800°F y debajo del punto de fusión de los metales base que se están uniendo.

Soldadura fuerte: Es un método para la fusión de metales con un metal de relleno no ferroso usando un calentamiento por encima de los 840°F, pero debajo del punto de fusión de los metales base que se están uniendo.

Sólido: Es la fase condensada o estable de la soldadura.

Unión con unión de soldadura en caliente: Es una unión con soldadura blanda unida por debajo de los 840°F.

MÓDULO 18105-07 — RESPUESTAS A LAS PREGUNTAS DE REPASO

Respuesta	Sección de referencia
1. c	2.0.0
2. c	2.3.0
3. d	3.0.0
4. a	5.3.0
5. a	5.3.3
6. d	6.0.0
7. a	6.5.1
8. d	6.5.3
9. b	6.7.0
10. c	8.0.0

MÓDULO 18105-07
RESPUESTAS AL CUESTIONARIO DE TÉRMINOS CLAVES

1. Unión con soldadura en caliente
2. Potable
3. Líquida
4. Dieléctrico
5. Aleación
6. Soldadura
7. Oxidación
8. Galvánico
9. Soldadura fuerte
10. Soldadura blanda
11. Oxiacetileno
12. Fundente
13. Boratos
14. Piezas forjadas
15. Purga
16. Rizado
17. Entrelazar
18. Acción capilar
19. Sólido

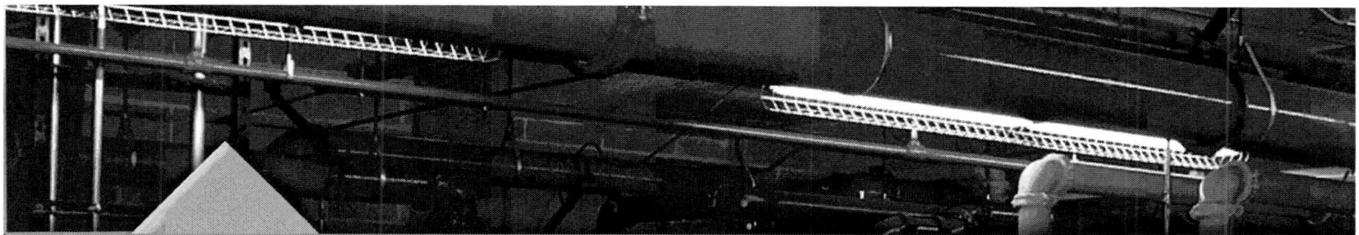

Reconocimientos

Recursos adicionales

Este módulo tiene como finalidad ser una fuente para el entrenamiento. Se recomiendan las siguientes obras de consulta para profundizar los estudios. Éstos son materiales optativos para educación continua más que para entrenamiento de tareas.

Cast Copper Solder-Joint Pressure Fittings, ASME B16.18, última edición. New York, NY: American Society of Mechanical Engineers.

How to Successfully Install Copper Fire Sprinkler Systems, 1989. Video. American Fire Sprinkler Association.

NFPA 13, Standard for the Installation of Sprinkler Systems, última edición. Quincy, MA: National Fire Protection Association.

Specification for Seamless Copper Water Tube, ASTM B88, última edición. West Conshohocken, PA: American Society for Testing and Materials International.

Specification for Seamless Copper Pipe, ASTM B42, última edición. West Conshohocken, PA: American Society for Testing and Materials International.

Standard for the Installation of Sprinkler Systems in One- and Two-Family Dwellings and Manufac-tured Homes, NFPA 13D, última edición. Quincy, MA: National Fire Protection Association.

Standard for the Installation of Sprinkler Systems in Residential Occupancies Up to and Including Four Stories in Height, NFPA 13R, última edición. Quincy, MA: National Fire Protection Association.

Victaulic Field Assembly and Installation Instruction Pocket Handbook I-100. Easton, PA: Victaulic Company of America.

Wrought Copper and Copper Alloy Solder-Joint Pressure Fittings, ASME B16.22, última edición. New York, NY: American Society of Mechanical Engineers.

Créditos de figuras

National Fire Protection Association, 105T01, 105T06

Tablas derivadas con permiso de la norma *NFPA 13, Instalación de sistemas de rociadores*, Copyright © 2006, National Fire Protection Association, Quincy, MA 02169. Este material reimpreso no es la posición completa y final de la National Fire Protection Association acerca del tema referenciado, la cual está representada únicamente mediante el estándar en su totalidad.

Capitol Manufacturing Company, 105F02

T-DRILL Industries Inc., 105F03, 105F04

Ridge Tool Co./Ridgid®, 105F05, 105F07 (sierra de troceado), 105F09, 105F11 (cortador de tubo, cepillo para piezas)

DeWalt Industrial Tool Co., 105F07 (sierra de banda portátil)

BernzOmatic, 105F11 (soplete para soldadura blanda)

Oatey Co., 105F11 (soldadura en alambre, materiales de limpieza, cepillo de fundente y pasta para soldadura)

Copper Development Association, 105F12, 105F13, 105F15–105F18, 105F25

Topaz Publications, Inc., 105F21–105F26, 105SA01, 105SA06

SERIE EDUCATIVA CONTREN® — COMENTARIOS DEL USUARIO

NCCER hace el esfuerzo de mantener estos libros de texto actualizados y libres de errores técnicos. Apreciamos su ayuda en este proceso. Si tiene una idea para mejorar este libro de texto, o si encuentra algún error, ya sea tipográfico, o de contenido en los libros de texto de *Contren*®, favor de escribirnos usando esta forma o una fotocopia de la misma. Asegúrese de incluir el número exacto del módulo, la página, una descripción detallada, y la corrección, si es aplicable. Su comentario será traído a la atención del comité técnico de revisión. Gracias por su ayuda.

Instructores – si usted encontró que algún material adicional es necesario para enseñar este módulo con eficacia, por favor déjenos saber para poder incluirlos en la lista de Equipo y Materiales en la guía anotada del instructor.

Dirección postal: Departamento de Desarrollo de Productos
National Center for Construction Education and Research
3600 NW 43rd Street, Bldg. G, Gainesville, FL 32606

Fax: 352-334-0932

E-mail: curriculum@nccer.org

Oficio ________________ Nombre del Módulo ________________

Fecha del Copyright ________ Número del Módulo ________ Número(s) de Página(s) ________

Descripción

____

____

____

Corrección (opcional)

____

____

Su nombre y dirección (opcional)

____

____

18106-07

Tubería subterránea

18106-07
Tubería subterránea

En este módulo se presentan los siguientes temas:

Generalidades

La tubería subterránea representa una parte importante del trabajo para el encargado de la instalación de rociadores. La instalación apropiada de la tubería subterránea es un proceso complejo que requiere atención al detalle y conocimiento específico del proceso de instalación.

Una mala instalación de la tubería resulta cara y consume tiempo para repararla. Las malas instalaciones pueden provocar fallas en el sistema de rociadores, lo cual puede provocar pérdida de vidas humanas y daños a propiedades. Para reducir los problemas potenciales es esencial seguir los procedimientos de instalación establecidos.

Este módulo ofrece la información necesaria para que usted comprenda los fundamentos de las instalaciones de tubería subterránea. Esta información le ofrece una formación sólida que le ayudará a su experiencia obtenida en el trabajo, además de ser la base del aprendizaje de nuevos temas en el futuro.

Objetivos

Cuando usted haya terminado este módulo, podrá hacer lo siguiente:

1. Identificar los diferentes tipos de suelos y sus propiedades.
2. Identificar los requisitos de seguridad al realizar zanjas.
3. Explicar los requisitos de inclinación para los diferentes tipos de suelo.
4. Explicar cómo se cavan las zanjas.
5. Describir cómo apoyar los sistemas de excavación (apuntalamiento).
6. Describir los tipos de material de asentamiento.
7. Identificar y describir los tipos de tubería subterránea.
8. Describir los bloques de compresión y fijación de pilares.
9. Identificar y describir los hidrantes, válvulas de campo, los envolventes de los hidrantes y el equipo asociado.
10. Explicar la prueba, inspección y cloración de la tubería subterránea.
11. Aprender el llenado de un certificado de prueba subterránea.

Términos técnicos

Ángulo de reposo
Apuntalamiento
Armazón
Asentamiento
Barreno acampanado
Blindaje
Carbonación
Columnas
Conexión cruzada
Contraflujo
Cuneta de zanja
Declive
Dispositivo a prueba del principio de contraflujo en la zona de presión reducida (RPZ)
Espacio de aire fabricado
Excavación
Excavación escalonada
Grifo de prueba
Humidificación
Hundimiento
Légamo
Persona competente
Postes parados
Puntal
Resistencia a la compresión
Revestimiento apretado
Rompedor de cuneta
Rompedor de vacío atmosférico
Rompedor de vacío de desfogue atmosférico
Rompedor de vacío del tipo de presión
Sifón inverso
Sistema de apoyo
Sistema de protección
Suelo perturbado
Tira
Tirantes (o travesaños) transversales
Válvula unidireccional doble (DCV)
Válvula unidireccional doble a prueba de contraflujo (DC)
Vigilancia
Zanja

Materiales requeridos para el estudiante

1. Lápiz y papel
2. Equipo de protección personal adecuado

Requisitos

Antes de empezar este módulo, es recomendable que concluya satisfactoriamente lo siguiente: *Currículo básico*; y *Instalación de rociadores nivel uno*, Módulos 18101-07 al 18105-07.

Este mapa del curso muestra todos los módulos del primer nivel del currículo básico para *Instalación de rociadores*. El orden recomendado de entrenamiento empieza abajo y avanza hacia arriba. El nivel de habilidad se eleva conforme usted avance en el mapa del curso. El patrocinador local del programa de entrenamiento podrá ajustar el orden del entrenamiento.

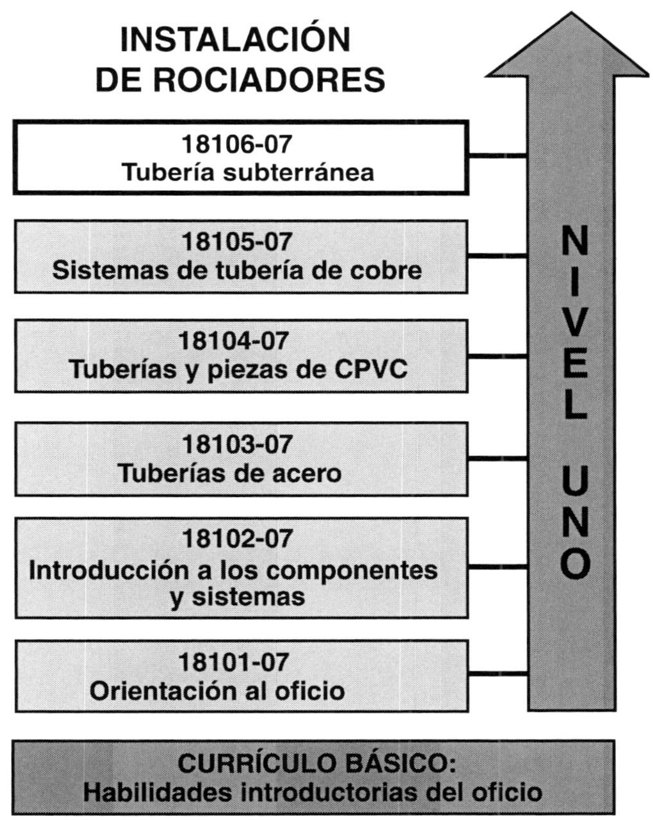

106CMAP.EPS

1.0.0 ◆ INTRODUCCIÓN

Una de las preocupaciones principales del instalador de rociadores que trabaja en una **zanja** es la seguridad. Siempre deberá estar al tanto de su alrededor, además de observar y escuchar los posibles signos de problemas que podrían indicar una falla en la zanja. Si se siguen los procedimientos y métodos descritos en este módulo se avanzará bastante en la creación de un entorno de trabajo seguro y profesional.

La clave para un tendido seguro de la tubería y para lograr condiciones de trabajo seguras en general se centra en la comprensión de los materiales con los que se trabaja, incluyendo las propiedades del suelo, los sistemas de **apuntalamiento** de zanjas y los sistemas de tubería.

Este módulo presenta información de cómo trabajar con diferentes tipos de suelo, de modo que se pueda realizar el tendido de la tubería de manera segura y competente. Aprenderá acerca de los distintos tipos de suelos y cómo cada uno de estos tipos determina cómo deben cavarse y soportarse las zanjas. También aprenderá acerca de los peligros en la excavación de zanjas, las fallas en las zanjas y cómo lograr que las zanjas sean más seguras para usted y sus compañeros de trabajo.

Después de haber cavado la zanja, debe tenderse la tubería en el **asentamiento**. Este módulo describe los materiales de asentado y explica las técnicas de asentamiento apropiadas. Aprenderá cómo usar los bloques de compresión y fijación de pilares para controlar el movimiento de la tubería dentro de la zanja. Se discuten los diferentes tipos de tubería subterránea junto a los montajes de sistemas elevadores dentro de la construcción y de la válvula unidireccional doble. También aprenderá acerca de los hidrantes, válvulas de campo, envolventes de los hidrantes y los componentes relacionados.

El encargado de la instalación de rociadores debe comprender cuál es la forma apropiada de instalar la tubería subterránea. La instalación incluye el tendido, inspección, prueba, purgado y cloración, todo lo cual será presentado en este módulo.

2.0.0 ◆ PELIGROS DURANTE LA EXCAVACIÓN DE ZANJAS

¡ADVERTENCIA!

Una vez que se ha cavado la zanja, es posible encontrar materiales peligrosos enterrados o antiguos sistemas sépticos o de drenaje. Si se presenta alguno de estos incidentes, deberá notificarlo a las autoridades correspondientes debido a que estos materiales pueden enfermarle. Algunos de estos materiales son altamente tóxicos y únicamente podrán manejarlos los especialistas debidamente entrenados.

A NIVEL

Servicios subterráneos

Antes de comenzar a excavar, se debe determinar si hay cualquier servicio u otras estructuras subterráneas en el lugar de trabajo. Las diferentes compañías de servicios ofrecen al público y los contratistas una gran cantidad de información detallada acerca del sitio en donde se encuentran sus líneas, todo ello con la finalidad de evitar que se dañen. El equipo de investigación colocará estacas para marcar las líneas de servicios subterráneos. Estas marcas tienen códigos de color conforme a los estándares mostrados a continuación. Cuando observe estas marcas deberá actuar adecuadamente. Si no sabe qué hacer, pregunte a su supervisor.

COLOR	SIGNIFICADO
ROJO	CABLES DE ENERGÍA ELÉCTRICA, CABLES, DUCTOS Y CABLES DE ILUMINACIÓN
AMARILLO	GAS, ACEITE, VAPOR, PETRÓLEO O MATERIALES GASEOSOS
NARANJA	LÍNEAS, CABLES O CONDUCTOS DE COMUNICACIÓN, ALARMA O SEÑALES
AZUL	AGUA POTABLE
VERDE	ALCANTARILLAS Y TUBERÍAS DE DRENAJE
MORADO	TUBERÍAS DE AGUA RECICLADA, DE RIEGO Y CON PARTÍCULAS EN SUSPENSIÓN
BLANCO	EXCAVACIÓN PROPUESTA
ROSA	MARCAS TEMPORALES DEL SONDEO

106SA01.EPS

La seguridad es un aspecto crucial durante cualquier trabajo de **excavación**. Durante una excavación para tubería subterránea, la tierra se retira del suelo, creando una zanja (*Figura 1*). Una zanja es un corte de excavación estrecha en el suelo. La profundidad de la zanja es mayor que el ancho, y el ancho nunca es mayor de 15' en el fondo. A la tierra que se retira de la zanja se le llama escombro. Cuando se retira tierra de la zanja se pueden generar presiones extremas en las paredes de la zanja. Si las paredes no se aseguran de manera apropiada mediante el apuntalamiento, **declive**, o **blindaje**, éstas se colapsarán.

El colapso de las paredes de la zanja puede aplastar y enterrar a los trabajadores de forma instantánea. Este tipo de colapso ocurre debido a que no hay material suficiente para soportar las paredes de una excavación. Una yarda cúbica de tierra pesa aproximadamente 3,000 libras; que es el peso de un auto pequeño. Esto es más que suficiente para lesionar seriamente o incluso matar a un trabajador. De hecho, cada año en los Estados Unidos, más de 100 personas mueren y muchas más se lesionan en accidentes relacionados a excavaciones.

106F01.EPS

Figura 1 ◆ Lugar de la excavación.

El trabajo en y alrededor de excavaciones es uno de los trabajos más peligrosos que realizará. Se deben extremar las precauciones de seguridad en todo momento a fin de evitar lesiones en usted mismo y en los demás. Entre algunos de los peligros que enfrentará durante una excavación se incluyen los siguientes:

- Derrumbes debido a fallas en la zanja.
- Trabajadores que caen dentro de la zanja cuando caminan muy cerca del borde de la misma.
- Inundación de la zanja cuando se rompen las líneas principales de agua o drenaje.
- Choques eléctricos cuando se entra en contacto con cables eléctricos dentro de la zanja o cuando se entra en contacto con las líneas de suministro eléctrico elevadas.
- Fugas de líquidos o gases tóxicos provenientes de las tuberías o líneas de servicio cercanas.
- Una vibración excesiva debido al tráfico de automóviles, si el lugar de la excavación está cerca de una carretera.
- La caída de tierra o rocas de la máquina excavadora.

CASOS HISTÓRICOS

Trabajador lesionado al intentar un rescate

Un grupo de empleados estaba tendiendo una tubería de drenaje dentro de una zanja con una profundidad de 15'. Las caras laterales de la zanja, con un ancho de 4' en el fondo y de 15' en la parte superior, no se apuntalaron ni protegieron para evitar su derrumbamiento. La tierra en la parte baja de la zanja era principalmente de arena y grava, mientras que la parte superior era de arcilla y greda. La zanja no se protegió en contra de la vibración provocada por el tráfico de vehículos pesados en un camino cercano. Para salir de la zanja los empleados tenían que escalar por el material de relleno. Cuando intentaron dejar la zanja, hubo un pequeño hundimiento que cubrió a un empleado hasta sus tobillos. Cuando un segundo empleado trató de ayudar a su compañero ocurrió un segundo derrumbe, el cual cubrió al primer trabajador hasta la cintura. El primer empleado murió en ese sitio a consecuencia de la ruptura del ventrículo derecho del corazón. El segundo empleado sufrió una lesión en la cadera.

La conclusión: Deberá asegurarse de contar siempre con una ruta segura para salir de una zanja.

Fuente: Occupational Safety and Health Administration (OSHA)

2.1.0 Peligros relacionados con el tipo de suelo

El tipo de suelo en y en alrrededor de una zanja también es un factor que contribuye al colapso de las paredes de una zanja. La *Tabla 1* muestra una lista de ejemplos de 84 fallas registradas en una zanja, desglosadas conforme al tipo de suelo en las que han ocurrido. El tipo de suelo es un factor importante a considerar en las operaciones de excavación de zanjas. Únicamente una **persona competente** asignada por la compañía tiene el entrenamiento, conocimiento y experiencia adecuada en el trabajo como para determinar si el suelo en y en alrrededor de una zanja es estable y seguro. Sin embargo, sigue siendo su responsabilidad conocer los fundamentos acerca del tipo de suelo y sus riesgos asociados.

¡ADVERTENCIA!
Nunca entre a una zanja a menos que haya recibido la aprobación de parte de una persona competente y asignada por la compañía.

2.1.1 Propiedades del suelo

El suelo está compuesto de partículas de tierra, aire y agua en cantidades variables. Las partículas de tierra o granos, consisten en masas grandes, piezas, fragmentos y residuos de roca que se han liberado por acción del clima de las rocas madres. La acción del clima se refiere al proceso natural de erosión, el cual puede ser de tipo químico o físico. Dentro de los procesos físicos podemos mencionar el congelamiento y el calentamiento, la acción de la gravedad y la erosión provocada por los ríos y la lluvia. Entre los procesos químicos se incluye la oxidación, la **humidificación** y la **carbonación** en los cuales los minerales se separan químicamente en sus elementos, y se retiran mediante la acción de los mantos freáticos y el agua de lluvia. Las propiedades de un determinado suelo incluyen el tamaño de grano, la gradación del suelo y la forma del grano.

Tabla 1 Fallas conforme al tipo de suelo

Tipo de suelo	Número de falla
Arcilla y lodo	32
Arena	21
Tierra húmeda (probablemente arcilla sedimentaria)	10
Arena, grava y arcilla	8
Roca	7
Grava	4
Arena y grava	2

106T01.EPS

2.1.2 Tipos de suelo

El suelo que se encuentra en la mayoría de los sitios de construcción es una mezcla de muchos granos minerales de varios tipos de rocas. El promedio de suelos normalmente consiste en una mezcla de dos o tres materiales, como por ejemplo arena y **légamo**, o légamo y arcilla. El tipo de mezcla determina las características del suelo. Por ejemplo, la arena con pequeñas cantidades de légamo y arcilla puede compactarse muy bien y ofrecer un suelo muy bueno para una excavación.

2.1.3 Comportamiento del suelo

Cada uno de los diferentes tipos de suelo, dependiendo de la condición del suelo al momento de la excavación, se comportará de manera diferente (*Tabla 2*). El suelo arenoso tiende a colapsarse verticalmente. Las gredas y arcillas húmedas tienden a deslizarse por los lados de la zanja. Estas dos condiciones se muestran en la *Figura 2*.

Las gredas y arcillas firmes y secas tienden a formar fisuras. La arena y grava húmeda tienden a deslizarse. Estas condiciones se muestran en la *Figura 3*. Deberá estar al tanto del tipo de suelo en el cual está trabajando y saber cómo se comporta. Cuando está trabajando cerca o en una zanja, manténgase alerta a los cambios en la zanja. Observe si se presentan fisuras, si hay humedad o movimientos pequeños dentro del material de la zanja. Avise a su supervisor o compañeros de cualquier cambio que haya notado en las paredes de la zanja. Los cambios en las paredes de la zanja pueden ser una indicación inicial de una condición más grave.

2.1.4 Formación de una cinta de tierra

La *Tabla 2* enumera algunas propiedades comunes que deben detectarse al identificar el tipo de suelo. Una forma de hacer esto es verificar si el suelo forma una cinta. Tome un poco de tierra con la mano. ¿Se siente suave o arenoso? Apriete la tierra en su mano. ¿Forma un molde (terrón)? Humedezca ligeramente la tierra e inténtelo de nuevo. Trate de formar un listón o cinta de tierra (*Figura 4*) humedeciendo ligeramente la tierra hasta que se sienta como una masa húmeda. Después, trate de apretarla entre los dedos índice y pulgar hacia arriba para formar una cinta plana y delgada. Si se forma una cinta, esto indica que el suelo contiene arcilla. Entre más larga sea la cinta mayor será el contenido de arcilla.

3.0.0 ◆ PAUTAS PARA EL TRABAJO DENTRO Y EN ALRREDEDOR DE ZANJAS

Cuando trabaje dentro o cerca de cualquier zanja o excavación, usted es responsable de su seguridad personal. Usted también es responsable de la seguridad de los demás dentro de la zanja en la cual trabaja. Las siguientes pautas deben cumplirse para garantizar la seguridad de todos los trabajadores.

- Nunca entre a una excavación hasta que ésta haya sido revisada y aprobada por una persona competente y autorizada por la OSHA.
- Nunca entre a una excavación sin la aprobación de una persona competente y autorizada por la OSHA dentro del lugar de trabajo.

Tabla 2 Método de campo para la identificación de la textura del suelo

Textura del suelo	Detección visual del tamaño de la partícula y el aspecto general del suelo	Exprimido en la mano	El suelo se despedaza entre el pulgar y los dedos
Arena	El suelo tiene un aspecto granuloso en el que puede detectarse el tamaño de cada grano. Fluye libremente en condiciones secas	Cuando se seca al aire: no forma molde y se desmorona cuando se retira la presión.	No puede despedazarse.
Greda arenosa	Esencialmente un suelo granulado con el légamo y la arcilla necesarios para hacerlo en cierto modo coherente. Dominan las características de la arena.	Cuando se seca al aire: se forma un molde que se desmorona cuando se toca ligeramente. Cuando está húmedo: se forma un molde que soporta un manejo cuidadoso sin romperse.	No puede despedazarse.
Greda	Mezcla uniforme de arena, légamo y arcilla. La graduación de la fracción de arena bastante uniforme, de tosca a fina. Es suave, tiene una sensación algo arenosa, empero es bastante terso y ligeramente plástico.	Cuando está húmedo: se forma un molde que soporta un manejo cuidadoso sin romperse. Cuando está húmedo: forma un molde que puede manejarse libremente sin romperse.	No puede despedazarse.
Greda sedimentaria	Contiene una cantidad moderada de los grados más finos de arena y sólo una pequeña cantidad de arcilla. Más de la mitad de las partículas son sedimentarias. Cuando se seca parece con bastantes terrones, que pueden romperse y pulverizarse fácilmente. El suelo se extiende y forma charcos.	Cuando se seca al aire: forma un molde que puede manejarse libremente. Pulverizado tiene una sensación suave, como de harina. Cuando está húmedo: forma un molde que puede manejarse libremente. Cuando está húmedo, el suelo se extiende y forma charcos.	No se despedaza, pero tiene aspecto roto, se siente suave y puede ser ligeramente plástico.
Légamo	Contiene más de 80% de partículas de légamo, con muy poca arena fina y arcilla. Cuando se seca, puede tener terrones y fácilmente se pulveriza con una sensación de harina suave.	Cuando se seca al aire: forma un molde que puede manejarse libremente sin romperse. Cuando está húmedo: forma un molde que puede manejarse libremente. Cuando está mojado se encharca fácilmente.	Tiene la tendencia a despedazarse, con un aspecto roto, se siente suave.
Greda arcillosa	El suelo de textura fina se rompe en terrones muy duros cuando está seco. Contiene más arcilla que greda sedimentaria. Parece arcilla en condiciones secas, la identificación se hace por el comportamiento físico del suelo húmedo.	Cuando se seca al aire: forma un molde que puede manejarse libremente sin romperse. Cuando está húmedo: forma un molde que puede manejarse libremente sin romperse. Puede trabajarse para formar una masa densa.	Forma una cinta delgada cuando se rompe, que apenas soporta su propio peso.
Arcilla	El suelo de textura fina se rompe en terrones muy duros cuando está seco. Es difícil pulverizarlo como harina suave cuando está seco. La identificación se basa en las propiedades de cohesión del suelo húmedo.	Cuando se seca al aire: forma un molde que puede manejarse libremente sin romperse. Cuando está húmedo: forma un molde que puede manejarse libremente sin romperse.	Forma cintas largas, delgadas y flexibles. Puede trabajarse para formar una masa densa y compacta. Considerable plasticidad.
Suelos orgánicos	La identificación se basa en el alto contenido orgánico. El lodo consiste en material orgánico minuciosamente descompuesto, con una cantidad considerable de suelo mineral finamente dividido, con algunos residuos fibrosos. Cuando hay considerable material fibroso puede clasificarse como turba. Los restos vegetales o en ocasiones la estructura leñosa pueden reconocerse fácilmente. El color del suelo va de café a negro. Se presenta en tierras bajas, pantanos y ciénegas. Sufren un gran encogimiento al secarse.		

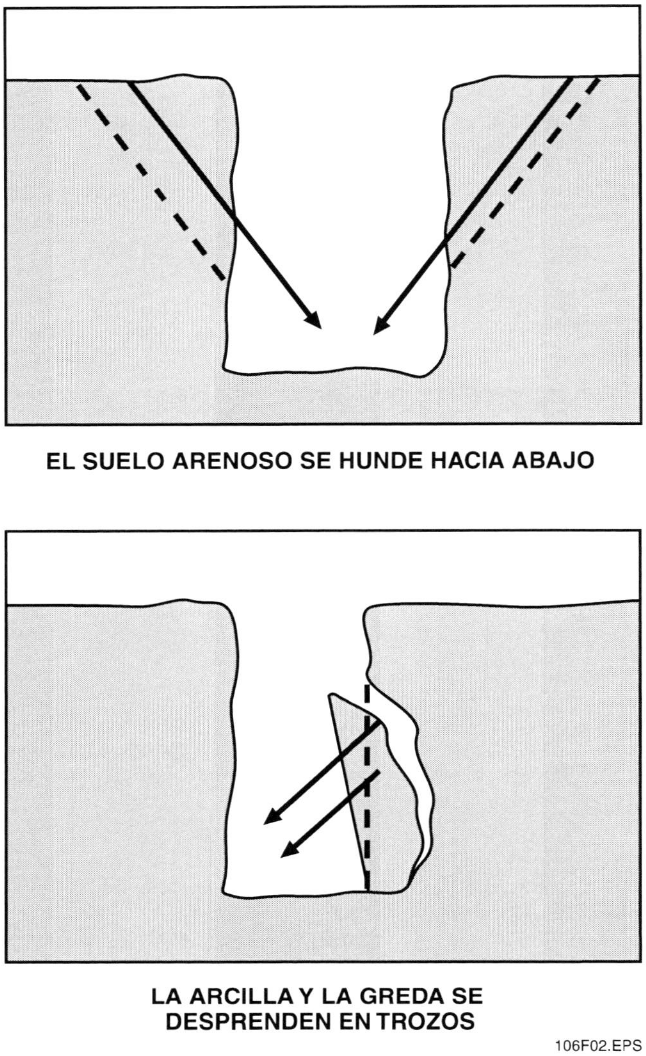

Figura 2 ◆ Comportamiento del suelo arenoso y de la greda y arcilla húmedas.

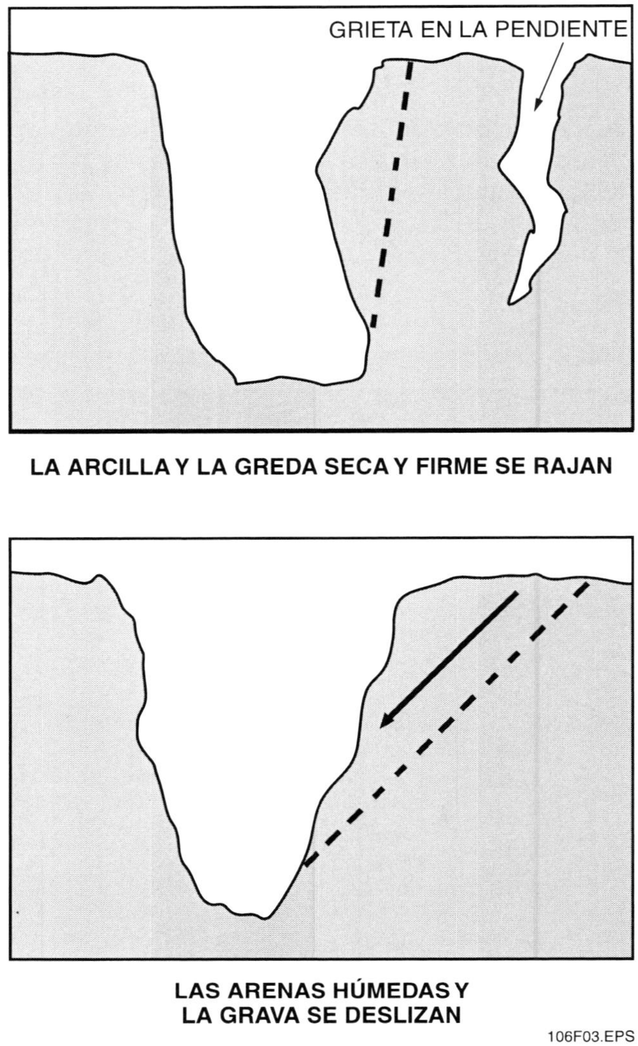

Figura 3 ◆ Comportamiento de las gredas y arcilla secas, y de la arena y grava húmedas.

CASOS HISTÓRICOS

Corte de una línea aérea de suministro eléctrico por el paso de un camión de volteo

Un subcontratista entregaba una carga de material de relleno a un área de construcción. Después de descargar el material, el conductor no bajó la plataforma de volteo antes de avanzar hacia el frente. La plataforma de volteo hizo contacto y cortó una línea de suministro eléctrico aéreo de 2,400 voltios. Un vigilante estaba en el lugar cuando el camión de volteo descargó el material, pero ya se había marchado cuando el camión comenzó a avanzar. Al momento en que se cortó el cable eléctrico éste cayó lejos del camión, y no había nadie en el sitio en donde cayó el extremo del cable eléctrico. Por suerte en esta ocasión no hubo lesiones que lamentar.

Conclusión: Siempre debe estar al tanto de las líneas eléctricas aéreas y subterráneas cuando haga una excavación.

Fuente: Occupational Safety and Health Administration (OSHA)

106F04.EPS

Figura 4 ◆ Formación de un listón o cinta de tierra.

- Revise diariamente la excavación para detectar cambios en el entorno de la misma, como por ejemplo, los efectos de la lluvia, escarcha o una vibración excesiva proveniente del equipo de trabajo pesado cercano.
- Use la ropa y equipo de protección, como por ejemplo cascos, lentes de seguridad, botas de trabajo y guantes. Si es necesario, use un equipo respirador.
- Si está expuesto al tráfico de vehículos, use chalecos de advertencia al tráfico que se encuentren marcados o fabricados de un material reflejante o muy visible.
- Si el agua comienza a acumularse dentro de la zanja, salga de inmediato de la misma.
- No camine debajo de las cargas que se mueven con ayuda de trascavos, torres o grúas.
- Manténgase lejos de cualquier vehículo mientras se carga.
- Manténgase alerta. Observe y escuche si hay posibles señales de peligro.
- Nunca trabaje por encima o debajo de un compañero en una pared de excavación inclinada o escalonada.
- Coloque barricadas en el acceso a las excavaciones para proteger a los vehículos y peatones (*Figura 5*).
- Revise junto a su supervisor si los trabajadores que entran a la excavación necesitan autorización para su entrada.
- Las escaleras y rampas usadas como salidas deben localizarse cada 25' en cualquier zanja que tenga más de 4' de profundidad.
- Asegúrese de que alguien se encuentre en la parte superior para observar las paredes cuando entre a una zanja.
- Asegúrese de nunca quedarse solo dentro de una zanja. Dos personas pueden cubrir los puntos ciegos uno del otro.
- Mantenga las herramientas, equipo y los escombros excavados a una distancia de al menos 2' del borde de la excavación.
- Asegúrese de que se use el apuntalamiento, **cunetas de zanja** (*Figura 6*), **excavación escalonada** o un declive para las excavaciones y zanjas de más de 5' de profundidad.
- Detenga de inmediato el trabajo si hay probabilidad de que ocurra un derrumbe. Asegúrese de haber corregido cualquier problema antes de volver a iniciar el trabajo.

3.1.0 Escaleras

Debe existir al menos un método de entrada y salida en todas las excavaciones con una profundidad mayor de 4'. Las escaleras se usan generalmente con este propósito (*Figura 7*). Las escaleras deben colocarse a una distancia de 25' con respecto a cada uno de los trabajadores.

Cuando se usan escaleras, existen diversos requisitos que deben cumplirse.

- Los laterales de la escalera deben extenderse como mínimo 3' por encima del nivel del piso.
- Las escaleras deben tener laterales de material aislante, si el trabajo se va a realizar cerca de equipos o sistemas que usen electricidad.
- Se deben usar dos o más escaleras en donde haya 25 o más trabajadores en una excavación y en donde las escaleras sirven como el principal medio de entrada y salida, o en donde las escaleras se usen para el tráfico en ambas direcciones para entrar y salir de la zanja.
- Todas las escaleras se deben revisar antes de cada uso para detectar daños u otros defectos.
- Las escaleras dañadas deben señalarse con el mensaje NO USAR y retirarse del servicio hasta su reparación.

106F05.EPS

Figura 5 ◆ Zanja con barricadas.

106F06.EPS

Figura 6 ◆ Cuneta de la zanja.

106F07.EPS

Figura 7 ◆ Escalera en una zanja.

- Las escaleras sólo deben usarse en superficies estables y niveladas.
- Asegure las escaleras cuando se usen en cualquier lugar en donde puedan desplazarse debido al tráfico o a las actividades de excavación.
- Mientras se encuentre en una escalera, no deberá tener ningún objeto o carga que pueda provocar que pierda el equilibrio.
- Siempre debe tenerse mucha precaución cuando se use una escalera en una zanja.

4.0.0 ◆ INDICACIONES DE UNA ZANJA INESTABLE

Pueden ocurrir un gran número de debilidades y tensiones en una excavación o zanja abierta. Por ejemplo, los incrementos o reducciones en el contenido de humedad puede afectar la estabilidad de una zanja o excavación. En las siguientes secciones se discuten algunas de las causas más frecuentes identificadas para las fallas en las zanjas. Estas condiciones se ilustran en la *Figura 8*.

CASOS HISTÓRICOS

Equipo para excavar zanjas

Un operador que excavaba una zanja intentó colocar una retroexcavadora, utilizada para rellenar una zanja de una línea eléctrica, muy cerca del borde superior. Cuando el operador se colocó sobre el suelo excavado más suave, el equipo se volcó por uno de sus lados y se deslizó hacia abajo, deteniéndose únicamente cuando se enganchó a una cerca de cadena, a una distancia de 10' de la parte superior de la zanja. El operador usaba el cinturón de seguridad del asiento y el incidente no provocó lesiones.

Conclusión: Si el empleado no hubiese usando el cinturón de seguridad y no hubiese estado en ese sitio la cerca de cadenas, este incidente podría fácilmente haber generado lesiones muy serias.

Fuente: Occupational Safety and Health Administration (OSHA)

Las fisuras por tensión usualmente se forman a una distancia igual a una cuarta parte o la mitad de la profundidad de la zanja, medida desde la parte superior de la misma. El deslizamiento o derrumbe puede ocurrir como resultado de las fisuras por tensión. Además del deslizamiento, las fisuras por tensión pueden provocar derrumbes. Los derrumbes ocurren cuando la cara vertical de la zanja se separa a lo largo de la línea de la fisura por tensión y se vuelca dentro de la excavación. Una excavación sin apoyo puede crear una tensión en desequilibrio en el suelo, la cual a su vez provoca **hundimientos** en la superficie y abultamientos en la cara vertical de la zanja. Si esta condición no se corrige se pueden provocar fallas en la pared y dejar atrapados a los trabajadores dentro de la zanja o provocar una enorme tensión en los **sistemas de protección**. El deslizamiento lateral del fondo es provocado por la presión descendente generada por el peso del suelo adyacente. Esta presión provoca un abultamiento en el fondo del corte. El deslizamiento lateral y la compresión pueden ocurrir aun cuando se hayan instalado de manera apropiada el apuntalamiento y el blindaje.

PRECAUCIÓN

Los sistemas de protección están diseñados para las cargas uniformes del terreno. El deslizamiento lateral y la compresión pueden generar cargas irregulares en el sistema de blindaje y podría generar tensiones en partes específicas del sistema de protección.

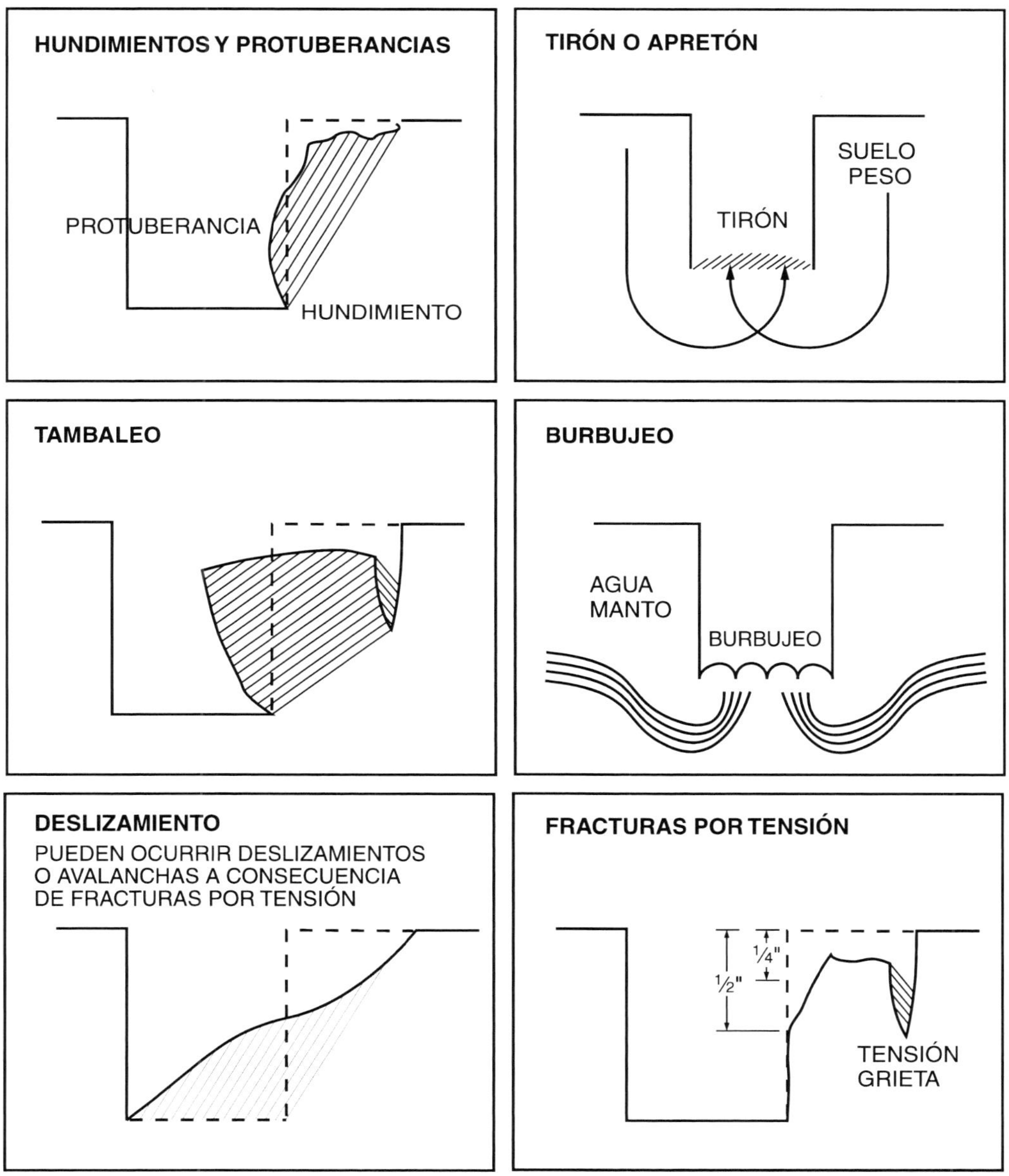

106F08.EPS

Figura 8 ◆ Indicaciones de una zanja inestable.

Otra indicación de una zanja inestable es el burbujeo. El burbujeo ocurre cuando el agua fluye hacia arriba desde la parte inferior del corte. Un manto de agua elevado es una de las causas del burbujeo. El burbujeo puede ocurrir rápidamente y puede suceder incluso cuando se usen puntales o cunetas para la zanja. Si se inicia el burbujeo, detenga lo que se encuentre haciendo y salga de la zanja de inmediato.

5.0.0 ◆ EXCAVACIÓN DE ZANJAS

Una línea de cuerda es un método estándar para crear una zanja verdaderamente recta. Las instalaciones subterráneas se basan en tendidos rectos de tubería y ángulos específicos en donde son necesarios los dobleces. Es importante que la zanja se encuentre recta, no únicamente para la instalación inicial, sino para excavaciones futuras cuando sea necesario hacer reparaciones. También puede requerirse una línea en declive para ajustar la profundidad de la zanja.

Algunas uniones entre la tubería subterránea y las piezas son uniones de embonado mecánico. Estas uniones se mantienen unidas principalmente por medio de bloques de compresión. Los bloques de compresión son masas de concreto vertidas entre la pieza y el suelo suelto. Los bloques de compresión tienen la capacidad de mantener uniones a la tubería y las piezas al resistir la fuerza de compresión. Por esta razón, deberá mantenerse el suelo libre de interacciones en la mayor medida posible.

Cualquier cambio en la dirección de la tubería también crea la necesidad de bloques de compresión y ajuste. A menos que se apliquen fuerzas a lo largo de la tubería, las uniones pueden deshacerse debido al cambio del terreno, lo cual puede resultar en afloramientos. Por este motivo, cualquier cambio en la dirección de la tubería debe realizarse con los dobleces estándar y teniendo en mente los requisitos para los bloques de compresión.

5.1.0 Equipo para la excavación de zanjas

Existen diferentes tamaños y tipos de equipo para excavar zanjas, apropiados para cada tipo de trabajo a realizar. Los dos tipos básicos de equipo de excavación son la retroexcavadora y la máquina excavadora de zanjas con ruedas. Los operadores del equipo deben estar debidamente entrenados y certificados (si así se requiere) para operar el equipo de excavación de zanjas.

5.1.1 Retroexcavadora

La retroexcavadora es la primera opción en el equipó de excavación de zanjas dentro de la industria de rociadores, debido a que es económica y portátil. Ésta se coloca normalmente de modo

A NIVEL

Excavaciones

Ya sea que realice una excavación para una cimentación o para algún otro propósito, la ley federal requiere que usted se ponga primero en contacto con la autoridad designada al menos 72 horas antes del inicio de la excavación. Esto es necesario con la finalidad de revisar la existencia o la ubicación de cables o líneas de servicio subterráneas. Si no se notifica a la autoridad designada como se requiere antes de iniciar la excavación, su empleador puede resultar responsable de cualquier daño provocado en los cables o líneas de servicio, o de cualquier lesión a los trabajadores u otras personas debido al daño causado a dichos cables o líneas. En algunas localidades pueden existir requisitos adicionales que le obliguen a obtener un permiso antes de iniciar la excavación.

106SA02.EPS

que pase por encima de la línea del canal mientras excava. La retoexcavadora se debe usar cuando la zanja es ancha o las paredes de la zanja necesitan tener un declive. Para acelerar la excavación de la zanja con frecuencia se usan varios de estos equipos. Estos equipos funcionan bien en distancias cortas de zanjas y en donde deben brincarse los obstáculos, como por ejemplo la tubería ya existente o las líneas de suministro eléctrico subterráneas. La retroexcavadora es muy versátil y puede usarse para cavar la zanja, suministrar el material de asentamiento, colocar la tubería y el relleno. Como con cualquier otra pieza de maquinaria, todos los dispositivos de seguridad deben estar trabajando adecuadamente.

5.1.2 Máquina excavadora de zanjas con ruedas

Las máquinas excavadoras de zanjas se fabrican en una gran variedad de tamaños y modelos. La máquina excavadora de zanjas funciona mejor cuando la excavación tiene una profundidad de 6' o mayor y cuando no hay líneas de servicio u otros obstáculos. Aunque resulta más caro mover una máquina excavadora de zanjas hasta un lugar de trabajo pequeño, éste equipo trabaja más rápido que una retroexcavadora o una línea de remolque. La máquina excavadora de zanjas con ruedas deja muy pocos residuos a lo largo de la parte superior de la zanja, aunque sí lo hace detrás de la rueda. Estos residuos deben recogerse manualmente o con una retroexcavadora.

¿SABÍA USTED?

Se usan tres clases principales de equipo en la excavación de zanjas: retroexcavadoras, excavadoras y máquinas de excavación de zanjas. La máquina excavadora que se muestra aquí está diseñada específicamente para excavar zanjas.

106SA03.EPS

La superficie alrededor de la zanja debe estar nivelada, de lo contrario la máquina excavadora de zanjas cortará caras inclinadas, provocando que la zanja se encuentre desnivelada. Las zanjas desniveladas representan un peligro para los grupos de trabajadores que realizan el tendido de la tubería. Además, si la máquina excavadora de zanjas está inclinada, esto provoca una tensión innecesaria en la maquinaria, lo cual contribuye a provocar desperfectos y costos de operación excesivos.

5.2.0 Fallas en la zanja

El riesgo más común durante una excavación es la falla o derrumbe de la zanja. Si se usa el sentido común y se aplican todas las precauciones de seguridad, se logrará que la zanja sea un sitio de trabajo más seguro.

NOTA

Las excavaciones con una profundidad de 5' o mayores requieren dispositivos de apuntalamiento y blindaje prefabricados y diseñados. Si no se usan dispositivos de apuntalamiento y blindaje, las paredes de la zanja deben tener un declive para reducir el riesgo de los derrumbes. Cada uno de estos sistemas de protección deben usarse conforme con las regulaciones OSHA.

Para entender la seriedad de la falla de la zanja, considere lo que sucede cuando hay un cambio en el suelo que rodea a una zanja sin soportes. Los trabajadores pueden quedar enterrados:

- Cuando se derrumba uno o ambos bordes de la zanja.
- Cuando se desliza una o ambas caras de la zanja.
- Cuando se separa una o ambas caras y se colapsan.

La falla de las paredes de una zanja sin soportes no es la única causa de que un trabajador quede enterrado. Se pueden verter toneladas de escombros sobre los trabajadores si la tubería de residuos o la tierra excavada se deslizan hacia el interior de la zanja. Dichos deslizamientos ocurren cuando los apilados se colocan demasiado cerca del borde de la zanja, o cuando se retira la tierra debajo del apilado. Debe existir un mínimo de 2' entre la pared de la zanja y el apilado de escombros. Esta área debe mantenerse libre de herramientas y materiales.

Las siguientes condiciones conducirán con probabilidad a un derrumbe en la zanja. Si usted nota cualquiera de estas condiciones, informe de inmediato a su supervisor. Estas condiciones se enumeran en el orden de gravedad:

- **Suelo perturbado** debido a excavaciones previas.
- Intersecciones de la zanja con esquinas de grandes dimensiones, que pueden desprenderse.
- Un derecho de vía estrecho que provoca que el equipo pesado pase muy cerca del borde de la zanja.
- Vibraciones provenientes del equipo de construcción, tráfico cercano o trenes.
- Un incremento en el manto freático, que provoca que el suelo se sature y en consecuencia se vuelva inestable.
- Secado de las paredes expuestas de la zanja, lo cual provoca que se pierda la unión natural de las partículas de tierra debido a la humedad.
- Capas inclinadas de tierra que caen dentro de la zanja, provocando que se deslicen estratos de diferentes tipos de suelo uno encima del otro, lo cual provoca el colapso de las paredes de la zanja

6.0.0 ◆ CÓMO HACER QUE LA ZANJA SEA SEGURA

Existen varias formas de lograr que una zanja sea un sitio de trabajo seguro (*Figura 9*). El apuntalamiento de la zanja, el blindaje y el declive son diferentes métodos usados para proteger al equipo y los trabajadores. Es importante que usted reconozca las diferencias entre ellos.

- *Apuntalamiento* – El apuntalamiento de la zanja sirve de soporte para las paredes de la excavación y evita su movimiento y colapso. El apuntalamiento ofrece algo más que un entorno seguro para los trabajadores dentro de una zanja. Debido a que restringe el movimiento de las paredes de la zanja, el apuntalamiento también detiene el cambio de las formaciones de tierra adyacentes que contienen servicios subterráneos, o el cambio en el suelo adyacente en el cual están construidas las aceras, calles, la cimentación de los edificios u otras estructuras.
- *Blindajes de la zanja* – Los blindajes de las zanjas, también denominados cunetas de la zanja, se colocan en las excavaciones sin apuntalar para proteger al personal en contra del colapso de la pared de la excavación. Estas cunetas no ofrecen apoyo a las paredes de la zanja o al suelo circundante, pero para profundidades específicas y determinadas condiciones del suelo soportarán el peso lateral de una pared de la zanja que se haya colapsado.
- *Declive* – El colocar la excavación en declive significa que se cortarán las paredes de le excavación con un determinado ángulo respecto al piso de la zanja. Este ángulo debe cortarse al menos siguiendo el **ángulo de reposo** para el tipo de suelo que se está excavando. El ángulo de reposo es el mayor ángulo por encima del plano horizontal en el cual el material descansará sin deslizarse.

6.1.0 Sistemas de apuntalamiento

Es probable que el aspecto más crítico de la excavación sea el apuntalamiento. Este apuntalamiento es el que mantiene el suelo a lo largo de las caras laterales de la zanja y evita los derrumbes. En ocasiones el suelo permanece en su sitio si las pa-

106F09.EPS

Figura 9 ◆ Métodos de apuntalamiento.

redes presentan un declive, sin embargo algunos suelos no pueden sostenerse incluso con una inclinación moderada. El tipo de apuntalamiento requerido está determinado por tres características: la profundidad de la zanja, el ancho de la zanja y el tipo de suelo.

El apuntalamiento no se requiere en el caso de roca sólida, esquisto o roca volcánica dura. La otra excepción de excavación sin apuntalamiento son las zanjas en donde no se entrará, zanjas de menos de 4' de profundidad o zanjas en las cuales las paredes tengan un declive dentro de una distancia de 4' del fondo de la zanja y cuya pendiente sea menor de 45 grados con respecto a la horizontal. Es decir, que la zanja no supere una altura vertical de 1' en cada pie de tendido horizontal.

Las zanjas con una profundidad de 4' o mayores deben contar con una escalera o algún otro medio de entrada y salida. La escalera debe localizarse de modo que los trabajadores dentro de la zanja no recorran más de 25' (en movimiento lateral) para llegar hasta la entrada o salida.

El apuntalamiento siempre debe extenderse al menos 1' por encima del borde de la zanja. Esto previene que el suelo caiga de nuevo dentro de la zanja y lesione a una persona que trabaja dentro de la misma. Si la zanja tiene una profundidad mayor de 25' o tiene un ancho mayor de 12', un ingeniero profesional deberá diseñar el apuntalamiento.

Los sistemas de apuntalamiento son estructuras metálicas, hidráulicas o de madera que ofrecen un armazón que soporta las paredes de la excavación. El apuntalamiento usa **postes parados**, **columnas** y **tirantes (o travesaños) transversales** para apoyar las paredes. La *Figura 10* muestra un sistema de apuntalamiento instalado.

¿SABÍA USTED?

Los reglamentos de seguridad federales y estatales han establecido estándares para proteger a los trabajadores que laboran en las excavaciones. La norma *OSHA 29 CFR 1926* define los dispositivos de protección aceptados para las zanjas. La OSHA ordena cómo deben usarse los dispositivos de protección. Para las excavaciones con una profundidad de 5' o mayores, los reglamentos de la OSHA requieren dispositivos de apuntalamiento y blindaje de la zanja diseñados y fabricados de forma apropiada, o que las zanjas tengan un declive apropiado en ángulos que reduzcan el riesgo de los derrumbes (en condiciones distintas a las de una ubicación estable).

6.1.1 Puntales y propagadores hidráulicos

Los **puntales** hidráulicos, mostrados en la *Figura 11*, pueden instalarse y retirarse rápidamente. Cada puntal consta de dos rieles verticales conectados por medio de un cilindro hidráulico. Los puntales se colocan dentro de la zanja y los cilindros hidráulicos se bombean hacia arriba para empujar los rieles verticales en contra de la pared. Nótese que este sistema usan los cilindros hidráulicos como tirantes (o travesaños) transversales. A este arreglo se le conoce como sistema de apuntalamiento con **armazón**. Los propagadores hidráulicos, mostrados en la *Figura 12*, pueden agregarse a un sistema de apuntalamiento de armazón para ofrecer tirantes (o travesaños) transversales adicionales.

6.1.2 Revestimiento vertical

Cuando se realizan excavaciones cerca de estructuras ya existentes o cuando se realizan excavaciones a largo plazo, se puede usar el revestimiento vertical soportado por columnas hidráulicas, como se muestra en la *Figura 13*. Este método se refiere como apuntalamiento con **revestimiento apretado**. También están disponibles otros tipos de propagadores, incluyendo conexiones de tornillo, conexiones de zanja y propagadores hidráulicos.

6.1.3 Revestimiento de acero entrelazado

El revestimiento de acero entrelazado (*Figura 14*) puede especificarse bajo ciertas circunstancias, como en las excavaciones profundas y las excavaciones cerca de los edificios o sus cimentaciones. El revestimiento de acero entrelazado se usa comúnmente en los derechos de vía del Departamento de Transporte (DOT). Esto prevendrá de daños en el pavimento debajo de la cimentación provocados por la vibración proveniente del tráfico vehicular. El revestimiento con acero entrelazado se requiere cuando se trabaja en los canales navegables. El revestimiento de acero consiste en tableros de entrelazado de acero reforzado con miembros transversales. Éste tiene un diseño similar al **revestimiento apretado**. El revestimiento de acero se diseña para una aplicación en particular. Éste debe instalarse de manera precisa conforme con las especificaciones del ingeniero. El revestimiento de acero se instala comúnmente colocándolo en el suelo usando un martillo hidráulico vibratorio. Éste también puede colocarse con un martillo de impacto o con el cangilón de la retroexcavadora.

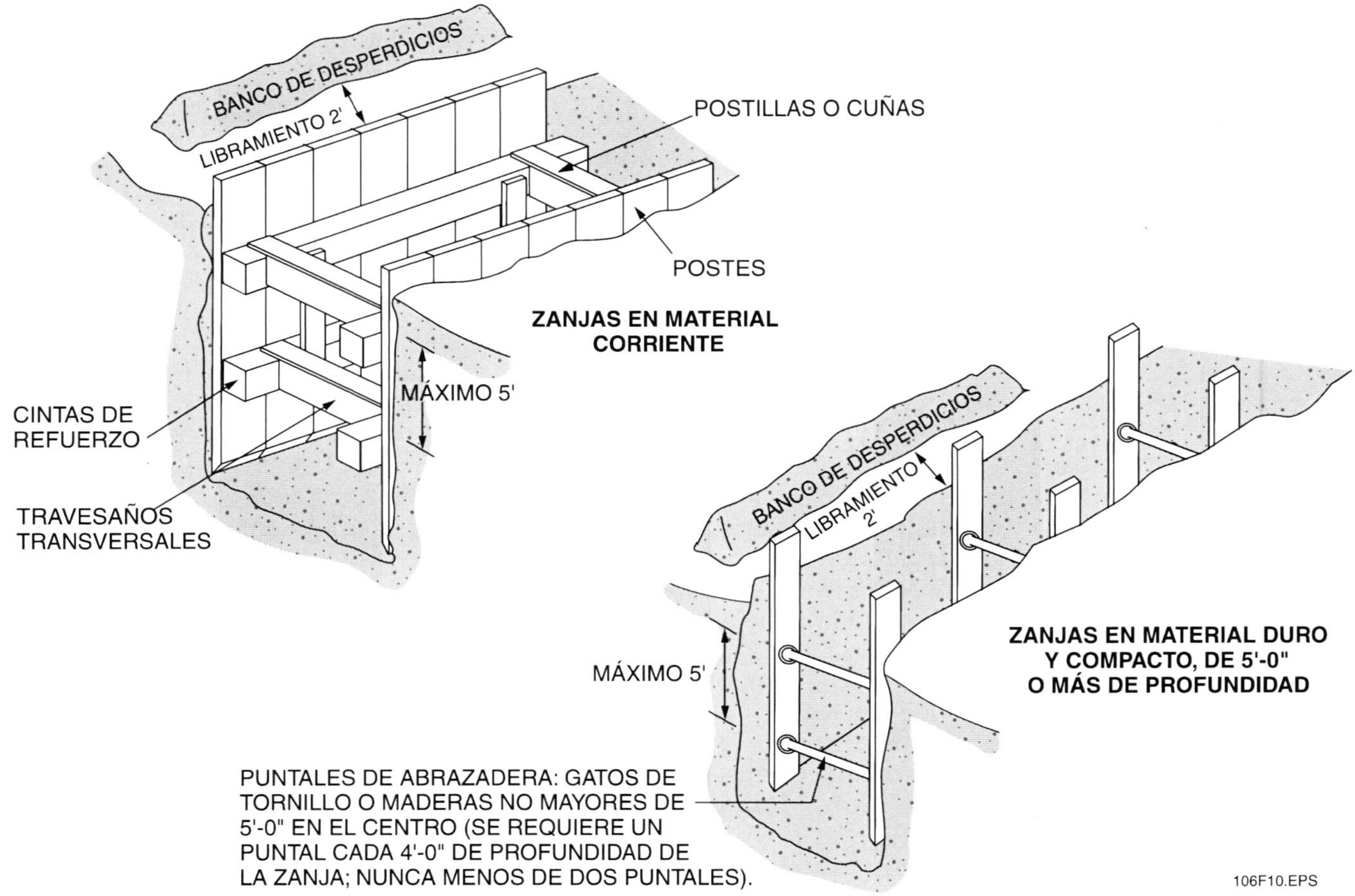

Figura 10 ◆ Sistema de apuntalamiento instalado.

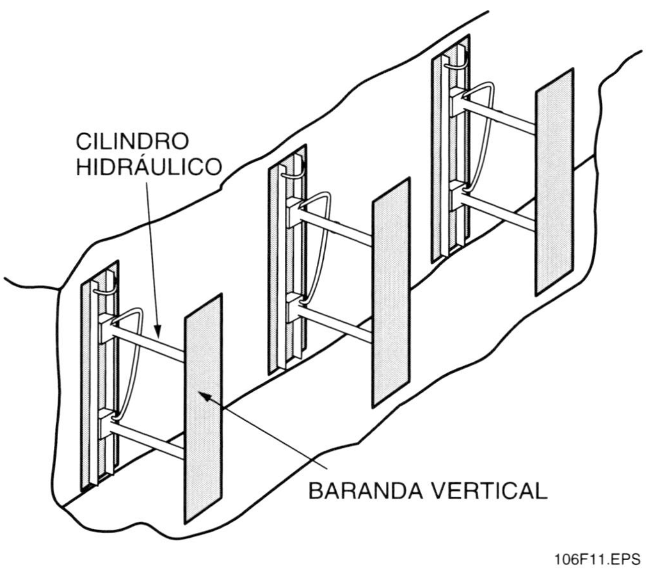

Figura 11 ◆ Sistema de apuntalamiento de armazón hidráulico.

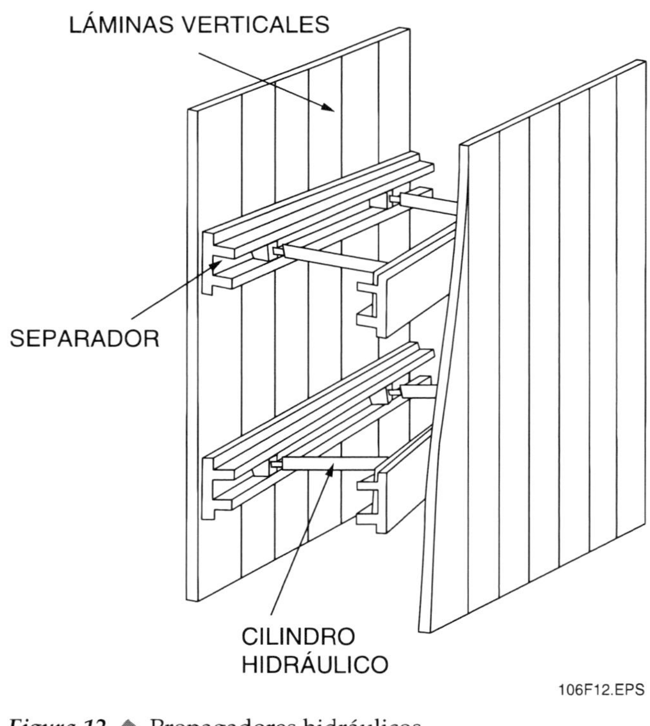

Figura 12 ◆ Propagadores hidráulicos.

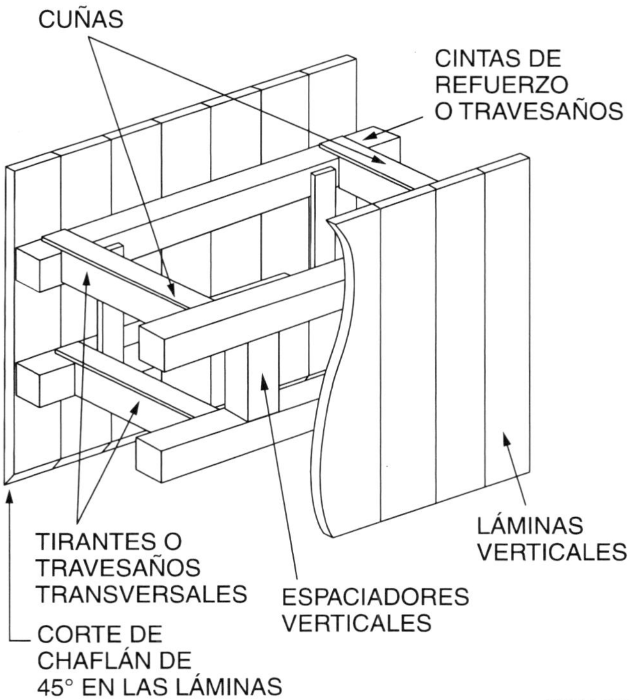

Figura 13 ◆ Apuntalamiento de revestimiento apretado.

> **NOTA**
> El sistema recién descrito identifica los componentes comunes usados en los sistemas de apuntalamiento. Es posible encontrar sistemas de revestimiento construidos en el lugar de trabajo, de aluminio o madera u otros métodos aprobados.

6.1.4 Reglas de seguridad para el apuntalamiento

Para evitar accidentes y lesiones cuando se apuntala una excavación, se deben seguir reglas de seguridad especiales.

- Nunca entre a una excavación antes de que se haya instalado el apuntalamiento.
- No instale el apuntalamiento mientras se encuentre dentro de la zanja. Todo el apuntalamiento debe instalarse desde la parte superior de la zanja.
- Los tirantes (o travesaños) transversales deben nivelarse a lo largo de la zanja.
- Los tirantes (o travesaños) transversales deben ejercer una presión uniforme sobre cada lado de la zanja.
- Los postes verticales deben ser planos del lado de la pared de la excavación.
- Todos los materiales usados para el apuntalamiento deben revisarse por completo antes de

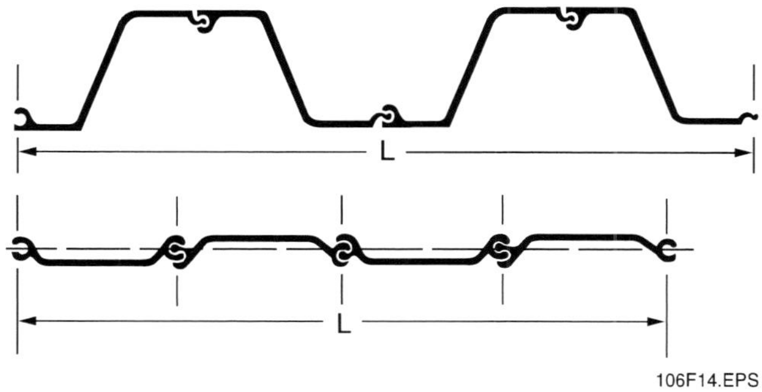

Figura 14 ◆ Revestimiento de acero entrelazado.

usarlos y éstos deben estar en buenas condiciones.
- El apuntalamiento se retira comenzando en el fondo de la excavación y siguiendo hacia arriba.
- Los soportes verticales se retiran de la zanja desde arriba.
- Cada excavación debe rellenarse de inmediato después de haber retirado el **sistema de apoyo**.

6.2.0 Sistemas de blindaje

Un sistema de blindaje es una estructura capaz de soportar las fuerzas impuestas sobre el mismo por un derrumbe, además de proteger a los empleados que se encuentran dentro de la estructura. Los blindajes pueden ser estructuras permanentes o pueden ser portátiles y moverse a medida que avanza el trabajo. El sistema de blindaje también se conoce como una cuneta de zanja o blindaje de zanja. Una cuneta de zanja se muestra en la *Figura 15*. Si la zanja no tiene la profundidad suficiente para alojar el blindaje, éste puede colocarse en alto para irlo empujando a medida que se excava el material.

El área excavada entre la parte exterior de la cuneta de la zanja y la cara de la zanja debe ser lo más pequeña posible. El espacio entre la cuneta de la zanja y el lado de la excavación deben rellenarse para prevenir el movimiento de un lado a otro de dicha cuneta de la zanja. Recuerde que el lugar de trabajo y las condiciones del suelo, además del ancho y la profundidad de la zanja, determina qué tipo de sistema de protección de la zanja se utilizará. Un proyecto único puede incluir varios requisitos de ancho y profundidad, además de las diversas condiciones del suelo. Esto podría requerir el uso de varios sistemas de protección diferentes para el mismo lugar de trabajo. Un ingeniero registrado debe certificar los blindajes para las condiciones existentes del suelo. La certificación debe estar disponible en el lugar de trabajo durante el ensamble de las cunetas de la zanja. Después del ensamblado, las certificaciones deben ponerse a disposición bajo petición.

6.2.1 Seguridad con la cunetas de zanja

Si se usan correctamente, las cunetas de zanja protegen a los trabajadores de los peligros de un derrumbe. Todas las pautas de seguridad para las excavaciones se aplican también a las cunetas de zanja. Siga estas pautas de seguridad cuando utilice una cuneta de zanja:

- Asegúrese de que las paredes verticales de una cuneta de zanja se extiendan al menos 18" por encima del punto más bajo en donde las paredes de la excavación comiencen a tener un declive. La *Figura 16* muestra la colocación apropiada de una cuneta de zanja en cada uno de tres tipos de suelo. Los tipos de suelo se discuten en secciones posteriores.
- Nunca entre a la cuneta de la zanja durante su instalación o retiro.
- Nunca entre en una excavación detrás de la cuneta de zanja, después de que se haya retirado la cuneta de la zanja.
- Rellene la excavación tan pronto como se haya retirado la cuneta de la zanja.
- Se debe colocar una salida de la cuneta de la zanja y la excavación a una distancia máxima de 25' con respecto a cada trabajador.

6.3.0 Sistemas con declive

Un sistema con declive es un método para proteger a los empleados en contra de los derrumbes. El declive se realiza inclinando las paredes laterales de la excavación. El ángulo de declive varía conforme al tipo de suelo, condiciones ambientales de exposición y cargas cercanas. Existen tres clasificaciones generales para los tipos de suelo y un tipo de roca. Para cada una de las clasificaciones del tipo de suelo, la OSHA define los ángulos máximos para la pendiente de las paredes, como se muestra en la *Tabla 3*. La designación y selección del sistema de declive apropiado es mucho más complejo que el descrito en esta sección. Factores tales como la profundidad de la zanja, la cantidad de tiempo que permanecerá abierta la zanja y otros factores afectarán la pendiente máxima permitida.

El escalonado, también conocido como excavación escalonada, es otro método que permite colocar en declive la excavación sin que se requiera el uso de un sistema de soporte. El escalonado usa una serie de escalones que se deben elevar sobre el ángulo de reposo aproximado del suelo que se está usando. Las reglas de seguridad que se aplican a las excavaciones escalonadas también se aplican a las excavaciones en declive.

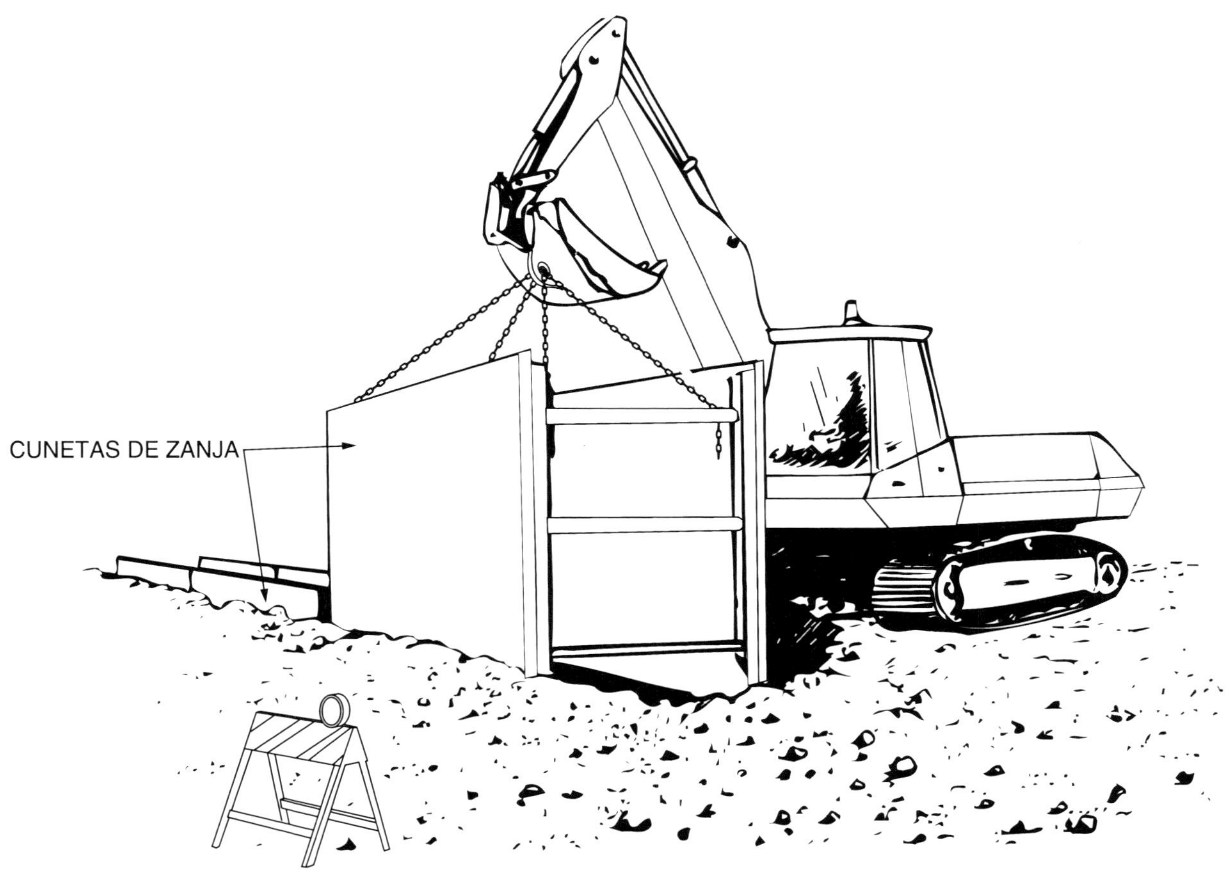

Figura 15 ◆ Cunetas de zanja.

Sin salida

Dos empleados tendían la tubería en una zanja de 12' de profundidad cuando uno de ellos observó que se movió el fondo de la zanja. Él salto fuera de la zanja. El otro empleado se lesionó fatalmente cuando se derrumbó la pared.

Conclusión: Asegúrese siempre de que las paredes de la zanja se encuentren en declive, además de ofrecer una salida de emergencia.

Fuente: Occupational Safety and Health Administration (OSHA)

Derrumbe provocado por el agua

Cuatro empleados estaban tendiendo una línea de drenaje lateral en un lugar de trabajo en construcción. El capataz y un trabajador estaban tendiendo una tubería de drenaje de plástico de 8" de diámetro y 20' de largo en el fondo de una zanja que tenía 39" de ancho, 9' de profundidad y aproximadamente 50' de largo. La zanja no tenía declive ni apuntalamiento, además de que estaba entrando agua en una unión de roca cerca del fondo. La parte oeste de la zanja se derrumbó cerca del fondo, enterrando a uno de los empleados hasta el pecho y cubriendo completamente a otro. La operación de rescate requirió dos horas para el primer hombre y cuatro para el segundo. Ambos trabajadores murieron.

Conclusión: El trabajo dentro de una excavación puede ser fatal. Asegúrese siempre que su zanja sea segura.

Fuente: Occupational Safety and Health Administration (OSHA)

6.4.0 Requisitos para la pendiente para los diferentes tipos de suelo

Muchas excavaciones se comienzan con un corte vertical. Aunque algunos suelos soportan un excavado a profundidades considerables con cortes verticales, en la mayoría de los casos no es así. Cuando los cortes verticales llegan a un ángulo más estable, normalmente caen dentro de la excavación grandes cantidades de material. La *Figura 17* muestra métodos de fallas en las paredes de las excavaciones.

La pendiente de las paredes de la excavación deben colocarse en ángulo, de modo que el material no caiga dentro de la excavación. La pendiente se calcula como un ángulo con respecto al plano horizontal y al tendido desde la horizontal hasta la elevación vertical. Por ejemplo, una pendiente de 45 grados será una pendiente de proporción 1:1, lo cual significa que por cada pie medido horizontalmente, la pendiente se eleva 1' en sentido vertical. El declive permitido para la excavación variará conforme al tipo y características del suelo que se está usando. Se han identificado cuatro clasificaciones básicas para el suelo. La clasificación se basa en la estabilidad del suelo y en la pendiente máxima permitida para la excavación en cada uno de los cuatro diferentes tipos de suelo. Estas cuatro clasificaciones, ordenados en el orden decreciente de estabilidad, son la roca estable, Tipo A, Tipo B y Tipo C. La *Figura 18* muestra el declive máximo permitido para cada tipo de suelo.

6.4.1 Roca estable

La roca estable se refiere a la materia mineral sólida natural que puede excavarse con paredes verticales y mantenerse invariable mientras se expone. La roca estable incluye a la roca sólida, el esquisto o las arenas y gravas cementadas. La *Figura 19* muestra cómo se realiza el corte de excavación en una roca estable.

6.4.2 Tipo de suelo A

El suelo de Tipo A se refiere al suelo sólido con una **resistencia a la compresión** de al menos 1.5 toneladas por pie cuadrado. Los suelos cohesivos son aquellos que no se desmoronan, son plásticos cuando están húmedos y difíciles de romper cuando están secos. Los ejemplos de suelos cohesivos son los de arcilla, arcilla con sedimentos, arcilla arenosa y greda arcillosa. Los suelos cementados, como el de nitrato de sodio (caliche) y arcilla firme se consideran del Tipo A. El suelo no podrá considerarse de Tipo A si existen las siguientes condiciones:

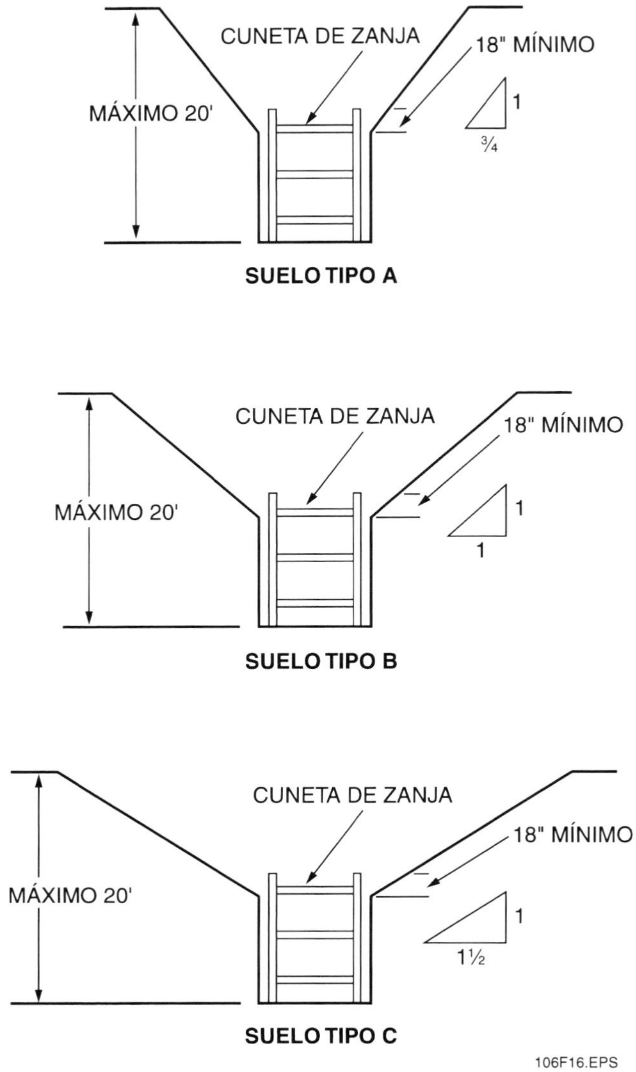

Figura 16 ◆ Colocación apropiada de la cuneta de la zanja.

Tabla 3 Pendiente máxima permitida

Tipo suelo o roca	Pendiente máxima permitida en excavaciones de menos de 20' de profundidad
Roca Estable	Vertical (90 grados)
Tipo A	¾:1 (53 grados)
Tipo B	1:1 (45 grados)
Tipo C	1½:1 (34 grados)

106T03.EPS

- El suelo presenta fisuras. Un suelo con fisuras significa un suelo cuyo material tiende a romperse a lo largo de planos definidos de fractura con poca resistencia, o un material que tiene fracturas, como las fracturas por tensión en una superficie expuesta.
- El suelo puede estar afectado por la vibración proveniente de un tráfico pesado, el manejo del apilado u otros efectos similares.
- El suelo se ha perturbado previamente.

Todas las excavaciones en declive que tienen una profundidad igual o menor de 20' deben tener una pendiente máxima permitida de ¾ en sentido horizontal por cada unidad en sentido vertical. La *Figura 20* muestra una excavación con pendiente simple en un suelo de Tipo A.

Una excepción a esta regla ocurre cuando la excavación tiene una profundidad igual a 12' o menor y debe permanecer abierta 24 horas o menos. Estas excavaciones en suelo de Tipo A pueden tener una pendiente máxima permitida de ½ unidad horizontal por cada unidad vertical.

CASOS HISTÓRICOS

Volcadura de una excavadora

Mientras trabajaba con un equipo de excavación de zanjas, el operador tuvo que cambiar la posición del equipo, bajando en reversa una cara en declive para dirigirse al borde de un canal vacío. La barra de la máquina de excavación de zanjas estaba en una posición elevada. Cuando el operador hizo el cambio de velocidad, el equipo tenía demasiado peso en la parte superior y se volcó lateralmente, dando media vuelta dentro del canal y quedando boca arriba. Se habían colocado bordos de légamo y durante la instalación fue necesario cortar una zanja estrecha. El Análisis de Riesgos de la Actividad (AHA) se revisó con el operador; sin embargo el AHA no incluía precauciones para la operación sobre superficies en declive. El accidente ocurrió cuando el operador regresaba al comienzo del corte. Se verificó la estabilidad del equipo y el operador se retiró del sitio sin lesiones.

Conclusión: Los accidentes pueden presentarse en cualquier momento. Extreme sus precauciones cuando opere equipo cerca del borde de una excavación.

Fuente: Occupational Safety and Health Administration (OSHA)

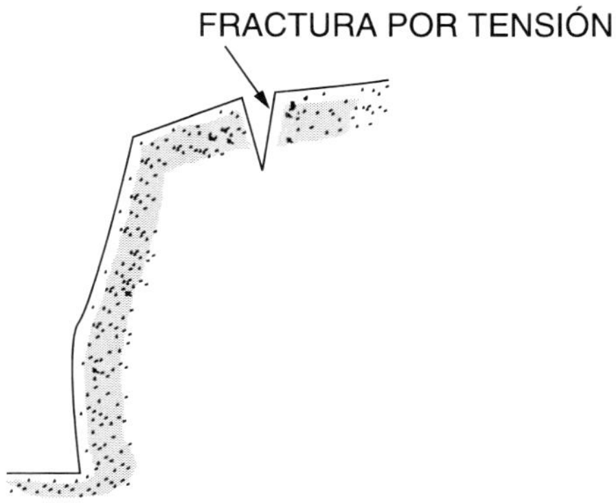

FORMACIÓN DE FRACTURAS POR TENSIÓN

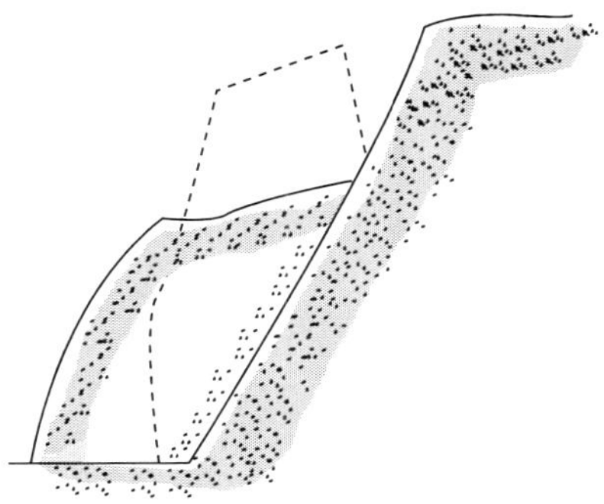

DESLIZAMIENTO DE TIERRA EN LA EXCAVACIÓN

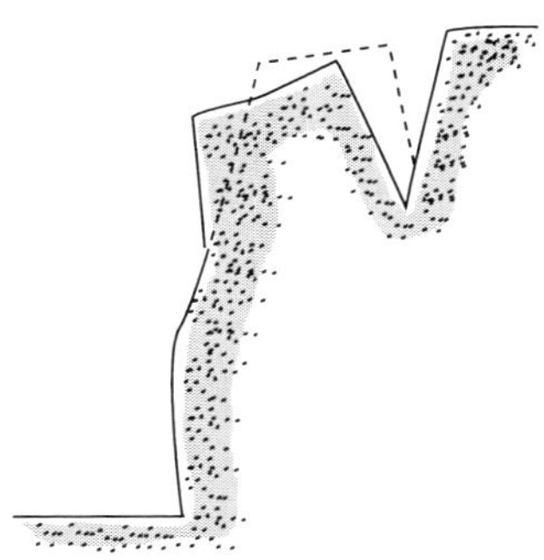

DERRUMBE DE TIERRA EN LA EXCAVACIÓN

106F17.EPS

Figura 17 ◆ Métodos de fallas en las paredes de las excavaciones.

La *Figura 21* muestra una pendiente simple para una excavación de corto plazo en un suelo de Tipo A.

6.4.3 Suelo de Tipo B

El suelo de Tipo B se refiere a los suelos que tienen una fuerza cohesiva con una resistencia a la compresión mayor de 0.5 toneladas por pie cuadrado, pero menor de 1.5 toneladas por pie cuadrado. Esto también se refiere a los suelos granulares, incluyendo a la grava angular, la cual es similar a la

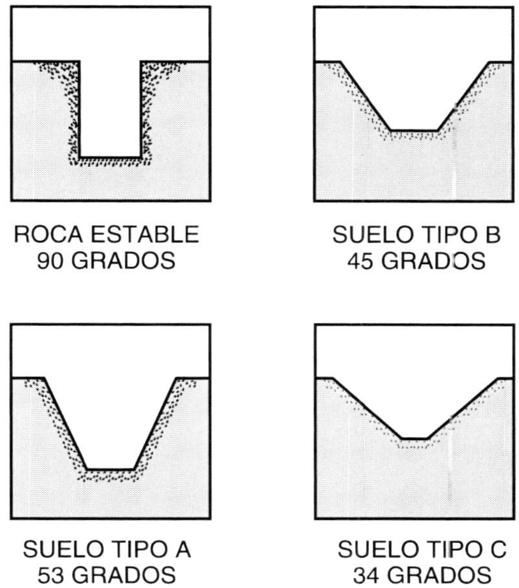

106F18.EPS

Figura 18 ◆ Pendientes máximas permitidas para los diferentes tipos de suelo.

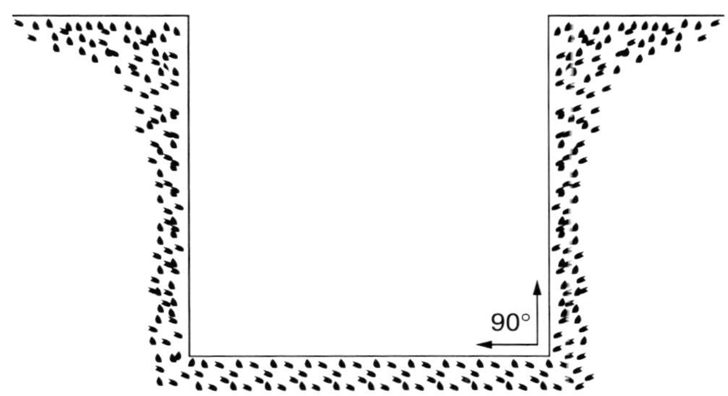

106F19.EPS

Figura 19 ◆ Corte de excavación en una roca estable.

roca triturada, el légamo, greda arenosa, roca inestable y cualquier otro suelo inestable o de Tipo A con fisuras. Los suelos de Tipo B también incluyen los suelos previamente perturbados, excepto aquellos que pueden caer dentro de la clasificación de suelos de Tipo C. La excavaciones realizadas en los suelos de Tipo B tienen una pendiente máxima permitida de una unidad horizontal por cada unidad vertical. La *Figura 22* muestra excavaciones con pendiente simple en suelos de Tipo B.

6.4.4 Suelo de Tipo C

El suelo de Tipo C es el tipo de suelo más inestable. El suelo de Tipo C se refiere al suelo de tipo cohesivo con una resistencia a la compresión de 0.5 toneladas por pie cuadrado o menor. Los suelos de grava, greda, arena, cualquier suelo sumergido o suelo en el cual se filtre el agua libremente

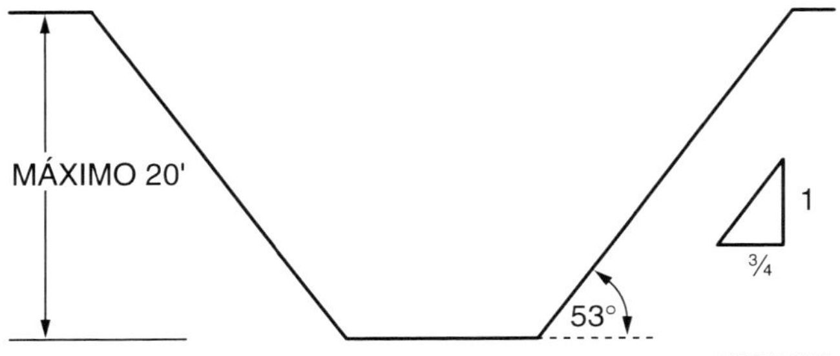

Figura 20 ◆ Excavación con pendiente simple en un suelo de Tipo A.

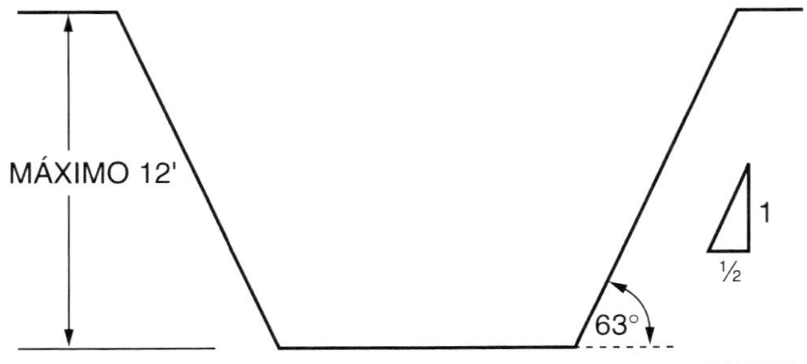

Figura 21 ◆ Pendiente simple para una excavación de corto plazo en un suelo de Tipo A.

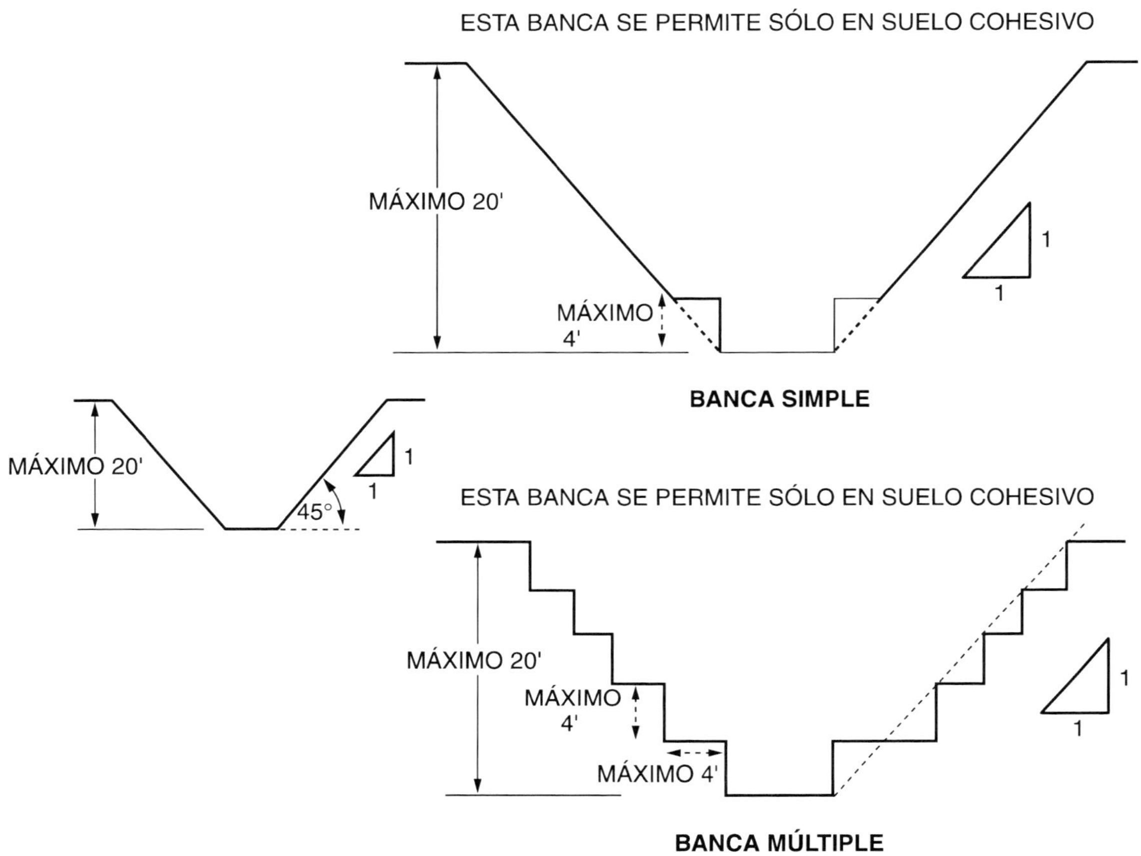

Figura 22 ◆ Excavaciones con pendiente simple en suelos de Tipo B.

y los de roca sumergida inestable se consideran como suelos de Tipo C. La excavaciones realizadas en los suelos de Tipo C tienen una pendiente máxima permitida de una unidad y media horizontal por cada unidad vertical. La *Figura 23* muestra una excavación con pendiente simple en un suelo de Tipo C.

6.5.0 Sistemas de apuntalamiento combinado

Un sistema de riel deslizante es aquel que tiene un tirante transversal entre las cunetas de la zanja y el revestimiento de acero. Estos sistemas se han diseñado para usarse en fosos de baja altura, fosos de túnel y zanjas, prácticamente en cualquier lugar en que se puedan usar los sistemas de revestimiento y cuneta de zanja. El sistema de riel deslizante mostrado en la *Figura 24* consiste en los siguientes componentes:

- *Rieles deslizantes* – Los rieles deslizantes son los componentes horizontales del sistema. Estos tienen una cavidad para aceptar las placas de revestimiento y se ajustan con tirantes (o travesaños) transversales. Los rieles deslizantes están disponibles en configuraciones de riel sen-

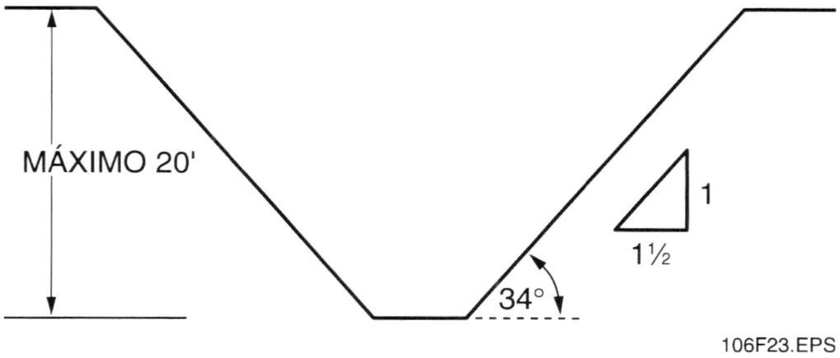

Figura 23 ◆ Excavación con pendiente simple en un suelo de Tipo C.

cillo, doble y triple. El sistema de riel triple se usa en el caso de mayor profundidad.

- *Placas de revestimiento* – Las placas de revestimiento se usan para ofrecer apoyo a las paredes laterales de la zanja. Las placas de revestimiento se instalan en los rieles deslizantes y se empujan dentro del suelo a medida que avanza la excavación.
- *Tirantes (o travesaños) transversales* – Los tirantes (o travesaños) transversales se conectan entre los rieles deslizantes para ofrecer un apoyo lateral para el sistema, normalmente al final del riel deslizante.

7.0.0 ◆ RELLENO Y ASENTAMIENTO

Las especificaciones del trabajo requieren que se cumplan ciertas condiciones con respecto a cómo se rellenará y asentará la zanja cuando se ha colocado la tubería. El material de asentamiento se refiere al material directamente debajo y alrededor de la tubería. Si no se especifican procedimientos de tendido, no se deberá continuar sino hasta que estos se conozcan. Los requisitos del material de asentamiento dependen del tipo de tubería que se tenderá dentro de la zanja. Estos requisitos varían con el sitio y las especificaciones del trabajo.

La finalidad de un asentamiento apropiado es proteger la tubería, rodeándola de suelo compac-

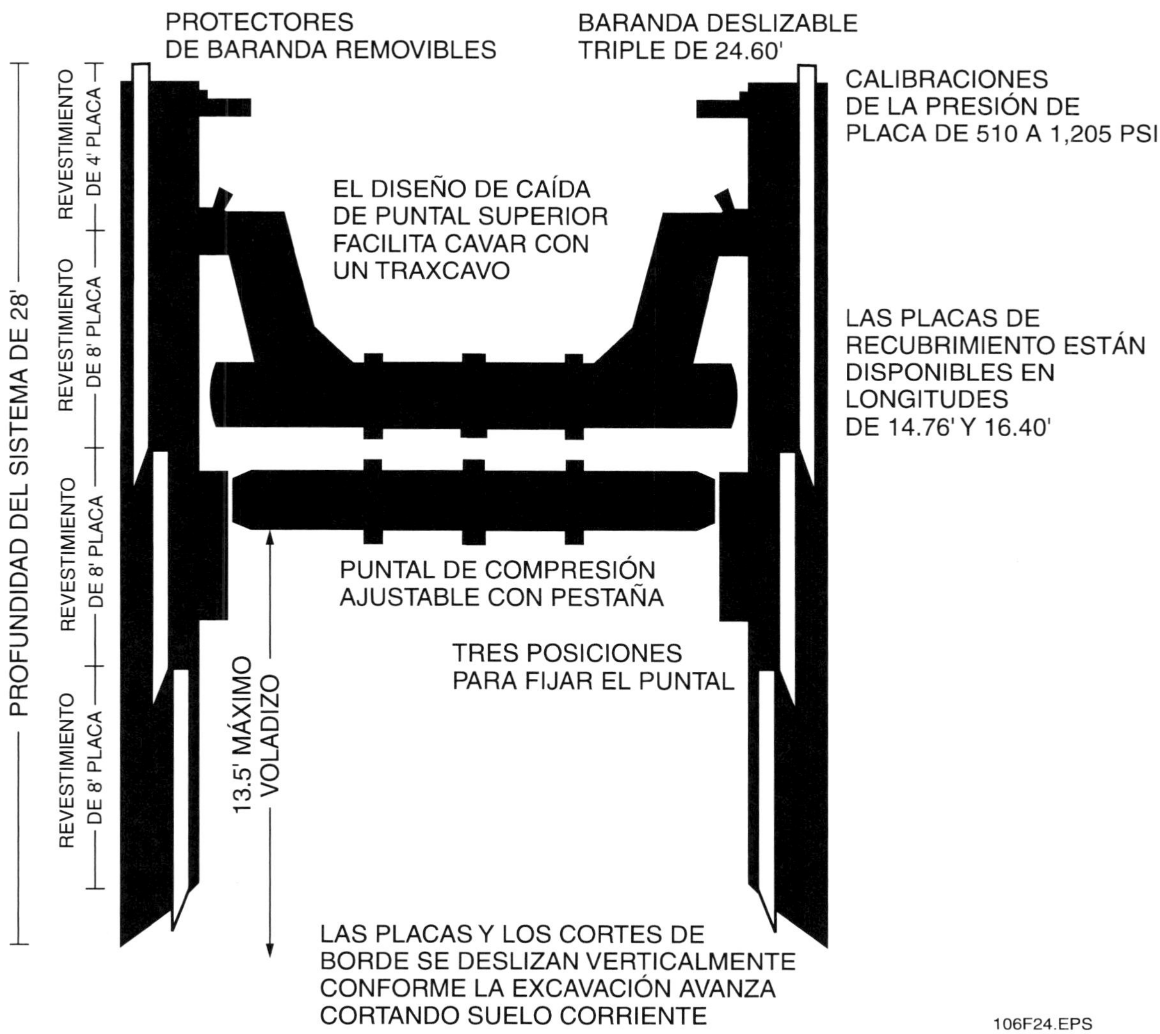

Figura 24 ◆ Sistema de riel deslizante.

tado para prevenir su movimiento, decantado o flotación, o que se apliquen cargas sobre la unión o acople. Las tareas de relleno y asentamiento requieren más experiencia que el simplemente devolver el escombro a la zanja. El relleno o asentado inicial debe realizarse con cuidado.

En ciertas áreas geográficas y especialmente en donde las tuberías de servicios municipales pueden afectarse directamente, la municipalidad determina el material que deberá usarse para el relleno y asentado inicial.

NOTA

En este caso, la AHJ podría no ser el departamento de bomberos. Podría ser el departamento de suministro de agua o el de obras públicas.

Independientemente del tipo de asentamiento usado, éste debe cumplir con los estándares *ANSI A21.1*, *ASTM D-2774*, *ASCE Manual 37* o *WPCF Manual 9*.

7.1.0 Colocación del asentamiento

En la preparación del canal para la colocación de la tubería se deberán seguir las especificaciones para la tubería. Una buena instalación de tubería comienza con una cimentación estable. Esta cimentación puede incluir una capa de material de estabilización para soportar el apisonado, una capa del material de asentado que sirve de acojinamiento y soporte para la tubería y el relleno inicial para cubrir la tubería. Estos tres elementos pueden ser críticos en la capacidad de la tubería para soportar la carga.

7.1.1 Estabilización

Algunas condiciones del suelo pueden requerir una capa de estabilización para soportar el asentamiento de la tubería. A menos que la tubería se mueva a una zanja diferente, la necesidad de dicha capa debe evidenciarse en la zanja existente. Si la necesidad es evidente, la capa de estabilización bajo la tubería expuesta puede necesitar una reparación después de la excavación.

Si la tubería se tiende en una zanja nueva, deberá revisarse el fondo para determinar la necesidad de estabilización. Un trabajador puede caminar en la zanja, cambiando su peso de un pie a otro para determinar si se mueve, cambia o cede el suelo debajo de la persona. Si el suelo no se siente sólido, se necesitará dicha estabilización.

Con frecuencia se utiliza roca triturada, en tamaños que van de rocas de menos de 1" hasta rocas grandes (cimentación con vertido irregular de roca). El material se descarga dentro de la zanja y se dispersa hasta una profundidad uniforme.

7.1.2 Asentamiento

El asentamiento debe ser suficiente para ofrecer un soporte firme y uniforme para la tubería y para mantener el nivel de la tubería. El tipo de soporte del asentamiento está dictado por las especificaciones. La capacidad de la tubería para soportar la carga se determina a partir de la resistencia de la propia tubería y del tipo de material de asentado.

El asentado se extiende desde la parte superior de la capa de estabilización, si está presente, hasta la parte inferior de la tubería. Algunos materiales usados incluyen el suelo nativo, arena, roca o concreto. Las especificaciones requieren comúnmente de 4" a 6" de material de asenta-

CASOS HISTÓRICOS

Escalera de salida

Un empelado trabajaba en una zanja de 4' de ancho por 7' de profundidad. Aproximadamente a 30' de él, una retoexcavadora pasaba por encima de la zanja. El operador de la retroexcavadora observó cómo caía un bloque grande de escombro de la pared lateral detrás del trabajador dentro de la zanja. Él le advirtió al trabajador, pero antes de que éste pudiera escalar las paredes para salir, aproximadamente 6' a 8' de la pared de la zanja se colapsaron sobre el trabajador, cubriendo su cuerpo hasta el cuello. El trabajador se asfixió antes de que el operador de la retroexcavadora pudiera sacarlo. En la zanja no se había usado el declive o el apuntalamiento.

Conclusión: Las excavaciones pueden colapsarse. Asegúrese de que se haya instalado el apuntalamiento apropiado antes de trabajar en una zanja.

Fuente: Occupational Safety and Health Administration (OSHA)

miento. El material se vierte dentro de la zanja y se nivela hasta el nivel a lo largo de toda la longitud de la zanja. Con frecuencia se usa un rayo láser para verificar el nivel.

7.1.3 Relleno inicial

Después de tender la tubería sobre el material de asentado se agrega el relleno inicial. Este es el material colocado desde el asentamiento o el fondo de la tubería hasta algún nivel especificado por encima de la tubería. El propósito de este relleno inicial es proteger a la tubería. Usted debe usar únicamente material de relleno limpio libre de rocas, terrones, objetos extraños o materiales orgánicos. El relleno inicial podrá incluir cualquiera de los siguientes materiales:

- Formación de fondo, apisonado o relleno hasta la línea de afloramiento
- Apisonado o relleno hasta la parte superior de la tubería
- El apisonado o relleno hasta algún punto por encima de la tubería

La formación del fondo es el proceso de colocar y consolidar el material en áreas que podrían permanecer vacías o sueltas cuando se agrega el resto de relleno. Debido a que el asentamiento únicamente soporta una tira estrecha al o largo del fondo de la tubería, se usa arena o escombro para la formación del fondo a lo largo de las caras del fondo, o caras laterales de la tubería. Este material se compacta con un apisonador manual u otro tipo de herramienta. La *Figura 25* muestra algunas de las diferentes condiciones para el tendido de la tubería.

El Tipo 1 es una zanja con fondo plano, lo cual significa que el suelo en el cual descansa la tubería se mantiene sin perturbaciones. El suelo sobre el cual descansa la tubería no es del material de relleno. Este método no se recomienda cuando se tiende tubería con un diámetro mayor de 30". En el Tipo 2, la tubería descansa sin perturbaciones, el terreno tiene el fondo plano y está rodeado en su línea central con material de relleno el cual se apisona ligeramente. El Tipo 3 muestra a la tubería tendida en al menos 4" de suelo suelto el cual se nivela hasta una altura determinada. El relleno se coloca entonces en la parte superior de la tubería y se apisona ligeramente. En el Tipo 4 la tubería se coloca en al menos 4" de arena, grava o piedra triturada, dependiendo de las especificaciones. El relleno se coloca en la parte superior de la tubería y se compacta en aproximadamente un 80% de la densidad del suelo no perturbado. En el Tipo 5, la tubería se coloca en un lecho de al menos 4" de material granular compactado. El material se compacta hasta la línea central de la tubería y después se rellena hasta la parte superior de la tubería. El relleno debe ser de material granular o de suelo proveniente de la excavación original, libre de rocas, tierra congelada u otro material extraño. El relleno se compacta al 90% del suelo sin perturbar.

7.2.0 Relleno

Una sola tubería frecuentemente requiere el uso de una variedad de procedimientos de relleno para realizar el trabajo de manera efectiva y económica, al tiempo que se cumple con las especificaciones al respecto de la protección del recubrimiento y la tubería. Las excavadoras o "bulldozers" se usan comúnmente para mover los escombros del depósito de regreso al canal.

Se debe colocar el material de relleno apropiado debajo y encima de la tubería. El banco de escombros es la principal fuente para el relleno del material, pero la pérdida a través de la excavación puede requerir material adicional. El material de relleno alrededor de la tubería no debe dañar la tubería o el recubrimiento. El material adicional debe cumplir con las mismas especificaciones que la construcción original.

El relleno se tiende alrededor de la tubería de modo que soporte de manera uniforme a la tubería, reduciendo las tensiones que podrían posteriormente causar daños en la tubería. El asentado, el relleno lateral y la cubierta debe ofrecer un lecho uniforme alrededor de la tubería.

Cuando se ha completado el relleno, la superficie debe restaurase lo más fielmente posible a su condición original, incluyendo la reposición (o "makeup") de la superficie.

7.2.1 Preparación del llenado

Cualquier roca y materiales extraños dejados en el canal o en el material de relleno son peligros potenciales para la tubería y su recubrimiento. Los materiales extraños, como por ejemplo los botes, herramientas, abrazaderas o metal residual, si se dejan dentro del canal, pueden debilitar la protección contra la corrosión o dañar la tubería dentro de dicha área.

El relleno con escombro, en particular el usado para el asentado y cierre de la tubería, puede tamizarse y cribarse para retirar rocas, terrones granes y otros residuos. El escombro proveniente de un canal nuevo realizado a través de roca no puede usarse como relleno debido a la cantidad de residuos rocosos. Se deberá traer un nuevo relleno para que sirva de colchón y para rellenar la mayor parte del canal. En ocasiones el suelo ro-

CONDICIÓN DE TENDIDO	DESCRIPCIÓN
 TIPO 1	ZANJA DE FONDO PLANO RELLENO FLOJO.
 TIPO 2	ZANJA DE FONDO PLANO. RELLENE LIGERAMENTE. CONSOLIDADO A LA LÍNEA CENTRAL DEL TUBO.
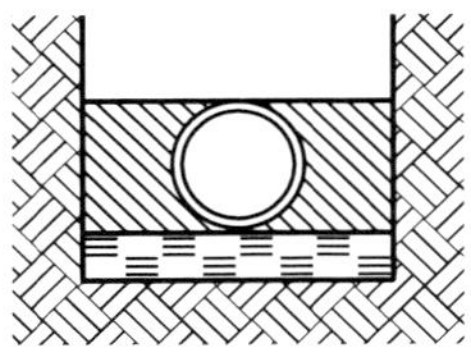 TIPO 3	TUBO ASENTADO EN SUELO FLOJO DE 4" MÍNIMO O EN MATERIAL DE ASENTAMIENTO. RELLENE LIGERAMENTE CONSOLIDADO HASTA LA PARTE SUPERIOR DEL TUBO.
 TIPO 4	TUBO ASENTADO EN ARENA, GRAVA O PIEDRA TRITURADA A UNA PROFUNDIDAD DE 1/8 DEL DIÁMETRO DEL TUBO, 4" MÍNIMO. RELLENO COMPACTADO HASTA LA PARTE SUPERIOR DEL TUBO.
 TIPO 5	TUBO ASENTADO EN SU LÍNEA VENTRAL EN MATERIAL GRANULADO COMPACTADO, 4" MÍNIMO DEBAJO DEL TUBO. GRANULAR COMPACTADO O MATERIAL SELECTO HASTA LA PARTE SUPERIOR DEL TUBO.

NOTA: Estas opciones varían según las especificaciones y la ubicación del trabajo.

106F25.EPS

Figura 25 ◆ Diferentes condiciones para el tendido de la tubería.

coso puede usarse en la parte superior del canal, mientras que las rocas sean pequeñas y se mantengan lejos de la tubería, además de usarlo únicamente hasta llegar a una pulgada debajo de la superficie. La capa final debe ser de relleno limpio o de suelo de apisonado. Si el suelo excavado se ha contaminado con productos de una fuga antes o durante la reparación, éste no deberá usarse como relleno.

Los escombros provenientes de canales cavados en tierra congelada puede ser tan peligroso como el suelo rocoso. Los terrones congelados son irregulares y duros como una roca. Se pueden usar si se trituran lo suficiente como para no representar un peligro para la tubería. Sin embargo, el suelo congelado es difícil de distribuir de manera uniforme y cuando se descongela da como resultado áreas de tubería no soportadas o un relleno no uniforme. En algunas áreas el suelo que se descongela cuando se ha excavado puede volver a congelarse en la superficie, en particular durante la noche. Este relleno podría causar los mismos problemas.

7.2.2 Retiro y colocación de los apilados de plataforma y sacos de arena

Antes de rellenar se deben retirar las plataformas. Esto sólo se puede realizar mientras se ofrezca otro apoyo debajo de la tubería. En los suelos de roca dura se deben ofrecer lechos de amortiguado de tierra, sacos de arena u otros soportes aprobados debajo de la tubería. Los materiales sintéticos también se usan con frecuencia para ofrecer una superficie de amortiguado en el fondo del canal.

7.2.3 Pasos para el relleno

El relleno de una zanja después de darle mantenimiento a una tubería es una operación delicada que tiene la finalidad de proteger a la tubería de los posibles daños. Aplique los siguientes pasos como una lista de verificación para lograr un relleno apropiado de la zanja:

Paso 1 Identifique los tipos de suelo y su capacidad para soportar la tubería. Algunos tipos de suelo se compactan mejor que otros, haciéndolos más apropiados para soportar la tubería.

Paso 2 Realice una inspección visual del material de relleno para identificar objetos extraños que podrían dañar el sistema de tuberías. Por ejemplo, use una pala para revisar un punto que contenga objetos grandes o material extraño que podría mezclarse. Si observa objetos o materiales extraños, asegúrese de que se retiren.

Paso 3 Determine cuándo el material de relleno no es apropiado para el relleno alrededor de la tubería. Recuerde que se debe usar material suave cerca del recubrimiento. Es posible que se necesite cambiar el relleno si hay muchas rocas, raíces u otro material extraño.

Paso 4 Use un material de relleno apropiado dentro de un radio de 6" de la tubería o conforme con la política de la compañía.

Paso 5 Llene de manera equivalente a ambos lados de la tubería hasta que ésta quede cubierta. Esto ayudará a prevenir el movimiento de la tubería y ofrecerá un apoyo adicional para la tubería.

Paso 6 Remate el relleno conforme con los procedimientos de la compañía. Esto se realiza normalmente para compensar el asentamiento del relleno.

NOTA

Incluya una cubierta adicional en los cruces de caminos, canales y corrientes. Estas áreas enfrentan un riesgo mayor de sufrir daños de terceros, por lo que una cubierta adicional permite ofrecer una mayor protección. En circunstancias especiales como esta, usted deberá referirse a los manuales de procedimiento, como por ejemplo el manual de cu compañía y la norma *49 CFR Parte 195*.

Paso 7 Compacte el suelo como sea apropiado para ofrecer un soporte adecuado a la tubería, el tamaño del soporte y el espaciado del soporte. Use una herramienta de apisonado, una retroexcavadora u otra herramienta apropiada. Asegúrese de saber cuándo se ha compactado la tierra de manera apropiada.

NOTA

Realice una compactación adicional en los cruces de caminos o en otros sitios en donde haya la posibilidad de que cargas muy pesadas pasen por encima de la tubería. Esto ofrece una protección adicional para la tubería. Un menor asentamiento también significa una menor probabilidad de daños de terceros.

7.3.0 Compactación del suelo

La tierra o suelo que vuelve a colocarse con frecuencia requiere compactarse para evitar una depresión causada por un asentamiento posterior y debido a que un área suelta y sin compactar es más susceptible a la erosión debido a la lluvia. Mediante la consolidación de las partículas de tierra en el relleno, la compactación también refuerza la cubierta de la tubería y aumenta la protección del lecho de relleno alrededor de la tubería.

La compactación puede realizarse haciendo pasar una aplanadora sobre el canal rellenado. Con frecuencia se usa una cubierta adicional en los cruces de caminos, canales y corrientes. Se permite una compactación adicional en los cruces de caminos y en otros sitios en donde se espera que haya cargas pesadas que crucen la tubería.

El relleno normalmente se remata después de la compactación para permitir algún asentamiento. Los **rompedores de cuneta** podrían requerirse en el declive de un canal, cuando hay cambios de nivel o en la superficie para evitar que el relleno se escape.

7.4.0 Tendido de la tubería en zanjas

La descarga apropiada de la tubería es el primer paso para el tendido de la tubería en la zanja. Esto se realiza usando cuerdas o maquinaria, dependiendo del tipo de tubería que se tiende.

El PVC se tiende fácilmente de manera manual en casi todos los tamaños de tubería. La tubería de hierro se tiende con ayuda de maquinaria debido a su peso. La mejor maquinaria para esto es un camión con grúa o columna telescópica. La tubería puede cargarse sobre el camión y la grúa se usa para colocar la tubería dentro de la zanja.

La tubería debe colocarse nivelada dentro de la zanja. Cuando se instala tubería con campana y espiga, el suelo debe cavarse debajo del acampanado para evitar que la tubería quede soportada por dicho acampanado. Si la tubería se une por medio de acoples, el suelo debe cavarse debajo de los mismos para que el peso de la tubería no recaiga sobre dichos acoples.

Al menos un fabricante ha mostrado que el uso de un terraplén es un método aceptable para el tendido de tubería. Sin embargo el cavado ofrece un asentamiento más estable y podría ser requerido por la normatividad local. La *Figura 26* muestra un método de tendido apropiado.

7.5.0 Condiciones de tendido estándar

La *Figura 27* identifica las condiciones de tendido estándar para la tubería subterránea, como se define en el *Estándar ANSI/AWWA-D150/A21.50*. Las condiciones de tendido pueden incluirse en las especificaciones del contrato en donde se trate de propiedad privada. La mayoría de las municipalidades tienen definidas las condiciones para el tendido de varios tipos de tubería subterránea para el servicio de agua en donde se involucra a la propiedad pública.

La condición de tendido definida está influenciada por la profundidad del cavado, la experiencia con el tipo de suelo local en lo que a estabilidad se refiere, independientemente de si la tubería se tiende o no debajo de áreas pavimentadas. También se pueden incluir los requisitos específicos de compactación.

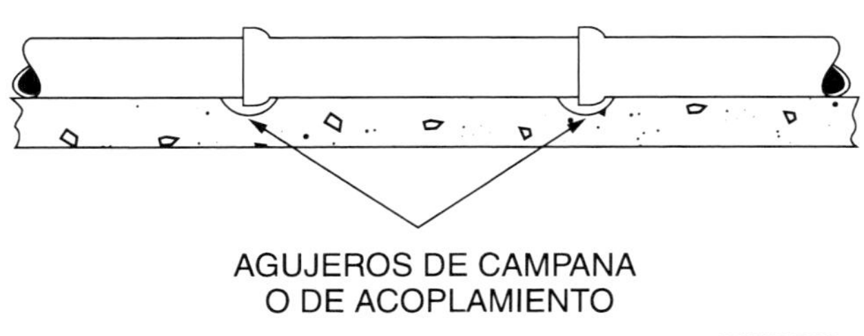

Figura 26 ◆ Método de tendido apropiado.

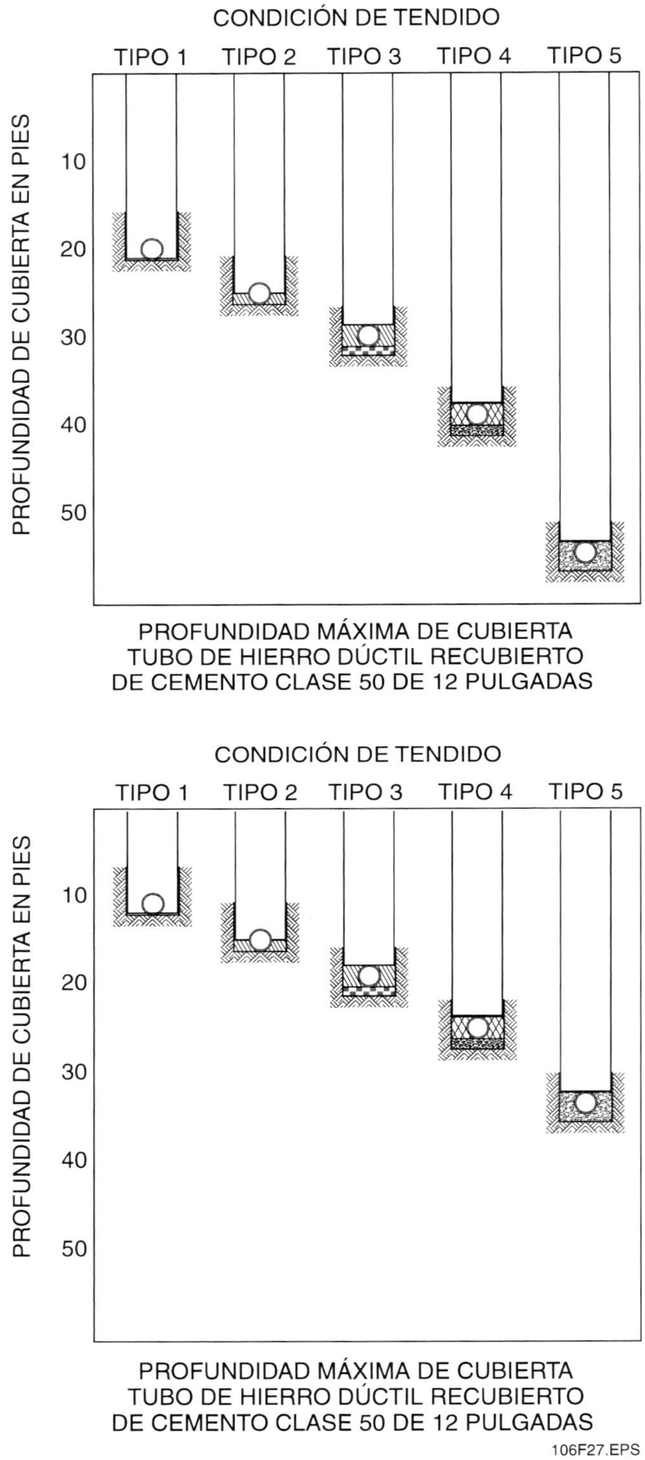

Figura 27 ◆ Efecto de la condición del tendido sobre la profundidad máxima de la cubierta.

7.6.0 Profundidad máxima de la cubierta

Los requisitos de la condición del tendido depende de las especificaciones del trabajo y afecta directamente a la profundidad máxima de la cubierta. Otros factores incluyen el tamaño y tipo de tubería, el grosor de la pared y el tipo de suelo. La *Figura 27* muestra el efecto de la condición del tendido sobre la profundidad máxima de la cubierta para el caso de tubería de hierro dúctil de 12" y 24" con revestimiento de cemento.

La tubería enterrada debe colocarse debajo de la línea de congelamiento para evitar que se congele durante los meses de invierno. Asimismo, la tubería debe colocarse a la profundidad suficiente para protegerla de otras cargas en la superficie que podrían provocarle daños mecánicos. La tubería colocada debajo de caminos, carreteras y vías de ferrocarril deben cavarse a la profundidad adecuada para prevenir cargas indebidas sobre la tubería de los rociadores. Vea las normas *NFPA 13, Estándar para la instalación de los sistemas de rociadores, Sección 10.4*, y *NFPA 24, Estándar para la instalación de líneas privadas de servicio contra incendio y sus piezas*, para obtener información adicional.

> **NOTA**
> En algunas jurisdicciones las autoridades pueden requerir una inspección antes de que se rellene la zanja.

7.7.0 Compactación

Después de que la línea de agua ha aprobado la inspección se podrá iniciar el relleno y la compactación. Algunas municipalidades obligan a determinadas medidas de compactación en el material de relleno.

> **NOTA**
> En este caso, la AHJ podría no ser el departamento de bomberos. Podría ser el departamento de suministro de agua o el de obras públicas.

En general existe una especificación para lograr el 90 al 95% de la densidad máxima alcanzable en el suelo. Un municipio típico podría requerir un mínimo del 90% de compactación bajo cualquier circunstancia, con una compactación mínima del 95% en las áreas bajo tensiones. Esto significa que el 90 al 95% del volumen es tierra y el 5 al 10% es aire. Obviamente, el material de mayor dimensión es más difícil de compactar a estos niveles en comparación con el material fino.

El proceso de compactación comienza cuando se coloca la primera capa y su apisonado dentro de la zanja. Cada capa debe tener una profundidad de 8" a 12" de profundidad. La mayoría de las zanjas se apisona usando equipo de compactación vibratorio. Estos equipos también se denominan apisonadores o aplanadoras. La *Figura 28* muestra dos tipos de compactadores

El contratista solicita una prueba del suelo a un laboratorio de pruebas aprobado por la ASTM. El laboratorio prueba el suelo para detectar su contenido de humedad y presenta una curva de **vigilancia**. Una curva de vigilancia es una curva de densidad de la humedad. Ésta determina si se necesita o no agregar tierra con la finalidad de cumplir con los criterios de compactación que podrían requerirse en el trabajo.

Si el suelo de la primera prueba pasa la inspección, se podrán agregar posteriormente las siguientes capas. Las pruebas deben realizarse para cada capa.

Dos de los métodos más comunes para realizar esta prueba son el método del cono de arena y el método de prueba nuclear. El método del cono de arena requiere un tiempo de 24 horas para cada capa de tierra. Después que se ha compactado una capa de tierra, se toma una muestra para cada 75' a 100' de la zanja. La muestra se envía al laboratorio de pruebas. La propia prueba requiere de 16 horas, conforme a las normas de la ASTM. Si la capa se aprueba, se podrá colocar una capa adicional, con la toma de una muestra de tierra

COMPACTADOR DE SUELO DE PLACA PLANA

BARRA DE APISONADO DE TUBOS

106F28.EPS

Figura 28 ◆ Compactadores.

que se lleva al laboratorio y que se somete a la prueba de 16 horas. Dado que esto debe hacerse capa por capa, una zanja subterránea promedio puede requerir semanas para su llenado.

Las pruebas nucleares de suelo no requieren de tanto tiempo como las pruebas que usan el método del cono de arena. El inspector se encuentra en el lugar de trabajo mientras se coloca cada una de las capas. Como en el caso del método del cono de arena, el suelo se somete a pruebas capa por capa cada 75' a 100'; sin embargo el suelo puede probarse en el lugar, lo cual ahorra los numerosos viajes de ida y regreso al laboratorio. Los probadores de tipo nuclear funcionan como contadores Geiger. Una sonda que contiene partículas radioactivas se coloca a una distancia de aproximadamente 6" dentro del suelo, para después activarse. Entonces se envían impulsos al suelo, los cuales se reflejan de regreso al equipo de prueba para su registro. Entre mayor sea la compactación del suelo, menor será el número de impulsos reflejados de regreso.

El momento en que se hacen estas pruebas es muy importante. Por ejemplo, si se usa el método del cono de arena en un día soleado, el suelo se deberá someter a la prueba al 95%. Pero supongamos que ocurre una tormenta por la noche y la tierra se satura. Esto puede cambiar la lectura hasta el punto de que el suelo no apruebe el requisito de compactación y deba secarse antes de poder agregar capas adicionales.

El tipo de suelo usado de relleno también tiene un papel preponderante en el proceso de compactación. Si el suelo es arenoso, se requerirá más humedad para cumplir con el porcentaje especificado para la compactación. El suelo arcilloso se compactará de manera sólida con una menor cantidad de humedad. Si el suelo se mezcla y se toma una muestra en donde hay sacos de arena o residuos de consistencia dura, la prueba puede fallar. Por ello es importante que el material de relleno se mezcle completamente y que se triture cualquier residuo de consistencia dura. No es aconsejable mezclar suelos de arcilla y arenosos debido a la dificultad de combinar ambos sin que se genere un exceso de agua en la arcilla.

8.0.0 ◆ INSTALACIONES DE TUBERÍA SUBTERRÁNEA

Los requisitos mínimos para la tubería y piezas usadas para los sistemas subterráneos de los sistemas contra incendio se especifican en la norma *NFPA 13* y *NFPA 24*. Se podrán imponer especificaciones más detalladas por parte del ingeniero de proyecto en sus especificaciones, o por la autoridad municipal en sus especificaciones generales.

La selección de tubería también se ve afectada de acuerdo a cómo se utiliza la tubería, ya sea como línea privada o como parte del sistema de servicio municipal. Otras consideraciones incluyen la facilidad de instalación, el costo de la tubería y los códigos locales. Algunas de éstas llegan a ser requisitos para la construcción. Otras son decisiones tomadas por la compañía que realiza la instalación.

8.1.0 Tubería de hierro fundido

La tubería de hiero fundido, también conocida como tubería para uso subterráneo, se ha usado para las líneas de suministro de agua por cerca de 500 años. Algunos estudios señalan que el 96% de las líneas de agua originales de hierro fundido instaladas aún siguen en servicio actualmente.

El proceso de la tubería de hierro fundido ha pasado por muchos cambios. Un cambio importante ocurrió en 1914. El ingeniero De Lavaud desarrolló el proceso de formado por centrifugado. En el proceso De Lavaud, la tubería se funde por centrifugado en moldes enfriados con agua. Esto genera un tubo uniforme con una resistencia superior y a un menor costo que en los métodos previos. Actualmente la tubería de hierro fundido para agua ya no se fabrica. Para los trabajos de rociadores contra incendios este material se ha reemplazado por el hierro dúctil.

8.2.0 Tubería de hierro dúctil (fundición nodular)

La fabricación de hiero nodular (hierro fundido nodular) comenzó en 1960. De manera general se puede afirmar que el hierro dúctil es un producto intermedio entre el hierro fundido y el acero. En lo referente a la resistencia al impacto es comparable a los grados usuales de hierro al carbón dulce. Esta material presenta un buen grado de hermeticidad a la presión bajo tensiones elevadas. Puede unirse con soldadura blanda y fuerte y es resistente a la corrosión.

8.3.0 Tubería de cloruro de polivinilo (PVC)

El PVC ha aumentado su popularidad en las líneas de suministro de agua y de sistemas contra incendio. Su bajo peso facilita su carga, transporte y manejo. La facilidad de instalación de la tubería de PVC la vuelven una opción económica. El PVC no se ve afectado por las condiciones químicas del agua o el suelo.

La tubería de PVC se construye con un interior liso el cual se conserva por muchos años de servi-

A NIVEL

Seguridad con la grúa

Los trabajadores dentro del área de la construcción usan de manera rutinaria dispositivos de elevación, como se muestra aquí. Las grúas varían en tamaño y en el manejo de diferentes tipos de carga. Estos equipos se encuentran entre el equipo pesado más comúnmente utilizado y puede ser asimismo el más peligroso. Usted deberá comprender y seguir todos los requisitos de seguridad cuando trabaje alrededor de las grúas.

106SA04.EPS

cio sin pérdidas en la capacidad de transporte. Debido a que es un material no metálico no pierde resistencia debido a la corrosión galvánica o a la corrosión debida al agua potable. Está disponible en tamaños que son compatibles con las piezas de hierro fundido y dúctil. Esto permite realizar conexiones sin necesidad de adaptadores especiales o procedimientos complicados. Refiérase como pauta a las instrucciones del fabricante.

¿SABÍA USTED?

El hombre comprendió cómo usar el acero mucho antes que en el resto de los metales. El hombre prehistórico usó el hierro de los meteoritos para elaborar herramientas, armas y otros objetos. Las herramientas y armas de hierro más refinadas se elaboraron durante la Edad del Hierro, la cual comenzó aproximadamente en el año 1200 a.C. en el cercano oriente. Hasta el siglo XIX, el hierro fue el principal metal industrial. Con el advenimiento de la Revolución Industrial a mediados del siglo XIX, los fabricante descubrieron una forma económica de fabricar acero (una mezcla de hierro y carbón). El acero rápidamente desplazó al hierro como material básico para la fabricación de herramientas y equipo para la industria.

8.3.1 CPVC

La tubería de cloruro de polivinilo clorinado (CPVC) está certificada para usarse en instalaciones subterráneas. Refiérase a las instrucciones de instalación aprobadas del fabricante para conocer las tolerancias para la desviación del relleno y los tiempos de curado. El CPVC no requiere bloques de compresión.

8.4.0 Unión restringida de PVC

La unión restringida de PVC es la primera unión restringida no metálica diseñada para usarse con los sistemas municipales de suministro de agua y sistemas de protección contra incendio. La unión restringida de PVC elimina las varillas y pernos adicionales para restringir la unión. Su finalidad es eliminar los costosos bloques de compresión de concreto dentro de un sistema de suministro de agua con un diseño apropiado La tubería de PVC debe cumplir con los requisitos de rendimiento de la norma *AWWA C900, Estándar para la tubería a presión de Cloruro de Polivinilo (PVC), de 4" a 12" para distribución de agua,* además de que se entregará con diámetros exteriores equivalentes a la tubería de hierro fundido con uniones restringidas con junta de hule (o goma).

La unión restringida de PVC está clasificada para una presión de trabajo de 150 libras por pulgada cuadrada y se ensambla con piezas de tubería de hierro dúctil con adaptadores restringidos de cuello de unión mecánica. Este tipo de tubería y acoples de PVC ofrecen una unión restringida por medio del uso de acanalados maquinados con precisión sobre la tubería y dentro del acople. Cuando se alinean, estos acanalados permiten la inserción de una tira, con lo que se obtiene una unión completamente restringida que mantiene unidos al acople y la tubería. Una junta de collarín "O" flexible en el acople ofrece un sello de presión hidráulico.

8.5.0 Tubería epóxica reforzada con fibra de vidrio

Alguna vez se fabricó un tipo de tubería con material epóxico y filamentos de fibra de vidrio como refuerzo, para servicios subterráneos. El nombre comercial de esta tubería era Permastran®. Su tendencia a sufrir daños con los impactos hacían difícil su manejo. Otra desventaja era su tendencia a deformarse con el tiempo dentro del canal como resultado de procedimientos descuidados de instalación o de empacado del relleno de la parte superior. Este tipo de material ya no se encuentra en el mercado. Puede reconocerse por su construcción de pared delgada y su apariencia translúcida verdosa. Cuando se repara o modifica la tubería subterránea, se debe considerar el cambio de este tipo de tuberías por otros tipos más confiables.

8.6.0 Identificación de la tubería

La presión de trabajo de una tubería está determinada por el tamaño y clase de la tubería. Por ejemplo, una tubería de hierro dúctil de 12", Clase 50 tiene una presión de trabajo de 250 libras por pulgada cuadrada.

La clasificación de la clase también indica el grosor de la pared de la tubería. La *Tabla 4* relaciona la clase con el grosor de la pared para la tubería de hierro dúctil.

¿SABÍA USTED?

Aunque los materiales plásticos se volvieron populares en las décadas de los 50 y 60, los plásticos datan de hace más de un siglo con la introducción del celuloide en el año de 1870. En la década de los 30 y 40 se presentaron el Lucite™, el Plexiglas™ y el nylon. El PVC fue el primer plástico usado en tuberías y estuvo bajo desarrollo en la década de los 30.

8.7.0 Tipos de tubería aprobados

Las diversas agencias son responsables de la clasificación y aprobación de los diversos tipos de tubería utilizados en las instalaciones subterráneas. Las agencias a las que se hace referencia con más frecuencia en este texto son: American Water Works Association (AWWA), American National Standards Institute (ANSI) y American Society for Testing and Materials International (ASTM). Cada una de estas agencias establece los estándares mínimos para la producción de los materiales usados en todas las industrias. Estos estándares se establecen teniendo en mente la seguridad, salud y bienestar del consumidor, así como las necesidades económicas del público. La *Tabla 5* muestra los estándares aplicables a la producción y uso de los diversos tipos de tubería subterránea.

NFPA 24 requiere que la tubería usada en los sistemas contra incendio se encuentre Certificada para este tipo de servicio y que cumpla con los estándares AWWA, cuando se requiera. La norma *NFPA 24* requiere además que el tipo y clase de tubería para una instalación particular se determine a través de la consideración de su resistencia al fuego, la presión de trabajo máxima, la condición del tendido en la que se instalará, las condiciones del suelo, la corrosión y la susceptibilidad de la tubería a las cargas externas. Las cargas externas incluyen las cargas del suelo, de los edificios y del tráfico o cargas de los vehículos. La tubería usada para servicio contra incendio debe diseñarse para soportar una presión de trabajo no menor de 150 libras por pulgada cuadrada.

La NFPA también requiere un revestimiento de cemento. Este revestimiento reduce enormemente el fenómeno de ensuciamiento al interior de la tubería. El ensuciamiento es la acumulación de productos de incrustación y de óxido al interior de la tubería. En las tuberías sin recubrimiento este material se acumula en todo el diámetro interior de la mismas. La reducción resultante en el diámetro interno provoca pérdidas drásticas de presión y flujo que pueden inutilizar el sistema de tubería.

El revestimiento de cemento se vierte cuando se fabrica la tubería. Se debe tener mucho cuidado para evitar dañar el revestimiento. Cualquier punto dañado puede dar como resultado la acumulación de materia extraña con el paso del tiempo. Este a su vez destruye las características del flujo dentro de la tubería. El revestimiento puede picarse debido a los golpes con martillo o se pueden formar fisuras si la tubería se deja caer del camión.

Tabla 4A Clase y grosor de la pared (1 de 2)

Tubo de hierro dúctil (1)			
Juntura de presión (clases de presión)			
Tubo Tamaño (2)	Presión Clase	Grosor	Diámetro Externo
12	350	0.28	13.20
16	250	0.30	17.40
	300	0.32	17.40
	350	0.34	17.40
Juntura mecánica (clases especiales)			
Identificador nominal	Clase de grosor ANSI		Diámetro externo del tubo
12	50		13.20
	51		13.20
	52		13.20
	53		13.20
	54		13.20
	55		13.20
	56		13.20
16	50		17.40
	51		17.40
	52		17.40
	53		17.40
	54		17.40
	55		17.40
	56		17.40
Juntura de presión (clases de presión)			
Identificador nominal	Clase de grosor ANSI		Diámetro externo del tubo
12	50		13.20
	51		13.20
	52		13.20
	53		13.20
	54		13.20
	55		13.20
	56		13.20
16	50		17.40
	51		17.40
	52		17.40
	53		17.40
	54		17.40
	55		17.40
	56		17.40

106T04A.EPS

8.8.0 Uniones de la tubería

El unir apropiadamente la tubería con la ayuda de piezas es el aspecto más importante del tendido de la tubería. Si las uniones no se ajustan de manera apropiada se pueden presentar fugas.

Tabla 4B Clase y grosor de la pared (2 de 2)

Tubo de distribución de agua municipal de PVC C900(1)				
DR 25 – CLASE 100				
Tamaño nominal	Diámetro externo del tubo	Grosor mínimo de la pared	Diámetro interno	Diámetro externo de la campana
4	4.800	0.192	4.416	6.10
6	6.900	0.276	6.348	8.25
8	9.050	0.362	8.326	11.25
10	11.100	0.444	10.212	13.25
12	13.200	0.528	12.144	16.00
DR 18 – CLASE 150				
4	4.800	0.267	4.266	6.20
6	6.900	0.383	6.134	8.25
8	9.050	0.503	8.044	11.25
10	11.100	0.617	9.866	13.25
12	13.200	0.733	11.734	16.25
DR 14 – CLASE 200				
4	4.800	0.343	4.114	6.36
6	6.900	0.493	5.914	8.50
8	9.050	0.646	7.758	11.50
10	11.100	0.793	9.514	13.75
12	13.200	0.943	11.314	16.50

Notas

1. Respecto de otros tamaños de tubo y de tubos no registrados para servicio de incendios, consulte las hojas de datos del fabricante. Vea las hojas de datos del fabricante respecto de otros tipos de tubo, como cemento de asbesto, tubo de concreto de presión y CPVC. Asimismo, podría encontrar tubos que ya no se fabrican (hierro forjado). Si este es el caso, consulte la información en las hojas de datos del fabricante.
2. Todas las medidas son en pulgadas.

106T04B.EPS

Tabla 5 Tubería aprobada

Material	Fuente	Estándar
Tubo de agua de hierro forjado (molde de metal forjado)	ANSI	A21.6-197
Tubo de agua de hierro forjado (molde de arena revestida)	ANSI	A21.8-1975
Tubo de hierro dúctil (molde de metal forjado)	ANSI	C150-C151
	AWWA	A21.50, A21.51
Tubo de cloruro de polivinilo (Programa 40, 80, 120) (Clase 100, 150, 200)	ASTM	D1785-76
	AWWA	C-900

106T05.EPS

Esto no sólo es una preocupación de tipo económico. También es un problema de seguridad. Las fugas pueden dañar el asentamiento, provocando que la tubería se mueva y que ocurran algunos desprendimientos.

La mayoría de los fabricantes de tubería publican instrucciones detalladas acerca del ensamble e instalación de su tubería. Esta es la mejor fuente de información si hay dudas acerca de un procedimiento.

8.8.1 Tubería con uniones mecánicas

La tubería con uniones mecánicas generalmente se ofrece con longitudes de 18'. El grosor de la pared varía para los diferentes tamaños y clases de tubería.

La propia unión consiste en un acampanado especial en la tubería, que incluye una brida, con un collarín de seguimiento o casquillo de hierro fundido, una junta de hule (o goma) y los pernos y tuercas necesarios (*Figura 29*).

Las pruebas han demostrado que un sello con junta de hule (o goma) dentro de una unión resiste tanto como la propia tubería. La junta no se deteriora debido a que el hule (o goma) se comprime en un espacio libre de aire y relativamente templado y sin exponerse a la luz. Muy poca superficie de las juntas, si acaso, se expone al flujo de agua que pasa a través de la tubería. Aplique los siguientes pasos para el montaje de una unión mecánica:

Paso 1 Sumerja la junta en un cubo de agua con jabón. Si la temperatura se encuentra por debajo del punto de congelación, utilice glicerina en vez de agua.

Paso 2 Deslice el casquillo dentro de la tubería, con la extensión del borde del casquillo orientado hacia la unión.

Paso 3 Deslice la junta en la tubería con su borde grueso hacia el casquillo.

Paso 4 Limpie el interior del acampanado y los extremos de espiga de la tubería y empuje el extremo de espiga hacia su asiento en el acampanado.

Paso 5 Presionela junta con sus dedos para colocarla en su posición (o use un martillo), asegurándose que se asiente de manera uniforme alrededor de la unión.

Paso 6 Mueva el casquillo hasta su posición en contra de la cara de la junta.

Paso 7 Inserte los pernos y apriételos con los dedos.

Paso 8 Apriete todos los pernos de manera uniforme usando una llave de trinquete (*Figura 30*).

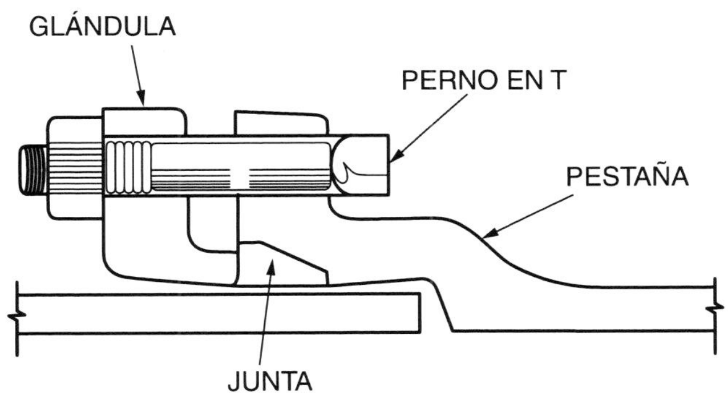

106F29.EPS

Figura 29 ◆ Unión mecánica.

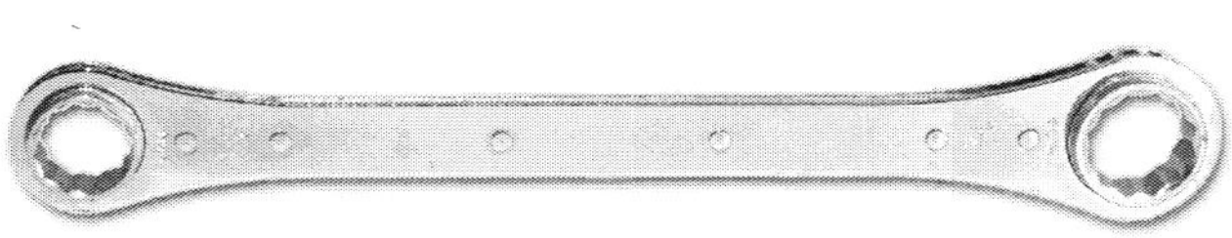

106F30.EPS

Figura 30 ◆ Llave de trinquete a través del perno.

Todos las piezas de unión con pernos (partes metálicas) deben limpiarse y cubrirse completamente con asfalto u otro material retardante de la corrosión después de la instalación y conforme con la norma *NFPA 24*.

8.8.2 Uniones deslizantes

Las uniones deslizantes son básicamente uniones de embonado. El interior del casquillo, la junta y el extremo plano de la tubería deben mantenerse limpios durante todo el montaje. Las uniones serán impermeables sólo si se mantienen limpias durante su ensamblado. Aplique los siguientes pasos para el montaje de una unión deslizante:

Paso 1 Retire toda la materia extraña del casquillo (como por ejemplo el lodo, arena, escoria, grava, guijarros, basura o material congelado).

Paso 2 Inspeccione cuidadosamente la junta hasta asegurarse que se encuentre limpia.

PRECAUCIÓN

La materia extraña dentro del asiento de la junta puede causar una fuga. Asegúrese de limpiar la junta con un paño limpio.

Paso 3 Coloque la junta dentro del casquillo, con el extremo redondeado entrando primero.

Paso 4 Inspeccione que la zapata la junta se asiente de manera uniforme alrededor del fondo del retén.

NOTA

Cuando se instala una junta deslizante en un clima por debajo del punto de congelación, antes de usar la junta éste se debe mantener una temperatura de al menos 40°F. Debe mantener las juntas en un área calentada o inmersas en agua caliente. Las juntas sumergidas en agua caliente se deben secar antes de colocarlas en el casquillo de la tubería.

Paso 5 Aplique una capa de lubricante en la superficie interna de la junta que entrará en contacto con el extremo plano de la tubería.

Paso 6 Limpie el extremo plano de la tubería para retirar toda la materia extraña del exterior, desde el extremo de la tubería hasta los cortes.

PRECAUCIÓN

En climas fríos, se deberá retirar el material congelado que podría adherirse a la tubería. En algunos casos es deseable aplicar una capa delgada de lubricante al exterior de la tubería hasta una distancia de aproximadamente 3" detrás del extremo de la tubería. No permita que el extremo plano o el lado de la zanja toque el suelo después de la lubricación, pues podría adherirse materia extraña en el extremo plano provocando posteriormente fugas. No deberán usarse lubricantes que no se suministren junto con la tubería.

Paso 7 Debe alinear el extremo plano de la tubería y el casquillo.

Paso 8 Inserte el extremo plano de la tubería dentro del casquillo hasta que el extremo entre en contacto con la junta.

Paso 9 Aplique fuerza para que el extremo plano de la tubería pase la junta y hasta que entre en contacto con el fondo del casquillo. La primera línea pintada en el extremo plano de la tubería tendrá que haber desaparecido dentro del casquillo y el borde frontal de la segunda tira deberá quedar aproximadamente al ras con la cara acampanada. Si el montaje no se realiza con la aplicación de una fuerza razonable por medio de los métodos indicados, el extremo plano de la tubería deberá retirarse para revisar que la junta se haya colocado de manera apropiada, que la lubricación sea adecuada y que se haya retirado la materia extraña de la unión. La *Figura 31* muestra los pasos para el ensamblado.

8.8.3 Unión de la tubería de PVC

Cuando se une tubería de PVC, como en el caso del resto de la tubería, se deberá limpiar el collarín, el acanalado del collarín, así como el extremo de la espiga y el extremo acampanado de la tubería. El collarín de hule (o goma) no se asentará de forma apropiada si está presente cualquier materia extraña. Un mal asentamiento del collarín de hule (o goma) puede provocar fugas. También es muy importante que el collarín no se encuentre lubricado. En años recientes muchos fabricantes han comenzado a comercializar tubería de PVC con el collarín ya instalado. Aplique los siguientes pasos para la unión de tubería de PVC:

Paso 1 Limpie el collarín con un paño seco.

Paso 2 Inserte el collarín dentro del acanalado con la marca de color orientada hacia el exterior del acampanado.

Paso 3 Limpie el extremo de la tubería alrededor de toda la circunferencia de la espiga hasta 1" más allá de la marca de referencia.

Paso 4 Lubrique el extremo de la espiga de la tubería. Asegúrese de cubrir toda la circunferencia, poniendo particular atención al extremo avellanado de la espiga. El recubrimiento debe ser equivalente a una mano de pintura de esmalte aplicada con brocha. No lubrique el collarín o el acanalado para el collarín en el acampanado. La lubricación en estos sitios provoca que el collarín de hule (o goma) se desplace.

Paso 5 Después de lubricar el extremo de espiga de la tubería, tenga precaución para mantenerlo limpio y libre de residuos u otra materia extraña. Si el extremo lubricado se ensucia, éste deberá limpiarse y después volver a lubricarse.

Paso 6 Inserte el extremo de la espiga dentro del extremo acampanado de modo que éste entre en contacto con el collarín de hule (o goma).

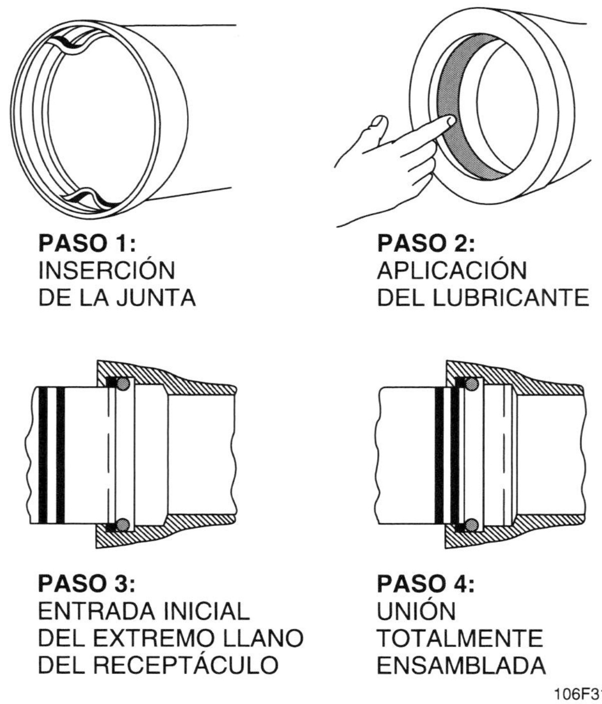

Figura 31 ◆ Pasos para el ensamblado de la tubería con uniones deslizantes.

Paso 7 Alinee as secciones de la tubería y empuje el extremo de espiga hasta que la marca de la referencia en el extremo de espiga quede al ras con el extremo acampanado.

> **NOTA**
> El método recomendado para el ensamblado usa una barra y un bloque de madera; sin embargo pueden usarse otros sistemas de tracción como por ejemplo la palanca o dispositivo de tensado.

8.9.0 Herramientas usadas para la unión de la tubería

Se usan muchos tipos de herramientas para la unión de tubería subterránea. En las siguientes secciones se explicarán los tipos de herramientas básicas usadas para la unión de la tubería.

8.9.1 Barra y bloque

Este método para la unión de la tubería puede usarse siempre que el suelo sobre el cual se tiende la tubería sea firme. Se coloca un bloque de madera en contra del extremo abierto de la tubería, del lado opuesto del extremo que se está uniendo. Mueva la barra hasta el fondo de la zanja, después aplique una presión hacia el frente en contra del bloque de madera para colocar la tubería en su posición inicial. El bloque de madera ofrece un empuje directamente por la línea central. Esto también protege a la tubería o acople del daño causado por la barra. La *Figura 32* muestra el método de la barra y el bloque.

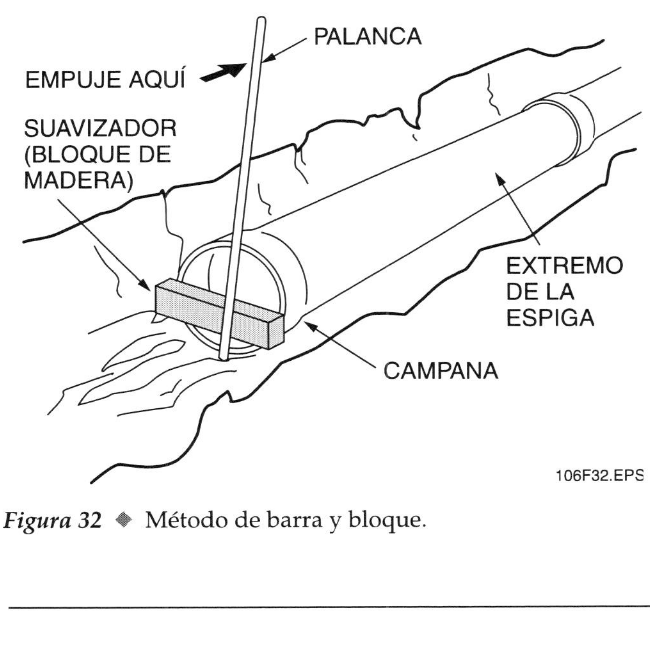

Figura 32 ◆ Método de barra y bloque.

8.9.2 Palanca de tracción

Las palancas de tracción se usan con frecuencia para unir los tramos de tubería. La palanca se usa para accionar la cadena. Uno de los extremos de tracción se une al extremo acampanado de la tubería. Este es el lado estacionario. El otro extremo de la cadena se coloca del lado de espiga de la tubería. Este es el extremo en donde tiene lugar la acción de tracción. Al accionar la palanca hacia el frente y atrás, los engranajes tiran de la cadena a través de la herramienta para unir los dos tramos de tubería. La *Figura 33* muestra una palanca de tracción.

8.10.0 Corte de la tubería en el lugar de trabajo

> **¡ADVERTENCIA!**
> Nunca use la sierra si la guarda inferior no está sujetada adecuadamente. Cuando utilice una sierra use siempre el equipo de protección personal apropiado, incluyendo protección para los ojos y un casco.

Existen ocasiones en que se requiere realizar el corte de la tubería en el sitio de trabajo. Cuando se haga esto, el extremo de la tubería cortada deberá acondicionarse para garantizar una unión adecuada. Existen muchas herramientas para cortar la tubería, incluyendo la sierra abrasiva.

8.10.1 Tubería de hierro dúctil

Use un cortador giratorio eléctrico para cortar la tubería de hierro dúctil. Debido a su resistencia, la tubería de hierro no puede cortarse con corta-

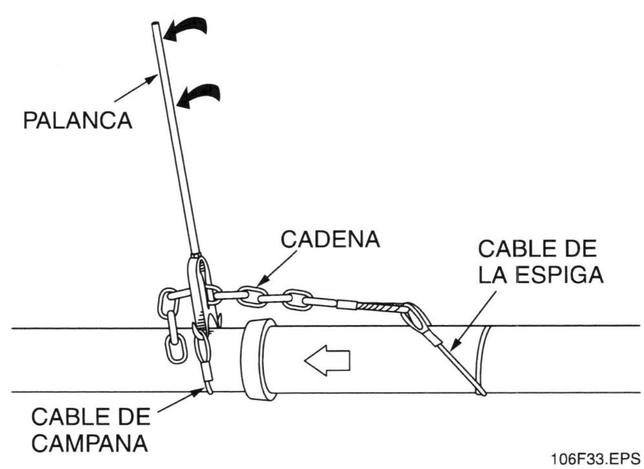

Figura 33 ◆ Palanca de tracción.

dores de cadena. Los cortadores con bisagra y cuatro ruedas funcionan mejor en cuartos cerrados y para la tubería larga se puede usar un cortador giratorio manual. El extremo del corte debe avellanarse una longitud de ¼" y a un ángulo de 30°. Esto puede realizarse con una lima gruesa, un esmerilador o lijadora portátil. La clave es retirar cualquier borde áspero o filoso que pudiese dañar la junta.

8.10.2 Tubería de PVC

La tubería de PVC es fácil de cortar con una segueta de dientes finos, una sierra manual o una sierra eléctrica portátil. Si se usa una sierra eléctrica portátil, use una sierra de acero o una rueda abrasiva. También es muy importante que el corte sea perpendicular con respecto la línea central de la tubería. Esto puede lograrse mejor si la tubería se marca alrededor de toda su circunferencia antes de realizar el corte.

Como en el caso de la tubería de hierro dúctil, la tubería de PVC también debe avellanarse en el extremo. Esto se realiza fácilmente con herramientas de avellanado, las cuales están disponibles con los proveedores de tubería. También se puede usar una lima fina, una lijadora portátil o un esmerilador con disco abrasivo. El ángulo y la conicidad pueden determinarse usando como guía un extremo avellanado en la fábrica.

8.11.0 Colocación de manguitos

El propósito de los manguitos es retirar cargas físicas indeseables que de otra forma se aplicarían a la tubería. Los ejemplos en donde es deseable la colocación de manguitos en la tubería subterránea es en los cruces de caminos, los cruces de ferrocarril y en las áreas en donde hay penetración del piso y de la viga de soporte. También se requerirá la colocación de manguitos si la tubería se tiende en suelo con propiedades cambiantes.

En la mayoría de los casos, la colocación de manguitos debe ser vertical u horizontal. La colocación de manguitos siempre debe realizarse de manera alienada y conforme a lo señalado en los diagramas. Una mala alineación puede provocar que la tubería obstruya el paso interno, lo cual empeora la condición de carga en vez de mejorarla.

Debajo de los cruces de caminos y trenes, en donde la carga vehicular es un problema, podría esperarse que la tubería descanse en el fondo del manguito. En donde el objetivo sea la protección sísmica o la protección contra los cambios en el suelo, la tubería deberá centrarse dentro del manguito.

¿SABÍA USTED?

La roca con concentraciones altas de hierro se denomina mena de hierro. Esta mena se obtiene de minas en el subsuelo. Para convertir la mena de hierro en productos de hierro, los fabricantes refinan la mena para retirar las impurezas. El refinamiento del hierro requiere un calor extremo y un agente reductor para retirar el oxígeno de la mena de hierro. Este agente reductor, llamado coque, es una sustancia negra o grisácea compuesta principalmente de carbón. Cuando se quema el coque, este genera un calor intenso y retira el oxígeno de la mena de hierro. También se agrega piedra caliza al coque para retirarle al acero los minerales no deseados, como por ejemplo el azufre y el fósforo. El resultado es hierro refinado que los fabricantes pueden usar en la manufactura de productos de hierro.

El material más común para los manguitos es la tubería de acero. En las aplicaciones subterráneas cubiertas con tierra, la clase de material del manguito debe ser al menos igual al de la tubería que se está protegiendo. En donde la función del manguito sea principalmente una forma para concreto se podrán usar otros materiales. Esto incluye tubería de peso ligero, manguitos formados de hojas metálicas, tubos conduit y fibra de madera. La decisión del material a usar estará determinada por el costo, la disponibilidad, las especificaciones y los códigos locales.

8.11.1 Tamaño y localización

En la norma *NFPA 13*, las disposiciones para la protección sísmica especifican un espaciamiento de al menos 1" alrededor de las tuberías de 1" a 3½" y de 2" en todo alrededor para tuberías de 4" o mayores. Si el manguito se fabrica de tubería, se podrá usar una tubería de tamaño nominal de 2" o mayor que la tubería que se está protegiendo, en el caso de tubería de 1" a 3½". Para las tuberías de 4" y mayores se podrá usar una tubería con un tamaño nominal de 4" mayor al de al tubería protegida.

Cuando se pasa a través del suelo y las vigas de nivel, los manguitos siempre deben localizarse con respecto a un objeto fijo, como por ejemplo la línea central de una viga, una columna o cualquier otro punto fijo sobre la cara de una pared. Se deberá especificar el tamaño de la tubería que pasará a través del manguito, así como el tamaño y tipo de manguito.

8.11.2 Calafateo

Es necesario calafatear entre la tubería que pasa dentro del manguito y el interior del propio manguito. Esto previene el paso del agua de un área a otra. En el caso de las cubiertas de tierra, se deberá prevenir de forma similar la entrada de tierra. Esto reduce la probabilidad de fracturas en la tubería provocadas por tensiones o movimientos menores del suelo.

8.12.0 Líneas de derivación

Las tres vías de derivación de una línea de agua requieren una evaluación. Para una derivación seca de más de 2", la línea se puede cortar y derivar con una "T" mecánica, con un manguito de corte e inserción o un casquillo sólido. Estos casquillos se fabrican en longitudes cortas y largas. La longitud de 12" ofrece una mayor flexibilidad en el corte de la tubería y es preferible siempre que el espacio lo permita. Para una derivación húmeda de más de 2" se deberá usar un casquillo de derivación y una válvula de derivación. Para una derivación de 2" o menos se usa un tapón de incorporación (es un ensamble usado para inyectar productos químicos por el centro de la corriente). Se deberá usar un manguito de corte e inserción con una "T" de unión mecánica para una derivación seca de una línea principal de agua ya existente. Para este propósito también se puede usar un casquillo sólido. Los casquillos sólidos son menos caros y más fácilmente disponibles. La *Figura 34* muestra un manguito de corte e inserción.

> **¡ADVERTENCIA!**
> Antes de cortar por una pared o partición, averigüe que hay adentro de la pared o del otro lado de la partición. Evite afectar las tuberías de agua y el cableado eléctrico.

El siguiente procedimiento general se aplica en donde el tamaño de la salida es mayor de 2". Se requieren tres elementos: una "T" mecánica o con brida, un manguito de unión mecánica (largo o corto), y una válvula de compuerta. Aplique los siguientes pasos para derivar una línea:

Paso 1 Desconecte el agua en ambos extremos de la sección que se va a derivar.

Paso 2 Limpie el exterior de las líneas principales de modo que puedan aceptar la unión tanto de la "T" por un extremo como del casquillo por el otro. Se debe retirar de la sección de trabajo todo el escombro, arena y arcilla.

Paso 3 Corte un segmento de la línea principal, dejando un espacio suficiente para deslizar la "T" hasta su sitio.

Paso 4 Retire las rebabas y avellane los extremos de la línea principal como se requiera para permitir que el sistema de piezas se deslice hasta su sitio y se selle de manera apropiada.

Paso 5 Inspeccione y limpie el interior de la línea principal como sea necesario para eliminar cualquier material extraño.

Paso 6 Deslice el collar, la junta y el manguito (en ese orden) del lado apropiado de la línea principal.

Paso 7 Coloque el collar y la junta en la línea principal por el otro lado.

Paso 8 Deslice la "T" en su sitio, del lado acampando. Apóyela en la línea principal y sostenga el otro lado desde el fondo del canal.

Paso 9 Coloque al ras el casquillo con la "T" del otro lado.

Paso 10 Gire la "T" hasta que el lado de salida se encuentre horizontal y colocado apropiadamente.

Paso 11 Coloque el relleno, el bloque de compresión o soporte la "T" en la posición apropiada, dejando espacio para la observación de la unión bajo presión.

Paso 12 Coloque al ras ambas uniones en la línea principal, cuando se haya colocado la "T".

Paso 13 Inspeccione de nuevo del lado de la salida para identificar y retirar cualquier material extraño.

Paso 14 Instale la válvula de compuerta de lado de la salida.

106F34.EPS

Figura 34 ◆ Manguito de corte e inserción.

Paso 15 Siga los procedimientos estándar y los requisitos para la instalación del contrapeso de la tubería, el bloque de compresión, realizar la prueba, la cloración y la inspección.

8.12.1 Derivación de líneas húmedas

La *Figura 35* muestra un manguito de derivación y la válvula de derivación que va junto con dicho manguito. Esta es una válvula de compuerta especial con una abertura mayor a la normal que permite que el taladro de derivación corte un orificio a tamaño completo en la línea que se está bifurcando.

Este arreglo se usa para derivar una línea sin interrumpir el servicio de agua hacia los usuarios ya existentes. Los elementos requeridos son un manguito de derivación, una válvula de derivación y un taladro. Aplique los siguientes pasos para realizar una derivación con un manguito:

Paso 1 Mida el diámetro exterior para determinar el tipo y tamaño de la línea principal de agua. Esta medición determina el grosor y tipo de juntas requeridas para el manguito. La tubería fundida con rebaje requiere juntas de ⅝". La tubería formada por centrifugado requiere juntas de ¾".

Paso 2 Cuando la tubería está expuesta, limpie con cuidado toda la sección en donde se sujetará el casquillo, dejando al menos 6" de superficie limpia adicional a cada lado del sitio de montaje deseado.

Paso 3 Instale el manguito subterráneo, con la salida debidamente orientada y siguiendo las instrucciones del fabricante.

Paso 4 Una la válvula de derivación a la brida de salida.

Paso 5 Con la válvula cerrada, monte el taladro. El taladro se encuentra en un compartimiento impermeable.

Paso 6 Abra la válvula y haga avanzar el taladro.

Paso 7 Corte el orificio apropiado en la línea principal.

Paso 8 Retire el taladro y el corte (la pieza circular de tubería que se ha retirado con el cortador).

Paso 9 Cierre la válvula.

Paso 10 Desmonte el taladro y recupere la pieza cortada.

Paso 11 Prosiga con la instalación de la tubería.

8.12.2 Derivación con los tapones de incorporación

Los tapones de incorporación se usan con las salidas de 2" y menores y son los de uso más frecuente desde la llegada de los sistemas residenciales. Vea la *Figura 35B*. Los tapones de incorporación deben colocarse al menos a 1' del extremo de la tubería. Se usan dos tapones de incorporación, uno a cada lado de la línea principal, debe haber una distancia de al menos 1' entre ellos. Si hay varios tapones de incorporación del mismo lado de la línea principal, también deben estar separados al menos 1'.

Cuando se deriva una tubería de acero o hierro, se deberá usar un taladro de derivación especial. Algunas herramientas de derivación se atornillan en el tapón de incorporación mientras que otras se usan directamente sobre la línea principal. Cuando se realiza la derivación a través del tapón de incorporación, éste debe estar abierto. La herramienta de derivación debe tener una manija de tipo trinquete, la cual se usa para hacer girar el dado de barrenado. Se recomienda el uso de un aceite de uso ligero y que puede emulsionarse, o un aceite sintético y químico de uso ligero. Se han desarrollado herramientas de derivación especiales para la tubería de PVC. La mayoría de los fabricantes de tubería de PVC recomiendan el uso de un cortador de envolvente con dientes internos.

Se debe tener sudado de no barrenar demasiado como para llegar al otro lado de la línea principal o del tapón. Esto puede evitarse si el dado de barrenado se hace girar lentamente. Puede presentarse un poco de fuga de agua. Una vez que se ha barrenado el orificio, el dado de barrenado se retira de la línea principal, se cierra el tapón de incorporación y se desmonta la herramienta de derivación. La línea de servicio puede unirse ahora, para después abrir el tapón de incorporación.

El roscado de la derivación debe concordar con los del tapón de incorporación. La herramienta debe estar afilada; de lo contrario se pueden presentar fugas en las conexiones de servicio. El cortador debe lubricarse usando el lubricante recomendado por el fabricante. Esto reduce al mínimo el esfuerzo requerido para realizar el corte y la derivación, además de que protege la herramienta de un desgaste excesivo. Los roscados del tapón de incorporación deben cubrirse con cinta Teflón para facilitar el apriete. La herramienta de derivación debe sujetarse con firmeza y a un ángulo aproximado de 45° con respecto a la horizontal.

Se debe usar aceite y grafito como lubricante durante el barrenado y derivación. El grafito en polvo y el aceite de linaza se mezclan hasta lograr la consistencia de un aceite de motor de peso medio. Este compuesto se cepilla sobre la herramienta y el tapón.

Cuando el tapón se inserta completamente dentro de la tubería sólo deberán mostrarse uno a tres roscados. La herramienta que se usa para el barrenado y derivación también deben usarse para la inserción del tapón. Si la derivación se realiza con una herramienta de derivación en seco, el tapón tendrá que insertarse manualmente. Tenga cuidado de no apretar excesivamente los tapones de incorporación.

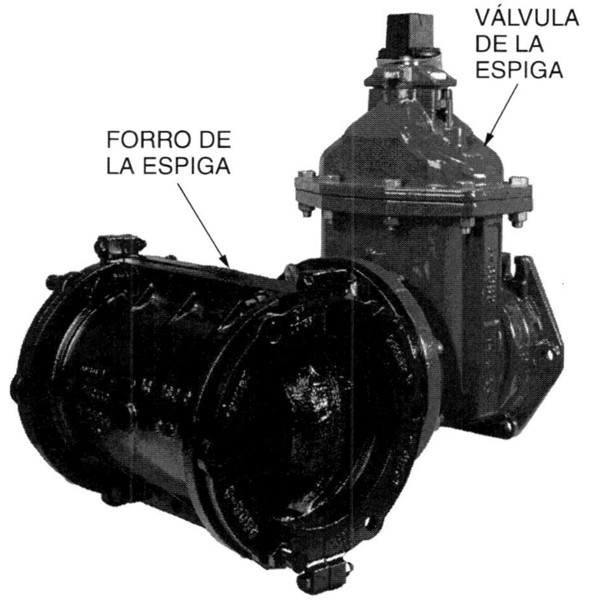

(A) FORRO Y VÁLVULA DE ESPIGA

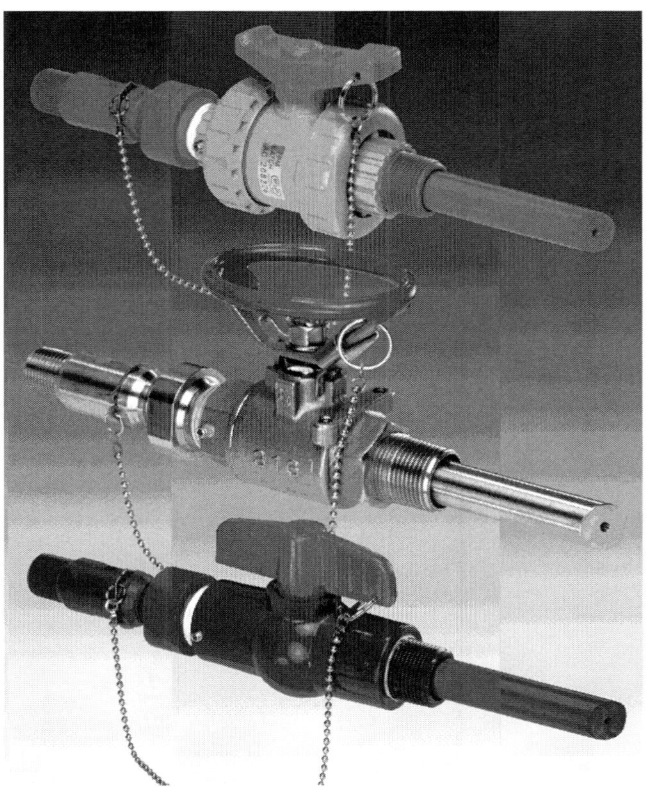

(B) PARADAS DE CORPORACIÓN

106F35.EPS

Figura 35 ◆ Manguito de derivación, válvula y tapones de incorporación.

8.13.0 Abrazaderas de servicio y soporte

Las abrazaderas de servicio y soporte también pueden ser útiles para realizar las conexiones de servicio. Los tapones de incorporación se atornillan directamente dentro del soporte. La herramienta de corte se fija al tapón de incorporación y se alimenta a través de este tapón para cortar un orificio en la tubería. Cuando se usa este método para la conexión de las líneas de servicio, es importante realizar las siguientes revisiones:

- El soporte debe tener un área de colocación con el ancho suficiente a lo largo del eje de la tubería. Esto evita que la tubería sufra distorsiones cuando se aprieta el soporte.
- El soporte debe ofrecer un apoyo completo alrededor de la circunferencia de la tubería.
- El soporte usado en la tubería de PVC no debe tener salientes que se incrusten en la tubería cuando se apriete el soporte.
- La superficie de la tubería debe estar limpia en donde se instale el soporte.

8.14.0 Piezas subterráneas

En los sistemas de tuberías subterráneas, los codos se denominan dobleces. Por ejemplo un codo a 90° se denomina un doblez de un cuarto. De acuerdo a lo anterior un codo a 45° se conoce como un doblez de ⅛; un codo de 22.5° es un doblez de $\frac{1}{16}$ y un codo de 11¼° es un doblez de $\frac{1}{32}$. Los diagramas de la sección transversal de éstos se muestra en la *Figura 36* en la configuración de unión mecánica.

También están disponibles piezas "T" y crucetas. Las configuraciones típicas se muestran en la *Figura 37*, las ilustraciones particulares provienen de una selección de tubería AC. También se encuentran disponibles en el inventario piezas "T" rectas y redctoras. Las crucetas rectas y reductoras se enumeran en las ofertas del fabricante, sin embargo los tiempos de entrega para piezas distintas a los de línea podrían provocar demoras para el trabajo. Estas piezas deben ensamblarse conforme a las instrucciones del fabricante, además de que deben ofrecerse bloques de compresión.

8.15.0 Protección de la tubería y las piezas contra la corrosión

La tubería enterrada de hierro fundido y hierro dúctil puede requerir de alguna protección en contra de las condiciones de un suelo corrosivo. Se deben considerar dos factores en el proceso de protección.

El principal factor en la corrosión es el ataque químico que puede presentarse con los suelos altamente activos. Estos son usualmente suelos alcalinos, sin embargo esto también puede ocurrir con suelos muy ácidos o suelos con un contenido elevado de sales como los encontrados en las áreas costeras.

Un segundo factor en la corrosión es el ataque eléctrico por las corriente terrestres (electrólisis). Esta es una acción galvánica similar a la electrodeposición y no necesariamente se relaciona con la química del suelo. En cualquier caso, el objetivo básico es ofrecer una separación entre las partes metálicas y el suelo, de modo que se pueda bloquear la acción química y que no fluyan las corrientes eléctricas.

La protección catódica es un medio para prevenir la corrosión de la tubería subterránea en donde las corrientes eléctricas de la tierra tienen un efecto bajo ciertas condiciones del suelo. Esto se realiza con frecuencia por medio del uso de tiras metálicas que se colocan en puente a lo largo de las uniones con juntas, con la finalidad de ofrecer una continuidad a lo largo de toda la longitud de la tubería subterránea. Un ánodo se une a la tubería en un sitio conveniente. El cableado se tiende desde el ánodo hasta un sitio accesible en donde se pueda disipar la corriente.

En particular, la protección de los pernos de las piezas requieren el uso de mastique asfáltico. Los pernos y tuercas deben cubrirse completamente para evitar el contacto con la humedad en estas partes sensibles. Si no se ofrece este tipo de recubrimiento en los suelos muy activos, los pernos y tuercas se destruirán en unos seis meses o menos.

Otro procedimiento de protección para la tubería y las piezas es el uso de tubos de polietileno. El recubrir la tubería y las piezas con polietileno (*Figura 38*) además de bloquear la acción química también bloquea el flujo de corrientes eléctricas para casi todos los niveles encontrados en este campo. Para este propósito se encuentra disponible el tubo de polietileno de ocho milésimas de pulgada. Este es un tubo plegable, conocido como tubo plano, el cual se encuentra disponible en tamaños grandes. No es necesario un compartimiento completamente hermético al aire y el agua. El material y los procedimientos de instalación se especifican en la norma *ANSI/AWWA-C105/A21.5.*

Aplique los siguientes pasos para envolver la tubería con polietileno:

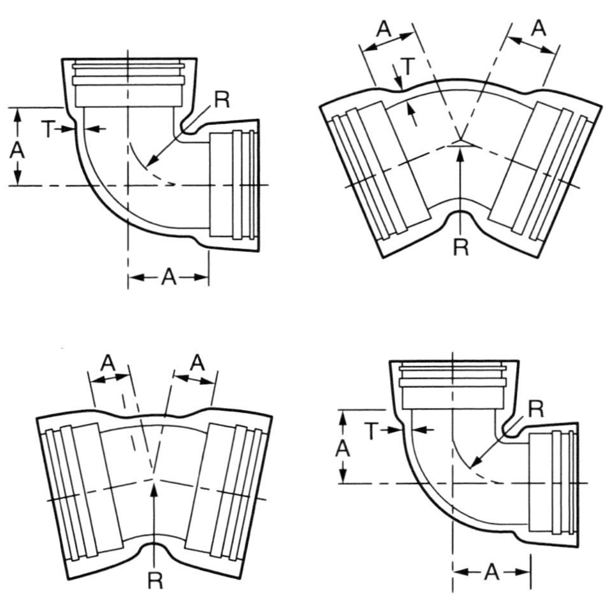

106F36.EPS

Figura 36 ◆ Dobleces.

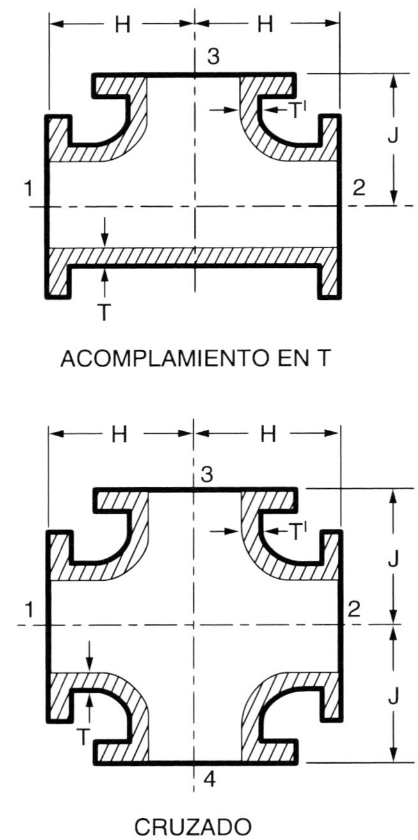

106F37.EPS

Figura 37 ◆ Piezas "T" y crucetas.

Paso 1 Eleve la tubería con una cuerda o colgantes para tubo.

Paso 2 Deslice un tubo de polietileno a una longitud de aproximadamente 2' más larga sobre el extremo plano y déjelo plegado como acordeón (*Figura 39*).

Paso 3 Haga descender la tubería dentro de la zanja y complete la unión con el tramo precedente de tubería. Se requieren **barrenos acampanados** a poca altura en el fondo de la zanja para permitir que el tubo se sobreponga con el tubo anterior en las uniones. El manguito debe permitir la superposición de 1' en cada extremo.

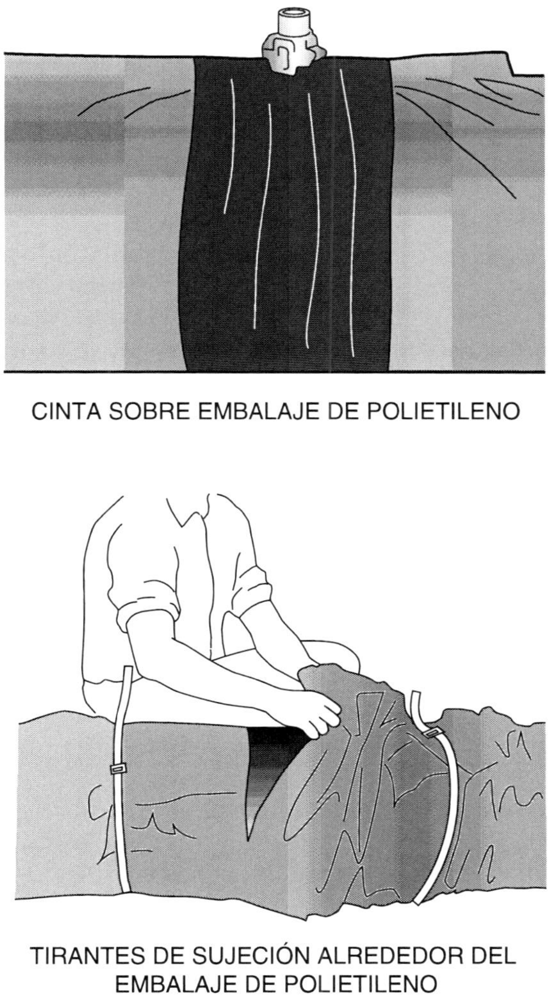

Figura 38 ◆ Tubería envuelta en polietileno.

Figura 39 ◆ Tubo de polietileno plegado como acordeón.

Paso 4 Retire de la tubería la cuerda o los colgantes.

Paso 5 Eleve el acampanado unas cuantas pulgadas y deslice el tubo de polietileno a lo largo del cuerpo de la tubería, dejando aproximadamente 1' del tubo plegado como acordeón en cada uno de los extremos de la tubería para que pueda cubrir posteriormente las uniones (*Figura 40*).

Paso 6 Sobreponga el material en la unión realizada empujando uno de los tubos plegados como acordeón sobre el acampanado y envolviéndolo alrededor del extremo plano adyacente (*Figura 41*).

Paso 7 Asegure la unión en su sitio con dos o tres vueltas de cinta adhesiva para polietileno.

Paso 8 Complete la sobreposición repitiendo el mismo procedimiento con el tubo plegado como acordeón en el tubo adyacente (*Figura 42*).

Paso 9 Retire la parte sobrante del tubo a lo largo del cuerpo de la tubería, doblándola por la parte superior de la tubería y sosteniéndola con la cinta adhesiva para polietileno (*Figura 43*).

Paso 10 Repare cualquier rasgadura, perforación o cualquier otro daño en el polietileno, usando la cinta o cortando una longitud corta del tubo para abrirlo, envolviendo el tramo cortado alrededor de la tubería y asegurándolo con cinta (*Figura 44*).

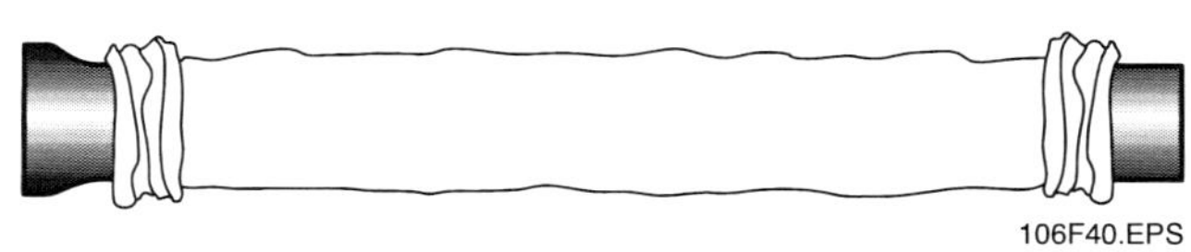

Figura 40 ◆ Tubo envuelto sobre la tubería.

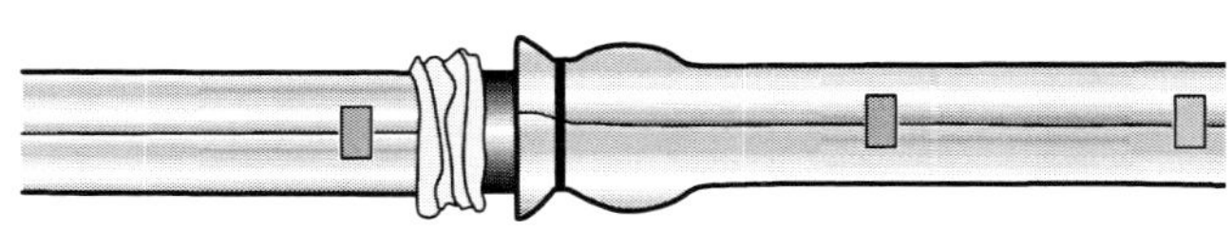

Figura 41 ◆ Unión con un tubo sobrepuesto.

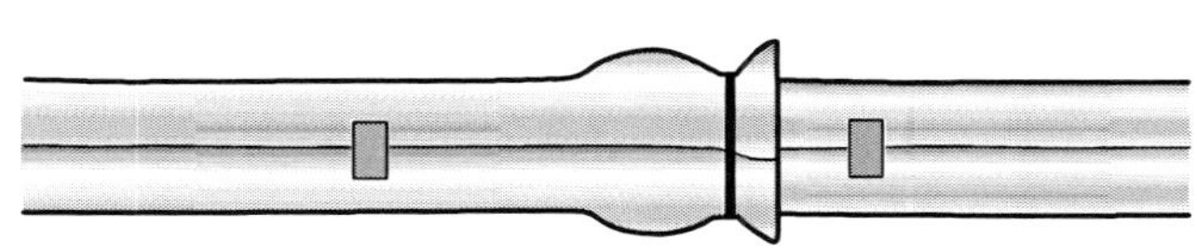

Figura 42 ◆ Unión con ambos tubos sobrepuestos.

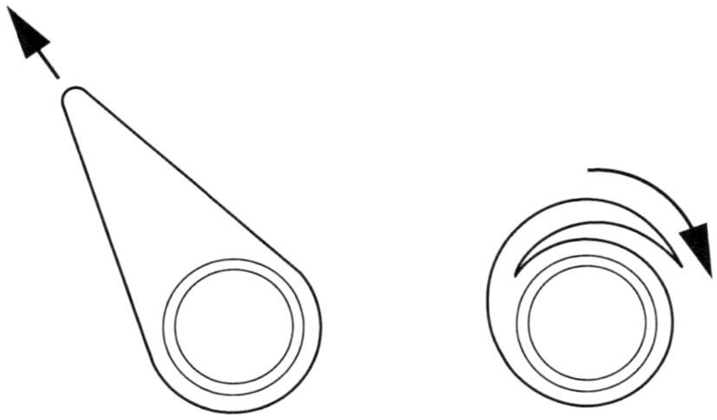

106F43.EPS

Figura 43 ◆ Retiro del sobrante.

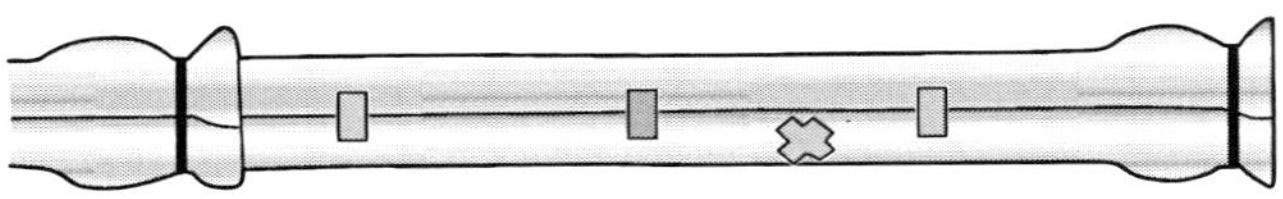

106F44.EPS

Figura 44 ◆ Tubo reparado.

Las piezas pueden protegerse de manera similar con el polietileno. Se pueden obtener hojas planas del material cortando y dejando abierto el tubo. Las hojas planas pueden envolverse entonces alrededor de las piezas, las válvulas y los elementos especiales, sosteniéndolas en su sitio con ayuda de la cinta adhesiva para polietileno. Cuando las uniones se cubren con hojas planas, los dos extremos deben cubrirse con una sola pieza en la medida de lo posible, plegándose por encima para lograr una costura cerrada para después fijarse en su sitio con cinta.

9.0.0 ◆ BLOQUES DE COMPRESIÓN Y FIJACIÓN

Los bloques de compresión y fijación se usan en los sistemas de tubería subterránea para evitar que los componentes del sistema se muevan o cambien como resultado de las fuerzas internas o externas. Las siguientes secciones explican los bloques de compresión y los elementos de fijación.

¿SABÍA USTED?

Los requisitos para la colocación de los bloques de compresión con la tubería subterránea se describen en la *Sección 10.8, Elementos de fijación de las uniones, NFPA 13D, Estándar para la instalación de los sistemas de rociadores en hogares prefabricados y casas unifamiliares y dúplex.*

9.1.0 El propósito de los bloques de compresión

La mayor parte de la tubería y piezas subterráneas tienen conexiones de fricción en vez de conexiones roscadas. Estas conexiones son del tipo de embonado, lo cual significa que pueden desembonarse con la misma facilidad con la que se embonaron. La presión normal no tiende a forzar la separación de estas piezas, sin embargo el principal problema es el martillo hidráulico.

El martillo hidráulico o golpe de ariete es un impulso producido por una corriente de agua que fluye cuando se cambia la dirección o el volumen de flujo. Cuando se separan las uniones subterráneas se generan daños considerables. Este tipo de daños por ruptura afectan a otros elementos además de la tubería y las piezas. El flujo del agua daña las calles, los estacionamientos, parques y la cimentación de los edificios. El martillo hidráulico ocurre en cada sitio en donde la tubería cambia de dirección; en consecuencia se colocan bloques de compresión en todos los codos, "T", tapones, válvulas e hidrantes.

Los bloques de compresión normalmente se fabrican de concreto. Su función es mantener unida a la tubería en contra del suelo sin perturbaciones. Estos tienen una forma de cuña para lograr un uso eficiente del material.

Se necesita una gran área de soporte en contra del suelo sin perturbaciones. Debido a que el concreto tiene una resistencia mucho mayor que el suelo, únicamente se necesita un contacto pequeño en contra de la tubería. La masa o peso del material es todo lo que se necesita para sostener a la unión.

En tamaños de tubería pequeños el concreto se mezcla y coloca casi seco para facilitar el formado del bloque en forma de cuña. La parte más ancha de la cuña se coloca en contra de una pared sólida en la zanja. Para los tamaños de tubería grandes (12" o más) y presiones mayores, el ingeniero debe especificar el diseño del bloque para garantizar que sea el adecuado. La *Figura 45* muestra un bloque de compresión típico.

9.1.1 Composición del concreto

La resistencia del concreto está determinada por las proporciones de sus ingredientes: arena, cemento, grava y agua. En consecuencia, el tiempo de mezclado también afecta dramáticamente la resistencia. El ingeniero de proyecto es quién especifica generalmente la composición del concreto en un trabajo en particular. Con frecuencia se dispone de concreto recién mezclado. En el caso en que no se encuentre presente un ingeniero de proyecto y se requiera de una mezcla especial, una mezcla típica por volumen podrá consistir en:

- Una parte de cemento
- Dos y media partes de arena
- Cinco partes de grava o roca lavada

Nótese que la roca o grava debe ser lavada. Es muy importante que no se incluya arcilla o tierra en la mezcla. El escombro, la tierra y la arcilla destruye la resistencia del concreto.

Estos ingredientes deben mezclarse completamente antes de colocarlos en su sitio. El cemento es el aglutinante; el agua permite la disolución del solvente y permite cubrir la superficie de cada grano de arena y pieza de roca o grava dentro de la mezcla. Mezcle el concreto hasta que todo tenga un color gris uniforme.

9.2.0 Dimensión del bloque de compresión

El tamaño del bloque de compresión está determinado por cuatro factores:

- *Las condiciones del suelo* – La estabilidad del suelo bajo una carga varían dependiendo del tipo de suelo.
- *Tamaño de la tubería* – Entre más larga sea la tubería, más fuerza o empuje tendrá el agua en movimiento.
- *Tipo de pieza* – El tipo de pieza determina en qué medida debe interceptarse el bloque de compresión, además de la dirección en que se aplicará.
- *Presión máxima* – La magnitud de la compresión también se ve afectada por la presión dentro de la línea.

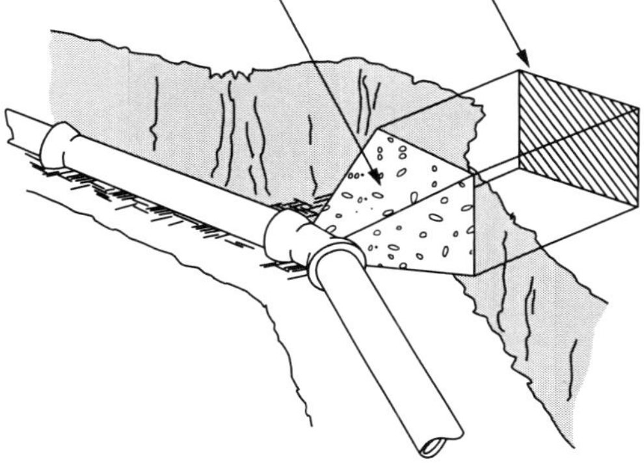

Figura 45 ◆ Bloque de compresión típico.

9.3.0 Suelo

Los suelos duros requieren cargas mayores que los suelos suaves. Un ingeniero determina de manera local la carga de soporte segura para un tipo de suelo en particular. Hay pruebas para la carga de soporte segura que pueden usarse para realizar esta tarea de manera precisa. Esta información, junto con los factores previamente mencionados, se usa para calcular el tamaño de los bloques de compresión. La *Tabla 6* muestra el valor aproximado de las cargas de soporte seguras de diferentes suelos.

9.4.0 Piezas (o Accesorios)

La *Tabla 7* enumera el valor aproximado de la compresión o empuje en las piezas, en libras. Las cifras están basadas en una presión del agua igual a 200 libras por pulgada cuadrada.

Tabla 6 Valor aproximado de las cargas de soporte seguras

Tipo de suelo	Fuerza de resistencia, S_b	
	(lb/pie²)	(kN/m²)
Lodo	0	0
Arcilla suave	1,000	47.9
Légamo	1,500	71.8
Légamo arenoso	3,000	143.6
Arena	4,000	191.5
Arcilla arenosa	6,000	287.3
Arcilla dura	9,000	430.9

NOTA: Aunque los valores de resistencia de esta tabla se han usado con éxito en el diseño de bloques de compresión y se consideran conservadores, su precisión depende totalmente de la evaluación e identificación precisa del suelo. La responsabilidad final de seleccionar la fuerza de resistencia apropiada de un tipo de suelo en particular debe recaer en el ingeniero de diseño.

106T06.EPS

Tabla 7 Impulso o compresión aproximada en las piezas

Tamaño del tubo	Codo de 90° (1/4 doblez)	Codo de 45° (1/8 doblez)	Válvulas Tes/Extremos cerrados
4	5,200	2,840	3,700
6	10,800	5,800	7,600
8	18,600	10,000	13,000
10	27,800	15,100	21,700
12	39,400	21,600	27,800

106T07.EPS

Usando esta información se pueden calcular los bloques de compresión usando la fórmula presentada en la norma *NFPA 13*. Sin embargo, el diseñador del sistema o un técnico de localización y arreglo realiza normalmente el cálculo.

En general se especifican las siguientes pautas en la norma *NFPA 13*. Los bloques de compresión deben considerarse satisfactorios cuando el suelo es apropiado para su uso. Los bloques de compresión deben ser de una mezcla de concreto que contenga no menos de una parte de cemento, dos y media partes de arena y cinco partes de grava. Los bloques de compresión deben colocarse entre la tierra no perturbada y el relleno que debe restringirse, además dicho soporte debe ser capaz de garantizar una resistencia adecuada al impulso o compresión que se enfrentará. Siempre que sea posible, los bloques de compresión deben colocarse de modo que las uniones se encuentren accesibles para su reparación.

La *Figura 46* muestra una comparación de las áreas para los bloques de compresión y su relación con el tamaño de la tubería.

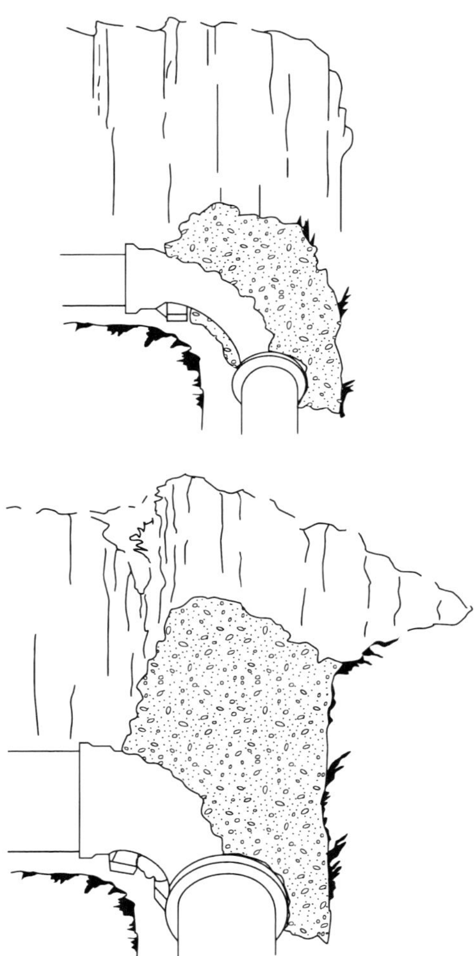

106F46.EPS

Figura 46 ◆ Comparación de las áreas del bloque de compresión.

9.5.0 Áreas de soporte

La *Tabla 8*, derivada a partir de la información de la norma *NFPA 24*, muestra las áreas aproximadas de soporte horizontal en contra de la pared de la zanja para los bloques de compresión, usando una presión en el agua de 100 libras por pulgada cuadrada, basada en un doblez a 90° horizontal, un suelo con una resistencia de 1,000 libras por pie cuadrado, un factor de seguridad de 1.5 y los diámetros exteriores de la tubería de hierro dúctil. La *Tabla 8* muestra las áreas aproximadas de soporte mínimo en contra de la pared de la zanja para los bloques de compresión

9.6.0 Ubicación

La ubicación de los bloques de compresión está determinada por la dirección del impulso y el tipo de pieza que se está usando. La *Figura 47* muestra las ubicaciones de los bloques de compresión.

9.7.0 Bloques de compresiones sobre declives

Cuando una tubería debe tenderse sobre un declive es muy importante prevenir cualquier movimiento descendente de la tubería. El peso de la tubería puede provocar que se separen las uniones. La tubería debe anclarse en el fondo del declive y también en todos los cambios de dirección. Los bloques de compresión también deben colocarse cada 48' o una distancia semejante en los tendidos rectos. Además, la tubería que asciende o desciende una pendiente podría requerir un anclaje y envarillado. El anclaje es simplemente un bloque, en oposición a una cuña, fabricado de concreto en el cual se aseguran las varillas de amarre. Cuando se instala una tubería con acam-

Tabla 8 Áreas aproximadas de soporte mínimo de los bloques de compresión

Diámetro nominal del tubo (pulg)	Área del bloque de soporte (pies cuadrados)	Diámetro nominal del tubo (pulg)	Área del bloque de soporte (pies cuadrados)	Diámetro nominal del tubo (pulg)	Área del bloque de soporte (pies cuadrados)
3	2.6	12	29.0	24	110.9
4	3.8	14	39.0	30	170.6
6	7.9	16	50.4	36	244.4
8	13.6	18	63.3	42	329.9
10	20.5	20	77.7	48	430.0

106T08.EPS

panado y espiga sobre un declive, el acampanado debe orientarse siempre hacia arriba. La *Figura 48* muestra el anclaje y envarillado de un bloque de concreto.

9.8.0 Bloques de compresión en los hidrantes

Los tendidos de salida de los hidrantes normalmente están equipados con una válvula. Hay una ventaja evidente en tener una válvula de compuerta en todos los tendidos de salida de salida de los hidrantes. Esto permite darle mantenimiento a los hidrantes sin tener que interrumpir el servicio. La válvula puede colocarse en la línea principal, en el hidrante o en medio. Independientemente de dónde se localiza, cada pieza debe soportarse por separado con un bloque de compresión. Nunca cubra los orificios de barrido. La *Figura 49* muestra los bloques de compresión típicos en el hidrante.

9.9.0 Bloques de compresión en suelos suaves

En los suelos que son suaves e inestables, como los de turba o lodo, los bloques de compresión se soportan por medio del tendido de varillas de amarre resistentes a la corrosión, unidas a cimentaciones sólidas. Una alternativa a este método es

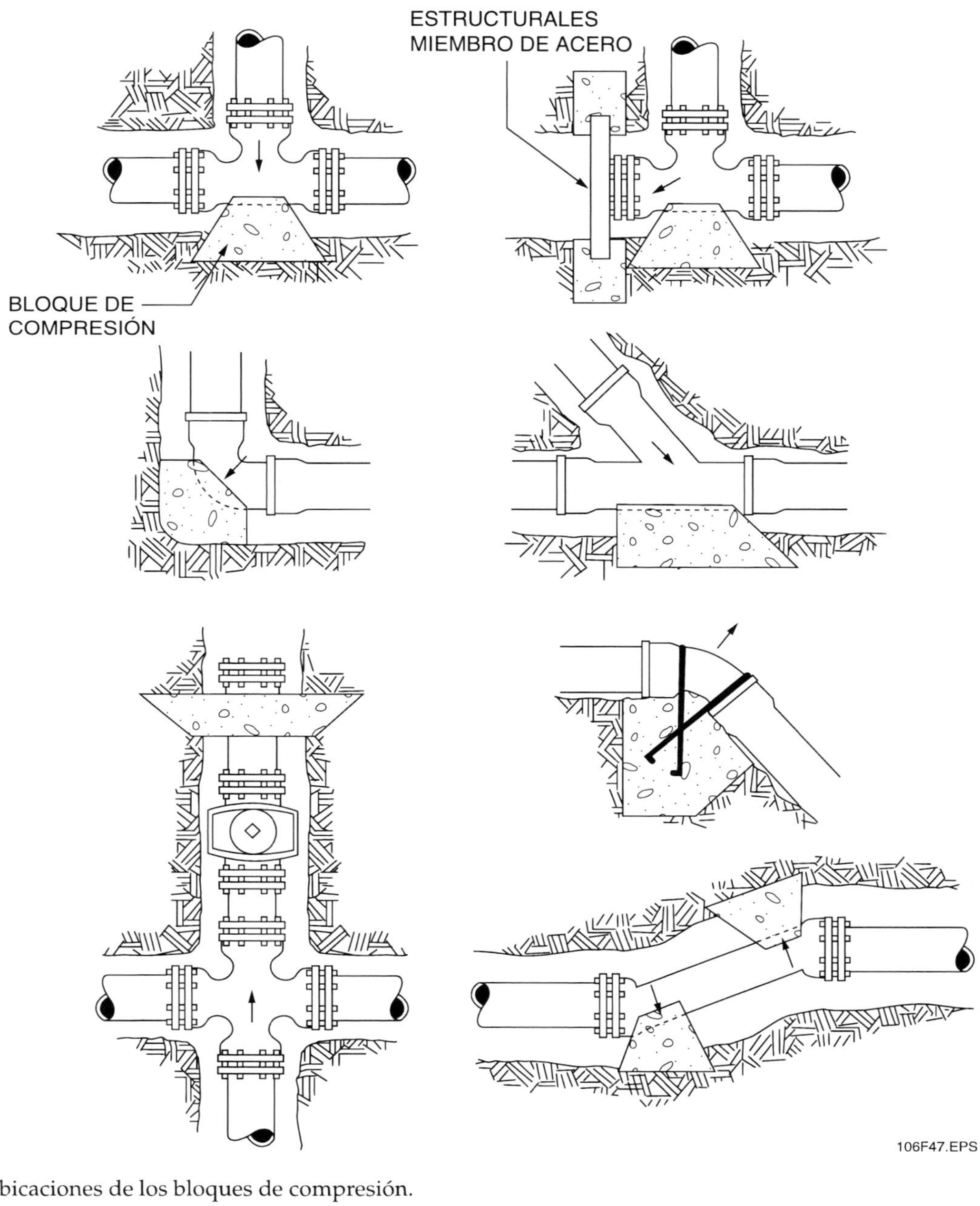

Figura 47 ◆ Ubicaciones de los bloques de compresión.

retirar el material suave y cambiarlo por un firme, que es una masa de roca o concreto, del tamaño y peso suficiente para resistir cualquier empuje desarrollado.

9.10.0 Dobleces verticales

En donde se usa una pieza para marcar un doblez vertical, la pieza queda anclada a un bloque de compresión con tirantes en contra del suelo sin perturbar. El bloque de compresión debe tener la resistencia suficiente para soportar las fuerzas de empuje ascendentes y de salida en la pieza.

9.11.0 Empuje lateral

Cuando se presuriza la línea de la tubería, hay un empuje lateral en cada acople desviado. Si la derivación se realiza de manera apropiada, el suelo normalmente es suficiente para prevenir el movimiento de un lado a otro. Sin embargo, en los suelos suaves podría ser necesario el uso de anclas y pilares para prevenir desviaciones adicionales. Los bloques de compresión lateral o los pilares, deben colocarse a cada lado de la tubería adyacente al acople, pero no en el acople.

9.12.0 Anclas y pilares

Se espera que las uniones de tubería subterránea se mantengan en su sitio por medio del suelo en el cual están enterradas. Los suelos suaves no son lo suficientemente estables para ofrecer este tipo de soporte. Se usan anclas, pilares o varillas de amarre para prevenir la desviación de la tubería debido al impacto del martillo hidráulico o golpe de ariete, la carga proveniente del relleno o la vibración provocada por el tránsito de vehículos.

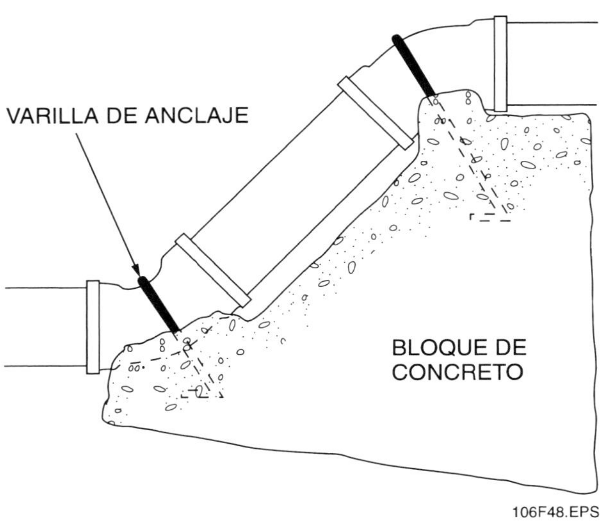

Figura 48 ◆ Anclaje y envarillado de un bloque de concreto.

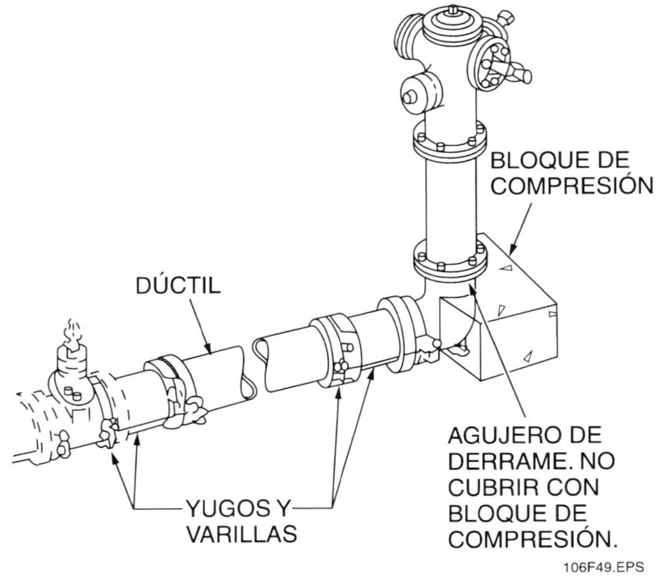

Figura 49 ◆ Bloques de compresión en el hidrante.

Una medida preventiva es usar bloques de compresión a lo largo de los tendidos rectos de la tubería, con pilares que abrazan físicamente a la tubería y al bloque de compresión. En el suelo lodoso se requieren de pilares o varillas de amarre unidas a las cimentaciones sólidas. La otra opción es excavar la zanja debajo del nivel de la tubería y cambiar el material retirado por otro más estable.

La norma *NFPA 24* requiere que los pilotes se fabriquen de un material resistente a la corrosión. Normalmente se usa material de acero galvanizado por inmersión en caliente con la finalidad de cumplir con este requisito. El material de acero puede hacerse resistente a la corrosión mediante la aplicación de una capa gruesa de asfalto.

9.12.1 Abrazaderas y tirantes

Las abrazaderas para la tubería se usan para sujetar la tubería y ofrecer un punto de amarre para las conexiones con la varilla. La *Tabla 9* muestra las dimensiones mínimas para las abrazaderas de la tubería.

Tabla 9 Dimensiones mínimas para las abrazaderas de la tubería

Tamaño del tubo	Tamaño de la barra de acero	Tamaño del perno
4	½ × 2	⅝
6	½ × 2	⅝
8	⅝ × 2½	⅝
10	⅝ × 2½	¾
12	⅝ × 3	⅞

NOTA: Todas las medidas son en pulgadas. 106T09.EPS

Si se usan arandelas, éstas deben ser de hierro o acero. Éstas pueden ser redondas o cuadradas. Las arandelas de hierro para tubería de 4", 6", 8" y 10" deben ser de ⅝" × 3". Para la tubería de 12" deben ser de ¾" × 3½". Las arandelas de acero para la tubería de 4", 6", 8" y 10" son de ½" × 3". Para la tubería de 12", son de ½" × 3½". La *Figura 50* muestra los diferentes dispositivos de sujeción para la tubería.

9.12.2 Varillas de amarre

Las varillas de amarre se usan con abrazaderas. Estas permiten equilibrar la fuerza a ambos lados de la abrazadera. La norma *NFPA 24* establece que el tamaño de varilla mínimo permitido es el de ⅝". Las varillas de amarre deben ser resistentes a la presión y deben cumplir con los criterios de tamaño mínimo.

La norma *NFPA 24* establece además que si se usan abrazaderas, las varillas deben usarse en pares, dos para cada abrazadera. La única excepción para esto es en los montajes en los cuales el anclaje se realiza por medio de dos abrazaderas inclinadas sobre el cuerpo de la tubería. Considerando que la AHJ lo apruebe, esta instalación específica podrá anclarse con una abrazadera.

La *Figura 51* muestra el uso de las varillas de amarre y los pernos de sujeción para el anclaje de una unión mecánica.

La *Tabla 10* muestra las combinaciones de diámetro con respecto al número de varillas a usar, el valor se obtuvo usando una presión de 225 libras por pulgada cuadrada y una tensión de diseño de 25,000 libras por pulgada cuadrada.

106F50.EPS

Figura 50 ◆ Dispositivos de sujeción de las uniones de embonado y pilares de unión de tubería con casquillo.

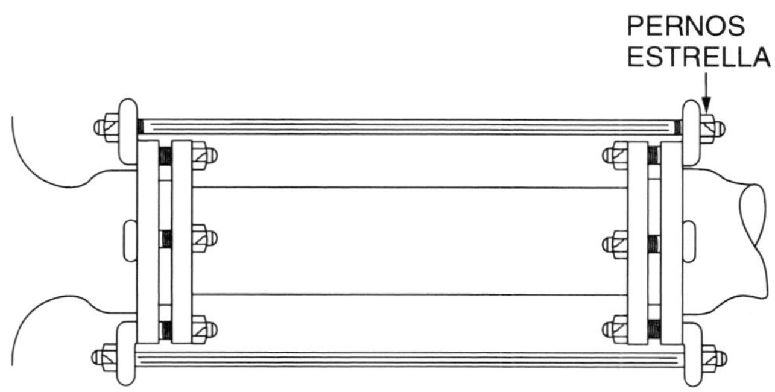

106F51.EPS

Figura 51 ◆ Las varillas de amarre se usan en una unión mecánica.

Tabla 10 Número y tamaño de las varillas

Tamaño nominal del tubo	Número de varilla - Combinación del diámetro			
	⅝" (15.9 mm)	¾" (19.1 mm)	⅞" (22.2 mm)	1" (25.4 mm)
4	2	–	–	–
6	2	–	–	–
8	3	2	2	–
10	4	3	3	–
12	6	4	3	2
14	8	5	4	3
16	10	7	5	4

NOTA: Esta tabla se ha derivado con base en una presión de 225 psi (15.5 bar) y una tensión de diseño de 25,000 psi (172.4 MPa).

106T10.EPS

9.12.3 *Pilares para la unión de tuberías con casquillo de sujeción*

El casquillo de sujeción es el tipo más nuevo de sujeción de la unión para las tuberías de PVC y hierro dúctil. Éste ofrece un contacto en toda la circunferencia, además de apoyo para la pared de la tubería. La sujeción se realiza por medio de una serie de segmentos de collarín fijados mecánicamente dentro del envolvente del casquillo y que están diseñados para sujetar la pared de la tubería de manera uniforme y continua. Refiérase a la *Figura 51* para los pilares de la unión de la tubería con casquillo de sujeción.

9.13.0 Pilar de sujeción para las piezas de espiga con brida

La unión mecánica de la línea de servicio contra incendio, tubería y piezas, que entra al edificio debe anclarse con varillas de sujeción para evitar que se mueva. El número de varillas está determinado por el tamaño de la tubería que se sujeta y de su diámetro. Se requiere el uso de varilla galvanizada o con un recubrimiento. Se puede ofrecer una protección adicional contra la corrosión cubriendo la tubería, varilla y abrazaderas con una capa de plástico antes de rellenar la zanja. Esto se ha convertido en un requisito común de la AHJ que realiza la inspección.

Las varillas se extienden desde la brida interior hasta la "L" de la base debajo de la pieza de espiga con brida o hasta un anclaje (se requiere una o dos abrazaderas para la tubería subterránea) más allá del exterior de la pared o viga de nivel del edificio. En el caso de la penetración horizontal de una pared o viga de nivel, se debe ofrecer el espacio adecuado para la tubería y las varillas a través del casquillo de la tubería. El espacio vacío entre la tubería y el manguito debe llenarse con un sellador impermeable y material de calafateo en mastique para evitar que el edificio se inunde a través de la penetración. Refiérase a la *Tabla 10* para conocer el número y tamaño de las varillas que deben usarse con los diferentes tipos de tubería.

En caso de que las varillas se suelten o se rompan, se requerirá un bloque de compresión de concreto en la "L" de la base para ofrecer un pilar de sujeción adicional. Esto evitará la separación de la tubería y la pieza. Algunos AHJ podrán requerir el uso de casquillos de sujeción con piezas de unión mecánica en vez de varillas y abrazaderas.

10.0.0 ◆ ELEVADOR DENTRO DEL EDIFICIO

El elevador dentro del edificio (*Figura 52*) se usa para conectar el suministro principal contra incendio al sistema elevado contra incendio del edificio. La pieza pasa debajo de la cimentación sin uniones

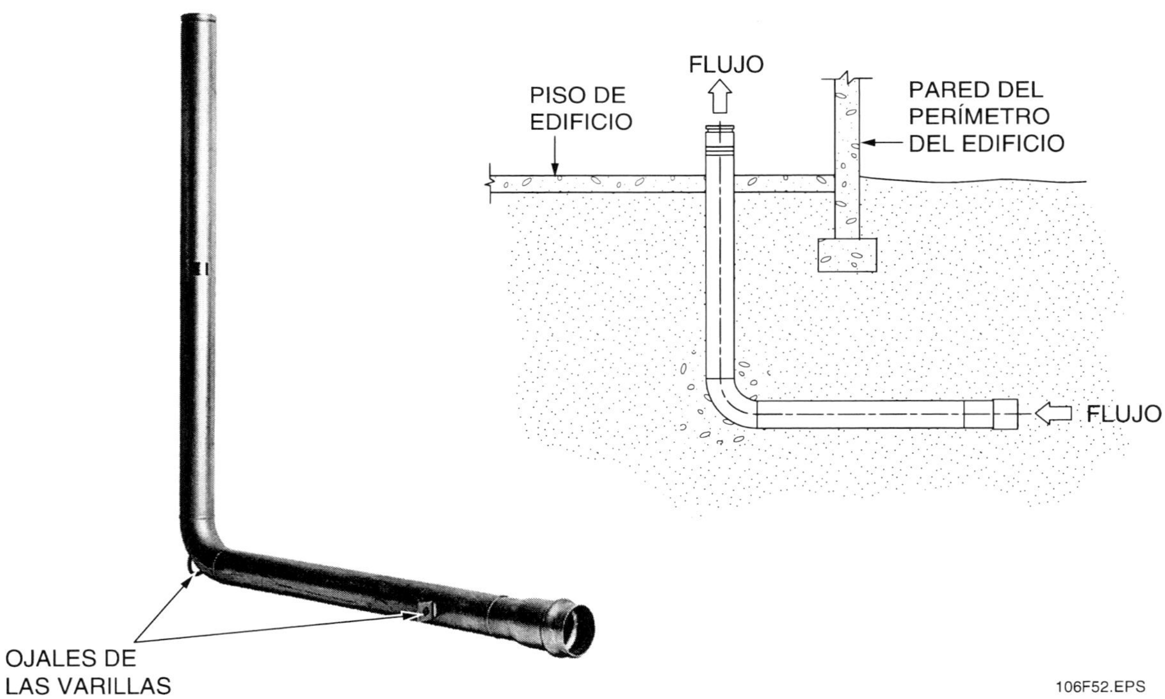

Figura 52 ◆ Elevador de flujo dentro del edificio.

y se extiende hacia arriba a través el piso. La unidad, provista con pestañas de instalación, tiene un acople de tubería de hierro fundido (CIPS) para conectarse fácilmente a l suministro subterráneo (*AWWA C900 PVC* y tubería de hierro dúctil), además de una conexión con extremo acanalado estándar en la industria hasta el sistema elevado de rociadores contra incendio.

El elevador dentro del edificio está compuesto de una sola pieza de 90° extendida, fabricada a partir de un tubo de acero inoxidable 304, con una presión de trabajo máxima de 175 libras por pulgada cuadrada. La pieza tiene una conexión del lado del extremo acanalado en la salida (edificio) y un acople CIPS del lado subterráneo (admisión).

11.0.0 ◆ DISPOSITIVOS DE PREVENCIÓN DE CONTRAFLUJO

Los sistemas de tubería suministran agua fresca y retiran las aguas residuales. Normalmente, estas dos fuentes de agua se encuentran separadas. Sin embargo, en ocasiones los problemas o un mal funcionamiento obligan al agua a fluir en sentido inverso a través de uno de estos sistemas. Cuando ocurre esto, las aguas residuales y otros líquidos pueden sufrir un efecto de sifón para entrara al sistema de agua fresca o potable. Ésto puede provocar contaminación, enfermedades e incluso la muerte. Los códigos requieren que los sistemas de rociadores queden protegidos en contra del contraflujo. La protección puede ser en la forma de un espacio o una barrera entre las dos fuentes. Las válvulas unidireccionales pueden ser barreras efectivas, además de que pueden arreglarse para ofrecer una mayor protección en contra de la contaminación.

11.1.0 Contraflujo y conexiones cruzadas

El flujo inverso de líquidos no potables dentro del suministro de agua potable se denomina **contraflujo**. El contraflujo puede contaminar una instalación, un edificio o una comunidad. Existen dos tipos de contraflujo: presión de retroceso y **sifón inverso**. La presión de retroceso es una presión corriente abajo mayor a la normal dentro del sistema de agua potable. El sifón inverso es una presión corriente arriba menor a la normal.

El contraflujo no puede presentarse a menos que haya un enlace directo entre el suministro de agua potable y otra fuente. Esta condición se denomina **conexión cruzada**. Las conexiones cruzadas no representan un peligro por sí mismas (vea la *Figura 53*). De hecho, en ocasiones se requiere su presencia. En ocasiones es difícil para la mayoría de las personas determinar en donde se encuentra una conexión cruzada. Muchas personas no saben que dejar una manguera dentro de un depósito de agua residual puede representar un riesgo para la salud si se crea un contraflujo.

Cuando algo crea un contraflujo, una conexión cruzada se convierte en un peligro. Varias condiciones pueden provocar un contraflujo, lo cual a su vez puede obligar a las aguas residuales a pasar a través de una conexión cruzada:

- Cortes o rupturas en la línea de agua principal
- Falla de una bomba
- La inyección de aire dentro del sistema
- La conexión accidental a una fuente con presión elevada

Los encargados de la instalación de rociadores usan dispositivos de prevención del contraflujo para protegerse en contra de las conexiones cruzadas. Éstas ofrecen un espacio o barrera para evitar que el contraflujo entre a la línea de suministro de agua. Muchos códigos locales requieren ahora dispositivos para prevenir el contraflujo en todos los arreglos dentro de una estructura nueva. Los camiones tanque que transportan aguas negras, pesticidas u otras sustancias peligrosas también deben usar dispositivos para prevenir el contraflujo.

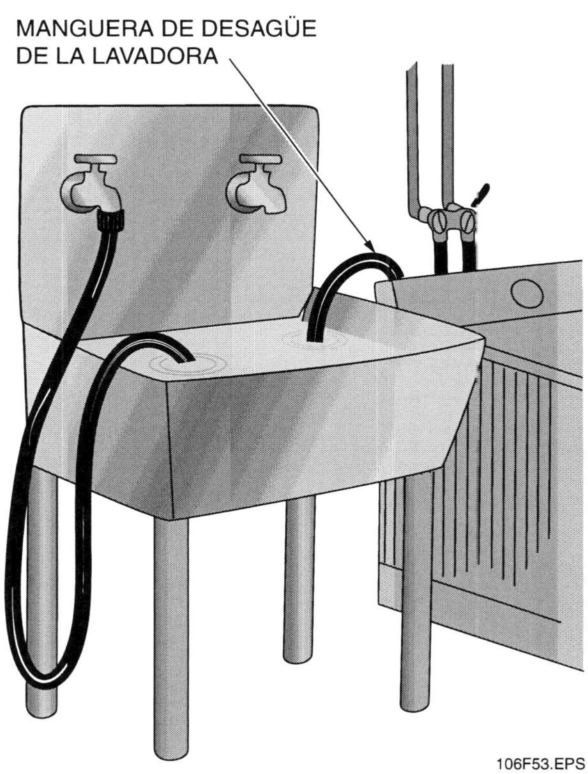

Figura 53 ◆ Conexión cruzada simple.

11.2.0 Tipos de dispositivos para prevenir el contraflujo

Existen seis tipos básicos de dispositivos para prevenir el contraflujo, cada uno diseñado para trabajar bajo diferentes condiciones. Algunos protegen en contra de la presión de retroceso y el sifón inverso, mientras que otros sólo pueden contener a uno de estos dos tipos de contraflujo. Antes de instalar un dispositivo para prevenir el contraflujo, asegúrese siempre de que sea apropiado para el tipo de instalación. Se deben considerar varios factores:

- El riesgo de una conexión cruzada
- El tipo de contraflujo
- El riesgo para la salud ocasionado por la polución o los contaminantes

Los dispositivos de prevención deben instalarse correctamente. Se debe seleccionar el dispositivo de prevención apropiado para la aplicación y revisar las instrucciones del fabricante antes de instalar uno de estos dispositivos. Nunca debe intentarse la instalación de un dispositivo de prevención del contraflujo en un sistema para el cual no está diseñado debido a que puede fallar, generando un contraflujo. Refiérase a su código local para obtener una guía específica.

11.2.1 Espacios de aire

Un espacio de aire es una separación física entre una línea de suministro de agua potable y el borde del nivel de inundación de un arreglo (vea la *Figura 54*). Ésta es la forma más simple de dispositivo para la prevención del contraflujo. Asegúrese de que la tubería de suministro se termine por encima del borde del nivel de inundación a una distancia que sea al menos el doble del diámetro de la tubería. El espacio de aire nunca debe ser menor de 1".

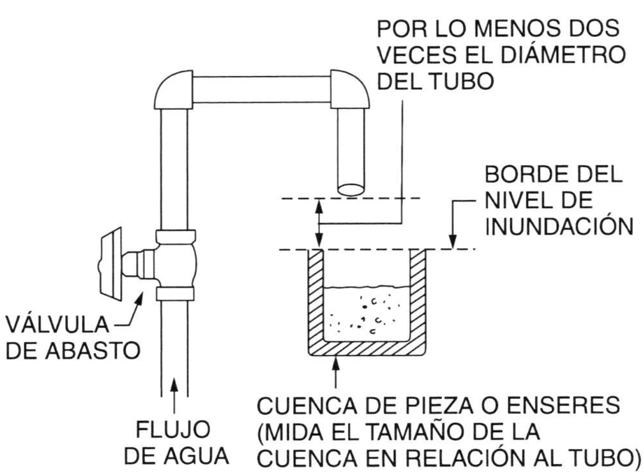

106F54.EPS

Figura 54 ◆ Espacio de aire.

Todos los grifos deben incorporar un espacio de aire. Los espacios de aire se pueden usar para prevenir la presión en retroceso, el sifón inverso o ambos. Nunca deben sumergirse mangueras u otros dispositivos conectados a la línea de suministro de agua potable y que se comuniquen con un depósito que podría contener algún líquido contaminado. Incluso acciones aparentemente inocentes, como llenar una alberca doméstica con una manguera de jardín, podrían convertirse en un problema si por ejemplo los trabajadores que cavan con una retroexcavadora realizan un corte a través de la línea de suministro principal.

11.2.2 Rompedores de vacío atmosférico

Si no se aconseja instalar un espacio de aire, puede considerarse el uso de un **rompedor de vacío atmosférico** (vea la *Figura 55*). Los rompedores de vacío atmosférico (AVB por sus siglas en inglés) usan un flotador de disco de silicón para controlar el flujo de agua. En la operación normal, el flotador se eleva para permitir la entrada de agua potable. Si un sifón inverso provoca una presión baja, el aire entra al rompedor desde los escapes lo cual obliga a moverse al disco dentro de su asiento. Esto corta el flujo de agua fresca (vea la *Figura 56*).

Los AVB están diseñados para operar a una presión de aire normal. No deben usarse en donde haya riesgo de un contraflujo debido a una presión en retroceso. Revise las especificaciones del fabricante para conocer las temperaturas y presiones de operación apropiadas. Si las condiciones exceden estos límites, consulte primero al fabricante.

No instale un AVB en donde éste quede expuesto a una presión de aire mayor de lo normal. Instale un AVB después de la última válvula de

106F55.EPS

Figura 55 ◆ Trayecto de corte de un rompedor de vacío atmosférico.

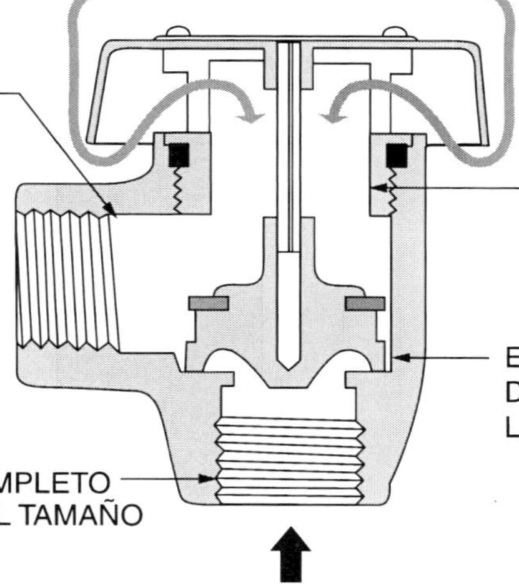

Figura 56 ◆ Rompedor de vacío atmosférico en la posición de cierre.

control y asegúrese de que se encuentre al menos 6' por encima del borde del nivel de inundación del arreglo. Instale el rompedor de modo que la admisión de agua fresca se encuentre al fondo y asegúrese de que el suministro de agua fluya en la misma dirección que la flecha en el rompedor.

11.2.3 Rompedores de vacío del tipo de presión

Instale los **rompedores de vacío del tipo de presión** (vea la *Figura 57*) para prevenir el fenómeno de sifón inverso, presión en retroceso o ambos. Un rompedor de vacío del tipo de presión (PVB por sus siglas en inglés) tiene una válvula unidireccional cargada con un resorte y una válvula de admisión de aire cargada con un resorte. El PVB opera cuando la presión de la línea cae hasta el valor de

Figura 57 ◆ Rompedor de vacío del tipo de presión.

la presión atmosférica o a un valor menor. La válvula de flotador abre el escape hacia el aire exterior (vea la *Figura 58*). La válvula unidireccional se cierra para evitar el fenómeno de sifón inverso. Los PVB son apropiados para las aplicaciones de presión continua. Los PVBs están equipados con **grifos de prueba**, los cuales son válvulas que permiten la prueba de las zonas de presión individuales dentro del dispositivo También pueden equiparse con coladores si así se requiere.

11.2.4 Dispositivos de prevención de contraflujo con válvula unidireccional doble

Para evitar que el contraflujo alcance la línea principal de agua, utilice un dispositivo de prevención de contraflujo con **válvula unidireccional doble a prueba de contraflujo(DC)** (*Figura 59*). Estos dispositivos de prevención tienen dos válvulas unidireccionales cargadas con resorte. Estas trabajan de manera similar a los montajes de **válvula unidireccional doble (DCV** por sus siglas en inglés).

Los DC protegen en contra de los fenómenos de presión de retroceso y de sifón inverso. Debido a que los DC son más pequeños, éstos se usan comúnmente en instalaciones residenciales. Estos dispositivos de prevención tienden a ser menos confiables que los DCV. A diferencia de los DCV, normalmente no cuentan con válvulas de corte o grifos de prueba. Esto dificulta el que el encargado de la instalación de los rociadores pueda retirarlos, probarlos o cambiarlos. Revise el código local antes de instalar los DC.

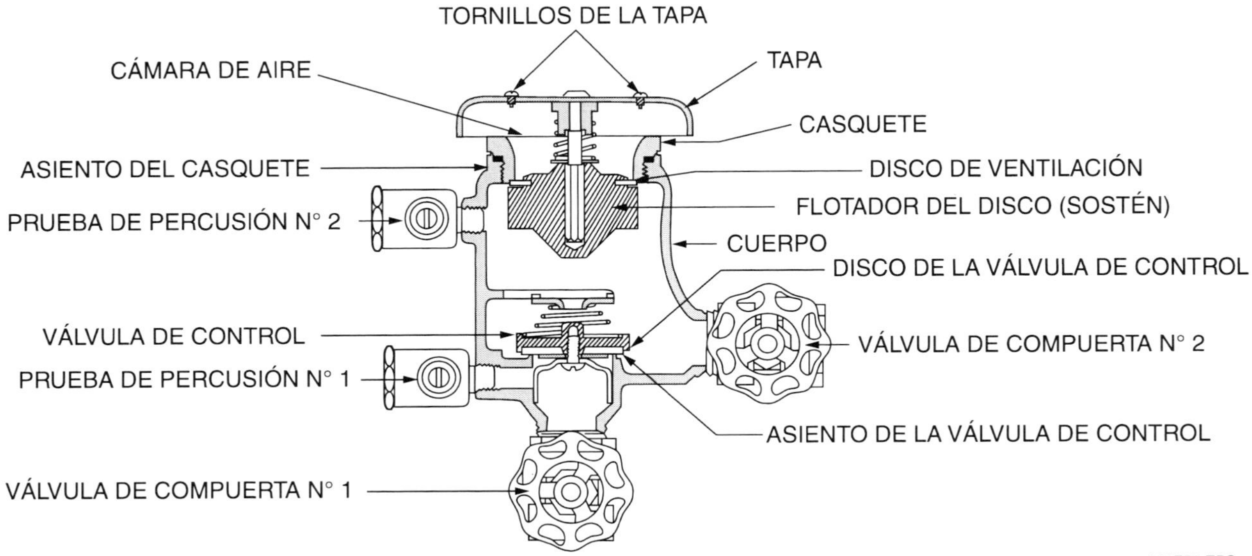

Figura 58 ◆ Ilustración en corte del rompedor de vacío de tipo de presión.

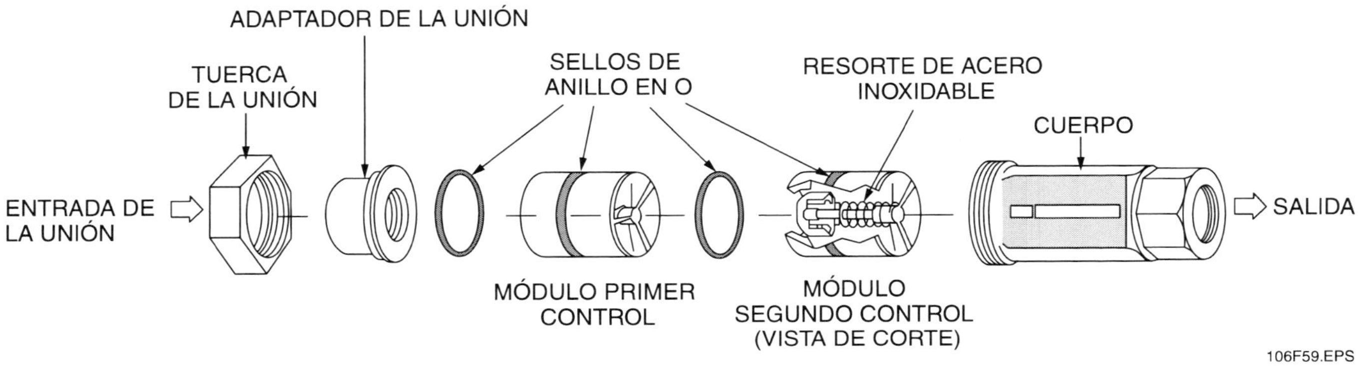

Figura 59 ◆ Dispositivo de prevención de contraflujo con válvula unidireccional doble.

11.2.5 Montajes con válvula unidireccional doble

En donde se necesite una protección extra resistente, instale un montaje de válvula unidireccional doble para proteger en contra del sifón inverso, la presión de retroceso o de ambos (vea la *Figura 60*). Este tipo de dispositivo de prevención del contraflujo tiene dos válvulas unidireccionales cargadas con resorte e incluye un grifo de prueba. Estos dispositivos están diseñados para las instalaciones en donde ambos fenómenos, la presión de retroceso y el sifón inverso, representan una amenaza. Durante la operación normal, se mantienen abiertas ambas válvulas; sin embargo el contraflujo provoca que las válvulas se cierren herméticamente.

Las DCV están disponibles en una amplia variedad de tamaños, desde ¾" hasta 10". Las DCV tienen una válvula de cierre de compuerta o de bola en cada extremo. Si se requiere, las admisiones de las DCV pueden estar equipadas con coladores.

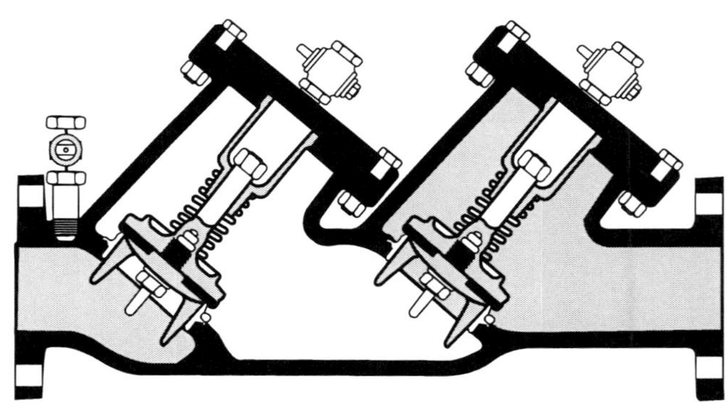

Figura 60 ◆ Montaje de la válvula unidireccional doble.

11.2.6 Dispositivos de prevención de contraflujo bajo el principio de zona de presión reducida

Los **dispositivos de prevención de contraflujo el principio de zona de presión reducida** (RPZ por sus siglas en inglés) protegen el suministro de agua de la contaminación debida a líquidos peligrosos (vea la *Figura 61*). Los RPZ son el tipo más complejo de dispositivos para la prevención del contraflujo. Éstos cuentan con dos válvulas unidireccionales cargadas con resorte, además de una válvula hidráulica de desfogue por presión diferencial cargada con resorte. La válvula de desfogue se localiza debajo de la primera válvula unidireccional. El dispositivo crea una presión baja entre las dos válvulas unidireccionales. Si la presión diferencial entre la admisión y el espacio entre las válvulas unidireccionales cae por debajo de un nivel previamente especificado, entonces se abrirá la válvula de desfogue. Esto permite que el agua se drene fuera del espacio entre las válvulas unidireccionales (vea la *Figura 62*). La válvula de alivio también operará si falla una o ambas válvulas unidireccionales. Esto ofrece una protección adicional para el contraflujo. Los RPZ también tienen válvulas de corte en ambos extremos.

Use un RPZ si una conexión directa está sujeta al fenómeno de sifón inverso, presión de retroceso o a ambos.

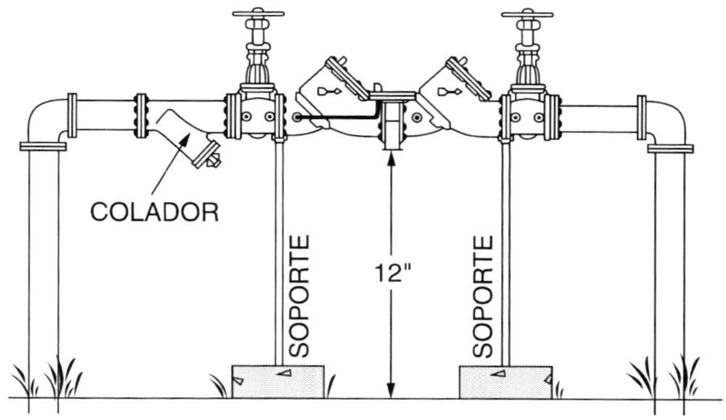

106F61.EPS

Figura 61 ◆ Instalación de un dispositivo de prevención del contraflujo bajo el principio de una zona de presión reducida.

Algunos códigos requieren RPZs en tipos adicionales de instalaciones. Los RPZ están disponibles para todas las presiones y temperaturas de operación. Refiérase a su código local para saber en dónde se requieren RPZs. Instale RPZs a una

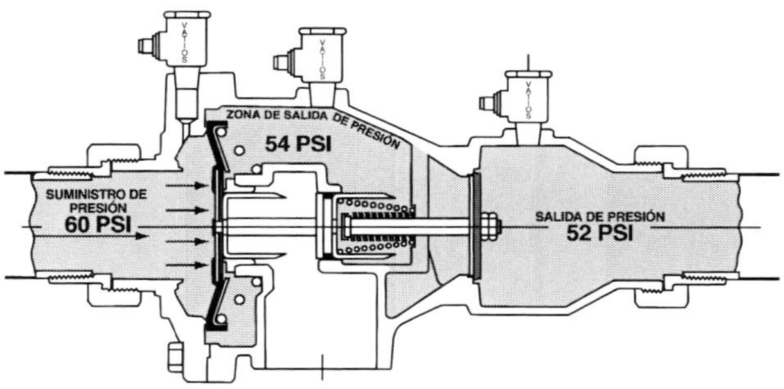

PRESIÓN ESTÁTICA — VÁLVULAS DE CONTROL PRIMERA Y SEGUNDA BIEN CERRADAS. VÁLVULA DE ALIVIO CERRADA

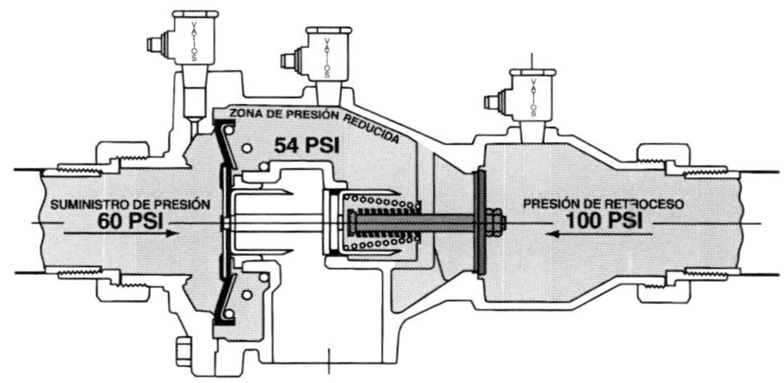

PRESIÓN INVERSA — VÁLVULAS DE CONTROL PRIMERA Y SEGUNDA BIEN CERRADAS. VÁLVULA DE ALIVIO CERRADA

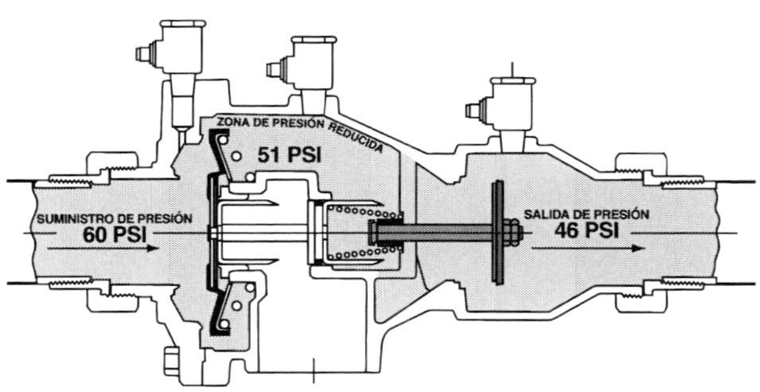

FLUJO COMPLETO — VÁLVULAS DE CONTROL PRIMERA Y SEGUNDA TOTALMENTE ABIERTAS. VÁLVULA DE ALIVIO CERRADA.

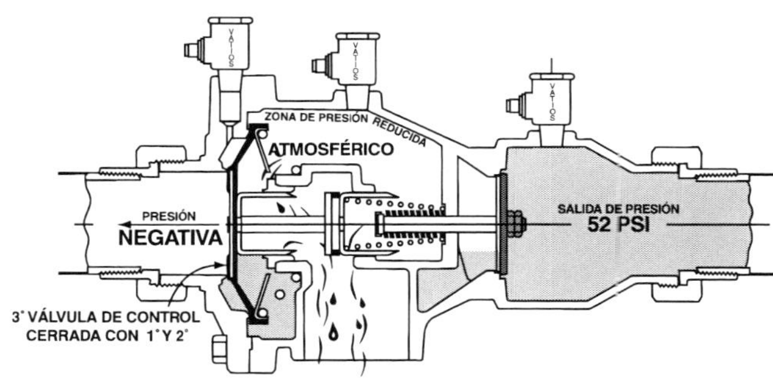

SIFÓN INVERSO — VÁLVULAS DE CONTROL PRIMERA, SEGUNDA Y TERCERA BIEN CERRADAS. VÁLVULA DE ALIVIO TOTALMENTE ABIERTA DESCARGA EL AGUA EN LA ZONA.

106F62.EPS

Figura 62 ◆ Operación de un dispositivo de prevención del contraflujo bajo el principio de una zona de presión reducida con las válvulas unidireccionales paralelas al flujo.

distancia de al menos 12" por encima del nivel, además de ofrecer apoyo para el RPZ (vea la *Figura 63*). De lo contrario el hundimiento podría dañar el RPZ. Seleccione una ubicación segura que ayude a prevenir daños y vandalismo en el RPZ. Instale un **espacio de aire fabricado** en todas las instalaciones RPZ (vea la *Figura 64*). Éste actúa como un receptor de drenado para prevenir el fenómeno de sifón.

Un goteo constante del agua en un RPZ indica que el disco de la válvula no se ha asentado de manera apropiada. Purgue la unidad y el problema se corregirá por sí mismo. Si no ocurre esto, refiérase a las especificaciones del fabricante para conocer los procedimientos de mantenimiento apropiados.

11.2.7 Dispositivos especiales para la prevención del contraflujo

Con frecuencia, las líneas de suministro pequeñas y con flujos bajos requieren de dispositivos para la prevención del contraflujo. Use un **rompedor de vacío con desfogue atmosférico** para este tipo de línea (vea la *Figura 65*). El desfogue atmosférico intermedio es una forma de PVB que también protege en contra de la presión de retroceso.

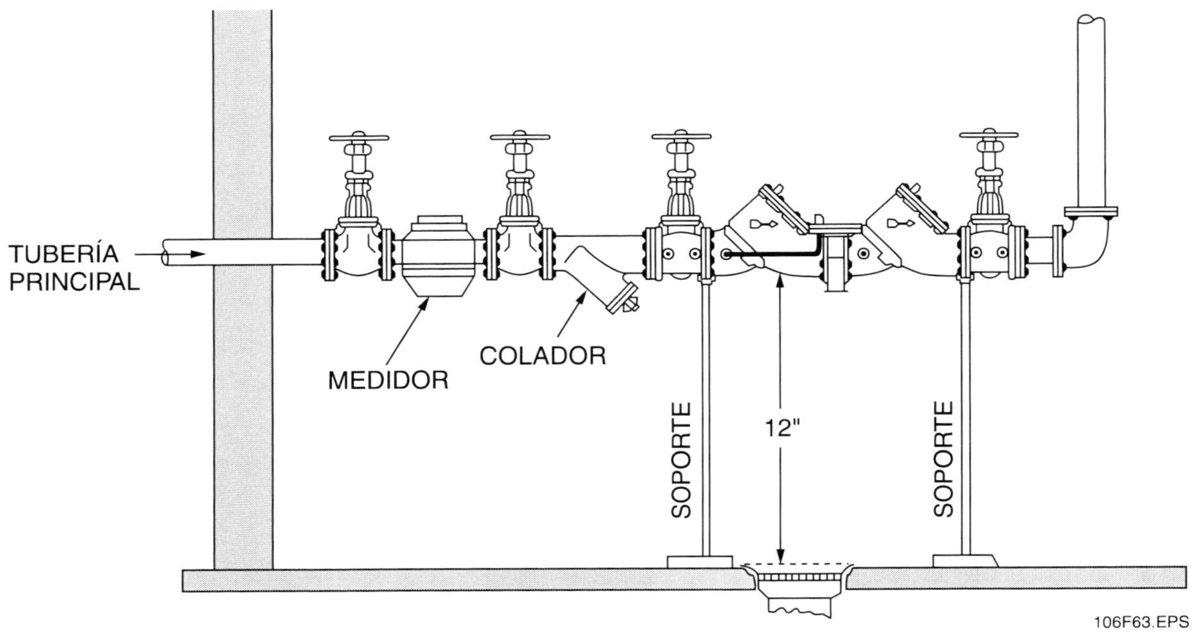

Figura 63 ◆ Dispositivos de prevención del contraflujo por el principio de zona de presión reducida instalados con soportes.

Figura 64 ◆ Espacio de aire fabricado.

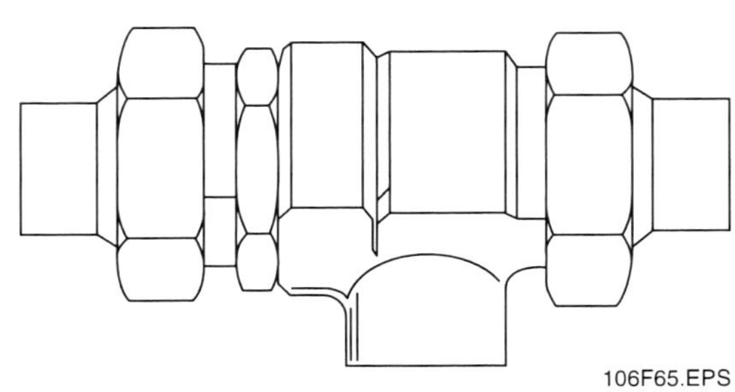

Figura 65 ◆ Rompedor de vacío con desfogue atmosférico.

12.0.0 ◆ HIDRANTES, VÁLVULAS DE CAMPO, COMPARTIMIENTOS DEL HIDRANTE Y APERTURAS RELACIONADAS

Los encargados de la instalación de rociadores deben instalar varios tipos de hidrantes contra incendio y otros equipos de protección contra incendios. En las siguientes secciones se explican los tipos de equipo de protección contra incendio que el encargado de la instalación debe comprender.

NOTA

Los hidrantes y el resto de los dispositivos deben tener conexiones compatibles.

¿SABÍA USTED?

Existen personas que se divierten coleccionando hidrantes contra incendio. Algunas personas se conforman con obtener uno o dos hidrantes, mientras que otras han comenzado su propio museo con cien o más hidrantes. Una de las principales motivaciones para coleccionar hidrantes es su conservación histórica, debido a que los hidrantes viejos normalmente se funden con la chatarra. Las colecciones de hidrantes se han convertido en un aspecto importante en la preservación de la historia del servicio de los bomberos. Para obtener más información visite la página www.firehydrant.org.

12.1.0 Hidrantes contra incendio

Los hidrantes contra incendio son importantes en todo el sistema de protección contra incendios. El departamento de bomberos debe tener un acceso rápido a un hidrante, incluso en el caso en que el edificio cuente con rociadores.

PRECAUCIÓN

Para prevenir daños en el hidrante se debe usar una llave de diseño especial para el tipo de hidrante que está instalando o en el que trabaja.

El primer bombero que llegue debe asegurarse que funcione el sistema de rociadores contra incendio y que tenga la presión de agua suficiente. La bomba se conecta entre un hidrante contra incendio y el sistema de rociadores para elevar la presión y mejorar el flujo de agua dentro del sistema de rociadores. Esto es especialmente importante si el sistema de rociadores no ha controlado o sofocado el incendio al momento de la llegada de los bomberos.

12.1.1 Espaciado de los hidrantes

El departamento de bomberos normalmente es la AHJ al respecto de los hidrantes contra incendio. Éste determina la ubicación de los hidrantes considerando las ordenanzas y códigos contra incendios aplicables. Sin embargo, las compañías aseguradoras podrán solicitar requisitos más estrictos para la colocación de los hidrantes en comparación con los detallados por el departamento de bomberos local.

Debe existir un número suficiente de hidrantes localizados de forma que se permita la entrega del flujo necesario a través de las líneas de mangueras para todas las caras exteriores de cualquier estructura importante. Los hidrantes deben espaciarse conforme con el AHJ.

El espacio entre hidrantes varía de un sitio a otro. El espacio puede variar de 300' a 800' en las áreas industriales y 500' o menos en las áreas densamente pobladas. Bajo ninguna circunstancia se deberán instalar los hidrantes a distancias en las que se requieran mangueras de más de 500' de longitud (*NFPA 24*).

12.1.2 Separación de las estructuras

Los hidrantes deben colocarse a una distancia de al menos 40' del edificio que se protege. Esta es una precaución de seguridad que evita que el calor por radiación o los residuos que caen inutilicen al hidrante. La *NFPA 24* presenta como excepción los casos en que las circunstancias locales impiden que los hidrantes se coloquen a esta distancia. En ese caso los hidrantes podrán colocarse más cerca o deberán usarse hidrantes de pared, previniendo que éstos se coloquen en paredes vacías en donde sea menor la probabilidad de daños por la caída de los muros.

Se seguirá aplicando el requisito de colocación de los hidrantes en los sitios donde sea baja la probabilidad de que las personas se evacuen para alejarlas del fuego y el humo. La norma *NFPA 24* establece además que en las áreas de la planta densamente ocupadas, los hidrantes podrán colocarse al lado de edificios bajos, cerca de las torres de escaleras de tabique o en los ángulos formados por las paredes de tabique firme en las que no haya probabilidad de derrumbe.

12.1.3 Salidas

Los hidrantes contra incendio generalmente tienen un mínimo de dos conexiones de 2½" y una conexión para la bomba de 4½"; sin embargo, en zonas como California y Hawai, se permiten los hidrantes para las calles con barril húmedo y únicamente una salida de 2½". Asegúrese de adquirir hidrantes con roscados compatibles.

Se especifican roscados externos conforme con el estándar nacional en la norma *NFPA 1963, Estándar para los roscados de tornillo y juntas para las conexiones de mangueras contra incendios*. Hay localidades con infraestructuras muy antiguas que usan hidrantes para calle con roscados distintos al patrón de roscado estándar nacional. Estos hidrantes requieren el uso de adaptadores si se usan mangueras estándar. Antes de instalar un hidrante nuevo, se debe determinar el requisito para el roscado correcto de la manguera para dicha localidad en particular.

El centro de la conexión de la manguera no puede estar a menos de 18" por encima del nivel del piso final. La conexión a la línea principal, conforme se especifica en la norma *NFPA 24*, debe ser de al menos 6" de diámetro.

12.1.4 Protección del hidrante

Si el hidrante se coloca en un área en que exista la posibilidad de sufrir daño mecánico, se deben tomar las precauciones necesarias para evitar tal peligro. Los postes parados de protección (o bolardos) fabricados de tubería de 3" a 4", que se colocan y rellenan con concreto, son una medida de protección típica. Esta protección debe ofrecerse de modo que se evite la interferencia cuando se realiza la conexión o se opera el hidrante. Un ejemplo específico de un sitio dónde es importante la protección es el extremo de un estacionamiento en donde los vehículos podrían chocar en reversa o de frente contra los hidrantes.

12.1.5 Válvulas, bloqueos y drenado de los hidrantes

Cuando las líneas de los hidrantes (la tubería entre la línea principal y el hidrante) están equipadas con una válvula, la válvula se puede colocar en el hidrante, en la línea principal o en algún sitio entre la línea principal y el hidrante. La válvula normalmente es una válvula de compuerta dentro de una caja en el camino. Independientemente de su ubicación, el hidrante debe soportarse por separado y tener bloques de compresión con una loza de concreto o rocas planas. El hidrante debe sujetarse en su sitio mientras se realizan las conexiones de tubería y mantenerse así hasta que se haya vertido y fraguado la cimentación de concreto. El hidrante nunca debe soportarse por la tubería. Cuando se cuela la base, tenga cuidado de no bloquear el drenado en la base del hidrante.

Una vez que se ha colocado apropiadamente la cimentación del hidrante (normalmente 24 horas), ésta actúa como un bloque de compresión y un ancla o retén. Esto también ayuda a evitar los arrastres provocados por el drenado de aguas residuales. El levantamiento por congelamiento es común en los climas fríos y debe prevenirse siempre en la medida de lo posible. El congelamiento del suelo provoca su expansión, lo cual a su vez tiene una acción de levantamiento. El resultado es un cambio o elevación del hidrante contra incendios, lo cual crea una tensión de corte en la tubería. Se puede tener como resultado la ruptura de la tubería o fugas por las juntas.

12.1.6 Especificación de los hidrantes

Cuando se especifican los hidrantes, se debe incluir lo siguiente:

- Número de salidas, tamaño y tipo de roscado
- Tamaño de la válvula
- Tamaño de la admisión
- Tipo de barril
- Tuerca de operación

Existen dos tipos básicos de barriles en los hidrantes contra incendio, el barril húmedo y el barril seco. Los hidrantes de barril húmedo se usan en las áreas en donde las temperaturas se mantienen por encima del nivel de congelación. El hidrante con barril seco, que es el más común, se usa en donde existe la posibilidad de que haya temperaturas por debajo de la congelación.

12.1.7 Hidrantes de barril seco

La válvula de la base en los hidrantes de barril seco se localiza debajo de la línea de congelación, manteniendo el agua fuera del barril bajo condiciones normales. El agua entra al barril únicamente cuando se necesita y para ello se abre una válvula de drenado (orificio de limpieza) en el fondo cuando se cierra la válvula principal. Esto evita que el agua permanezca dentro del barril y minimiza el peligro de congelamiento. Como se ha anotado previamente, nunca debe colarse el concreto sobre los orificios de drenado (orificios de limpieza). Los hidrantes de barril seco deben revisarse semestralmente, de preferencia al principio de la primavera y del otoño. La AHJ local es quién establece estos requisitos. La *Figura 66* muestra una vista exterior de un hidrante contra incendios de barril seco típico.

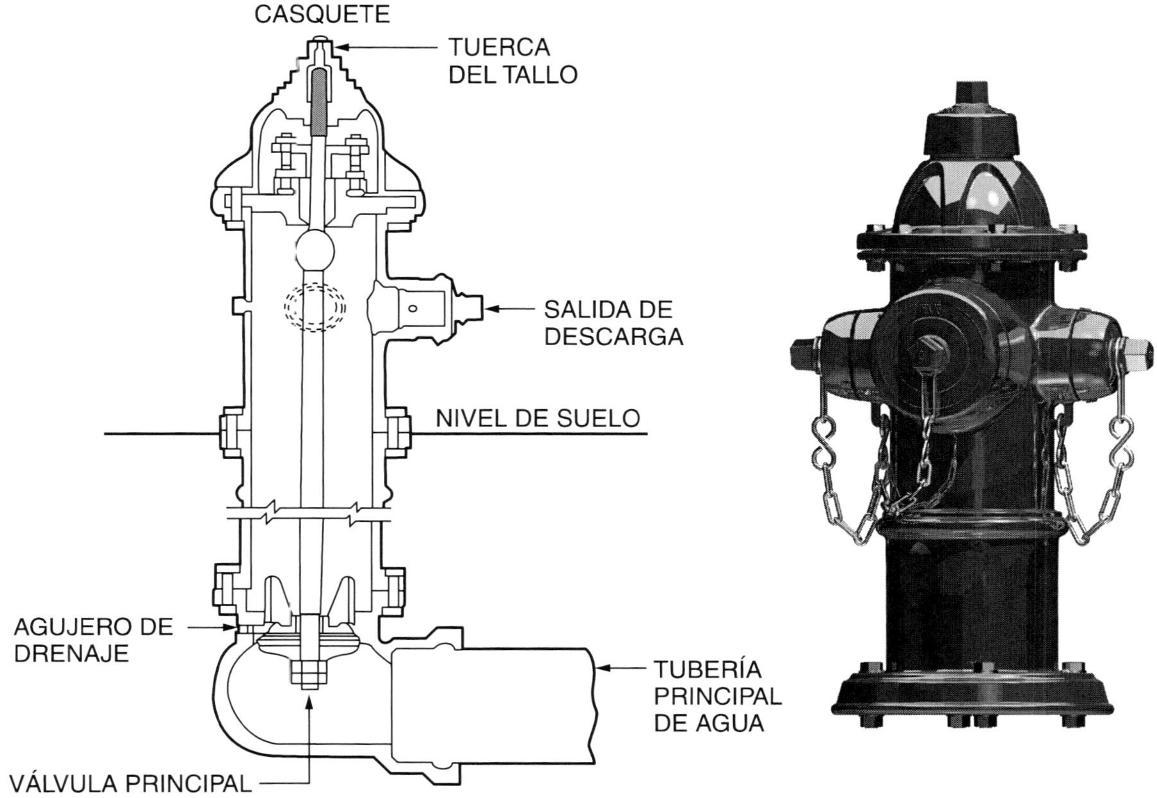

Figura 66 ◆ Hidrantes contra incendio de barril seco.

NOTA

Los hidrantes de barril seco deben permanecer completamente abiertos o cerrados. Si no están completamente cerrados, el agua se drenará constantemente a través de los orificios de limpieza.

12.1.8 Hidrantes de barril húmedo

Los hidrantes de barril húmedo se denominan con frecuencia como hidrantes California. Normalmente tienen una válvula de compresión en cada salida y otra válvula en el sombrerete. Si el hidrante tiene una válvula en el sombrerete, dicha válvula controla el flujo del agua hacia todas las salidas. Los hidrantes de barril húmedo deben revisarse para garantizar un funcionamiento apropiado. Los hidrantes de barril húmedo nunca deben instalarse en donde exista el peligro de temperaturas por debajo del punto de congelación. La *Figura 67* muestra una vista exterior de un hidrante contra incendios de barril húmedo típico.

Figura 67 ◆ Hidrante contra incendios de barril húmedo.

12.1.9 Hidrantes de calle

El hidrante de calle con frecuencia tiene una conexión grande para la bomba y dos salidas de 2½". El diámetro real de la conexión para la bomba varía de un sitio a otro y por tanto deberá determinarse con las autoridades locales.

12.1.10 Hidrantes de campo

Los hidrantes de campo normalmente tienen únicamente dos salidas de 2½" y una conexión para la bomba de 4½". Los hidrantes de campo se localizan en un circuito de campo. El circuito tiene una conexión con el departamento de bomberos para su presurización por medio de una bomba desde un hidrante de calle.

También pueden estar presentes otras fuentes de presurización, como por ejemplo los tanques elevados y los tanques de superficie con bombas contra incendio. Su uso principal es para la extinción de incendios expuestos, aunque también pueden usarse para la extinción de fuegos al interior si se desea. La *Figura 68* muestra un hidrante de campo.

12.2.0 Válvulas de campo

Las válvulas de campo son las válvulas instaladas fuera de un edificio para el control del suministro subterráneo de agua. Estas válvulas permiten la apertura y cierre de las líneas de agua a medida que se necesita para su mantenimiento y prueba. La *Figura 69* muestra una instalación de campo típica que utiliza un circuito.

La mayoría de las válvulas de campo son válvulas de compuerta de hierro diseñadas para usarse con postes parados de indicación. Como se muestra en la *Figura 70*, el poste indicador tiene una arreglo del volante que permite el bloqueo de la válvula, ya sea abierta o cerrada. Un indicador en la parte lateral muestra el estado de apertura o cierre de la válvula.

Las válvulas con poste indicador deben colocarse de modo que la parte superior del poste se encuentre a 36" por encima del piso final. También deben protegerse contra el daño mecánico cuando sea necesario. Éstas tienen la misma exposición al daño que un hidrante contra incendios. La distancia desde el edificio, si el espacio lo permite, a la cual debe instalarse la válvula es la misma que en el caso del hidrante, 40', como se recomienda en la norma *NFPA 13*.

La norma *NFPA 13* requiere una válvula de indicación Registrada en todas las fuentes de agua para un sistema de rociadores contra incendio, con excepción de las conexiones para el departamento de bomberos. Otra excepción es que algunas AHJ aceptan una válvula que no es de indicación, como por ejemplo una válvula de compuerta completa con una caja de camino con llave "T". La *Figura 71* muestra la llave "T".

Las válvulas de campo con postes de indicación deben asegurarse y ser a prueba de vandalismo. Algunos postes de indicación están equipados con dispositivos de conmutación para supervisión eléctrica los cuales se usan por parte de la estación central o el propietario para el monitoreo de la posición de los postes. Otros postes de indicación están conectados a alarmas sonoras. La norma *NFPA 13* establece que si un poste indicador se encuentra dentro de un recinto con barda, éste simplemente se sellará y aprobará, para después realizar inspecciones semanales registradas, considerando que el compartimiento está bajo el control del propietario.

12.3.0 Compartimientos para manguera, estaciones para manguera y equipo

Los compartimientos para manguera son requisitos comunes para las plantas industriales en zonas rurales y son utilizados por brigadas organizadas contra incendios en la propia planta. En donde haya espacios abiertos grandes, el compartimiento de la manguera almacena el equipo usado para el combate de los incendios como por

106F68.EPS

Figura 68 ◆ Hidrante de campo.

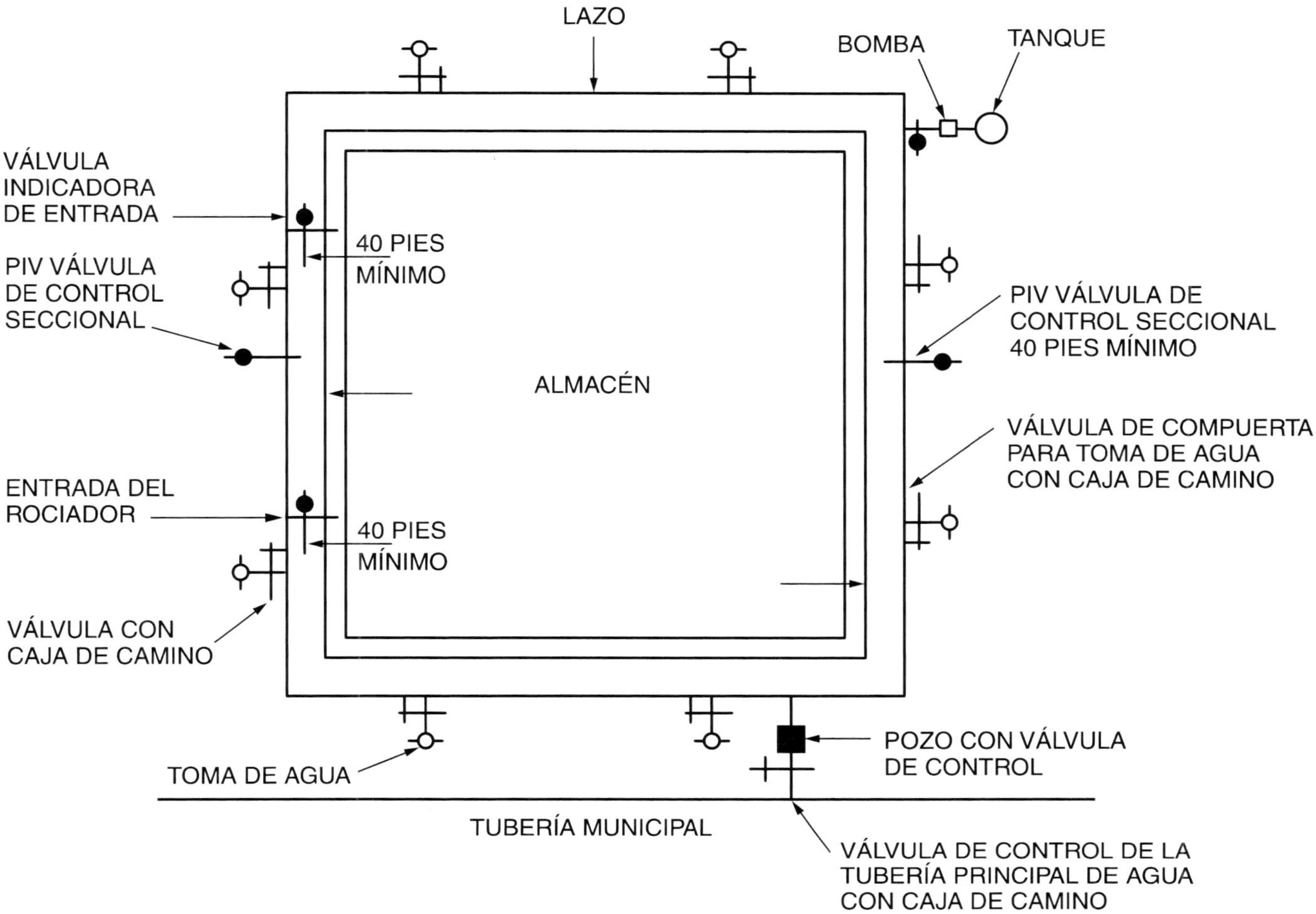

Figura 69 ◆ Circuito de campo típico en una vista superior.

ejemplo los incendios de los campos. El compartimiento de la manguera se usa para almacenar el equipo de combate de incendios en las cercanías del hidrante. La estación para la manguera es un gabinete con un hidrante en su interior, la manguera conectada y la manguera en un bastidor para sacarla fácilmente.

12.3.1 Compartimientos para manguera

Los compartimientos para mangueras deben localizarse cerca del hidrante para que sean de utilidad. Las mangueras enrolladas o los carros con mangueras deben colocarse de modo que puedan retirarse fácilmente y usarse en el hidrante. La *Figura 72* muestra un compartimiento de manguera y una manguera enrollada portátil.

La norma *NFPA 24* tiene estándares específicos para los compartimientos de manguera y su equipo. Estos hidrantes tienen la finalidad de ser usados por el personal de la planta, un departamento de bomberos voluntario o por una brigada contra incendios. Estos deben contener los tramos de manguera y los equipos adecuados. La cantidad y tipo de manguera y equipo está determinado por el número y ubicación de los hidrantes con relación a la propiedad protegida.

12.3.2 Equipo

Las consideraciones que afectan la cantidad y tipo de equipo son: (1) la extensión del peligro de incendio y (2) las capacidades de combate del incendio de los usuarios del equipo. En todos los casos se debe consultar a la AHJ. La norma *NFPA 24* requiere que estos compartimientos tengan una manguera y además de la misma el siguiente equipo:

- Dos boquillas aprobadas de corriente sólida y rociado ajustable equipadas con cierres para cada tamaño de manguera disponible. La *Figura 73* muestra una boquilla de rociado ajustable con cierre.
- Una llave para el hidrante, además de la llave en el hidrante.

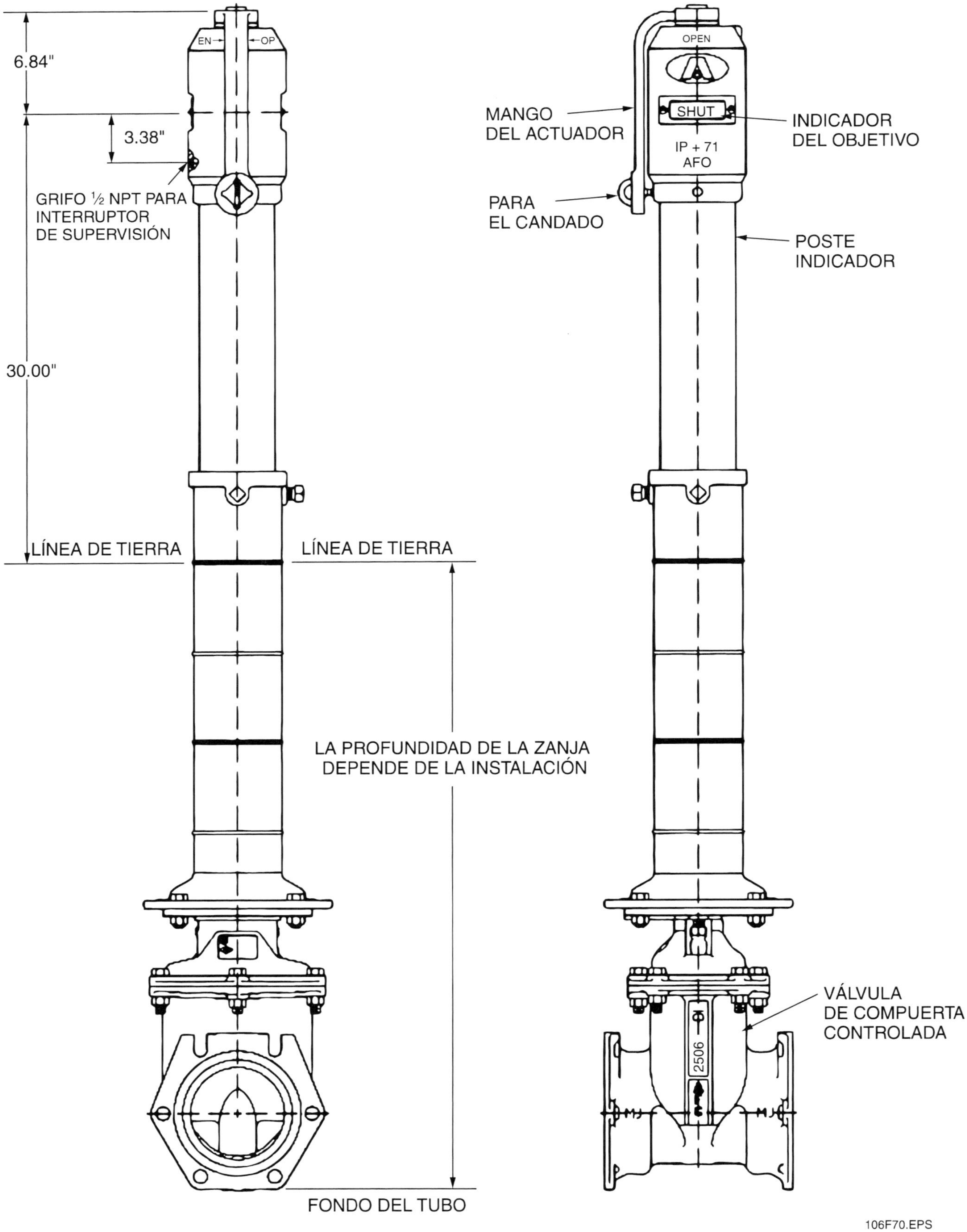

Figura 70 ◆ Poste indicador.

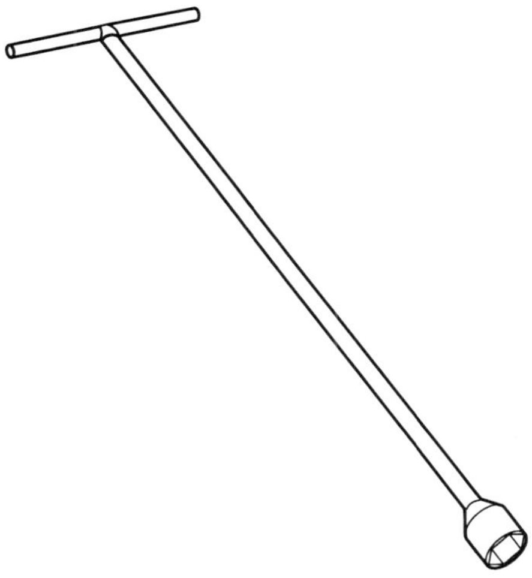

Figura 71 ◆ Llave "T".

Figura 73 ◆ Boquilla de rociado ajustable con cierre.

- Cuatro llaves inglesas para cada tamaño de manguera disponible. La *Figura 74* muestra una llave inglesa.
- Dos juntas de acople de la manguera para cada tamaño de manguera.

En los compartimientos de manguera que contienen más de dos tamaños de boquillas y mangueras, el mismo estándar requiere que se incluyan reductores o conexiones "Y" de compuerta en el equipo del compartimiento de la manguera. La *Figura 75* muestra una conexión "Y" de compuerta.

Otros elementos que podrían incluirse, aunque de forma opcional, incluyen lo siguiente:

- Una hacha con soportes
- Una barra de palanca o "pata de cabra"
- Dos mangueras y tirantes de escalera
- Dos lámparas eléctricas de baterías
- Adaptadores roscados

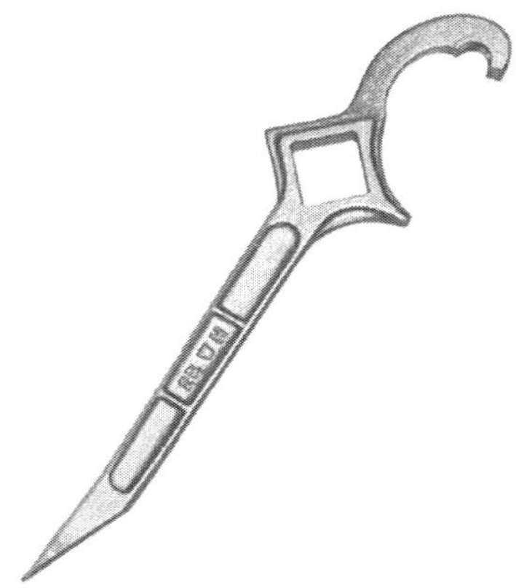

Figura 74 ◆ Llave inglesa común.

12.3.3 Mangueras

La manguera usada debe cumplir con la norma NFPA 1961, Estándar para la manguera contra incendios, además de encontrarse a la mano. La manguera también debe protegerse de la exposi-

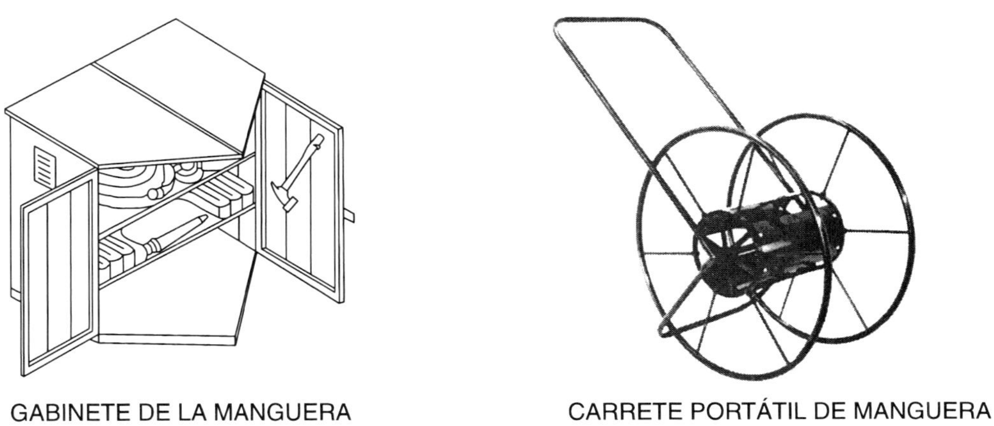

Figura 72 ◆ Compartimiento de manguera y bobina de manguera enrollada.

106F75.EPS

Figura 75 ◆ "Y" de compuerta.

NITRILO PARA TRABAJO LIGERO

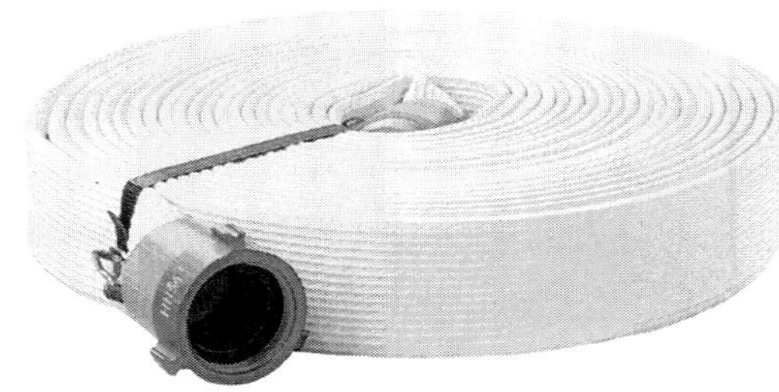

NITRILO PARA TRABAJO PESADO

106F76.EPS

Figura 76 ◆ Tipos de mangueras.

ción al medio ambiente. Esto puede realizarse por medio de compartimientos para la manguera o mediante la colocación de transportadoras de manguera en compartimientos herméticos si así lo requiere la AHJ.

Los acoples de la manguera deben cumplir con la norma *NFPA 1963, Estándar para el roscado de tornillo y juntas para las conexiones de mangueras contra incendios*. En algunas áreas, las conexiones locales del departamento de bomberos no coinciden con la norma NFPA. En estos casos los hidrantes y mangueras deben ordenarse de manera especial para cumplir con los estándares locales, además deberá consultarse con la autoridad del departamento de bomberos.

El término más comúnmente aplicado a las mangueras es de enchaquetado tejido con recubrimiento de hule (o goma). El enchaquetado tejido es la cubierta exterior de la manguera y puede ser de tipo sencillo o doble. Este es un factor importante en la durabilidad, flexibilidad y peso de la manguera. La mayoría de los enchaquetados son de poliéster tejido u otro material sintético. El recubrimiento de hule (o goma), usualmente de un material sintético como el Neopreno, prolonga la vida útil de la manguera debido a que no absorbe agua y facilita un secado rápido. La manguera que se usa para la conexión con las tuberías soportadas de emergencia en interiores no se recomienda para uso general. La *Figura 76* muestra los tipos de mangueras.

El estándar anterior para la manguera contra incendio era la manguera de lino. Las manguera de lino sin recubrimiento podía resistir indefinidamente cuando se almacenaba en una atmósfera seca y caliente, pero se deteriora rápidamente si permite que se moje. También requiere el uso de una válvula de bronce y de drenado automático. La experiencia de los cuerpos de bomberos es que estas mangueras se degradan después de 2 a 3 años, por lo que no deben usarse después de ese tiempo. Las mangueras contra incendios fabricadas de poliéster u otros materiales sintéticos son preferibles que las de lino porque son resistentes a los hongos y la putrefacción. La manguera de lino sin recubrimiento no se permite en las instalaciones nuevas o como manguera de reemplazo para su uso en los compartimientos de mangueras ya existentes. Cuando se cambia una manguera de lino sin recubrimiento, en general debe usarse una manguera con un revestimiento de enchaquetado. El recubrimiento puede ser de un material sintético distinto al hule (o goma). Se requiere una inspección periódica e hidrostática para un mantenimiento apropiado de la manguera; sin embargo, la manguera de lino sin recubrimiento rara vez se somete a la prueba hidrostática debido al efecto de la humedad sobre este material.

12.3.4 Boquillas

En el *Manual de protección contra incendios de la NFPA* se clasifican seis tipos generales de boquillas de rociado en las corrientes con manguera. Estas son las siguientes:

- Patrón de rociado de boquilla fija abierta
- Boquilla de combinación
- Patrón de corriente ajustable con volumen variable

- Patrón de corriente ajustable con volumen constante
- Patrón de corriente ajustable con volumen ajustable
- Patrón de corriente de presión ajustable constante y volumen variable

Las boquillas se requieren para los compartimientos para la manguera, las estaciones para la manguera y los compartimientos para los hidrantes. La corriente de agua que se descarga sobre un incendio juega un papel importante en la reducción del peligro, al tiempo de que también contienen el incendio. Las boquillas de rociado ajustable pueden dirigir un chorro de agua o pueden ajustarse para atomizar el agua. En el caso de un incendio con origen en el sistema eléctrico, un chorro de agua continuo es menos efectivo que el atomizado del agua para la contención del incendio. La descarga de agua atomizada absorbe calor y puede crear vapor bajo condiciones de calor elevado. El atomizado se puede generar por medio de una boquilla ajustable la cual también puede ofrecer protección al bombero en contra del calor radiante y por convección.

NOTA

La AHJ determina el tipo de equipo en el compartimiento de la manguera, la estación de la manguera o el compartimiento del hidrante.

La boquilla debe estar equipada con una válvula de corte. Las válvulas de corte pueden ser parte de la propia boquilla o una pieza separada. Deben mantenerse en buenas condiciones de operación y cambiarse cuando ya no funcionen de manera apropiada. Las pautas para el cuidado, uso y mantenimiento de las boquillas y las piezas apropiadas se encuentran en la norma *NFPA 1962, Estándar para el cuidado, uso y mantenimiento de la manguera contra incendios, incluyendo las conexiones y boquillas.*

12.4.0 Compartimientos del hidrante

Los compartimientos del hidrante (*Figura 77*) con frecuencia se especifican para su uso en áreas rurales e industriales y en espacios abiertos grandes. La norma *NFPA 24* requiere que el hidrante se encuentre lo más cerca posible del frente del compartimiento del hidrante y que haya el espacio suficiente por su parte posterior para las compuertas de la manguera y para enganchar dicha manguera. Si se requiere cerrar el compartimiento del hidrante, se deben usar cerraduras especiales con candados que puedan estrellarse.

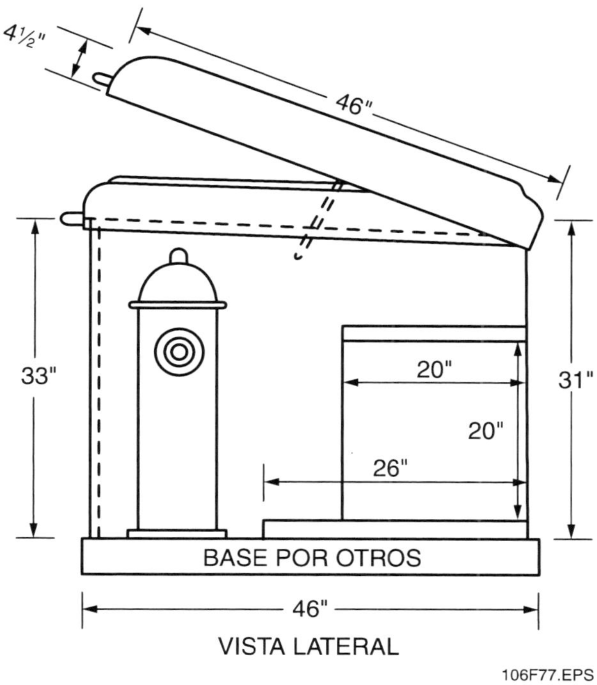

Figura 77 ◆ Compartimiento del hidrante.

También se puede usar un sistema de cierre detrás de una placa de vidrio. El cristal se puede romper en caso de incendio.

Es una práctica común tener conectada de manera permanente la manguera a una de las salidas del hidrante. Una o más salidas en el hidrante quedarán disponibles para conectar mangueras adicionales en caso de ser necesario.

La manguera del hidrante debe estar equipada con una manguera con recubrimiento con una longitud mínima de 100'; sin embargo es preferible tener una manguera de 150'. Para determinar la longitud de manguera necesaria para proteger la propiedad para la cual se ha colocado el hidrante, se debe dejar una línea curva suelta desde el compartimiento del hidrante hasta la apertura del edificio, dentro del mismo y hasta el punto más alejado, vertical u horizontal que la manguera posiblemente necesite alcanzar. La manguera también debe tener el largo suficiente para alcanzar los costados del edificio manteniendo una distancia segura al combatir un incendio.

13.0.0 ◆ PRUEBA, INSPECCIÓN, PURGADO Y CLORACIÓN

Muchas instalaciones requieren que el encargado de la instalación de los rociadores realice las pruebas, inspección, purgado y cloración de las instalaciones del sistema de tuberías subterráneas. En las siguientes secciones se explican estas actividades.

13.1.0 Prueba

Una buena práctica es realizar la prueba de presión de las líneas de agua subterráneas a medida que se van instalando. Es más económico corregir errores o defectos a medida que se va realizando el trabajo que descubrir al final que hay fugas en toda la línea de suministro de agua.

Para probar la presión, se debe permitir el fraguado de los bloques de compresión por al menos 24 horas. Los bloques de compresión también se evalúan en la prueba de presión. Se pueden colocar otras restricciones, como se requiera. Una prueba de presión realizada de manera apropiada debe detectar todas las fugas, piezas flojas o tubería dañada. Las pruebas de presión en las líneas de suministro de agua para el sistema de protección contra incendios deben completarse con las uniones de tubería expuestas. La norma *NFPA 24* requiere que dichas pruebas se apliquen a las tuberías de servicio de agua y en las instalaciones de tubería normales antes de cubrirlas y ocultarlas. La zanja debe rellenarse entre las uniones antes de realizar la prueba para prevenir que se mueva la tubería durante la prueba. Las uniones deben mantenerse expuestas de modo que sea fácil detectar las fugas.

La prueba se realiza cerrando todas las válvulas y aperturas y presurizando la línea con agua. El equipo de prueba debe mantenerse en condiciones apropiadas para ser confiable, además de que debe drenarse después de cada uso. Se agrega un anticongelante en invierno para prevenir los daños debidos a las temperaturas de congelamiento.

La presión produce fuerzas que se distribuyen sobre cada pulgada cuadrada de la superficie de tubería interna La presión normalmente se estable en términos de libras por pulgada cuadrada. Una presión de 200 libras por pulgada cuadrada (psi) significa que se aplica una fuerza de 200 libras por cada pulgada cuadrada de superficie.

La presión de prueba debe ser de al menos 50 libras por pulgada cuadrada mayor que la presión máxima de suministro normal. La presión de prueba mínima permisible es de 200 libras por pulgada cuadrada. Siempre debe usarse agua a menos que el clima no permita el uso de agua en la prueba debido al congelamiento. En el caso de esta excepción la *NFPA 13* permitirá una prueba temporal con aire a una presión de 40 libras por pulgada cuadrada. La prueba debe repetirse con agua cuando el clima lo permita. Debe estar al tanto de que es muy difícil retener el aire en las uniones de la tubería. También debe estar al tanto de que el aire puede comprimirse y que una ruptura puede provocar una pequeña explosión.

Una presión adicional, más allá de la disponible dentro del sistema local, debe alimentarse por medio de una bomba de compresión equipada con un manómetro. Después del bombeo hasta la presión de prueba requerida se deberá observar el manómetro para detectar cualquier caída de presión. Una caída en la presión indicará una fuga en el sistema. Cuando se observen fugas en el manómetro, lo primero que debe observarse, si la ubicación de la fuga no es obvia, es la propia bomba de compresión y sus conexiones.

13.2.0 Inspección

El contratista del sistema de rociadores podría requerir que se realicen pruebas de presión formales en presencia de la AHJ o del representante del propietario. Antes de realizar estas pruebas para su aceptación oficial, las pruebas deben realizarse de manera privada a fin de asegurarse que se aprobarán cuando tenga lugar la prueba formal. El contratista será responsable de completar todas las pruebas de aceptación requeridas y posteriormente el certificado de la prueba (*Figura 78*) para la tubería subterránea. Los testigos, tanto del contratista como del propietario, deben firmar el certificado de la prueba completada.

NOTA

En algunas áreas, las autoridades podrían requerir la inspección de la zanja antes de que ésta se rellene.

Durante la inspección, la *NFPA 24* ofrece los límites permisibles para las fugas. La cantidad de fuga en la tubería debe medirse a la presión de prueba especificada mediante bombeo a partir de un recipiente calibrado. Para la tubería nueva, la cantidad fugada en las uniones no debe superar dos cuartos por hora por cada 100 juntas o uniones, independientemente del diámetro de la tubería.

Si se prueban los hidrantes contra incendio de barril seco con la válvula principal abierta, se permiten cinco onzas adicionales por minuto.

13.3.0 Purgado

Después de haber probado y revisado la tubería subterránea, se deberá purgar completamente todo el sistema antes de conectarlo a la tubería del rociador. Si el sistema es purgado por otros, es importante obtener la documentación. Si no se obtiene la documentación apropiada de manera oportuna, se deberá repetir el purgado con tal finalidad.

Certificado de material y pruebas del contratista para tuberia subterránea

PROCEDIMIENTO

Al terminar el trabajo, el representante del contratista realizará la inspección y llevará a cabo las pruebas, con un representante del propietario como testigo. Se corregirán todos los defectos y se dejará el sistema en operación antes de que el personal del contratista salga definitivamente del sitio de trabajo.

Se llenará un certificado y será firmado por ambos representantes. Se prepararán copias para las autoridades que ofrecen su aprobación, para los propietarios y para el contratista. Se entiende que la firma del representante del propietario de ninguna forma perjudica cualquier reclamación contra el contratista con respecto a materiales defectuosos, mano de obra deficiente, o falta de cumplimiento de los requisitos de la autoridad que otorga la aprobación o de los reglamentos locales.

Nombre de la propiedad	Fecha
Dirección de la propiedad	

Planos	Aceptados por las autoridades que otorgan la aprobación (nombres)		
	Dirección		
	La instalación se ajusta a los planos aceptados	❑ Sí	❑ No
	Se aprueba el equipo, en caso negativo, indicar desviaciones	❑ Sí	❑ No
Instrucciones	¿La persona a cargo del equipo contra incendios ha sido instruida con respecto a la ubicación de las válvulas maestras y el cuidado y mantenimiento del equipo nuevo? En caso negativo, explique.	❑ Sí	❑ No
	¿Se han dejado copias de las instrucciones apropiadas y de las gráficas de cuidado y mantenimiento en el sitio? En caso negativo, explique.	❑ Sí	❑ No
Ubicación	Suministro para los edificios		
Tuberías y juntas subterráneas	Tipos y clases de tubería	Tipos de juntas	
	La tubería cumple con el estándar __________	❑ Sí	❑ No
	Los accesorios cumplen con el estándar __________ En caso negativo, explique.	❑ Sí	❑ No
	Las juntas necesitan anclaje con abrazaderas, tiras o bloques de conformidad con el estándar ____________________ En caso negativo, explique.	❑ Sí	❑ No

Descripción de la prueba

Purga: Haga fluir el agua a la tasa requerida hasta que el agua aparezca clara, cuando no haya recolección de material extraño en las bolsas de arpillera colocadas en salidas tales como hidrantes y aliviaderos. Purgue a un flujo no menor de 390 gpm (1476 L/min) para tubería de 4 pulgadas, 880 gpm (3331 L/min) para tubería de 6 pulgadas, 1560 gpm (5905 L/min) para tubería de 8 pulgadas, 2440 gpm (9235 L/min) para tubería de 10 pulgadas, 3520 gpm (13,323 L/min) para tubería de 12 pulgadas. Cuando el suministro no pueda producir las tasas de flujo estipuladas, obtenga el flujo máximo disponible.

Hidrostática: Todas las tuberías y accesorios adjuntos sujetos a la presión de trabajo del sistema serán probados de forma hidrostática a 200 psi (13.8) o 50 psi (3.4 bar) por arriba de la presión de trabajo del sistema, lo que sea mayor, y deberán mantener esa presión + - 5 psi durante 2 horas.

Tolerancia de la prueba hidrostática: Cuando se agregue agua al sistema para mantener las presiones requeridas por 10.10.2.2.1, y la cantidad de agua sea medida y no exceda los límites de la siguiente ecuación (Para la ecuación en sistema métrico, vea 10.10.2.2.4):

$$L = \frac{SD\sqrt{P}}{148{,}000}$$

L = tolerancia de la prueba (agua de reposición), en galones por hora
S = longitud de la tubería probada, en pies
D = diámetro nominal de la tubería, en pulgadas
P = presión promedio de prueba durante las pruebas hidrostáticas, en libras por pulgada cuadrada (manómetro)

Pruebas de purga	La tubería subterránea nueva se purgó de conformidad con el estándar __________ de (compañía) En caso negativo, explique.	❑ Sí	❑ No
	Cómo se obtuvo el flujo de purga: ❑ Aguas del servicio público ❑ Tanque o estanque ❑ Bomba contra incendios	A través de qué tipo de apertura: ❑ Hidrante ❑ Tubería abierta	
	Las entradas se purgaron de conformidad con el estándar___de (compañía) En caso negativo, explique.	❑ Sí	❑ No
	Cómo se obtuvo el flujo de purga: ❑ Aguas del servicio público ❑ Tanque o estanque ❑ Bomba contra incendios	A través de qué tipo de apertura: ❑ Conexión "Y" a brida y espiga ❑ Tubería abierta	

 NFPA 13 (p. 1 de 2)

Figura 78 ◆ Ejemplo de certificado de prueba y material del contratista para la tubería subterránea (1 de 2).

Prueba hidrostática	Todas las tuberías subterráneas nuevas se probaron de forma hidrostática a ______________ psi durante ______________ horas		Juntas cubiertas ❑ Sí ❑ No
Prueba de fugas	Cantidad total de fugas medida en ______________ galones ______________ horas		
	Tolerancia de fugas ______________ galones ______________ horas		
Hidrantes	Cantidad instalada	Tipo y fabricación	Todos funcionan satisfactoriamente ❑ Sí ❑ No
Válvulas maestras	Las válvulas maestras se dejan totalmente abiertas En caso negativo, indique la razón		❑ Sí ❑ No
	Las roscas de las conexiones del departamento de bomberos y los hidrantes son intercambiables con las del departamento de bomberos que responde a las alarmas.		❑ Sí ❑ No
Observaciones	Fecha en que se pone en servicio		
Firmas	Nombre del contratista instalador		
	Testigos de la prueba		
	Por el propietario del sitio (firmado)	Puesto	Fecha
	Por el contratista instalador (firmado)	Puesto	Fecha
Explicaciones adicionales y notas			

 NFPA 13 (p. (2 de 2)

106F78B.EPS

Figura 78 ◆ Ejemplo de certificado de prueba y material del contratista para la tubería subterránea (2 de 2).

El purgado se facilita si el interior de la tubería se mantiene libre de materia extraña a medida que se tiende la tubería y si el extremo abierto se mantiene cerrado cuando está sin atención. El purgado se realiza mediante la aplicación de presión a través de la espiga con brida, hidrantes y otras salidas. Se debe tener cuidado de cortar cualquier rociador interior conectado o equipo con tubería vertical por medio de válvulas o bridas ciegas a fin de evitar el arrastre de material extraño dentro de estos sistemas.

El sistema se purga hasta que el material extraño se expulsa y el agua que sale del sistema se encuentra limpia. Las líneas principales que alimentan a los sistemas de rociadores deben purgarse a velocidades mínimas, tal como se especifica en la norma *NFPA 13* o a la velocidad de demanda de agua calculada hidráulicamente para el sistema, el valor que sea mayor. La *Tabla 11* muestra las velocidades de flujo como se presentan la norma *NFPA 13*. Si la velocidad de flujo no puede alcanzarse o verificarse, refiérase a la norma *NFPA 13* para las excepciones.

Tabla 11 Velocidades de flujo especificadas por la norma *NFPA 13*

Tamaño del tubo		Tasa de flujo	
(pulg)	(mm)	(gpm)	(L/min)
4	102	390	1,476
6	152	880	3,331
8	203	1,560	5,905
10	254	2,440	9,235
12	305	3,520	13,323

106T11.EPS

13.4.0 Cloración

Las líneas principales de agua del municipio son las que suministran el agua potable. El término agua potable significa que el agua es apropiada para beberse, cocinar y para fines domésticos. Para ser potable debe cumplir los requisitos de las autoridades de salud o de suministro de agua.

Las ordenanzas o especificaciones locales podrán requerir de una cloración de los sistemas subterráneos por parte del contratista de los sistemas de rociadores En estos casos, las líneas de suministro de agua deben desinfectarse (esterilizarse) por cloración después de pasar la prueba de presión.

La cloración se realiza usando ya sea hipoclorito de sodio o hipoclorito de calcio. Este material se encuentra disponible en tabletas, gránulos o en forma líquida. La mayoría de los municipios usa la forma granular por conveniencia y economía. El material granular puede medirse y verterse como un líquido. Si se usan tabletas, se debe colocar un número determinado en cada unión de la tubería a medida que se tiende la misma. Las especificaciones del trabajo indican el número de tabletas requeridas en cada unión. Éstas deben asegurarse en su sitio con una adhesivo, por ejemplo cemento para hule (o goma). Cuando se usan tabletas, la línea no debe purgarse antes de realizar la cloración. La forma líquida forma vapores rápidamente, los cuales pueden ser tóxicos y su fuerza puede variar debido a la pérdida de cloro en forma de gas.

La American Water Works Association (AWWA) recomienda dos métodos para el clorado de las líneas de agua. El primer método y de uso más común es el llenado de la sección de tubería con una solución acuosa que tiene disponibles 50 partes por millón de cloro. Después se permite que repose por 24 horas antes de purgarla y de volver a ponerla en servicio.

Con el segundo método, la sección de tubería se llena con una solución de agua que contiene 200 partes por millón de cloro disponible. Esta concentración se mantiene en reposo por 3 horas antes de purgarla y poner en servicio la sección.

No es práctico desinfectar un tanque de almacenamiento de agua potable por medio de alguno de estos dos métodos. Todo el interior del tanque debe lavarse con una solución acuosa que contiene 200 partes por millón de cloro disponible y se permite que repose por 3 horas antes de purgarlo y ponerlo en servicio. Se deben seguir las precauciones de seguridad apropiadas para evitar respirar una cantidad excesiva de vapores de cloro. Estos vapores son altamente tóxicas.

Para los filtros de agua potable y dispositivos similares, la cantidad usada debe estar aprobada por la AHJ bajo las circunstancias específicas prevalecientes

Preguntas de repaso

1. Una yarda cúbica de tierra pesa _____ libras.
   a. 300
   b. 500
   c. 3,000
   d. 5,000

2. Los suelos promedio normalmente son una mezcla de _____.
   a. arena, mena de hierro y agua
   b. arena, légamo y arcilla
   c. arena, humus y cal
   d. arcilla, légamo y agua

3. El factor que determina cómo se comporta un suelo durante la excavación de zanjas es _____.
   a. su peso
   b. su elevación
   c. los mantos de agua
   d. su textura o composición

4. En cualquier zanja que tiene una profundidad mayor de 4', se deben colocar escaleras cada _____.
   a. 15'
   b. 25'
   c. 50'
   d. 75'

5. El aumento o reducción en el contenido de humedad del suelo puede afectar la estabilidad de una zanja.
   a. Cierto
   b. Falso

6. Las paredes de la zanja se colocan en declive para facilitar entrar y salir de la zanja.
   a. Cierto
   b. Falso

7. ¿Cuál de los siguientes tipos de apuntalamiento debe usarse preferentemente cerca de las estructuras existentes?
   a. Propagadores y puntales hidráulicos
   b. Revestimiento de acero entrelazado
   c. Revestimiento vertical
   d. Bloques de concreto

8. Las zanjas en _____ tienen un declive máximo permitido de 1.5 unidades en sentido horizontal por cada unidad en sentido vertical.
   a. roca estable
   b. Suelo de Tipo A
   c. Suelo de Tipo B
   d. Suelo de Tipo C

9. Una cimentación estable para tubería en una zanja consiste en un asentamiento, apuntalamiento y posiblemente una capa de estabilización.
   a. Cierto
   b. Falso

10. El asentamiento se extiende desde al parte superior de la capa de estabilización, si está presente, hasta _____.
    a. la parte media de la tubería
    b. la parte superior de la tubería
    c. la parte inferior de la tubería
    d. un grosor de 10'

11. Los escombros provenientes del corte de un canal nuevo a través de _____ *no pueden* usarse como relleno.
    a. roca
    b. Suelo de Tipo A
    c. Suelo de Tipo B
    d. Suelo de Tipo C

12. La mayoría de las autoridades permiten que la tubería enterrada se localice a cualquier profundidad que sea conveniente, siempre que exista una cubierta de protección suficiente sobre la tubería.
    a. Cierto
    b. Falso

13. ¿Cuál de las siguientes características *no* corresponde a una tubería de PVC?
    a. Facilidad de transporte
    b. Pérdida de resistencia debido a la corrosión por parte del agua potable
    c. Económico
    d. Disponibilidad en los tamaños compatibles con las piezas de hierro dúctil

Preguntas de repaso

14. Una tubería de hierro dúctil de 8" con una clase de grosor 53 tendrá un grosor de _____.
    a. 0.32"
    b. 0.36"
    c. 0.38"
    d. 0.39"

15. El principal problema con las uniones de tubería que no se han ajustado de manera apropiada es _____.
    a. son difíciles de desmontar
    b. la tubería puede quedar mal alineada
    c. son difíciles de montar
    d. pueden presentar fugas

16. En la norma *NFPA 13,* las disposiciones para protección sísmica requieren un espacio de _____ alrededor de las tuberías de 4" y mayores.
    a. 1"
    b. 2"
    c. 3"
    d. 4"

17. Las fuentes de corrosión química y eléctrica de la tubería pueden reducirse por medio del uso de tubo de polietileno con un grosor de _____ milésimas de pulgada para cubrir la tubería y las piezas.
    a. 4
    b. 6
    c. 8
    d. 10

18. Se desarrolla un empuje de _____ en un codo de 8" y 90°.
    a. 10,000 libras
    b. 10,800 libras
    c. 13,000 libras
    d. 18,600 libras

19. Los cálculos para el bloque de compresión normalmente los realiza _____.
    a. el instalador de rociadores
    b. el capataz del taller
    c. el técnico de arreglo y distribución del equipo
    d. la AHJ

20. Los montajes de dispositivos para prevenir el contraflujo se diseñan para _____.
    a. permitir el flujo inverso del agua contaminada para que entre a la línea de suministro de agua principal cuando se requiera
    b. evitar que el flujo inverso del agua contaminada entre a la línea de suministro de agua potable
    c. permitir el contraflujo de los contaminantes que son objetables pero no tóxicos
    d. permitir el contraflujo de los contaminantes que son objetables y tóxicos

Resumen

La excavación puede ser un procedimiento peligroso si no se realiza de manera apropiada. Los procedimientos están regulados por la OSHA. El trabajo también puede ser peligroso para la propia tubería, el público y el medio ambiente. Por este motivo, el DOT, la EPA y otras entidades estatales y locales deben realizar el monitoreo y regular los procedimientos de excavación y relleno.

Por seguridad de los trabajadores es importante garantizar que las zanjas sean sitios seguros en los cuales se puede realizar el trabajo necesario. También es importante conocer cómo tratar los materiales peligrosos cuando se les encuentre. El uso de equipo pesado puede ser peligroso para los trabajadores y para la propia tubería. Se deben seguir los procedimientos específicos para evitar accidentes y daños provocados por las excavadoras y retroexcavadoras.

Muchos estados asignan la responsabilidad de la tubería subterránea del sistema de rociadores al contratista del mismo, de modo que es importante que el aprendiz en instalaciones se familiarice con la forma apropiada de instalar la tubería subterránea. La instalación incluye el tendido, inspección, prueba, purgado y cloración. La seguridad es una de las principales preocupaciones del encargado de instalación de rociadores que trabaja en una excavación o zanja. Siempre deberá estar al tanto de su alrrededor, además de escuchar y observar los posibles signos de problemas. Siempre que se generen condiciones de inseguridad, salga de inmediato de la zanja e informe a sus compañeros de trabajo, además de hacer que ellos también salgan de la zanja. El trabajo dentro de una zanja es extremadamente peligroso y por ello debe realizarse el mayor esfuerzo de parte de todos los presentes en el lugar de trabajo para garantizar que las tareas avancen de manera segura.

Las uniones subterráneas no soportan a la tubería en la dirección longitudinal. Deben colocarse bloques de compresión, pilotes y abrazaderas para asegurar la conexión. Como en el resto de los aspectos de la instalación de rociadores, siempre deberán cumplirse las reglas y normas de seguridad.

Los hidrantes de campo y contra incendios deben colocarse y seleccionarse de manera apropiada para que sean útiles. Estos deben estar soportados y tener bloques de compresión para evitar su ruptura repentina. Los roscados en las salidas deben cumplir con los estándares locales.

Las mangueras se encuentra disponibles en varios materiales. Las especificaciones normalmente gobiernan la selección del material. Las llaves, cuando se incluyen, deben seleccionarse para ajustarse a las necesidades locales para las cubiertas de inversión y mangueras de conexión, además de ajustarse a la tuerca de operación del hidrante.

Los compartimientos del hidrante, compartimientos para la manguera y estaciones para la manguera contienen equipo distinto a las mangueras, el cual también debe cumplir con las especificaciones.

Notas

Cuestionario de términos clave

1. Un(a) ___________ es una excavación estrecha (relativa a su longitud) realizada por debajo del nivel del piso.
2. El corte de las paredes de la excavación en el ángulo de reposo del suelo que se utiliza se conoce como pared en ___________.
3. Un(a) ___________ usa dos válvulas unidireccionales cargadas con resorte además de una válvula de desfogue hidráulica de presión diferencial cargada con resorte.
4. Un enlace directo entre el suministro de agua potable y una fuente de agua de calidad desconocida o cuestionable se conoce como _______.
5. Un(a) ___________ brinda protección a los empleados en contra de los derrumbes, del material que podría caer o rodar dentro de la excavación o proveniente del colapso de las estructuras adyacentes.
6. La capacidad del suelo para soportar un peso se conoce como ___________.
7. Un(a) ___________ es un orificio que permite un acceso de 360 grados a una tubería.
8. Los miembros horizontales de un sistema de apuntalamiento colocado de manera paralela a la cara de la excavación cuyas paredes laterales se soportan en contra de los miembros verticales del sistema de apuntalamiento se conocen como ___________.
9. Una estructura que ofrece apoyo a una estructura adyacente, instalación subterránea o a las paredes de una excavación se conoce como ___________.
10. Un(a) ___________ es una estructura de un sistema metálico, hidráulico, mecánico o de madera que soporta las caras laterales de una excavación y que esta diseñada para evitar los derrumbes.
11. Una válvula en el dispositivo de prevención del contraflujo que permite la prueba de las zonas de presión individual es el/la _______.
12. Un dispositivo para prevenir el contraflujo que no tiene grifo de prueba y que usa dos válvulas unidireccionales cargadas con resorte para evitar los fenómenos de sifón inverso y presión de retroceso es el/la ___________.
13. Un(a) ___________ previene el sifón inverso al permitir que la presión del aire obligue a un disco de cerámica a asentarse y bloquear de ese modo el flujo.
14. El/la ___________ es un proceso químico en el cual se acumula el agua o los líquidos y que provoca la descomposición de los minerales circundantes, como por ejemplo los escombros.
15. Un proceso químico en el cual se acumula el carbón y que provoca una descomposición de los minerales circundantes, como por ejemplo los escombros, se conoce como ___________.
16. El ángulo mayor sobre el plano horizontal en el cual descansará el material sin deslizarse se conoce como ___________.
17. Un(a) ___________ es una caja de acero prefabricada que ofrece un sistema de blindaje al permitir a los trabajadores tender una tubería dentro de la caja mientras dicha caja se encuentre dentro de la excavación.
18. Una llave plana y relativamente estrecha que es parte integral de un eje, producida por el esmerilado de un acanalado longitudinal se conoce como ___________.
19. Un(a) _______ es una estructura capaz de soportar las fuerzas impuestas sobre el mismo por parte de un derrumbe, además de proteger a los empleados que se encuentran dentro de la estructura.
20. El/la ___________ se instala en un dispositivo de prevención del contraflujo bajo el principio de una zona de presión reducida para evitar los fenómenos de presión de retroceso y sifón inverso.
21. El/la ___________ es una condición indeseable que resulta cuando líquidos no potables entran al suministro de agua potable por flujo en sentido inverso a través de una conexión cruzada.

continuado

Cuestionario de términos clave

22. Los miembros horizontales de un sistema de apuntalamiento instalado perpendicular a los lados de la excavación y cuyos extremos se soportan en contra de las columnas o postes parados se conoce como ___________.

23. El tener ___________ es un método de proteger a los trabajadores de los derrumbes al excavar a los lados de una zanja para formar un escalón o serie de escalones horizontales o bases, normalmente con superficies verticales o casi verticales entre los mismos.

24. Los/las ___________ son miembros verticales de un sistema de apuntalamiento de zanjas colocados en contacto con el suelo y orientados normalmente de modo que los miembros individuales no entren en contacto unos con otros.

25. Un fragmento de roca o mineral en el suelo que tiene un diámetro de 0.002 a 0.05 milímetros y que es más pequeño que la arena fina y mayor que la arcilla se conoce como ___________.

26. Un(a) ___________ es un dispositivo especial para prevención del contraflujo usado en las líneas de suministro pequeñas y con flujo bajo para prevenir los fenómenos de sifón inverso y presión de retroceso.

27. Un dispositivo de prevención del contra flujo que tiene un grifo de prueba y que protege contra los fenómenos de presión de retroceso y sifón inverso a través del uso de dos válvulas unidireccionales cargadas con resortes es un ___________.

28. El/la ___________ es la tierra que previamente rellenó o se retiró del suelo y que se reemplazó por otros medios.

29. La superficie o cimentación sobre la cual descansa la tubería en una zanja se conoce como ___________.

30. ___________ se refiere al uso de tablones de madera con un borde especial, como por ejemplo tablón de saliente y acanalado, que tienen un grosor de al menos 3".

31. Una condición que ocurre cuando los postes parados de madera individuales o los puntales hidráulicos individuales no se colocan en contacto con el miembro adyacente es un(a) ___________.

32. El/la ___________ es una forma de contraflujo provocada por una presión corriente arriba menor de lo normal en la línea de agua fresca.

33. El/la ___________ es capaz de identificar los peligros existentes y los predecibles dentro el área o de señalar las condiciones de trabajo que no son saludables, que son peligrosas o de riesgo para los empleados y además tiene la autoridad para realizar medidas correctivas de inmediato.

34. Una prueba de laboratorio que determina el contenido de humedad, el factor de cohesión y el grado del suelo es el/la ___________.

35. ___________ es una depresión en el suelo provocada por las tensiones de desequilibrio en el suelo que rodea a la excavación.

36. La madera u otro material usado como sostén temporal para las excavaciones y el cual puede estar en declive, vertical u horizontal es un(a) ___________.

37. Un(a) ___________ se usa para prevenir que el flujo de agua subterránea a través de la tubería, previniendo de ese modo la erosión del material de asentado de la tubería.

38. Un(a) ___________ se instala en una línea de agua que usa una válvula unidireccional cargada con resorte y una válvula de admisión de aire cargada con resorte para evitar el fenómeno de sifón inverso.

39. Cualquier corte, cavidad, zanja o depresión realizada por el hombre en una superficie de suelo y formada a través del retiro de tierra se conoce como ___________.

Cuestionario de términos clave

Términos clave

Ángulo de reposo
Apuntalamiento
Armazón
Asentamiento
Barreno acampanado
Blindaje
Carbonación
Columnas
Conexión cruzada
Contraflujo
Cuneta de zanja
Declive
Dispositivo a prueba del principio de contraflujo en la zona de presión reducida (RPZ)
Espacio de aire fabricado
Excavación
Excavaciones escalonadas
Grifo de prueba
Humidificación
Hundimiento
Légamo
Persona competente
Postes parados
Puntal
Resistencia a la compresión
Revestimiento apretado
Rompedor de cuneta
Rompedor de vacío atmosférico
Rompedor de vacío de desfogue atmosférico
Rompedor de vacío del tipo de presión
Sifón inverso
Sistema de apoyo
Sistema de protección
Suelo perturbado
Tira
Tirantes (o travesaños) transversales
Válvula unidireccional doble (DCV)
Válvula unidireccional doble a prueba de contraflujo (DC)
Vigilancia
Zanja

Perfiles de éxito

Travis Torres, American Automatic Sprinkler

Gerente de servicio
American Automatic Sprinkler
Fort Worth, Texas

Travis Torres se graduó en el programa para de aprendices de AFSA del año 2003. Él es ahora gerente de servicio en American Automatic Sprinkler. El presidente de la compañía opina que Torres es en definitiva uno de sus líderes futuros. Su historia es un ejemplo de cómo el trabajo duro y una actitud positiva paga dividendos en promociones y éxito.

¿Por qué eligió una carrera en el área de instalación de rociadores?
Me mudé al área de Fort Worth para asistir al colegio. Entonces me casé y fue cuando necesité trabajar para sostener a mi esposa e hijo. Un amigo me informó acerca del programa de aprendices. Compré una casa y comencé a trabajar tiempo completo.

¿Qué tipos de entrenamiento ha recibido?
Aprobé el programa de aprendiz. Ahora las cosas son más estables, regresaré al colegio para obtener una licenciatura en contabilidad o negocios, algo que me ayude a avanzar en el aspecto de negocios de la compañía.

¿Qué tipo de tareas ha desempeñado a lo largo de su carrera?
Comencé como ayudante, pase al nivel de aprendiz, después instalador y finalmente llegué a capataz. Hace un año y medio se me ofreció la oportunidad de administrar la división de servicios. En esta división ofrecemos servicio, mantenimiento y prueba para nuestros sistemas existentes, además de administrar cualquier remodelación que requiera hacerse.

¿Qué es lo que le gusta de su trabajo?
Me gusta que esta industria siempre está en evolución. Cambian los códigos o la forma de hacer las tareas. Me gustan los trabajos que representen un reto mental. Recientemente el estado obligó a todos a obtener la certificación del Instituto nacional de certificación en tecnologías de ingeniería (National Institute for Certification in Engineering Technologies, NICET). Muy pronto regresaré a la escuela para obtener ese entrenamiento.

También me gusta el trato con las personas. He conocido a muchas personas diferentes con mentes creativas, como por ejemplo arquitectos, ingenieros y diseñadores. No siempre es fácil, pero trato de encontrar una forma de obtener resultados en donde todos ganen.

¿Cuáles son los factores que más han contribuido para su éxito?
El trabajo duro. La dedicación. La perseverancia. Puedo escucharme trillado, pero en realidad así son las cosas. Cuando era joven trabajaba alrededor de compañeros mayores que yo en 10 años o más. Fue muy difícil aceptar las críticas y aprender a dirigir. Pero valió la pena el esfuerzo.

Esta compañía fue mi punto de partida. En esta compañía se preocupan por las personas y en ella he tenido oportunidades maravillosas.

¿Qué consejo puede ofrecerle a los que son nuevos en el área de instalación de rociadores?
Que las posibilidades son interminables. Que luchen por lo que desean y que nunca renuncien. Hay una oportunidad para todos al dar vuelta en la esquina. Simplemente se debe estar abierto para reconocer y tomar las oportunidades cuando se abre una puerta. Todos tienen potencial. Lo único que se debe hacer es trabajar duro y la oportunidad estará en sus manos.

Términos especializados introducidos en este módulo

Ángulo de reposo: Es el ángulo mayor por encima del plano horizontal en el cual puede descansar un material sin deslizarse.

Apuntalamiento: Es una estructura de un sistema metálico, hidráulico, mecánico o de madera que soporta las caras laterales de una excavación y que esta diseñada para evitar los derrumbes.

Armazón: Una condición que ocurre cuando los postes parados de madera individuales o los puntales hidráulicos individuales no se colocan en contacto con el miembro adyacente.

Asentamiento: Es la superficie o cimentación sobre la cual descansa la tubería en una zanja.

Barreno acampanado: Es un orificio que permite un acceso de 360° a la tubería. Los barrenos acampanados se usan comúnmente en una unión en campo o para una reparación en campo.

Blindaje: Es una estructura capaz de soportar las fuerzas impuestas sobre el mismo por parte de un derrumbe, además de proteger a los empleados que se encuentran dentro de la estructura. Los blindajes pueden ser estructuras permanentes o pueden diseñarse para ser portátiles y moverse a medida que avanza el trabajo. Adicionalmente los blindajes pueden ser prefabricados o construidos en el lugar de trabajo conforme con la norma *29 CFR 1926.652 (c)(3)* o *(c)(4)*.

Carbonación: Es un proceso químico en el cual se acumula el carbón y que provoca una descomposición de los minerales circundantes, como por ejemplo los escombros.

Columnas: Los miembros horizontales de un sistema de apuntalamiento colocado de manera paralela a la cara de la excavación cuyas paredes laterales se soportan en contra de los miembros verticales del sistema de apuntalamiento.

Conexión cruzada: Es un enlace directo entre la línea de suministro de agua potable y una fuente de agua de calidad desconocida o cuestionable.

Contraflujo: Es una condición indeseable que resulta cuando líquidos no potables entran al suministro de agua potable por flujo en sentido inverso a través de una conexión cruzada.

Cuneta de zanja: Es una cuneta de acero prefabricada que ofrece un sistema de blindaje al permitir que los trabajadores tiendan la tubería dentro de la cuneta mientras esta se encuentra dentro de la excavación.

Declive: Es un método para proteger a los empleados que trabajan en excavaciones en contra de los derrumbes, para ello se realizan cortes en las paredes de la excavación hasta el ángulo de reposo del suelo que se está usando.

Dispositivo de prevención del contra flujo bajo el principio de presión reducida (RPZ): Es un dispositivo para la prevención del contra flujo, el cual usa dos válvulas unidireccionales cargadas con resorte, además de una válvula hidráulica de desfogue por presión diferencial y cargada con resorte para prevenir los fenómenos de presión de retroceso y sifón inverso.

Espacio de aire fabricado: Un espacio de aire que puede instalarse en un dispositivo para la prevención del contraflujo bajo el principio de una zona de presión reducida, para prevenir los fenómenos de presión de retroceso y flujo inverso.

Excavación: Es cualquier corte, cavidad, zanja o depresión realizada por el hombre en una superficie de suelo y formada a través del retiro de tierra.

Excavación escalonada: Es un método de proteger a los trabajadores de los derrumbes al excavar a los lados de una zanja para formar un escalón o serie de escalones horizontales o bases, normalmente con superficies verticales o casi verticales entre los mismos.

Grifo de prueba: Es una válvula en el dispositivo para prevenir el contra flujo que permite realizar la prueba de las zonas de presión individuales.

Humidificación: Es un proceso químico en el cual se acumula el agua o los líquidos y que provoca la descomposición de los minerales circundantes, como por ejemplo los escombros.

Hundimiento: Es una depresión en el suelo provocada por las tensiones de desequilibrio en el suelo que rodea a la excavación.

Términos especializados introducidos en este módulo

Légamo: Un fragmento de roca o mineral en el suelo que tiene un diámetro de 0.002 a 0.05 milímetros y que es más pequeño que la arena fina y mayor que la arcilla.

Persona competente: Es una persona capaz de identificar los peligros existentes y los predecibles dentro del área o las condiciones de falta de higiene, peligrosas o de riesgo para los empleados y además que tiene la autoridad para realizar medidas correctivas inmediatas para solucionar el problema.

Postes parados: Son miembros verticales de un sistema de apuntalamiento de zanjas colocados en contacto con el suelo y orientados normalmente de modo que los miembros individuales no entren en contacto unos con otros. Los postes parados que se colocan de modo que los miembros individuales se encuentren espaciados de manera cercana, en contacto o en intersección unos con otros, se denominan revestimiento.

Puntales: Son piezas de madera u otro material usado como opción temporal para las excavaciones. Pueden colocarse en declive, vertical u horizontal.

Resistencia a la compresión: Es la capacidad del suelo para soportar un peso considerable.

Revestimiento apretado: Es el uso de tablones de madera con borde especial, como por ejemplo tablones de saliente y acanalado con un grosor de al menos 3". El revestimiento apretado es un apilado de placas de acero u otra construcción similar que resiste la presión lateral del agua y que evita la pérdida de relleno.

Rompedores de cuneta: Se utilizan para evitar el flujo subterráneo a lo largo de la tubería lo cual causa erosión del material de asentado de la tubería. Los rompedores están formados de sacos de arena colocados debajo, al lado y sobre la tubería dentro de una zanja.

Rompedor de vacío atmosférico: Es un dispositivo para prevenir el contraflujo diseñado para evitar el fenómeno de sifón inverso al permitir que la presión del aire mueva un disco de cerámico en su asiento para bloquear el flujo.

Rompedor de vacío de desfogue atmosférico: Es un dispositivo especial para prevención del contraflujo usado en las líneas de suministro pequeñas y con flujo bajo, para prevenir los fenómenos de sifón inverso y presión de retroceso. Es una forma de rompedor de vacío del tipo a presión.

Rompedor de vacío del tipo de presión: Es un dispositivo para la prevención del contra flujo que se instala en una línea de agua y que usa una válvula unidireccional cargada con resorte y una válvula de admisión de aire cargada con resorte para evitar el fenómeno de sifón inverso.

Rompedores de cuneta: Se utilizan para evitar el flujo subterráneo a lo largo de la tubería lo cual causa erosión del material de asentado de la tubería. Los rompedores están formados de sacos de arena colocados debajo, al lado y sobre la tubería dentro de una zanja.

Sifón inverso: Es una forma de contraflujo provocada por una presión corriente arriba menor de lo normal en la línea de agua fresca.

Sistema de apoyo: Es una estructura, como la de soporte, tirantes, o apuntalamiento, el cual ofrece apoyo a la estructura adyacente, la instalación subterránea o las paredes de una excavación.

Sistema de protección: Es un método para proteger de los derrumbes a los empleados, del material que podría caer o rodar de la cara de la excavación o dentro de la misma o por el colapso de las estructuras adyacentes. Los sistemas de protección incluyen los sistemas de soporte, el declive y los sistemas de excavado escalonado además de los sistemas de blindaje.

Suelo perturbado: Es la tierra que previamente rellenó o se retiró del suelo y que se reemplazó por otros medios.

Tira: Es una llave plana y relativamente estrecha que es parte integral de un eje, producida por esmerilado de un acanalado longitudinal.

Tirantes (o travesaños) transversales: Son los miembros horizontales de un sistema de apuntalamiento instalado perpendicular a los lados de la excavación y cuyos extremos se soportan en contra de las columnas o postes parados.

Términos especializados introducidos en este módulo

Válvula unidireccional doble a prueba de contraflujo (DC): Es un dispositivo para prevenir el contraflujo que usa dos válvulas unidireccionales cargadas con resorte para prevenir los fenómenos de sifón inverso y presión de retroceso. Los DCs son más pequeños que los ensambles de válvula unidireccional doble y se usan en instalaciones residenciales. Los DCs no tienen grifos de prueba.

Válvula unidireccional doble (DCV): Es un dispositivo que previene los fenómenos de presión de retroceso y sifón inverso a través del uso de dos válvulas unidireccionales cargadas con resorte. Los DCVs son más grandes que los dispositivos para prevenir el contraflujo con válvula unidireccional doble y se usan para una protección extra resistente. Los DCVs tienen grifos de prueba.

Vigilancia: Es una prueba realizada en un laboratorio y por medio de la cual se determina el contenido de humedad, el factor de cohesión y la gradación del terreno para un suelo en particular.

Zanja: Es una excavación estrecha (con respecto a su longitud) realizada debajo de la superficie del suelo. En general, la profundidad es mayor que el ancho, pero el ancho de una zanja (medido en el fondo) no es mayor de 15' (4.6 m).

MÓDULO 18106-07 — RESPUESTAS A LAS PREGUNTAS DE REPASO

Respuesta	Sección de referencia
1. c	2.0.0
2. b	2.1.2
3. d	2.1.3
4. b	3.0.0
5. a	4.0.0
6. b	5.2.0
7. c	6.1.2
8. d	6.4.4
9. b	7.1.0
10. c	7.1.2
11. a	7.2.1
12. b	7.6.0
13. b	8.3.0
14. b	8.6.0
15. d	8.8.0
16. b	8.11.1
17. c	8.15.0
18. d	9.4.0
19. c	9.4.0
20. b	11.1.0

MÓDULO 18106-07
RESPUESTAS A CUESTIONARIO DE TÉRMINOS CLAVE

1. Zanja
2. Declive
3. Dispositivo a prueba del principio de contra flujo en la zona de presión reducida
4. Conexión cruzada
5. Sistema de protección
6. Resistencia a la compresión
7. Barreno acampanado
8. Columnas
9. Sistema de apoyo
10. Apuntalado
11. Grifo de prueba
12. Válvula unidireccional doble a prueba de contraflujo (DC)
13. Rompedor de vacío atmosférico
14. Humidificación
15. Carbonación
16. Ángulo de reposo
17. Cuneta de zanja
18. Tira
19. Blindaje
20. Espacio de aire fabricado
21. Contraflujo
22. Tirantes (o travesaños) transversales
23. Excavaciones escalonadas
24. Postes parados
25. Légamo
26. Rompedor de vacío de desfogue atmosférico
27. Válvula unidireccional doble (DCV)
28. Suelo perturbado
29. Asentamiento
30. Revestimiento apretado
31. Armazón
32. Sifón inverso
33. Persona competente
34. Vigilancia
35. Hundimiento
36. Puntal
37. Rompedor de cuneta
38. Rompedor de vacío del tipo de presión
39. Excavación

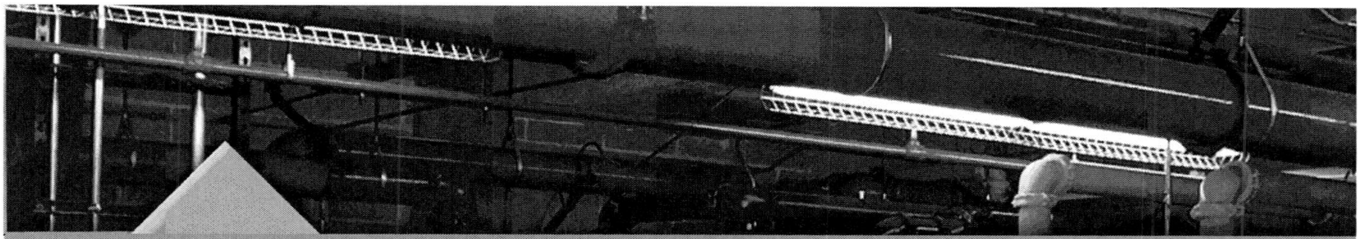

Reconocimientos

Recursos adicionales

Este módulo está concebido para ser un recurso exhaustivo para el entrenamiento de tareas. Se recomiendan las siguientes obras de consulta para profundizar los estudios. Éstos son materiales optativos para educación continua más que para entrenamiento de tareas.

Engineering Properties of Soils and Their Measurement. Bowles, New York, NY: McGraw Hill Inc.

Excavation & Grading Handbook, 1991. Capachi. Carlsbad, CA: Craftsman Book Company.

Excavations. Washington, DC: OSHA Publications Office.

Multimedia Apprenticeship Training Supplement for Fire Sprinkler Fitters (Juego de discos compactos: Del Nivel 1 al 4). Asociación de Rociadores contra Incendios de Estados Unidos (American Fire Sprinkler Association) www.sprinklernet.org.

Créditos de las figuras

Doss Brothers, Incorporated, 106F01

National Aeronautics and Space Administration, 106F04

Trench Shoring Services, Inc., www.shoring.com, 106F05, 105F06, 106F07, 106F09

John Hoerlein, 106SA02, 106F28A

Port Industries, Inc., 106SA03

U.S. Pipe and Foundry Co., 106F25, 106F31, 106F39, 106F45, 106F46

Team EJP/New Concept Tools, 106F28B

Manitowoc Crane Group, 106SA04

Pollardwater.com, 106F30

Mueller Company, 106F34

American Flow Control, 106F35A, 106F36, 106F37, 106F70

Primary Fluid Systems, Inc., 106F35B

National Fire Protection Association, 106T06, 106F78, 106T10, 106T12
Reimpreso con permiso de la norma *NFPA 13, Instalación de sistemas de rociadores*, Copyright © 2006, National Fire Protection Association, Quincy, MA 02169. El material reimpreso no representa la opinión completa u oficial de la NFPA al respecto del material referenciado, el cual está representado únicamente por el estándar en su totalidad.

Los Angeles Department of Power and Water, 106F49

Ford Meter Box Company, 106F50 (Una brida)

EBAA Iron, Inc., 106F50 (unión de hierro dúctil)

Ames Fire and Waterworks, 106F52

Watts Regulator Company, 106F53-106F57, 106F59, 106F61, 106F63–106F65

US EPA Office of Ground Water and Drinking Water, 106F60

Cortesía de American AVK Co., Minden, NV, www.americanavk.com, 106F66 (fotografía), 106F67

Dixon Valve & Coupling Company, 106F72B, 106F76

Wholesale Fire & Rescue, Ltd., 106F73–106F75

NCCER hace el esfuerzo de mantener estos libros de texto actualizados y libres de errores técnicos. Apreciamos su ayuda en este proceso. Si tiene una idea para mejorar este libro de texto, o si encuentra algún error, ya sea tipográfico, o de contenido en los libros de texto de *Contren®*, favor de escribirnos usando esta forma o una fotocopia de la misma. Asegúrese de incluir el número exacto del módulo, la página, una descripción detallada, y la corrección, si es aplicable. Su comentario será traído a la atención del comité técnico de revisión. Gracias por su ayuda.

Instructores – si usted encontró que algún material adicional es necesario para enseñar este módulo con eficacia, por favor déjenos saber para poder incluirlos en la lista de Equipo y Materiales en la guía anotada del instructor.

Dirección postal: Departamento de Desarrollo de Productos
National Center for Construction Education and Research
3600 NW 43rd Street, Bldg. G, Gainesville, FL 32606

Fax: 352-334-0932

E-mail: curriculum@nccer.org

Oficio ______________ Nombre del Módulo ______________

Fecha del Copyright ______________ Número del Módulo ______________ Número(s) de Página(s) ______________

Descripción

____

____

____

____

Corrección (opcional)

____

____

____

Su nombre y dirección (opcional)

____

____

____

Glosario de términos clave del oficio

Glosario de términos clave del oficio

Abrazadera de vaivén: Abrazadera del tubo del rociador para reducir el movimiento del tubo durante un terremoto.

Acanalado por corte: Es un acanalado que se forma alrededor de la tubería por corte del material de la tubería.

Acanalados por rolado: Son los acanalados formados por presión del metal alrededor de la tubería.

Acción capilar: Es el movimiento de un líquido a lo largo de la superficie de un sólido en un tipo de acción de dispersión.

Achaflanado: Biselado y corte transversal del extremo de una tubería de CPVC para hacer un extremo limpio para un conector.

Acople reductor concéntrico: Es un acople reductor que mantiene la misma línea central entre dos tuberías a las cuales une.

Acople reductor excéntrico: Es un acople reductor que desplaza la línea central de la menor de dos tuberías unidas en uno de los extremos.

Aleación: Cualquier sustancia formada a partir de dos o más metales.

Apuntalamiento: Es una estructura de un sistema metálico, hidráulico, mecánico o de madera que soporta las caras laterales de una excavación y que esta diseñada para evitar los derrumbes.

Armazón: Una condición que ocurre cuando los postes parados de madera individuales o los puntales hidráulicos individuales no se colocan en contacto con el miembro adyacente.

Asentamiento: Es la superficie o cimentación sobre la cual descansa la tubería en una zanja.

Asociación de Rociadores contra Incendios de Estados Unidos (AFSA): Organización internacional no lucrativa, que representa a los contratistas por méritos de rociadores contra incendios, dedicada a la superación educativa de sus miembros y al fomento del uso de sistemas automáticos de rociadores contra incendios.

Asociación Nacional de Protección contra Incendios (NFPA): Organización que publica códigos y normas con el objeto de evitar pérdidas de vidas y bienes materiales.

Autoridad con jurisdicción (AHJ): Persona o agencia que decide sobre la aceptabilidad de los sistemas y dispositivos que se van a instalar, de acuerdo con los requisitos del código.

Barreno acampanado: Es un orificio que permite un acceso de 360° a la tubería. Los barrenos acampanados se usan comúnmente en una unión en campo o para una reparación en campo.

Blindaje: Es una estructura capaz de soportar las fuerzas impuestas sobre el mismo por parte de un derrumbe, además de proteger a los empleados que se encuentran dentro de la estructura. Los blindajes pueden ser estructuras permanentes o pueden diseñarse para ser portátiles y moverse a medida que avanza el trabajo. Adicionalmente los blindajes pueden ser prefabricados o construidos en el lugar de trabajo conforme con la norma *29 CFR 1926.652 (c)(3)* o *(c)(4)*.

Bloque: Dispositivo usado para asegurar tubos almacenados en capas.

Boratos: Sales del ácido bórico usadas como un fundente.

Brida complementaria: Es una brida que se usa para conectar una pieza o brida directamente a la tubería roscada.

Cabezal de rociador: Dispositivo detector de calor, usado en los sistemas de rociadores para descargar el agua en el incendio.

Carbonación: Es un proceso químico en el cual se acumula el carbón y que provoca una descomposición de los minerales circundantes, como por ejemplo los escombros.

Cinta de Teflón®: Es una cinta hecha de Teflón® la cual se coloca alrededor de los roscados machos de la tubería antes de enroscarle dentro de una pieza. La cinta de Teflón® sirve como lubricante y sellador.

Cloruro de polivinilo clorinado (CPVC): Una tubería común de termoplástico utilizada en la industria de los rociadores contra incendio.

Codo de calle: Es un codo que tiene un roscado macho por un extremo y un roscado hembra por el otro.

Codo: Es una pieza que forma un ángulo entre tuberías adyacentes. Un codo siempre es a 90 grados, a menos que se especifique otro ángulo para la pieza o en las especificaciones de los planos. También se le conoce como "L".

Columnas: Los miembros horizontales de un sistema de apuntalamiento colocado de manera paralela a la cara de la excavación cuyas paredes laterales se soportan en contra de los miembros verticales del sistema de apuntalamiento.

Compuesto de CPVC: Es un material termo-plástico anaranjado utilizado para producir tuberías y piezas de rociadores contra incendio.

Conexión cruzada: Es un enlace directo entre la línea de suministro de agua potable y una fuente de agua de calidad desconocida o cuestionable.

Contrachaveta: Es una placa metálica o de otro material, maquinada para mantener a otras piezas en su sitio, para ofrecer una superficie de soporte u ofrecer medios para evitar que las piezas queden sueltas.

Contraflujo: Es una condición indeseable que resulta cuando líquidos no potables entran al suministro de agua potable por flujo en sentido inverso a través de una conexión cruzada.

Cruz: Es una tubería con cuatro derivaciones que se encuentran a ángulos rectos cada una con respecto a las demás.

Cuneta de zanja: Es una cuneta de acero prefabricada que ofrece un sistema de blindaje al permitir que los trabajadores tiendan la tubería dentro de la cuneta mientras esta se encuentra dentro de la excavación.

Declive: Es un método para proteger a los empleados que trabajan en excavaciones en contra de los derrumbes, para ello se realizan cortes en las paredes de la excavación hasta el ángulo de reposo del suelo que se está usando.

Diámetro externo (DE): La distancia entre las paredes exteriores de un tubo. Sirve de medida estándar en la tubería ACR.

Diámetro interno (DI): La distancia entre las paredes internas de un tubo. Sirve de medida estándar en la tubería usada en aplicaciones de calefacción y plomería.

Dieléctrico: Un aislante de la electricidad.

Dispositivo de prevención del contra flujo bajo el principio de presión reducida (RPZ): Es un dispositivo para la prevención del contra flujo, el cual usa dos válvulas unidireccionales cargadas con resorte, además de una válvula hidráulica de desfogue por presión diferencial y cargada con resorte para prevenir los fenómenos de presión de retroceso y sifón inverso.

Dúctil: Cuando se refiere al hierro dúctil, es un tipo de hierro fundido al cual se agrega magnesio al hierro gris fundido para reducir su carácter quebradizo.

Electrólisis: La descomposición de una sustancia por el paso de electricidad.

Entrelazado: Es cuando se vierte la soldadura dentro de una unión.

Entrenamiento de Aprendizaje, Empleador y Servicios de Mano de Obra (ATELS): Oficina del Departamento de Trabajo de Estados Unidos que establece las normas mínimas de los programas de entrenamiento en todo el país.

Entrenamiento en el trabajo (OJT): Entrenamiento laboral adquirida durante el trabajo.

Espacio de aire fabricado: Un espacio de aire que puede instalarse en un dispositivo para la prevención del contraflujo bajo el principio de una zona de presión reducida, para prevenir los fenómenos de presión de retroceso y flujo inverso.

Espiga: Tubo que se eleva verticalmente y abastece a un solo rociador.

Estante: Dispositivo o mecanismo usado para asegurar tubos almacenados en capas.

Etiquetado: Equipo o material que lleva adherida una etiqueta, un símbolo u otra marca de identificación aceptable para la autoridad con jurisdicción.

Excavación escalonada: Es un método de proteger a los trabajadores de los derrumbes al excavar a los lados de una zanja para formar un escalón o serie de escalones horizontales o bases, normalmente con superficies verticales o casi verticales entre los mismos.

Excavación: Es cualquier corte, cavidad, zanja o depresión realizada por el hombre en una superficie de suelo y formada a través del retiro de tierra.

Extra resistente: Cuando se aplica a la tubería, extra resistente se refiere a una tubería más gruesa que la tubería estándar. Cuando se aplica a las piezas y válvulas se refiere a que las unidades son apropiadas para presiones de trabajo más altas.

Extremo preparado: Es la tubería cuyos extremos se han preparado por parte del fabricante o en el taller.

Extremo simple: Es la tubería que no tiene acanalado en los extremos y al cual se le han retirado todas las imperfecciones.

Factor C: Se refiere a la aspereza del interior del tubo del rociador. Mientras mayor es el factor C, más liso es el tubo.

Factor K: Medida del orificio del rociador. Mientras mayor es el orificio, mayor es el factor K.

Factory Mutual (FM Global): Laboratorio de pruebas y agencia de registro que certifica productos nuevos para servicio en ubicaciones particulares y para aplicaciones específicas.

Fundente: Es una sustancia química que ayuda al flujo de la soldadura, además de retirar y prevenir la formación de óxidos en las piezas que se unirán con soldadura blanda.

Galvánico: Se refiere a la electricidad de corriente continua, especialmente cuando se produce químicamente.

Galvanizado: Sumergido en zinc durante el proceso de manufactura.

Gas comprimido: Gas almacenado a presión en cilindros.

Golpe de agua: Ola de choque en el tubo, causada por un cambio súbito en el flujo de agua.

Grifo de prueba: Es una válvula en el dispositivo para prevenir el contra flujo que permite realizar la prueba de las zonas de presión individuales.

Hendidura (rizado): Es una depresión ligera de la superficie o la acción de crear una.

Hierro fundido: Una pieza de hierro fundido se usa generalmente en aplicaciones para agua y tiene una clasificación de 125 ó 250.

Hierro maleable: Es un material metálico para piezas que se usa generalmente para aplicaciones de aire y agua y tiene una clasificación de 150 ó 300.

Humidificación: Es un proceso químico en el cual se acumula el agua o los líquidos y que provoca la descomposición de los minerales circundantes, como por ejemplo los escombros.

Hundimiento: Es una depresión en el suelo provocada por las tensiones de desequilibrio en el suelo que rodea a la excavación.

Inflamable: Material que se enciende fácilmente y arde rápidamente.

Junta: Es una hoja o collarín plana de hule o de otro material usado para sellar la unión entre superficies metálicas para evitar que el gas o líquido entre o salga.

Légamo: Un fragmento de roca o mineral en el suelo que tiene un diámetro de 0.002 a 0.05 milímetros y que es más pequeño que la arena fina y mayor que la arcilla.

Líquido: El estado de la soldadura cuando se funde por calentamiento y fluye libremente.

NFPA 13, Norma para la instalación de sistemas de rociadores: Referencia básica de los requisitos para la instalación de los sistemas de rociadores contra incendios (*NFPA 13*), publicada por la NFPA.

Niple: Es una pieza de tubería que está roscada por ambos extremos y cuya longitud es menor de 12". Cualquier tubería de más de 12" se refiere como tubería cortada.

Niple Cerrado: Es un niple que tiene aproximadamente dos veces la longitud del roscado estándar y que se enrosca en cada extremo sin soportes.

Norma nacional para el roscado de tubería (National Pipe Thread, NPT): Es el estándar de los Estados Unidos de Norteamérica para los roscados de tubería. NPT tiene un estrecho de 1/16" desde la parte posterior hasta el frente.

Oxiacetileno: Mezcla de oxígeno y acetileno que se usa para producir una llama extremadamente caliente para el corte, unión con soldadura por arco o soldadura fuerte de piezas metálicas.

Oxidación: El proceso por el cual el oxígeno en el aire se combina para producir óxido y residuos.

Peligro: Causa posible de peligro o lesiones.

Persona competente: Es una persona capaz de identificar los peligros existentes y los predecibles dentro del área o las condiciones de falta de higiene, peligrosas o de riesgo para los empleados y además que tiene la autoridad para realizar medidas correctivas inmediatas para solucionar el problema.

Pieza "T": Es una pieza que tiene una salida por un extremo a 90 grados del tendido.

Piezas forjadas: Son las piezas de tubo de cobre que se unen con soldadura fuerte o blanda en oposición al roscado.

Placa de fijación: Una tapa protectora para rociadores.

Postes parados: Son miembros verticales de un sistema de apuntalamiento de zanjas colocados en contacto con el suelo y orientados normalmente de modo que los miembros individuales no entren en contacto unos con otros. Los postes parados que se colocan de modo que los miembros individuales se encuentren espaciados de manera cercana, en contacto o en intersección unos con otros, se denominan revestimiento.

Potable: Se refiere al agua apropiada para beber.

Puntales: Son piezas de madera u otro material usado como opción temporal para las excavaciones. Pueden colocarse en declive, vertical u horizontal.

Purga: Es la liberación de gas comprimido hacia la atmósfera a través de una o varias piezas, como por ejemplo una manguera o tubería, con la finalidad de retirar los contaminantes.

Reductor: una pieza de tubería que conecta una tubería con una pieza de mayor tamaño nominal. Un reductor es un tapón ahuecado con roscado interno y externo que puede acoplar diámetros de tubería diferentes.

Registrado: Probado por una agencia reconocida de registro tras lo cual se determinó que es adecuado para usarse en sistemas de rociadores con un propósito específico.

Reglamentos: Reglas y especificaciones de la industria de rociadores, establecidos por diversas organizaciones.

Relación dimensional estándar (SDR): Es el grosor de la pared de la tubería en proporción a su diámetro exterior.

Reposición (o "makeup"): Es el término usado para describir la cantidad de tubería que debe enroscarse dentro de una pieza roscada.

Resina de CPVC: Es un material termoplástico blanco que representa un 85 por ciento del peso de los producto terminados de CPVC.

Resistencia a la compresión: Es la capacidad del suelo para soportar un peso considerable.

Revestimiento apretado: Es el uso de tablones de madera con borde especial, como por ejemplo tablones de saliente y acanalado con un grosor de al menos 3". El revestimiento apretado es un apilado de placas de acero u otra construcción similar que resiste la presión lateral del agua y que evita la pérdida de relleno.

Rompedor de vacío atmosférico: Es un dispositivo para prevenir el contraflujo diseñado para evitar el fenómeno de sifón inverso al permitir que la presión del aire mueva un disco de cerámico en su asiento para bloquear el flujo.

Rompedor de vacío de desfogue atmosférico: Es un dispositivo especial para prevención del contraflujo usado en las líneas de suministro pequeñas y con flujo bajo, para prevenir los fenómenos de sifón inverso y presión de retroceso. Es una forma de rompedor de vacío del tipo a presión.

Rompedor de vacío del tipo de presión: Es un dispositivo para la prevención del contra flujo que se instala en una línea de agua y que usa una válvula unidireccional cargada con resorte y una válvula de admisión de aire cargada con resorte para evitar el fenómeno de sifón inverso.

Rompedores de cuneta: Se utilizan para evitar el flujo subterráneo a lo largo de la tubería lo cual causa erosión del material de asentado de la tubería. Los rompedores están formados de sacos de arena colocados debajo, al lado y sobre la tubería dentro de una zanja.

Rompedores de cuneta: Se utilizan para evitar el flujo subterráneo a lo largo de la tubería lo cual causa erosión del material de asentado de la tubería. Los rompedores están formados de sacos de arena colocados debajo, al lado y sobre la tubería dentro de una zanja.

Roscado con brida: Es una pieza que permite una conexión roscada por un extremo y una conexión con brida por el otro.

Serie de aprendizaje Contren®: Materiales estandarizados para la enseñanza de la construcción producidos por el National Center for Construction Education and Research (NCCER).

Sifón inverso: Es una forma de contraflujo provocada por una presión corriente arriba menor de lo normal en la línea de agua fresca.

Sistema de apoyo: Es una estructura, como la de soporte, tirantes, o apuntalamiento, el cual ofrece apoyo a la estructura adyacente, la instalación subterránea o las paredes de una excavación.

Sistema de protección: Es un método para proteger de los derrumbes a los empleados, del material que podría caer o rodar de la cara de la excavación o dentro de la misma o por el colapso de las estructuras adyacentes. Los sistemas de protección incluyen los sistemas de soporte, el declive y los sistemas de excavado escalonado además de los sistemas de blindaje.

Sistema de rociadores contra incendios por inundación: Tipo de sistema de rociadores que tiene rociadores abiertos en lugar de cerrados. Cuando el fuego activa el sistema de detección, se suelta la válvula de inundación, produciendo un flujo inmediato por todos los rociadores de un área determinada.

Sistema de rociadores de tubo mojado: El tipo más simple y común de sistema de rociadores. Los sistemas de tubo mojado están llenos de agua todo el tiempo, a diferencia de los de tubo seco, que no contienen agua hasta que el sistema se activa con el fuego.

Sistema de rociadores de tubo seco: Los sistemas de tubo seco están llenos con aire o nitrógeno a presión. El agua fluye por el sistema sólo cuando éste se activa con un incendio.

Sistemas de acción previa: Tienen rociadores automáticos conectados a un sistema de tuberías. El sistema de tuberías contiene aire, que puede estar a presión o no. Cerca de los rociadores hay un sistema de detección adicional.

Soldadura blanda: Es un método para la unión de metales con un metal de relleno no ferroso usando un calentamiento por debajo de los 800°F y debajo del punto de fusión de los metales base que se están uniendo.

Soldadura fuerte: Es un método para la fusión de metales con un metal de relleno no ferroso usando un calentamiento por encima de los 840°F, pero debajo del punto de fusión de los metales base que se están uniendo.

Soldadura: Es una aleación que se funde y usa para la unión de superficies metálicas.

Sólido: Es la fase condensada o estable de la soldadura.

Soporte a soporte: Es un término usado para describir la dimensión cara a cara de una pieza.

SprinklerNet: Fuente en línea o de internet con información actualizada sobre los rociadores automáticos contra incendios. www.sprinklernet.org.

Suelo perturbado: Es la tierra que previamente rellenó o se retiró del suelo y que se reemplazó por otros medios.

Takeout: Es la distancia del extremo de una tubería en una pieza a la línea central de la pieza.

Tamaño de tubería de hierro (IPS): El tamaño nominal de la tubería de hierro.

Techo colgante: Un techo que no es parte del marco estructural del edificio. Este techo o plafón se instala suspendido del techo que está por encima y por lo general sirve para hacerle lugar a servicios como cables, iluminación empotrada y tuberías.

Teflón® líquido: Es un compuesto para el roscado de la tubería que se aplica en los roscados machos para servir como lubricante y sellador.

Temperatura ambiente: La temperatura del aire circundante.

Termoplástico: Se refiere a la tubería de plástico que es suave y flexible cuando se calienta, pero dura cuando se enfría.

Tira: Es una llave plana y relativamente estrecha que es parte integral de un eje, producida por esmerilado de un acanalado longitudinal.

Tirantes (o travesaños) transversales: Son los miembros horizontales de un sistema de apuntalamiento instalado perpendicular a los lados de la excavación y cuyos extremos se soportan en contra de las columnas o postes parados.

Transversal: El desplazamiento lateral (hacia los lados) de una tubería.

Tubería flexible: Es una pieza flexible desarrollada para cubrir la distancia desde la línea de derivación hasta el cabezal del rociador.

Tubería vertical: Es una línea principal de suministro horizontal o vertical que se tiende a través del edificio y que tiene válvulas para mangueras en cada piso.

Underwriters Laboratories (UL): Laboratorio de pruebas y agencia de registro que certifica productos nuevos para servicio en ubicaciones particulares y para aplicaciones específicas.

Unión con unión de soldadura en caliente: Es una unión con soldadura blanda unida por debajo de los 840°F. Ángulo de reposo: Es el ángulo mayor por encima del plano horizontal en el cual puede descansar un material sin deslizarse.

Válvula unidireccional doble (DCV): Es un dispositivo que previene los fenómenos de presión de retroceso y sifón inverso a través del uso de dos válvulas unidireccionales cargadas con resorte. Los DCVs son más grandes que los dispositivos para prevenir el contraflujo con válvula unidireccional doble y se usan para una protección extra resistente. Los DCVs tienen grifos de prueba.

Válvula unidireccional doble a prueba de contraflujo (DC): Es un dispositivo para prevenir el contraflujo que usa dos válvulas unidireccionales cargadas con resorte para prevenir los fenómenos de sifón inverso y presión de retroceso. Los DCs son más pequeños que los ensambles de válvula unidireccional doble y se usan en instalaciones residenciales. Los DCs no tienen grifos de prueba.

Vigilancia: Es una prueba realizada en un laboratorio y por medio de la cual se determina el contenido de humedad, el factor de cohesión y la gradación del terreno para un suelo en particular.

Zanja: Es una excavación estrecha (con respecto a su longitud) realizada debajo de la superficie del suelo. En general, la profundidad es mayor que el ancho, pero el ancho de una zanja (medido en el fondo) no es mayor de 15' (4.6 m).

Español a Inglés

Término en Español	Término en Inglés
Abrazadera de vaivén	Sway bracing
Acanalado por corte	Cut groove
Acanalados por rolado	Rolled grooves
Acción capilar	Capillary action
Achaflanado	Chamfering
Acople reductor excéntrico	Eccentric reducing coupling
Aleación	Alloy
Ángulo de reposo	Angle of repose
Apuntalamiento	Shoring
Armazón	Skeleton
Asentamiento	Bedding
Asociación de Rociadores contra Incendios de Estados Unidos	American Fire Sprinkler Association (AFSA)
Asociación Nacional de Protección contra Incendios	National Fire Protection Association (NFPA)
Autoridad con jurisdicción (AHJ)	Authority Having Jurisdiction (AHJ)
Barreno acampanado	Bell hole
Blindaje	Shield
Bloque	Block
Boratos	Borates
Brida complementaria	Companion flange
Cabezal del rociador	Sprinkler head
Carbonación	Carbonation
Cinta de Teflón®	Teflon® tape
Cloruro de polivinilo clorinado (CPVC)	Chlorinated polyvinyl chloride (CPVC)
Codo	Elbow
Codo de calle	Street elbow
Columnas	Wales
Compuestos de CPVC	CPVC compound
Conexión cruzada	Cross-connection
Contrachaveta	Gib
Contraflujo	Backflow
Cruz	Cross
Cuneta de zanja	Trench box

Término en Español	Término en Inglés
Declive	Sloping
Dieléctrico	Dielectric
Dispositivo a prueba del principio de contraflujo en la zona de presión reducida (RPZ)	Reduced-pressure zone principle backflow preventer (RPZ)
Dúctil	Ductile
Electrólisis	Electrolysis
Entrelazado	Wick
Entrenamiento de Aprendizaje, Empleador y Servicios de Mano de Obra	Apprenticeship Training, Employer and Labor Services (ATELS)
Entrenamiento en el trabajo (OJT)	On-the-job-training (OJT)
Espacio de aire fabricado	Manufactured air gap
Espiga	Sprig
Estantes	Rack
Etiquetado	Labeled
Excavación	Excavation
Excavación escalonada	Benching
Extra resistente	Extra heavy
Extremo preparado	Prepared-end
Extremo simple	Plain-end
Factor C	C-factor
Factor K	K-factor
Fundente	Flux
Galvánico	Galvanic
Galvanizado	Galvanized
Gas comprimido	Compressed gas
Golpe de agua	Water hammer
Grifo de prueba	Test cock
Hendidura (Rizado)	Dimple
Hierro fundido	Cast-iron fitting
Hierro maleable	Malleable iron
Humidificación	Hydration
Hundimiento	Subsidence
Inflamable	Flammable
Junta	Gasket

Término en Español	Término en Inglés
Légamo	Silt
Líquidos	Liquidus
NFPA 13, La norma para la instalación de sistemas de rociadores	*NFPA 13*, The Standard for the Installation of Sprinkler Systems
Niple	Nipple
Niple cerrado	Close nipple
Norma nacional de roscado de tubería	National Pipe Thread (NPT)
Oxiacetileno	Oxyacetylene
Oxidación	Oxidation
Peligro	Hazard
Persona competente	Competent person
Pieza en "T"	Tee
Piezas forjadas	Wrought fittings
Placa de fijación	Escutcheon
Postes parados	Uprights
Potable	Potable
Puntal	Shore
Purga	Purge
Reductor	Bushing
Reductor concéntrico	Concentric reducing coupling
Registrado	Listed
Reglamentos	Regulations
Relación dimensional estándar (SDR)	Standard dimensional ratio (SDR)
Reposición (o "makeup")	Makeup
Resinas de CPVC	CPVC resin
Resistencia a la compresión	Compression strength
Revestimiento apretado	Tight sheeting
Rompedor de vacío atmosférico	Atmospheric vacuum breaker
Rompedor de vacío de desfogue atmosférico	Intermediate atmospheric vent vacuum breaker
Rompedor de vacío de tipo presión	Pressure-type vacuum breaker
Rompedores de cuneta	Ditch breakers
Roscado con brida	Flange-thread
Serie educativa Contren®	Contren® Learning Series
Sifón inverso	Back siphonage
Sistema de apoyo	Support system
Sistema de protección	Protective system
Sistema de rociadores contra incendios por inundación	Deluge fire sprinkler system
Sistema de rociadores de acción previa	Preaction sprinkler system
Sistema de rociadores de tubo mojado	Wet pipe sprinkler system
Sistema de rociadores de tubo seco	Dry pipe sprinkler system
Soldadura	Solder

Término en Español	Término en Inglés
Soldadura blanda	Soldering
Soldadura fuerte	Brazing
Sólidos	Solidus
Soporte a soporte	Shoulder-to-shoulder
SprinklerNet	SprinklerNet
Suelo perturbado	Disturbed soil
Takeout (reducción)	Takeout
Tamaño de la tubería de hierro (IPS)	Iron pipe size (IPS)
Techo colgante	Drop/suspended ceiling
Teflón® liquido	Liquid Teflon®
Temperatura ambiente	Ambient temperature
Termoplástico	Thermoplastic
Tira	Spline
Tirantes (o travesaños) transversales	Cross braces
Transversal	Transverse
Tubería flexible	Flexible drop
Tubería vertical	Standpipe
Underwriters Laboratories (UL)	Underwriters Laboratories (UL)
Unión con soldadura en caliente	Sweat joint
Válvula de contención	Check valve
Válvula de control	Control valve
Válvula de drenaje	Drain valve
Válvula unidireccional doble (DCV)	Double-check valve assembly (DCV)
Válvula unidireccional doble a prueba de contraflujo (DC)	Dual-check valve backflow preventer (DC)
Vigilancia	Proctor
Zanja	Trench

Inglés a Español

Término en Inglés	Término en Español
Alloy	Aleación
Ambient temperature	Temperatura ambiente
American Fire Sprinkler Association (AFSA)	Asociación de Rociadores contra Incendios de Estados Unidos (AFSA)
Angle of repose	Ángulo de reposo
Apprenticeship Training, Employer and Labor Services (ATELS)	Entrenamiento de Aprendizaje, Empleador y Servicios de Mano de Obra (ATELS)
Atmospheric vacuum breaker	Rompedor de vacío atmosférico
Authority Having Jurisdiction (AHJ)	Autoridad con jurisdicción (AHJ)
Back siphonage	Sifón inverso
Backflow	Contraflujo
Bedding	Asentamiento
Bell hole	Barreno acampanado
Benching	Excavación escalonada
Block	Bloque
Borates	Boratos
Brazing	Soldadura fuerte
Bushing	Reductor
Capillary action	Acción capilar
Carbonation	Carbonación
Cast-iron fitting	Hierro fundido
C-factor	Factor C
Chamfering	Achaflanado
Check valve	Válvula de contención
Chlorinated polyvinyl chloride (CPVC)	Cloruro de polivinilo clorinado (CPVC)
Close nipple	Niple cerrado
Companion flange	Brida complementaria
Competent person	Persona competente
Compressed gas	Gas comprimido
Compression strength	Resistencia a la compresión
Concentric reducing coupling	Reductor concéntrico

Término en Inglés	Término en Español
Contren® Learning Series	Serie educativa Contren®
Control valve	Válvula de control
CPVC compound	Compuestos de CPVC
CPVC resin	Resinas de CPVC
Cross	Cruz
Cross braces	Tirantes (o travesaños) transversales
Cross-connection	Conexión cruzada
Cut groove	Acanalado por corte
Deluge fire sprinkler system	Sistema de rociadores contra incendios por inundación
Dielectric	Dieléctrico
Dimple	Hendidura (Rizado)
Disturbed soil	Suelo perturbado
Ditch breakers	Rompedores de cuneta
Double-check valve assembly (DCV)	Válvula unidireccional doble (DCV)
Drain valve	Válvula de drenaje
Drop/suspended ceiling	Techo colgante
Dry pipe sprinkler system	Sistema de rociadores de tubo seco
Dual-check valve backflow preventer (DC)	Válvula unidireccional doble a prueba de contraflujo (DC)
Ductile	Dúctil
Eccentric reducing coupling	Acople reductor excéntrico
Elbow	Codo
Electrolysis	Electrólisis
Escutcheon	Placa de fijación
Excavation	Excavación
Extra heavy	Extra resistente
Flammable	Inflamable
Flange-thread	Roscado con brida
Flexible drop	Tubería flexible
Flux	Fundente
Galvanic	Galvánico
Galvanized	Galvanizado

Término en Inglés	Término en Español
Gasket	Junta
Gib	Contrachaveta
Hazard	Peligro
Hydration	Humidificación
Intermediate atmospheric vent vacuum breaker	Rompedor de vacío de desfogue atmosférico
Iron pipe size (IPS)	Tamaño de la tubería de hierro (IPS)
K-factor	Factor K
Labeled	Etiquetado
Liquid Teflon®	Teflón® liquido
Liquidus	Líquidos
Listed	Registrado
Makeup	Reposición (o "makeup")
Malleable iron	Hierro maleable
Manufactured air gap	Espacio de aire fabricado
National Fire Protection Association (NFPA)	Asociación Nacional de Protección contra Incendios (NFPA)
National Pipe Thread (NPT)	Norma nacional de roscado de tubería (NPT)
NFPA 13, The Standard for the Installation of Sprinkler Systems	*NFPA 13*, La norma para la instalación de sistemas de rociadores
Nipple	Niple
On-the-job-training (OJT)	Entrenamiento en el trabajo (OJT)
Oxidation	Oxidación
Oxyacetylene	Oxiacetileno
Plain-end	Extremo simple
Potable	Potable
Preaction sprinkler system	Sistema de rociadores de acción previa
Prepared-end	Extremo preparado
Pressure-type vacuum breaker	Rompedor de vacío de tipo presión
Proctor	Vigilancia
Protective system	Sistema de protección
Purge	Purga
Rack	Estantes
Reduced-pressure zone principle backflow preventer (RPZ)	Dispositivo a prueba del principio de contraflujo en la zona de presión reducida (RPZ)
Regulations	Reglamentos
Rolled grooves	Acanalados por rolado
Shield	Blindaje
Shore	Puntal
Shoring	Apuntalamiento
Shoulder-to-shoulder	Soporte a soporte
Silt	Légamo
Skeleton	Armazón
Sloping	Declive
Solder	Soldadura

Término en Inglés	Término en Español
Soldering	Soldadura blanda
Solidus	Sólidos
Spline	Tira
Sprig	Espiga
Sprinkler head	Cabezal del rociador
SprinklerNet	SprinklerNet
Standard dimensional ratio (SDR)	Relación dimensional estándar (SDR)
Standpipe	Tubería vertical
Street elbow	Codo de calle
Subsidence	Hundimiento
Support system	Sistema de apoyo
Sway bracing	Abrazadera de vaivén
Sweat joint	Unión con soldadura en caliente
Takeout	Takeout (reducción)
Tee	Pieza en "T"
Teflon® tape	Cinta de Teflón®
Test cock	Grifo de prueba
Thermoplastic	Termoplástico
Tight sheeting	Revestimiento apretado
Transverse	Transversal
Trench	Zanja
Trench box	Cuneta de zanja
Underwriters Laboratories (UL)	Underwriters Laboratories (UL)
Uprights	Postes parados
Wales	Columnas
Water hammer	Golpe de agua
Wet pipe sprinkler system	Sistema de rociadores de tubo mojado
Wick	Entrelazado
Wrought fittings	Piezas forjadas